**Wissenschaftsethik und Technikfolgenbeurteilung
Band 18**

Schriftenreihe der Europäischen Akademie zur Erforschung
von Folgen wissenschaftlich-technischer Entwicklungen
Bad Neuenahr-Ahrweiler GmbH
herausgegeben von Carl Friedrich Gethmann

Springer-Verlag Berlin Heidelberg GmbH

U. Steger · W. Achterberg · K. Blok · H. Bode
W. Frenz · C. Gather · G. Hanekamp · D. Imboden
M. Jahnke · M. Kost · R. Kurz · H. G. Nutzinger
Th. Ziesemer

Nachhaltige Entwicklung und Innovation im Energiebereich

Mit 34 Abbildungen und 20 Tabellen

Reihenherausgeber

Professor Dr. Carl Friedrich Gethmann
Europäische Akademie GmbH
Wilhelmstraße 56, 53474 Bad Neuenahr-Ahrweiler, Deutschland

Für die Autoren

Professor Dr. rer. pol. Ulrich Steger
IMD Lausanne
P.O. Box 915, 1001 Lausanne, Schweiz

Redaktion

Sevim Kiliç
Europäische Akademie GmbH
Wilhelmstraße 56, 53474 Bad Neuenahr-Ahrweiler, Deutschland

ISBN 978-3-642-62925-9

Die Deutsche Bibliothek – CIP-Einheitsaufnahme
Nachhaltige Entwicklung und Innovation im Energiebereich / Hrsg.: U. Steger .... –
Berlin ; Heidelberg ; New York ; Hongkong ; London ; Mailand ; Paris ; Tokio : Springer, 2002
  (Wissenschaftsethik und Technikfolgenbeurteilung ; Bd. 18)
    ISBN 978-3-642-62925-9   ISBN 978-3-642-55697-5 (eBook)
    DOI 10.1007/978-3-642-55697-5

Dieses Werk ist urheberrechtlich geschützt. Die dadurch begründeten Rechte, insbesondere die der Übersetzung, des Nachdrucks, des Vortrags, der Entnahme von Abbildungen und Tabellen, der Funksendung, der Mikroverfilmung oder der Vervielfältigung auf anderen Wegen und der Speicherung in Datenverarbeitungsanlagen, bleiben, auch bei nur auszugsweiser Verwertung, vorbehalten. Eine Vervielfältigung dieses Werkes oder von Teilen dieses Werkes ist auch im Einzelfall nur in den Grenzen der gesetzlichen Bestimmungen des Urheberrechtsgesetzes der Bundesrepublik Deutschland vom 9. September 1965 in der jeweils geltenden Fassung zulässig. Sie ist grundsätzlich vergütungspflichtig. Zuwiderhandlungen unterliegen den Strafbestimmungen des Urheberrechtsgesetzes.

http://www.springer.de

© Springer-Verlag Berlin Heidelberg 2002
Ursprünglich erschienen bei Springer-Verlag Berlin Heidelberg New York 2002
Softcover reprint of the hardcover 1st edition 2002
Die Wiedergabe von Gebrauchsnamen, Handelsnamen, Warenbezeichnungen usw. in diesem Werk berechtigt auch ohne besondere Kennzeichnung nicht zu der Annahme, daß solche Namen im Sinne der Warenzeichen- und Markenschutzgesetzgebung als frei zu betrachten wären und daher von jedermann benutzt werden dürften.

Sollte in diesem Werk direkt oder indirekt auf Gesetze, Vorschriften oder Richtlinien (z.B. DIN, VDI, VDE) Bezug genommen oder aus ihnen zitiert worden sein, so kann der Verlag keine Gewähr für die Richtigkeit oder Aktualität übernehmen. Es empfiehlt sich, gegebenenfalls für die eigenen Arbeiten die vollständigen Vorschriften oder Richtlinien in der jeweils gültigen Fassung hinzuzuziehen.

Satz: niemeyers satz, Tübingen
Einband: de'blik, Berlin
SPIN: 10887145   Gedruckt auf säurefreiem Papier   62/3020hu - 5 4 3 2 1 0 -

Europäische Akademie
zur Erforschung von Folgen wissenschaftlich-technischer Entwicklungen
Bad Neuenahr-Ahrweiler GmbH

Die Europäische Akademie

Die *Europäische Akademie zur Erforschung von Folgen wissenschaftlich-technischer Entwicklungen Bad Neuenahr-Ahrweiler GmbH* widmet sich der Untersuchung und Beurteilung wissenschaftlich-technischer Entwicklungen für das individuelle und soziale Leben des Menschen und seine natürliche Umwelt. Sie will zu einem rationalen Umgang der Gesellschaft mit den Folgen wissenschaftlich-technischer Entwicklungen beitragen. Diese Zielsetzung soll sich vor allem in der Erarbeitung von Empfehlungen für Handlungsoptionen für Entscheidungsträger in Politik und Wissenschaft sowie die interessierte Öffentlichkeit realisieren. Diese werden von interdisziplinären Projektgruppen bestehend aus fachlich ausgewiesenen Wissenschaftlern aus ganz Europa erstellt. Darüber hinaus bearbeiten die Mitarbeiter der Europäischen Akademie übergreifende und methodologische Fragestellungen aus den Bereichen Wissenschaftsethik und Technikfolgenbeurteilung.

Die Reihe

Die Reihe „Wissenschaftsethik und Technikfolgenbeurteilung" dient der Veröffentlichung von Ergebnissen aus der Arbeit der Europäischen Akademie und wird von ihrem Direktor herausgegeben. Neben den Schlussmemoranden der Projektgruppen werden darin auch Bände zu generellen Fragen von Wissenschaftsethik und Technikfolgenbeurteilung aufgenommen sowie andere monographische Studien publiziert.

Vorwort

Innovationen werden in Diskussionen um eine nachhaltige Entwicklung gerne als ‚Wundermittel' angeführt. Mit ihrer Hilfe soll erreicht werden, dass ein gesteigerter Output nicht zu einem steigenden Verbrauch natürlicher Ressource führt. Für den Energiebereich bedeutet dies: Innovationen sollen dazu beitragen, dass eine weitere Steigerung des Sozialprodukts der Industrieländer und der Nachholbedarf der Entwicklungs- und Schwellenländer mit einer Reduzierung des Verbrauchs nichtregenerierbarer Energieträger in Einklang gebracht werden kann, ohne jedoch zu einem unangemessenen Verbrauch anderer Ressourcen zu führen.

„In welchem Maße können Innovationen zu einem nachhaltigen Energiesystem führen?" Das war daher die Kernfrage der von der Europäischen Akademie im September 2000 eingesetzten interdisziplinären Projektgruppe „Nachhaltige Entwicklung und Innovation im Energiebereich". Die Mitglieder der Gruppe wurden nach ihren disziplinären Kompetenzen im Hinblick auf das zu bearbeitende Thema ausgewählt. Zur Bearbeitung des Themas standen 20 Monate zur Verfügung, in denen insgesamt 13 Tage im Plenum gearbeitet wurde.

Der hier vorgelegte Abschlussbericht geht zurück auf Kapitelentwürfe, die zunächst von einzelnen Arbeitsgruppen unter der Leitung eines Gruppenmitgliedes verfasst und anschließend im Plenum integriert wurden. Die Arbeit der Gruppe beruht auf der Erkenntnis, dass es keine „interdisziplinäre Forschung" per se gibt, sondern zunächst disziplinäre Kompetenzen erforderlich sind, unter denen einzelne Aspekte des Themas bearbeitet werden. Der zweite Schritt ist dann eine Integration der verschiedenen disziplinären Sichtweisen, Methodologien und Ergebnisse im Hinblick auf die nicht-disziplinäre Fragestellung. In diesem Sinne war die Arbeitsweise der Gruppe transdisziplinär. Das Ergebnis ist ein Text, der in sich konsistent ist, und eine durchlaufende Argumentation, die Schritt für Schritt überprüft werden kann (auch wenn in einzelnen Abschnitten die disziplinäre Herkunft des „Ursprungs-Autors" unschwer abzulesen ist).

Die Gruppe hat ihre Arbeit einer kontinuierlichen Kontrolle durch externe Fachkollegen zugänglich gemacht: Im Januar 2001 wurde das Arbeitsprogramm im Rahmen des Kick-off-Workshops diskutiert. Die Gruppe dankt den Kollegen Professor Dr. Wilhelm Althammer (Handelshochschule Leipzig), Professor Dr. Nicholas Ashford (MIT), Dr. Gerd Eisenbeiß (Forschungszentrum Jülich), Dr. Klaus Rennings (ZEW Mannheim), Dr. Herwig Unnerstall (Universität Leipzig), Professor Dr. Alfred Voß (Universität Stuttgart), Professor Dr. C.-J. Winter (Energon) für wertvolle Anregungen und pointierte Kritik, die dazu dienten, die Untersuchung präzise auszurichten. Ein erster Entwurf der Studie wurde auf dem Mid-Term-Workshop im November 2001 folgenden Kollegen vorgelegt: Frau Professor Dr.Dr. Brigitte Falkenburg (Universität Dortmund), Herr Professor Dr. Wilhelm

Althammer (Handelshochschule Leipzig), Dr. Gerd Eisenbeiß (Forschungszentrum Jülich), PD Dr. Volker Radke (Berufsakademie Ravensburg), Dr. Klaus Rennings (ZEW, Mannheim), Dr. Herwig Unnerstall (Umweltforschungszentrum Leipzig). Auch den Teilnehmern dieses Treffens gebührt unser Dank für präzise Kommentare, die im Anschluss der Arrondierung der Studie dienten.

Dank der guten Arbeitsdisziplin waren fast immer die Diskussionsgrundlagen für die Sitzungen rechtzeitig fertig. Die intellektuell stimulierende Arbeitsatmosphäre – die sich vom fachlichen Respekt zu freundschaftlicher Kollegialität entwickelte – erlaubte eine intensive, konstruktive, aber auch kontroverse Diskussion und ein gemeinsames Lernen entlang der jeweils anderen Perspektiven und Methoden.

Die Produktivität der Gruppe wurde nicht zuletzt durch die Gastlichkeit des Ahrtales gefördert, aber auch durch den freundlichen und effektiven Service, mit dem die Mitarbeiter der Akademie, insbesondere Frau Pauels, unsere Arbeit unterstützten. Ihr danken wir ebenso wie den Herren Jochen Markard und Joachim Schmidt-Bisewski, die als wissenschaftliche Mitarbeiter dieses Projekt in der Anfangsphase begleitet haben, und Frau Sevim Kiliç von der Europäischen Akademie, die den Text bis zur Druckreife betreut hat.

Lausanne, im Juni 2002   Ulrich Steger

Inhaltsverzeichnis

Abkürzungen	XV
Zusammenfassung	**XVII**

1 Problemstellung, Aufgaben, Arbeitsweise und Ableitung der Handlungsempfehlungen 1

   1.1 Problemstellung 1
   1.2 Aufgaben der Arbeitsgruppe 2
   1.3 Ableitung von Handlungsempfehlungen 3
   1.4 Aufbau der Studie 5

2 Begriffliche und konzeptionelle Grundlegung 9

   2.1 Nachhaltigkeit und nachhaltige Entwicklung 9
      2.1.1 Begriffliche Abgrenzung 9
      2.1.2 Nachhaltigkeit und nachhaltige Entwicklung 11
      2.1.3 Verschiedene Nachhaltigkeitskonzepte 13
   2.2 Nachhaltigkeit und Energie 17
      2.2.1 Die Hauptsätze der Thermodynamik und der Energiebegriff 18
      2.2.2 Energiesysteme in der Bio- und Anthroposphäre 19
   2.3 Innovation und Nachhaltigkeit 21
      2.3.1 Grundlegende Zusammenhänge 21
      2.3.2 Innovationsbegriff und -typen 22
      2.3.3 Innovationsprozess: Inside the Black Box 24
      2.3.4 Bestimmungsfaktoren der Innovationsaktivität 31
      2.3.5 Nachhaltige Innovationspolitik 34

3 Normative Abwägungs- und Entscheidungskriterien 39

   3.1 Risikobeurteilung und Handlungsempfehlungen 39
      3.1.1 Wissenschaftliche Politikberatung 39

3.1.2 Theoretische und praktische Sichtweisen 40
3.2 Nachhaltige Entwicklung und Gerechtigkeit 43
    3.2.1 Einführung 43
    3.2.2 Politische Ansätze 45
    3.2.3 Die Theorie der Gerechtigkeit (Barry) 46
    3.2.4 Verwundbarkeit, die Zukunft und die Umwelt (Goodin) .. 48
3.3 Effizienz und Suffizienz – theoretische und praktische Nachhaltigkeitsdiskussion 49
3.4 Zwischenresümee 51

4 Auf dem Weg zu einem nachhaltigen Energiesystem – Rechtsgrundlagen, Defizite und Referenzpunkte 55

4.1 Rechtsnormen für ein nachhaltiges Energiesystem 55
    4.1.1 Völkerrechtliche Entwicklung im Klimaschutz 55
    4.1.2 Europarechtlicher Rahmen 61
    4.1.3 Grundgesetzlicher Rahmen 66
    4.1.4 Pflicht zum Umweltschutz? 67
    4.1.5 Verwirklichung im Energierecht 68
    4.1.6 Verwirklichung im Raumordnungs- und Bergrecht 69
    4.1.7 Internationale Verpflichtungen zur Energiesicherheit ... 71
4.2 Evaluierung des globalen Energiesystems unter Nachhaltigkeitskriterien 73
    4.2.1 Charakterisierung des heutigen Energiesystems 73
    4.2.2 Prognosen zur Entwicklung des globalen Energiesystems in den nächsten 100 Jahren 74
    4.2.3 Exkurs: Strom, Deregulierung und Nachhaltigkeit 77
    4.2.4 Beurteilung der Nachhaltigkeit 82
    4.2.5 Exkurs: Kernspaltungs- und Fusions-Energie als „Backstop-Technologien"? 88
    4.2.6 Operationalisierung der kritischen Nachhaltigkeit: „Die Zeit sicherer Praxis" 89
4.3 Referenzpunkte für eine nachhaltige globale Energieversorgung . 92
    4.3.1 Optionen der Veränderung 92
    4.3.2 Der 2000 Watt-Benchmark: Nachhaltiger Komfort durch Intelligenz 94

5 Potentiale für die nachhaltige Entwicklung von Energiesystemen ... 99

5.1 Einführung ... 99
5.2 Verbesserung der technischen Energieeffizienz ... 100
5.3 Regenerative Energiequellen ... 106
5.4 Zukunftsszenarien: Mögliche Entwicklungen und Effekte ... 112
5.5 Umsetzungsperspektiven ... 118

6 Die Realität der Nachhaltigkeit: Zielkonflikte in der Instrumentenwahl ... 125

6.1 Stand der theoretischen Diskussion ... 125
6.2 Umweltschutz versus ökonomische und soziale Ziele ... 127
    6.2.1 Umwelt versus Beschäftigung ... 128
    6.2.2 Umwelt versus Reduktion von Monopolmacht ... 132
    6.2.3 Umwelt versus Handelsliberalisierung ... 133
    6.2.4 Umwelt versus Kapitalströme ... 134
    6.2.5 Umwelt versus Entwicklungspolitik ... 136
    6.2.6 Umwelt versus Innovationsförderung ... 137
6.3 Abwägungsnormen für Zielkonflikte aus dem europäischen Recht ... 138
    6.3.1 Warenverkehrsfreiheit ... 139
    6.3.2 Problematik des EEG ... 140
    6.3.3 Rechtfertigung von Beschränkungen aus Umweltschutzgründen ... 140
    6.3.4 Beihilfen und ihre Rechtfertigung ... 143
    6.3.5 Gestaltungsmöglichkeit nach dem EuGH-Urteil zum Stromeinspeisungsgesetz ... 144
    6.3.6 Wettbewerb und Umweltschutz ... 145
6.4 Energierelevante Forschungs- und Technologiepolitik der Europäischen Union ... 148

7 Strategien zur Beschleunigung nachhaltiger Energieinnovationen ... 153

7.1 Energie jetzt wieder als strategische Priorität positionieren ... 153
7.2 Verbesserung der Rahmenbedingungen ... 156

7.2.1 Grenzen der Nutzung natürlicher Ressourcen definieren .. 156
7.2.2 Den Markt nutzen: Knappheitssignale induzieren nachhaltige Innovationen 157
7.2.3 Nachhaltigkeitsorientierte Infrastrukturvorsorge und Kompetenzbildung („technology push") 159

7.3 Handlungsfeld Energieeffizienz in der Industrie: Beschleunigte Markteinführung durch Subventionen 160
    7.3.1 Das niederländische Modell 161
    7.3.2 Generelle Überlegungen 166
    7.3.3 Zur Finanzierung von Subventionen für energiesparende Maßnahmen 171

7.4 Handlungsfeld Energieeffizienz in der Industrie: Selbstverpflichtungen als Mittel zur raschen Diffusion der „Best Available Technology" 173
    7.4.1 Generelle Überlegungen 173
    7.4.2 Selbstverpflichtungen für die CO_2-Reduktion 175

7.5 Technology Procurement 176

7.6 Handlungsfeld Energieeffizienz Haushalte 178
    7.6.1 Nachhaltige Energieversorgung und Konsumentensouveränität 178
    7.6.2 Greenpricing von Ökostrom 179
    7.6.3 „Diskriminierende" Kennzeichnungen 181
    7.6.4 „Public Private Partnership" und unkonventionelle Marketingkampagnen 184

7.7 Handlungsfeld Verkehr: Nur „Pakete" schaffen Innovationen ... 186

7.8 Handlungsfeld regenerative Energiequellen 188
    7.8.1 Generelle Überlegungen 188
    7.8.2 Technologiespezifische Fördermaßnahmen 189
    7.8.3 Exkurs: Kann man zwischen verschiedenen Lernkurven wählen? – Skizze einer Theorie 191

8 Zur politischen Durchsetzbarkeit einer nachhaltigen Innovationsstrategie 195

8.1 Akteure in der „Nachhaltigkeitsarena" 195
8.2 Die Attraktivität von Nachhaltigkeitszielen aus der Sicht ausgewählter Akteursgruppen 196
8.3 Instrumente und ihre Attraktivität aus der Sicht ausgewählter Akteursgruppen 203

8.4 Ansatzpunkte zur Verbesserung der Durchsetzungschancen 207
8.5 Fazit und Perspektiven: Eine Allianz für nachhaltige
    Energieinnovationen 210

9 Verantwortung für den „Energiehunger" der Entwicklungsländer – wie können nachhaltige Energieinnovationen hier helfen? 215

9.1 Grundsätzliche Überlegungen 215
9.2 Neue Ausrichtung der Entwicklungszusammenarbeit
    im Energiebereich 216
9.3 Bestehende Initiativen für nachhaltige Energieinnovationen ... 218
9.4 Was kann die EU tun? 222
9.5 Globale Unternehmen und „Technology Sharing" 223
9.6 Ausblick und weiterführende Forschungsfragen 226

Anhang

A 1 Das globale Energiesystem 231

A   Entwicklung der globalen Energienutzung 231
B   Energieproduktion und -nutzung in der EU 232
C   Energieszenarien 233

A 2 Arbeitslosigkeit 241

A 2.1 Elastizitätenprobleme in Effizienzlohnmodellen 241
A 2.2 Elastizitätenprobleme in Verhandlungsmodellen 247

A 3 Energierelevante Forschungs- und Technologiepolitik der Europäischen Union – ein Überblick 249

A 3.1 Bedeutung und Integration von Nachhaltigkeitsaspekten
       in europäische Energiepolitiken 249
A 3.2 Überblick über energierelevante FTE-Programme der
       Europäischen Union 250

A 3.3 Forschungsschwerpunkte „Energie" und „Verkehr"
im 6. FTE-Rahmenprogramm 253
    A3.3.1 „Nachhaltige Energiesysteme" 253
    A3.3.2 „Nachhaltiger Landverkehr" 257
A 3.4 Spezifische Programme und Instrumentierung 258
A 3.5 Zusammenfassung und Ausblick 259

Literatur 261

Autorenverzeichnis 275

Abkürzungen

Art	Artikel
BAT	Best available Technology
BIP	Bruttoinlandsprodukt
BMBF	Bundesministerium für Bildung und Forschung
BREF's	BAT Reference Documents
CDM	Clean Development Mechanism
CO2	Kohlendioxid
COP's	Conference of the Parties
c.p.	ceteris paribus
ECCP	European Climate Change Programme
EG	Europäische Gemeinschaft
EU	Europäische Union
EuGH	Europäischer Gerichtshof
EVU	Energieversorgungsunternehmen
F+E	Forschung und Entwicklung
FAO	Food and Agriculture Organization of the United Nations
FTE	Forschung und technologische Entwicklung
GATT	General Agreement on Tariffs and Trade
GEF	Global Environment Facility
GW	Gigawatt
IEA	International Energy Agency
IIASA	International Institute for Applied Systems Analysis
IPCC	Intergovernmental Panel on Climate Change
IPPC	Integrated Pollution Prevention and Control Directive
IuK	Information und Kommunikation
KMU	Kleine und mittlere Unternehmen
KRK	Klimarahmenkonvention
KWK	Kraft-Wärme-Kopplung
LCA	Life Cycle Assessment
NGO	Non-Governmental Organization
OECD	Organisation for Economic Co-operation and Development
ÖPNV	Öffentlicher Personennahverkehr
R&D	Research and Development
SRU	Der Sachverständigenrat für Umweltfragen
THGE	Treibhausgasemissionen
TW	Terawatt
UNDP	United Nations Development Programme
UNEP	United Nations Environment Programme
UNESCO	United Nations Educational, Scientific and Cultural Organization
UNIDO	United Nations Industrial Development Organization
UNFCCC	United Nations Framework Convention on Climate Change

UWG	Gesetz gegen unlauteren Wettbewerb
WBGU	Wissenschaftlicher Beirat Globale Umweltveränderungen
WCED	World Commission on Environment and Development
WEC	World Energy Council
WRI	World Resources Institute
WTO	World Trade Organisation

Zusammenfassung

Problemstellung

Die Diskussion scheint paradox: Fast alle Energieszenarien stützen sich auf Trends, die auf ein enormes Wachstum des Energiebedarfs in den nächsten Jahrzehnten hinauslaufen. U.a. auf internationalen Konferenzen beschäftigt man sich indes mit dem Gegenteil: einer massiven Verringerung der Treibhausgasemissionen, vor allem der durch den Verbrauch von Energie verursachten CO_2-Emissionen. Experten verweisen auch auf das politische Risiko der Abhängigkeit vom Erdöl und die Erschöpflichkeit von Ressourcen. Wie soll diese Kluft überbrückt werden? Wie lässt sich das bestehende Energiesystem nachhaltiger gestalten? Die Hoffnungen richten sich vor allem auf den technischen Fortschritt und Innovationen.

Bislang liegen jedoch keine konkreten Vorschläge vor, inwieweit Innovationen tatsächlich dazu beitragen können, einen ständig wachsenden Energieverbrauch mit den genannten Limitierungen im Hinblick auf die Ressourcenverfügbarkeit und die Umwelt sowie den strukturellen Anforderungen an ein Energiesystem in Einklang zu bringen.

Ziel der vorliegenden Studie ist es, wirtschaftswissenschaftliche, juristische, naturwissenschaftliche und philosophische Kompetenzen im Hinblick auf derartige Vorschläge zusammenzuführen. Diese Aufgabenstellung erfordert einen klaren Fokus auf die Schnittmenge der drei zentralen Themen Energie, nachhaltige Entwicklung und Innovation. Eine umfassende Aufarbeitung der drei Themenfelder sollte nicht unternommen werden. Auch konnten viele der damit zusammenhängenden Debatten nur in so weit aufgearbeitet werden, wie sie für den Strategievorschlag der Studie zweckdienlich waren.

Bei der Ableitung der Empfehlungen wurden die von demokratisch legitimierten Stellen festgelegten Ziele berücksichtigt, unabhängig davon, wie vage diese Ziele vor allem auf der internationalen Ebene sind. Ein wichtiger Teil unserer Arbeit richtete sich auf die Analyse gegensätzlicher (wirtschaftspolitischer) Ziele und die Frage, wie diese Gegensätze durch einen umfassenderen, auf Anreizen basierenden Instrumentenmix – zugeschnitten auf den konkreten Gehalt einer Innovation – überwunden werden können.

Begriffliche und konzeptionelle Grundlagen

Da eine solide Untersuchung einen klar abgesteckten begrifflichen und konzeptionellen Rahmen benötigt, werden zunächst die zentralen Begriffe Nachhaltigkeit, Energie und Innovation untersucht.

Das Leitbild der Nachhaltigkeit mit seinen beiden normativen Eckpunkten der intra- und intergenerationellen Gerechtigkeit bedarf einer Konkretisierung speziell für den Energiebereich, der vor allem auf erschöpflichen Energieträgern basiert. An Stelle eines statischen Bestandskonzepts, das eine nachhaltige Nutzung nur begrenzt vorhandener Ressourcen schon begrifflich ausschließt, wird ein dynamisches Nutzungskonzept eingeführt. Dieses stützt sich auf die Substitution nichterneuerbarer Ressourcen durch erneuerbare und auf die laufende Schaffung neuer, effizienterer Nutzungsmöglichkeiten und postuliert damit implizit die Notwendigkeit von Innovationen in diesem Bereich. Wenn es gelingt, durch entsprechende Neuerungen die Nutzung erschöpflicher Ressourcen pro Leistungseinheit in Produktion und Konsum zu verringern, so dass man in Zukunft mit einem geringeren Verbrauch solcher begrenzten Vorräte auskommt, können trotz abnehmenden Ressourcenbestandes die Nutzungsmöglichkeiten aufrecht erhalten und mitunter sogar verbessert werden. Die *Möglichkeit* solcher Nutzungschancen bedeutet allerdings keineswegs, dass angesichts der gegenwärtigen Trends in den Bereichen Energieverbrauch, Umweltbelastung, privater Konsum sowie Bevölkerungsentwicklung tatsächlich ein Pfad „nachhaltiger Entwicklung" gefunden werden kann.

Der Klarheit unserer Analyse dient die Unterscheidung zwischen *Nachhaltigkeit* und *nachhaltiger Entwicklung*: Die regulative Idee der Nachhaltigkeit initiiert und begleitet in praktischer Absicht einen Such- und Lernprozess, der im stärker konkretisierenden Konzept der nachhaltigen Entwicklung Potenziale und Handlungsmöglichkeiten in Richtung Nachhaltigkeit identifiziert und der daher als prinzipiell handlungsleitend eingeschätzt wird.

Wenn man die zahlreichen, inzwischen weit über 200 Konkretisierungsversuche von „nachhaltiger Entwicklung" nach einer nunmehr fünfzehnjährigen wissenschaftlichen und politischen Diskussion betrachtet, so kommt man nicht um das Eingeständnis herum, dass dieser Begriff auch heute noch sehr vage, ja mitunter sogar konfus geblieben ist. In der gegenwärtigen Erörterung der Nachhaltigkeitsproblematik kann man in erster Annäherung drei unterschiedliche Arten des Umgangs mit der Bedeutungsvielfalt von ‚sustainable development' beobachten: Neben einer *ablehnenden Haltung* (das Konzept sei zu schwammig) und einer *vereinnahmenden Strategie* (man packt im Konzept das hinein, was einem gerade zweckdienlich erscheint) gibt es eine weitere, von der Arbeitsgruppe geteilte Möglichkeit, nämlich den Versuch, *produktiv* mit dem Begriff umzugehen und ihn nach wissenschaftlichen Kriterien so exakt wie möglich zu bestimmen. Dazu gehört, dass man verschiedene Definitionsmöglichkeiten dieses Konzepts einander gegenüberstellt und danach fragt, welche konkreten Schlussfolgerungen sich daraus jeweils für die zentrale Forschungsfrage unserer Untersuchung ergeben. Dieser Weg wird in der neoklassischen Umweltökonomie und vor allem der Ökologischen Ökonomie als der „Lehre von der Nachhaltigkeit" beschritten. Es kommt dabei darauf an, eine Balance zwischen der Über- und der Unterbestimmung dieses

Begriffs zu finden und ihn weder so sehr zu präzisieren, dass er zwar strengste ökologische Kriterien erfüllt, aber dabei zu einem unerreichbaren Ideal wird, noch ihn so unbestimmt zu belassen, dass er alles bedeuten und damit nichts bewirken kann; er muss also prinzipiell operationalisierbar sein.

Die verschiedenen Konzepte von der „schwachen" bis hin zur „sehr starken" Nachhaltigkeit unterscheiden sich im Hinblick auf Substitutions- und Komplementaritätsannahmen in Bezug auf menschengemachtes Kapital und Naturkapital. Dieser Studie liegt ein Konzept kritischer Nachhaltigkeit zugrunde, das sich auf der Grundlage des Konzepts des kritischen Naturkapitals auf wenige, aber entscheidende und in diesem Sinne kritische „Leitplanken" oder „Engpässe" konzentriert. Dieses Verständnis von Nachhaltigkeit schafft damit eine Verbindung zur weit entwickelten Diskussion der Setzung von Umweltstandards.

Obschon Energie unser tägliches Leben bestimmt und in der ökonomischen Theorie einen wichtigen Produktionsfaktor darstellt, ist vom physikalischen Standpunkt aus die Energie eine sehr abstrakte und nur im Rahmen eines differenzierten mathematischen Modells genau zu definierende Größe. Historisch wurde der Energiebegriff vorerst lediglich als „Potenzial Arbeit zu leisten" verstanden. So betrachtet ist Energie offensichtlich keine Erhaltungsgröße; dies erklärt, warum sich in der Umgangssprache der Begriff „Energie*verbrauch*" eingebürgert hat.

Die Verbindung zwischen den vorerst völlig verschiedenen Begriffen „Energie" und „Wärme" wurde erst im 19. Jahrhundert mit der Formulierung des ersten Hauptsatzes der Thermodynamik geklärt. Danach kann Energie weder erzeugt noch vernichtet, sondern lediglich in verschiedene Formen umgewandelt werden. (Anfang des 20. Jahrhunderts wurde der Energiebegriff durch die spezielle Relativitätstheorie von Einstein um die Masse erweitert.) Spricht man von Energieverbrauch, meint man damit eigentlich Energie*degradierung*, d. h. die Umwandlung hochwertiger bzw. verfügbarer Energie (Exergie) in niederwertige bzw. nichtverfügbare Energie (Anergie). Die Grenze zwischen Exergie und Anergie ist nicht absolut, sondern hängt vom betrachteten System ab. Beispielsweise enthält 20 Grad warmes Wasser in einer Umgebung von 0 Grad nutzbare Energie (Exergie), bei einer Umgebungstemperatur von 20 Grad hingegen nicht.

Unter dem *Energiesystem* (eines Landes oder der Erde insgesamt) versteht man die gesamte Struktur der genutzten Primärenergieressourcen, der Infrastruktur zu deren Verteilung und Umwandlung in Endenergie und der spezifischen Nachfragestruktur der sogenannten Energiedienstleistungen. Im Hinblick auf die Wertigkeit der Energie spielt insbesondere die Unterscheidung zwischen Bedarf an Wärme bzw. Arbeit eine Rolle, ferner die Aufteilung zwischen stationärem und mobilem Bedarf und die Rolle der Elektrizität. Angebots- und Bedarfsstruktur bestimmen zusammen das Potenzial zur Veränderung eines gegebenen Energiesystems.

Innovationen bezeichnen die Durchsetzung neuer Problemlösungen am Markt, verbunden mit neuen Faktorkombinationen. Nachhaltige Innovation bezeichnet Faktorkombinationen und neue Problemlösungen, die zu einer Senkung von Umweltbelastung und Ressourcenverbrauch führen, ohne dass dadurch Einschränkungen bei anderen gesellschaftlichen Zielen erforderlich werden. Dazu gehören nicht nur neue technologische Lösungen (Prozesse, Produkte), sondern auch neue Dienstleistungen und neue Organisationsformen.

Um nachhaltige Innovation zu verstärken, sind Kenntnisse über Innovationsdeterminanten erforderlich. Ausmaß, Richtung und Geschwindigkeit der Innovationsaktivität in einer Volkswirtschaft hängen von einer Vielzahl von Faktoren ab, die zusammenfassend auch als „Nationales Innovationssystem" bezeichnet werden und die weit über die Forschungs- und Entwicklungspolitik hinaus bis hin zum Steuer- und Bildungssystem reichen. Im Zuge der europäischen Integration ist es in bestimmten Bereichen inzwischen sinnvoller, von einem europäischen Innovationssystem zu sprechen. Diesen gesamten Kontext gilt es neu zu gestalten, wenn die Innovationsaktivität auf Umwelt- und Ressourcenschonung ausgerichtet werden soll. Notwendig erscheint hier eine innovationspolitische Doppelstrategie, die einerseits auf kurzfristige Wirkungen abzielt, andererseits aber auch längerfristig wirksame Weichenstellungen vornimmt.

Durch allgemeine Verbesserungen der Rahmenbedingungen für nachhaltige Innovationsaktivitäten (z. B. Regulierungsreform, Steuerreform, Schwerpunkte der Grundlagenforschung) werden die Suchanstrengungen der Wissenschaftler und Tüftler in eine andere Richtung gelenkt und der gesellschaftliche Wissens- und Ideenpool (Vorrat an Inventionen) wird entsprechend angereichert. Dieser Teil der Doppelstrategie erfordert längere Zeiträume und zielt eher auf eine generelle Zunahme der nachhaltigen Innovationsaktivität als auf sektorspezifische Potenziale oder bestimmte Arten von Innovation.

Beide Komponenten ergänzen einander. Erfolgreiche Innovationspolitik entsteht aus ihrer wohldosierten Kombination. Die Übergänge zwischen beiden Arten von Innovationspolitik sind fließend und insofern sind (z. T. ideologisch geprägte) Auseinandersetzungen über ein Entweder-Oder unergiebig. Nachhaltige Innovationspolitik ist insgesamt darauf gerichtet, die Rahmenbedingungen dahingehend zu verändern, dass sich die Durchsetzungschancen nachhaltiger Innovationspotenziale am Markt verbessern. Die Verbesserung der Rahmenbedingungen für nachhaltige Innovationen sieht sich mit dem Problem konfrontiert, dass Erfolge sich erst längerfristig einstellen und dass sie nicht kausal einer bestimmten Veränderung einzelner Bedingungen zugeordnet werden können. Daher ist die politische Durchsetzung gerade dieser Art von Reformen ein schwieriges Unterfangen.

Aus den so identifizierten Erfolgsfaktoren und Hemmnissen lassen sich nunmehr Politikempfehlungen ableiten, wobei es nach dem Anerkenntnis der prinzipiellen Notwendigkeit staatlicher Innovationspolitik vor allem um die Wahl der konkreten Technologie, der Instrumente, deren Dosierung und den Phasenspezifika innerhalb eines Innovationsprozesses geht. Als Empfehlung ergibt sich eine wohldosierte Kombination aus marktfern ansetzender Förderung (Grundlagenforschung), einer dem Wettbewerb überlassenen Such- und Entdeckungsfunktion mit anschließender Förderung einer gesellschaftlich vorteilhaften Beschleunigung der Diffusion und einer generellen Verbesserung der Rahmenbedingungen für nachhaltige Innovationsaktivität.

Normative Abwägungs- und Entscheidungskriterien

Die Anwendung herkömmlicher Entscheidungsregeln erfordert eine präzise Formulierung der einschlägigen Handlungsoptionen und der Umweltzustände, die die

Handlungsfolgen beeinflussen. Ist jedoch nicht klar, welche Umweltzustände zu berücksichtigen sind (Entscheidung unter *grundlegender* [*profound*] Ungewissheit), lassen sich diese Entscheidungsregeln nicht anwenden. Da sich das für diese Studie relevante Entscheidungsproblem wegen der Berücksichtigung langfristiger Umweltveränderungen durch profunde Ungewissheit auszeichnet, müssen andere Wege gesucht werden, zu einer Entscheidung zu gelangen.

Die Umweltpolitik greift in diesen Fällen auf das „Vorsorgeprinzip" zurück, das Präventivmaßnahmen auch dann zulassen soll, wenn die wissenschaftlichen Belege nicht zwingend, sondern lediglich plausibel sind. Die Kosten dieser Maßnahmen müssen verhältnismäßig sein (Übermaßverbot), angesichts der profunden Ungewissheit vorzugsweise gemessen im Vergleich zu einem anderen, leichter spezifizierbaren Ziel. Vorsorgemaßnahmen im Hinblick auf einen Klimawandel können z.B. über die Ziele der Beschaffungssicherheit und der Verlässlichkeit des Energiesystems beurteilt werden.

Ein Zielbündel für einen nachhaltigen Umbau des Energiesystems ist in folgender Tabelle zusammengestellt:

[**Tabelle 3.1.**] Zielbündel für einen nachhaltigen Umbau des Energiesystems

Zieldimension	Konkretisierung
Ressourcenverfügbarkeit	Zeit sicherer Praxis, Beschaffungssicherheit
Energiesystem	Verlässlichkeit (Endverbraucher), Optionsoffenheit, Risikovermeidung
Umwelt	Klimawandel, Emissionen, Flächenverbrauch

Wenn im Rahmen dieser Studie auf die Notwendigkeit eines nachhaltigen Umbaus des Energiesystems hingewiesen wird, ist stets an alle o.e. Zieldimensionen zu denken. Die Reduzierung der CO_2-Emissionen lässt sich als „Leitindikator" für dieses Zielbündel verwenden, der einer notwendigen Bedingung entspricht und durch weitere Indikatoren (Flächenverbrauch, Optionsoffenheit u.ä.) als hinreichende Bedingungen ergänzt werden muss.

Nachhaltigkeit ist zweifellos ein normatives Konzept und mit jeder Nachhaltigkeits-Konzeption ist eine bestimmte normative Grundsatzentscheidung mit jeweils spezifischen ethischen Implikationen verbunden, auch wenn diese nicht immer expliziert werden. Die Position, wonach keinerlei Verpflichtungen gegenüber zukünftigen Generationen bestehen, wird – soweit wir sehen – zwar kaum in Reinform vertreten, aber doch immerhin derart, dass Interessen künftiger Generationen heute nur insoweit zu berücksichtigen sind, wie dies auch der gegenwärtigen Generation nutzt oder zumindest nicht schadet (intertemporale Pareto-Verbesserungen). Dieses „win-win"-Konzept passt zwar zu Innovationen, weil sie es ermöglichen, neue Lösungen auf eine bessere Weise als zuvor zu finden. Das angehäufte technische und organisatorische Wissen kann zukünftige Generationen für die verringerten Ressourcen entschädigen.

Das offenkundige Problem dieser Position besteht jedoch darin, dass immer dann, wenn keine Spielräume für Pareto-Verbesserungen mehr bestehen, sondern eine wirkliche Trade-off-Situation und damit ein gravierender ethischer Konflikt eintritt, keinerlei Aussagen mehr möglich sind. Die Anwendung eines intertemporalen Pareto-Kriteriums kann also nur ein erster, ethisch weitgehend abstinenter Schritt sein, die hier vorliegenden Fragen zu beantworten. Sind intertemporale Pareto-Verbesserungen nicht möglich, muss man nach Rechtfertigungen für die dann erforderlichen Trade-offs (Abwägungen) zwischen verschiedenen Möglichkeiten suchen.

Ob es bei den Fragen intergenerationeller Verteilung – wie sie die Nachhaltigkeitsdiskussion durchziehen – Spielräume für Pareto-Verbesserungen gibt – wie im Falle der hier diskutierten nachhaltigen Energieinnovationen –, oder ob hier zumindest in einigen Bereichen eine Trade-off-Situation besteht, ist natürlich eine empirische Frage, die im Einzelfall beantwortet werden muss.

Festzuhalten ist jedenfalls, dass mit jeder Konzeption von Nachhaltigkeit eine intertemporale Bestandsgröße eingeführt wird. Deren Erhaltung zu fordern bzw. als gerecht vorauszusetzen, stellt den Nachhaltigkeitsbegriff in einen normativen Kontext.

Langzeitverantwortung ist ein grundlegender Aspekt des Begriffs der nachhaltigen Entwicklung. Sie lässt sich – abgesehen von der genauen Ausgestaltung – unter Rekurs auf eine robuste moralische Intuition als unproblematisch unterstellen. Jeder wird nämlich Langzeitverpflichtungen zumindest für die unmittelbar folgenden Generationen akzeptieren. Eine abnehmende Verbindlichkeit dieser Verpflichtung mit zunehmender zeitlicher Distanz (*Gradierung*) wird ebenfalls intuitive Zustimmung finden, denn man wird eher seinen Kindern als seinen Nachkommen in zehnter Generation einen bestimmten Vorteil zukommen lassen oder einen Schaden ersparen wollen. Diese Gradierung von Verbindlichkeit lässt sich zusätzlich durch die mit zunehmender zeitlicher Distanz steigende Unsicherheit des Eintretens der gewünschten Handlungsfolgen begründen.

In das Konzept kritischer Nachhaltigkeit ist eine Vorstellung intergenerationeller Gerechtigkeit in dem Sinne eingewoben, dass die als kritisch erachteten Standards eingehalten werden sollen. Das Konzept kritischer Nachhaltigkeit als dynamisches Nutzungskonzept rekurriert auf Gradierungsfragen vor allem im Sinne der oben erörterten zunehmenden Unsicherheit des einschlägigen Wissens.

Selbstverständlich können wir heute zukünftige Generationen und ihre Bedürfnisse nicht *richtig* berücksichtigen, weil es sie noch gar nicht gibt. Aus genau diesem Grund beobachten wir häufig eine Verzerrung beim Ausgleich ökologischer, sozialer und wirtschaftlicher Kriterien im Konzept der Nachhaltigkeit: Während sich die Fürsprecher sozialer und ökonomischer Aspekte auf spezielle Interessengruppen stützen, werden ökologische Aspekte nur von Umweltverbänden vertreten. Diese setzen sich aus Mitgliedern heute lebender Generationen zusammen, die zu Gunsten der mutmaßlichen Interessen zukünftiger Generationen handeln. Hier kommt die Wissenschaft ins Spiel: Sie kann nicht advokatorisch für zukünftige Generationen sprechen. Aber sie kann und sollte unter Verwendung der besten verfügbaren wissenschaftlichen Ergebnisse Transparenz bezüglich der Risiken einer Überbelastung ökologischer Ressourcen schaffen. Deshalb müssen wir Risiken und zukünftige Entwicklungen mit unsicheren Auswirkungen beschreiben und können nicht einfache „Rezepte" mit klaren Fakten abliefern.

Auf dem Weg zu einem nachhaltigen Energiesystem – Defizite und Referenzpunkte

Der Gedanke der *Nachhaltigkeit als Rechtsnorm* ist noch relativ jung und wurde zuerst im Völkerrecht aufgegriffen. In den Dokumenten zum „Erdgipfel" in Rio de Janeiro 1992 findet dieser Gedanke sich insbesondere in der Agenda 21. Völkerrechtliche Verbindlichkeit wurde allerdings erst durch spezifische Abkommen erreicht, nämlich in der *Klimarahmenkonvention*, die 1994 nach deren Ratifizierung durch 160 Staaten in Kraft trat und 1997 im sog. *Kyoto-Protokoll* konkretisiert wurde. Unterschiedliche Interessen zwischen entwickelten Staaten und Entwicklungsländern als auch divergierende Vorstellungen über die Gewichtung von ökonomischen und ökologischen Interessen in den Industriländern haben in den letzten Jahren diesem Abkommen seine Effizienz weitgehend genommen.

Auf europäischer Ebene wird seit den Amsterdamer Vertragsänderungen nachhaltige Entwicklung schon in der Präambel und in Art. 2 des EG-Vertrages als Ziel formuliert. Im *deutschen Grundgesetz* (Art. 20a) ist der „Schutz der natürlichen Lebensgrundlagen" auch hinsichtlich der Verantwortung für künftige Generationen verankert.

Die Nachhaltigkeit des Energiesystems darf freilich nicht nur unter dem Aspekt des Klimaschutzes analysiert werden. Bei der Gründung der Internationalen Energieagentur (IEA) nach der Ölkrise von 1973/74 stand die *Versorgungssicherheit* (Beschaffungssicherheit) im Vordergrund. Die Europäische Union deckt heute rund 50% ihres Energiebedarfs durch Einfuhren. Dabei entfallen geopolitisch ca. 45% der Erdöleinfuhren auf den Nahen Osten; 40% der Erdgasimporte kommen aus Russland. Bis 2020 – so wird von der EU prognostiziert – wird der Importanteil wieder auf 70% steigen, verbunden mit einer Verschiebung hin zu einer erneuten Abhängigkeit vom Nahen Osten, wo ca. zwei Drittel der Ölreserven der Zukunft lagern und wo nach einer Schätzung der IEA über 85% der zusätzlichen Förderkapazitäten liegen.

Weder die internationalen noch nationalen Rechtsnormen sind heute so präzise, als dass daraus direkt operative „Nachhaltigkeitsziele" abgeleitet werden könnten. Wirksames politisches Handeln benötigt jedoch präzise formulierte Ziele und entsprechendes Handlungswissen. Beides kann nur im Dialog mit den Wissenschaften erarbeitet werden. Insbesondere haben die Wissenschaften die Nachhaltigkeit des gegenwärtigen Energiesystems zu *analysieren* und einen präzisen *Benchmark* für eine nachhaltige Energieversorgung zu formulieren. Eckpunkte dieser Analyse sind die Feststellung, dass (1) der Verbrauch kommerzieller Energie in den letzten 50 Jahren um den Faktor 5 gestiegen ist, (2) über 90% dieser Energie aus fossilen Ressourcen stammt und (3) die Unterschiede in der Verfügbarkeit kommerzieller Energie zwischen den reichsten und ärmsten Ländern mehr als das Hundertfache betragen. Die meisten Prognosen sagen bis 2050 eine Steigerung des Energiebedarfs auf das Zwei- bis Vierfache voraus. Umgekehrt sollte aus Gründen des Klimaschutzes und der Beschaffungssicherheit der Verbrauch fossiler Energie in diesem Zeitraum halbiert werden.

Die gängigen Antworten auf die sich öffnende Schere zwischen Bedarf und Notwendigkeit lauten *Effizienzsteigerung* und *Dekarbonisierung*. Ersteres zielt auf eine zunehmende Entkoppelung von Bruttoinlandsprodukt (BIP) und Energiebedarf, zweiteres auf die Substitution von fossilen Ressourcen durch erneuerbare oder kohlenstoff-freie Energieträger. Die gegenwärtige Entwicklung des globalen Energiesystems zeigt, dass die beiden Prozesse viel zu langsam ablaufen, als dass sie das Wachstum der CO_2-Emissionen bremsen, geschweige denn in einen Rückgang verwandeln könnten. Diese Entwicklung ist nicht nur aus Sicht des Klimaschutzes, sondern auch aus Sicht der Energiesicherheit (Beschaffungssicherheit und Verlässlichkeit des Energiesystems) und der geografischen Verfügbarkeit der fossilen Energieressourcen nicht nachhaltig.

Die Quintessenz obiger Überlegungen lässt sich durch folgende einfache Rechnung zusammenfassen: Wenn man das typische Ziel für das Wachstum des Bruttoinlandsproduktes (BIP) von jährlich 2% für die EU und andere Industrieländer berücksichtigt und für diese Länder ein Ziel für die Verringerung der CO_2-Emissionen von 2% annimmt, brauchen wir eine Verringerung der CO_2-Intensität (CO_2-Emissionen pro BIP) von jährlich 4%. Die CO_2-Intensität dient dabei als ein Leitindikator für „eine nachhaltige Veränderung des Energiesystems.

Das Szenario „S450" des Zwischenstaatlichen Sachverständigenausschusses zum Klimawandel (*Intergovernmental Panel on Climate Change* – IPCC), das ambitioniert, aber nicht unrealistisch erscheint, spielte eine wichtige Rolle in unserer Beurteilung, wurde jedoch durch die Berücksichtigung langfristiger Trends, der Notwendigkeit politischer Stabilität in der Nord-Süd-Dimension und der dringend erforderlichen Begrenzung der zunehmenden Abhängigkeit vom Erdöl im Nahen Osten ergänzt (nicht nur der EU, sondern auch der USA, die mit 60 Prozent Erdölimporten heute anfälliger als je zuvor ist).

Zur Operationalisierung der Nachhaltigkeitsziele werden zwei Konzepte vorgeschlagen: (1) Die *Zeit sicherer Praxis* geht davon aus, dass jede gesellschaftliche Tätigkeit daraufhin analysiert werden kann, wie lange sich diese hypothetischerweise unverändert fortsetzen ließe, bis sie (z.B. aus Gründen der Ressourcen-Reichweite, der Umweltbelastung etc.) an ihre eigenen Grenzen stieße. (2) Die *Trägheit* des Energiesystems lässt sich als jene Zeit definieren, die es benötigt, um ein System signifikant zu verändern. Für den Fall des heutigen, durch den Verbrauch fossiler Brennstoffe dominierten Systems wäre eine solche Veränderung zum Beispiel die Umstellung auf erneuerbare Energieressourcen.

Mit diesen Konzepten lässt sich das Ziel der Nachhaltigkeit folgendermaßen definieren:

(1) Eine Praxis (z.B. eine Energiepraxis) ist dann nachhaltig, wenn die Zeit sicherer Praxis konstant bleibt oder wächst (Prinzip der konstanten Zeit sicherer Praxis).

(2) Die Zeit sicherer Praxis muss größer sein als die Trägheit des betrachteten Systems.

Auf die Energie angewendet bedeutet dies, dass sich ein nachhaltiges Energiesystem auf zwei Pfeiler stützen muss: (1) auf den effizienten Umgang mit Energie und (2) auf die vermehrte Nutzung der solaren Ressourcen. Aufgrund der heute bekannten Technologien könnte ein vernünftiger westlicher Lebensstandard mit einem Energieverbrauch von *2000 Watt pro Person* erreicht werden. (Der Bedarf in den Industrieländern liegt heute zwischen 4.000 und 10.000 Watt pro Person.)

Dieser Bedarf könnte nachhaltig, d.h. weitgehend durch erneuerbare Ressourcen gedeckt werden. Der *2000 Watt-Benchmark* bildet die Grundlage für die weiteren Überlegungen. Wir haben Anlass für die Annahme, dass genügend Zeit für einen solchen Wandel bleibt, wenn er jetzt energisch in Angriff genommen wird.

Potentiale und Barrieren für ein nachhaltiges Energiesystem

Grundlegend für einen derartigen Wandel ist das Potential von Innovationen im Energiebereich, an denen derzeit gearbeitet wird oder die neu auf dem Markt sind. Deren Beurteilung auf verschiedenen Entwicklungsstufen oder in Frühphasen der kommerziellen Nutzung stellt daher den nächsten Schritt der Untersuchung dar. So gelangt man zu einer fundierten Einschätzung ihres Potentials bei der Energieeffizienz.

In der Vergangenheit hat es Perioden gegeben – zum Beispiel Perioden mit hohen Energiepreisen –, in denen die Energieeffizienz für Neugeräte sich mit 5% pro Jahr oder mehr verbessert hat. Wir fragen uns, ob eine derartige Verbesserung auch in Zukunft möglich wäre. Mit repräsentativen Beispielen (Energieverbrauch der Raumheizung von Wohnungen, Personen-Kraftfahrzeuge, Elektrizitätsproduktion und einige ausgewählte industrielle Prozesse) zeigen wir, dass es in der Tat die technischen Möglichkeiten gibt, um auch in Zukunft für Neugeräte eine Verbesserung von 5% pro Jahr oder mehr zu realisieren. Das Potential für die nächsten etwa 15 Jahre lässt sich sogar schon heute genau spezifizieren.

Eine Verbesserung der Energieeffizienz für Neugeräte von ca. 5% pro Jahr macht es möglich, die Gesamtenergienachfrage bis zum Jahr 2050 im Vergleich zum heutigen Verbrauch zu halbieren. Dabei wird mit weiterem Wirtschaftswachstum und langsamem Umschlag des Kapitalbestandes gerechnet. Eine derartige Verringerung der Energienachfrage ist Voraussetzung für eine maßgebliche Steigerung des relativen Anteils erneuerbarer Energien.

Der Anteil erneuerbarer Energien am Energieangebot ist heute wesentlich höher als vor 20 Jahren allgemein erwartet wurde. Die Windenergie wird in den nächsten Jahren kommerziell rentabel, während es bei der Photovoltaik noch lange dauern wird. Die breit gefächerten Anwendungen von Biomasse auf der Grundlage unterschiedlicher Techniken liegen irgendwo dazwischen. Kurzfristige Einsatzmöglichkeiten sind die Mitverfeuerung in großen und die Vergärung in kleinen Anlagen. Vielversprechende Aussichten bietet eine Fülle neuer Techniken auf der Grundlage der Vergasung zur Produktion von gasförmigen Brennstoffen (z.B. für die kombinierte Erzeugung von Wärme und Strom) und Flüssigbrennstoffen (z.B. für den Transportbereich).

Unter Berücksichtigung der verschiedenen Arten erneuerbarer Energiequellen haben wir für die Zukunft unterschiedliche Szenarien entwickelt, um mindestens die Hälfte der Energienachfrage aus erneuerbaren Energiequellen zu befriedigen.

XXVI Zusammenfassung

0. Referenzfall mit der Fortsetzung bestehender Trends wie geringer Verbesserung der Energieeffizienz, einer schrittweise zunehmenden Endenergienachfrage, eines zunehmenden Anteils von Erdgas, eines Auslaufens der Kernenergienutzung und geringer Anteile regenerativer Energiequellen
I. Ein Szenario mit einer relativ stabilen Energienachfrage (jedoch mit einer Verlagerung von der Nachfrage nach Wärme zur Nachfrage nach Strom) und einem Angebotssystem, das sich unter Berücksichtigung der Beschränkung der CO_2-Emissionen auf die billigsten, reichlich verfügbaren Energiequellen stützt: Biomasse und Erdgas
II. Identische Nachfrageentwicklung, aber geringere Nutzung von Biomasse
III. Ein Szenario mit deutlich gesunkener Energienachfrage

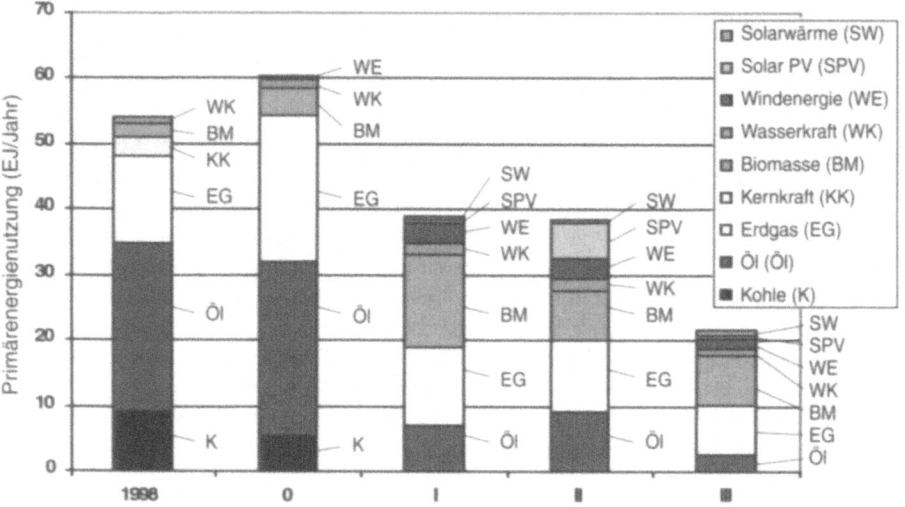

[Abb. 5.5.] Überblick über den Primärenergie-Input im Jahr 2050 für die drei Szenarien.

Momentan ist Wasserkraft noch die wichtigste erneuerbare Quelle für die Elektrizitätsproduktion. In den kommenden Jahrzehnten wird speziell in den Bereichen Windenergie und Biomasse das größte Wachstum erwartet. Die Aussichten für Biomasse sind am günstigsten, aber der damit verbundene Flächenbedarf ist riesig. Dennoch ist selbst innerhalb der dicht besiedelten Europäischen Union eine für das obige Biomasse-intensive Szenario (Szenario I) hinreichende Ausweitung der Biomassennutzung möglich. Eine Quelle, die erst langfristig wichtig werden kann, ist die Photovoltaik. Es ist möglich, diese Quelle eine große Rolle spielen zu lassen, aber das wird starke Entwicklungsanstrengungen und höhere Kosten verursachen.

Es gibt also mehrere Kombinationen von Energieeffizienzverbesserungen und erneuerbaren Energiequellen, um die Nachfrage nach fossiler Energie in der Europäischen Union bis zum Jahr 2050 im Vergleich mit heute um 60 bis 80% zu reduzieren.

Die hier skizzierten Entwicklungen werden keineswegs ohne gezielte Maßnahmen stattfinden. Es gibt verschiedene Hemmnisse, die es zu überwinden gilt. Energie stellt in vielen Sektoren keinen wichtigen Kostenfaktor dar. Mit Sicherheit gilt dies im Dienstleistungs- und Agrarsektor. Selbst in den Haushalten verteilen sich die Energiekosten auf mehrere Bereiche (Mobilität, Heizung, Strom usw.). Bei Entscheidungen werden die Energiekosten deshalb häufig nicht angemessen berücksichtigt. Außerdem werden die positiven externen Effekte (z.B. geringere Emissionen) am Markt nicht honoriert. Neue Techniken befinden sich am oberen Ende der Lernkurve und können nur schwer mit den etablierten Techniken konkurrieren, die über einen langen Nutzungszeitraum optimiert wurden. Bei der Energieeffizienz und den regenerativen Energien sind – insbesondere wenn es sich um „manufactured technologies" handelt – Massenproduktionsvorteile jedoch entscheidend für ihre Konkurrenzfähigkeit gegenüber den etablierten „on-site technologies". Häufig müssen neue Technologien mit vorhandenen Anlagen kompatibel sein und zu bestehenden Normen und Infrastrukturen passen, was die Marktpenetration verlangsamt. Dies gilt insbesondere in einem kapitalintensiven Sektor, in dem „sunk costs" einen raschen Kapitalumschlag verhindern.

Außerdem lehrt die Geschichte der Substitution einer Energiequelle durch eine andere, dass neue Energiequellen nicht nur ökonomisch konkurrenzfähig sein, sondern auch zusätzliche Vorteile bieten müssen (beispielsweise war Öl „sauberer" als Kohle). Der Substitutionsprozess ist nie ‚politikfrei' (in jeder Richtung) und hängt sehr stark von der Nutzungsdauer der vorhandenen Energieinfrastruktur ab. Wenn neue Techniken jedoch einmal eine kritische Masse erreichen, wird die Substitution beschleunigt.

Die Realität der Nachhaltigkeit: Zielkonflikte in der Instrumentenwahl

Als Zweck politischen und wirtschaftspolitischen Handelns wird oft die Erhöhung der „Wohlfahrt" oder des „Gemeinwohls" genannt. Bei konkreten wirtschaftspolitischen Maßnahmen ist sehr oft unklar, was man darunter zu verstehen hat. Dies liegt daran, dass bestimmte Maßnahmen in mancher Hinsicht vorteilhaft erscheinen, aber andererseits meist auch Nachteile verursachen. Diese Nachteile können darin liegen, dass die Kosten und Nutzen einer Maßnahme ungleich verteilt sind oder, dass die Beseitigung eines Problems ein neues hervorruft.

Ein bekanntes Beispiel ist das magische Viereck in der makroökonomischen Wirtschaftspolitik: Nach dem Stabilitäts- und Wachstumsgesetz sind ein hohes Beschäftigungsniveau, niedrige Inflation, außenwirtschaftliches Gleichgewicht und angemessenes Wachstum anzustreben. Faktisch verfolgt die Politik aber auch noch zusätzlich das Ziel einer gerechten Verteilung. Dies sind fünf *wirtschaftspolitische Ziele*, mit der Folge, dass Maßnahmen zum verbesserten Erreichen eines Zieles leicht die Realisierung eines oder mehrerer anderer Ziele verschlechtern können. Wenn zum Beispiel eine Beschäftigungssteigerung erreicht wird, kann das Risiko einer Erhöhung der Inflation und der Importe entstehen, so dass möglicherweise sogar zwei Ziele weniger gut erreicht werden, nämlich „geringe Inflation" und „außenwirtschaftliches Gleichgewicht". Wenn man die Verteilung durch Lohnerhöhungen gerechter gestalten will, kann das zu weniger Beschäftigung und Wachstum führen. Wiederum werden zwei Ziele möglicherweise weniger gut erreicht, wenn man ein anderes fördert. Wir haben es also mit *Zielkonflikten* zu tun.

Für die vorliegende Studie sind die Zielkonflikte zwischen Umweltzielen und anderen Zielen von besonderer Bedeutung. Hier werden auf der Grundlage der „neuen Mikroökonomik" diejenigen Konflikte behandelt, die auf Marktunvollkommenheiten und Verteilungsproblemen beruhen. Dabei sind im einzelnen die Beschäftigungs-, Wettbewerbs-, Handels-, Finanz- und Entwicklungspolitik einschlägig. Eine Reduktion von Umweltemissionen vor allem im Energiebereich erfordert die Reduktion der Produktion und daher entweder der Beschäftigung oder aber der Löhne, soll die Beschäftigung erhalten bleiben.

Wenn aufgrund von Kostenerhöhung durch umweltpolitische Maßnahmen eine Reduktion von Produktionsmengen auf Firmenniveau erfolgt, entspricht dies im Resultat dem Vorgehen eines Monopolisten, der einen Monopolpreis durchsetzt. Diese Maßnahmen können daher Monopoleffekte verstärken, wenn sie deren Vorhandensein nicht von vornherein richtig einkalkulieren.

Ein großer Teil der Energieemissionen stammt vom (internationalen) Transport. Der (internationale) Handel dient dazu, dem Konsumenten oder den Firmen günstigere Einkäufe zu ermöglichen. Wenn die Transportkosten aus umweltpolitischen Gründen steigen, damit die Umweltkosten vom Verursacher getragen werden, ist dies nicht im Interesse der Transporteure, Importeure und Warenempfänger.

Ein Schwachpunkt national oder regional begrenzter Umweltpolitik besteht darin, dass Firmen in andere Regionen abwandern können, wo ihnen keine Umweltkosten auferlegt werden. Dieser Effekt ist empirisch wahrscheinlich gering, weil der internationalen Konkurrenzfähigkeit – oft mit Hilfe von Ausnahmeregelungen – Vorrang eingeräumt wurde. Er führt aber bei Abwesenheit von Ausnahmeregelungen partiell auch zu einer Schwächung der Arbeitsnachfrage und einem Unterlaufen der Umweltpolitik selbst, weil zum Beispiel Emissionen dann aus den weniger regulierten Ländern kommen.

Um die Kosten der Umweltpolitik effizient zu gestalten, wird nach Möglichkeiten gesucht, Geld von Industrieländern in Entwicklungsländern einzusetzen, falls dort eine größere Wirkung erzielt werden kann. Wenn dies zu einer verstärkten Nachfrage nach Boden führt, um etwa Aufforstungsprogramme im Rahmen des im Kyoto-Protokoll vereinbarten *Clean Development Mechanism* (CDM) umzusetzen, kann dies die Pachtpreise von Kleinbauern und die Preise von Lebensmitteln erhöhen und steht damit im Konflikt zum entwicklungspolitischen Ziel der Armutsreduktion.

Solange Zielkonflikte bestehen, können sie verhindern, dass politische Entscheidungen getroffen werden. Dies liegt daran, dass Individuen, insbesondere Politiker und Lobbyisten, sich darin unterscheiden können, wie wichtig sie verschiedene Ziele einschätzen. Sie können sich insbesondere auch darin unterscheiden, dass sie an die Existenz eines Problems (überhaupt nicht) glauben oder sein Ausmaß unterschiedlich einschätzen. Es kann langfristig sehr kostspielig sein, wenn bei unvollkommener Information keine Maßnahmen ergriffen werden, obwohl ein relevantes Problem tatsächlich sehr bedeutend ist, oder wenn Entscheidungen für Maßnahmen getroffen werden, die sich im nachhinein als unnötig erweisen.

Die konfliktträchtigen Verteilungswirkungen umweltpolitischer Effizienzgewinne müssen folglich entschärft werden, um Widerstände zu vermindern. Dies kann über innovationspolitische Maßnahmen geschehen. Förderung von – in Bezug auf ihre Umweltwirkungen – überlegenen Technologien können die Grenzkosten von Firmen senken, die Beschäftigung erhöhen, Monopolpreise und Transportemissionen reduzieren, ohne den internationalen Handel zu beeinträchtigen oder Kapitalbewegungen hervorzurufen. Diese Technologieförderung findet im Inland und nicht in Entwicklungsländern statt. Emissionen werden nur durch den Import besserer Techniken reduziert, wenn sie zu Standardtechnologien werden und alte Technologien vom Markt verschwinden. Insofern sind die oben geschilderten Interessengegensätze beim Einsatz der Innovationspolitik abwesend. Innovationspolitik kann komplementär zu anderen Maßnahmen der Umweltpolitik eingesetzt werden. Um Zustimmung zu Maßnahmen wie Umweltsteuern und Zertifikaten zu erlangen, kann eine Innovationsförderung angeboten werden, die die Effekte der Kostenverteilung mildert.

Im rechtlichen Rahmen der Europäischen Union wurden im Laufe der Jahre Regeln dafür entwickelt, was zu beachten ist, wenn wirtschaftliche Ziele – beispielsweise der ungehinderte Waren- und Dienstleistungsverkehr im Binnenmarkt – zu Gunsten des Umweltschutzes zurückstellt werden. Die Gründe müssen zwingend sein und die eingesetzten Instrumente möglichst geringe Auswirkungen auf den Binnenmarkt haben. Oft erfordern die Regeln nur eine temporäre Intervention oder die Festlegung von Schwellenwerten (z.B. für Subventionen von Umweltschutztechniken). Der Europäische Gerichtshof (EuGH) hat für die entsprechenden Nachweise strenge Regeln vorgegeben.

Konflikte mit dem EG-Wettbewerbsrecht können in zweifacher Hinsicht auftreten. Staatliche Förderungsmaßnahmen sind am Beihilfenverbot zu messen. Diesem unterfallen sämtliche staatlichen Förderungsmaßnahmen mit finanzieller Begünstigung des Adressaten, nach Auffassung des EuGH hingegen nicht Abnahme- und Vergütungspflichtregelungen, die in erster Linie die Kassen privater Energieversorgungsunternehmen belasten, höchstens indirekt hingegen zu staatlichen Einnahmeausfällen führen. Liegt eine Beihilfe vor, kann diese aus Umweltschutzgründen gerechtfertigt werden, wenn sie dem Gemeinschaftsrahmen für staatliche Umweltbeihilfen entsprechen. Dieser sieht Sonderregelungen für regenerative Energien vor und ermöglicht grundsätzlich jedenfalls zeitlich befristete Unterstützungen. Bedenken ergeben sich aus dem Verursacherprinzip, das auch den gemeinschaftlichen Beihilfenrahmen beherrscht.

Der zweite wettbewerbsrechtliche Konfliktherd sind Wettbewerbsregeln für Unternehmen. Soweit Selbstverpflichtungen der Wirtschaft etwa zur CO_2-Reduktion bzw. zur Förderung regenerativer Energien zu Firmenkooperationen führen und daraus Beeinträchtigungen der Wettbewerbsfreiheit erwachsen, können diese ebenfalls aus Umweltschutzgründen gerechtfertigt sein, wenn sie unabdingbar sind. Solche Selbstverpflichtungen können insbesondere auch die Erforderlichkeit von Einschränkungen der Warenverkehrsfreiheit in Frage stellen, sofern sie vergleichbare Effekte wie staatliche Fördermaßnahmen oder Markteingriffe versprechen.

Strategien zur Beschleunigung von Energieinnovationen

Eine Strategie muss die Potentiale im Hinblick auf den 2000 Watt-Benchmark aktivieren, ohne an konfligierenden Zielen – dem Abgleich der drei Säulen der Nachhaltigkeit – zu scheitern. Aus der vorgehenden Analyse lässt sich eine solche Strategie entwickeln, die durch ein Bündel von Maßnahmen zur Förderung nachhaltiger Energieinnovationen geeignet ist:

1. Wir schlagen eine Strategie zur Beschleunigung nachhaltiger Energieinnovationen durch maßgeschneiderte Fördermaßnahmen für unterschiedliche Phasen ihres Lebenszyklus in Bezug auf ein Lernkurvenmodell vor. Zu Beginn des Lebenszyklus sollen Subventionen dazu beitragen, dass die Kostenvorteile der Skaleneffekte überhaupt erreicht werden können, indem Unternehmen sich rascher auf der „Lernkurve" von Kostensenkungen bewegen. In einer späteren Phase sollen Selbstverpflichtungen als Verhandlungslösungen oder einseitige Selbstverpflichtungen der Industrie zu beschleunigter Marktdurchdringung führen.

Es geht hier vornehmlich um energieeffiziente Technologien, die in der Phase der Markteinführung sind, d.h. es existieren Pilotprojekte und Demonstrationsvorhaben, aber es ist jetzt notwendig, die „early adapter" zu gewinnen und industrielle Produktions- und Servicestrukturen durch größere Stückzahlen zu entwickeln.

Diese Subventionen sind in der Mehrzahl der Fälle Anschubfinanzierungen. Es lässt sich nämlich zeigen, dass in der Mehrzahl der Fälle die Kosten der saubereren Technik langfristig nicht über denen der alten Technik liegen (vgl. die Kurven A2 und A3 in folgender Abbildung).

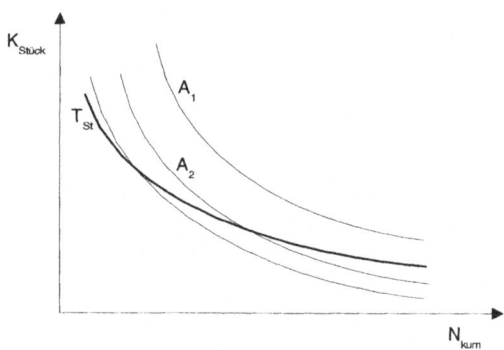

[Abb. 7.1.] Lernkurven energieeffizienter Techniken im Vergleich zur Standardtechnik (T_{St}).

Angesichts von Energiemärkten, die durch Deregulierung (gleichbedeutend mit niedrigeren Preisen) und volatile Preise gekennzeichnet sind, ist eine solche Förderung vor allem für regenerative Energiequellen wichtig. Die Ausgangssituation für die verschiedenen Techniken ist nicht einheitlich. Die

Energiegewinnung aus Windkraft ist wesentlich näher an der Rentabilität als die Photovoltaik. Die Energiegewinnung aus Biomasse könnte in den nördlichen Industrieländern zu teuer sein; nicht jedoch in tropischen Entwicklungsländern. Deshalb muss die Förderung der verschiedenen Techniken abhängig von ihrer Position auf der Lernkurve und der Antwort auf die Frage, wie rasch sie von „economies of scale" profitieren können, maßgeschneidert werden. Für die dezentralisierte „manufactured technology" der Energiegewinnung aus regenerativen Quellen ist die effiziente Massenproduktion der sicherste Weg, um mit „on-site technologies" wie beispielsweise Kraftwerken konkurrieren zu können.

Konkret wird für diesen Subventionsansatz auf das niederländische Modell der ‚Energieliste' zurückgegriffen. Durch eine jährlich aktualisierte Liste förderungswürdiger Techniken wird verhindert, dass eine Subventionierung länger als notwendig Bestand hat. Die in den Niederlanden gemachten Erfahrungen zur Überwindung von Informationsasymmetrien, zur Minimierung von Mitnahmeeffekten und zur ausschließlichen Konzentration auf die wirklich innovativen Techniken müssen berücksichtigt werden.

2. Die Nachfrage sollte zusätzlich über staatliche Beschaffungsprogramme stimuliert werden. So könnte im Zuge der üblichen Neubau-, Modernisierungs- und Reparaturmaßnahmen innerhalb der nächsten 5–7 Jahre auf jedem dritten staatlichen Gebäude eine Photovoltaik-Anlage installiert werden.

3. Wir empfehlen die Ausweitung der Grundlagenforschung im Bereich der Energietechnologien, um einen ständigen Strom neuen Wissens – angefangen von der Kernfusion bis hin zur Solarenergie – zu gewährleisten. Diese Aufgabe fällt eindeutig in den Zuständigkeitsbereich der Regierung. Eine Reduktion der entsprechenden Förderung (6. Rahmenprogramm für Forschung, technologische Entwicklung und Demonstration [2002–2006] der EU) ist eindeutig der falsche Weg.

4. Darüber hinaus sollte sich die Regierung im Bereich geeigneter Bildung und infrastruktureller Kompetenzbildung für neue Energietechniken engagieren.

5. In den Haushalten und im Bereich der Mobilität steigt der Gesamtverbrauch weiter an. Es stehen einige Ansätze zur Verfügung, mit denen sich die derzeitige Nachlässigkeit der Konsumenten beim Energieverbrauch beeinflussen ließe. Die Instrumente zur Regulierung der Haushalte als Hauptverursacher von Energieverbrauch, Emissionen und Abfällen sind wesentlich weniger gut entwickelt als im Industriebereich (z.B. die IVU-Richtlinie [IPPC-Directive] mit der Verpflichtung zur Nutzung der „besten verfügbaren Techniken"). Verbraucher sind nicht nur durch das Trittbrettfahrer-Dilemma eingeschränkt, sondern auch durch Informationsmängel, die sie daran hindern, fundierte Entscheidungen zu treffen. Deshalb empfehlen wir eine wirksame und glaubwürdige Kennzeichnung (Labeling) einschließlich eines „Greenpricing" von Strom aus regenerativen Quellen. Der geringe Erfolg bisheriger Ansätze lag in der Überflutung des Marktes mit Kennzeichnungen, so dass es selbst

staatlichen Kennzeichnungen nicht wirklich gelang, den Unterschied zwischen nachhaltigen und nicht nachhaltigen Produkten deutlich zu machen. In einigen Fällen ist dies auf Lobbyarbeit der Industrie zurückzuführen, in anderen auf einen Mangel an brauchbaren Unterscheidungskriterien.

6. Es könnte vielversprechender sein, zur Beschleunigung der Diffusion von Energieinnovationen in Haushalten auf gesellschaftliche und organisatorische Innovation zu setzen. Eine solche Innovation ist das Experiment von Versorgungsunternehmen – häufig in einer Partnerschaft zwischen öffentlichen Institutionen und Unternehmen –, sich als Dienstleister zu positionieren. Ein solcher Schritt befreit sie von dem Zwang, immer mehr Energie verkaufen zu müssen. Statt dessen können sie profitable Dienstleistungen für einen effizienten Energieverbrauch anbieten.

7. Im Verkehrsbereich müssen die im Vergleich zu Pkw und Lkw energieeffizienteren Verkehrsträger komfortablere und schnellere Logistik- oder Mobilitätsketten aufbauen, um wettbewerbsfähig sein zu können. Höhere Marktanteile lassen sich nicht mit Verbesserungen der einzelnen Komponenten, sondern nur mit einer Überarbeitung des gesamten Transportprozesses erreichen. Dies erfordert innovative Pakete, beispielsweise die Verknüpfung des Eisenbahnverkehrs mit Car-Sharing und Informationsdiensten.

8. Aber auch hier darf man nicht ausschließlich auf die Technologieentwicklung schauen: Mindestens genauso wichtig ist die Kompatibilität mit bestehenden Infrastrukturen und Prozessen sowie die Integration in das Stromnetz, sowohl auf der lokalen (um diskontinuierliche Ressourcen wie Wind zu kompensieren) als auch auf der europäischen Ebene (beispielsweise im Winter mit Wasserkraft gewonnene Energie aus Skandinavien in den Süden und im Sommer photovoltaisch gewonnene Energie aus Italien in den Norden).
Bei Brennstoffzellen ist die Überwindung des Problems von „Henne und Ei" (ohne Wasserstoffversorgung keine Fahrzeuge; ohne Fahrzeuge kein Wasserstoffangebot) eine entscheidende Voraussetzung für den Erfolg dieser vielversprechenden Technik. Ihre wirklichen Vorteile im Hinblick auf die CO_2-Intensität werden sich jedoch erst dann einstellen, wenn Wasserstoff aus regenerativen Energiequellen gewonnen wird.

9. Dem Thema Energie sollte auf allen politischen Ebenen wieder höchste Priorität eingeräumt werden.

10. Wir empfehlen darüber hinaus die Gründung einer als Netzwerk organisierten ‚Allianz für nachhaltige Energieinnovationen'.

Politische Durchsetzbarkeit nachhaltiger Energieinnovationen

Die Studie beschränkt sich nicht auf die Ausarbeitung von Handlungsoptionen, sondern untersucht auch deren politische Durchsetzbarkeit. Es werden explizit die Interessenlagen verschiedener gesellschaftlicher Akteursgruppen (Politiker, Konsumenten, Unternehmen, Umweltorganisationen etc.) untersucht. Dabei wird vor allem auf drei Aspekte eingegangen: Zielebene, Instrumentenwahl, Durchsetzungsstrategie.

Nachhaltige Innovationen im Energiebereich führen zwar insgesamt und längerfristig zur Steigerung des gesellschaftlichen Wohlstands, setzen aber Veränderungen im gesellschaftlichen Zielsystem und Reformen voraus, die für einige gesellschaftliche Gruppen (darunter wesentliche Teile der Energiewirtschaft) zumindest temporär wenig attraktiv erscheinen. Die gegebene Interessenlage der Akteursgruppen lässt nicht erwarten, dass spontan eine breite Akteurskoalition für nachhaltige Innovation im Energiebereich entstehen wird. Andererseits bestehen für jede Akteursgruppe (Unternehmen, Konsumenten etc.) Handlungsspielräume für nachhaltige Innovation, die sie wahrnehmen können, ohne dass von ihnen die Aufgabe ihrer grundlegenden Interessen verlangt werden muss. Wenn es gelänge, diese Handlungsspielräume konsequent auszuschöpfen, kann eine Reformdynamik entstehen, die den (nicht nachhaltigkeitsförderlichen) Status Quo überwindet. Zu fragen ist, wie sich dies auslösen und organisieren lässt.

Im Hinblick auf die Instrumentenwahl ist nach der Durchsetzbarkeit des Instrumenten-Mixes zu fragen, der nachhaltige Innovation im Energiesektor mit möglichst geringen gesellschaftlichen Kosten stärkt. Ökonomisch effiziente und innovationsstimulierende Instrumente wie Zertifikatslösungen oder Öko-Steuern im Umweltschutz erweisen sich im politischen Prozess als wenig attraktiv.

Der hier vorgeschlagene Instrumentenmix hat größere Durchsetzungschancen, da er auf Subventionslösungen, Selbstverpflichtungen und Informationsinstrumente (Labels etc.) zurückgreift, weil sie nicht mit unmittelbar merklichen Belastungen für gut organisierte Akteursgruppen verbunden sind. Kurzfristig muss nachhaltige Innovationspolitik daher vor allem die Möglichkeiten dieser Instrumente nutzen.

Auch gegen eine innovationsorientierte Politik formieren sich Widerstände, aber in geringerem Maße als gegen allokative Politiken, die auf Steuern, Regulierung oder Zertifikaten basieren. Um Nachhaltigkeitspolitiken voranzubringen, bedarf es eines klar definierten Prozesses zur Formulierung verbindlicher Ziele und zur Gewährleistung eines maximalen Engagements sowie des Aufbaus von Kapazitäten im Hinblick auf eine Plattform, auf der (selbst gegensätzliche Positionen vertretende) Gruppen lernen können, (besser) zusammenzuarbeiten, Erfahrungen auszutauschen, über ihre Lernerfolge zu berichten und sich in ein globales Netzwerk mit einer geteilten Zukunftsvision zu integrieren.

Neuen Institutionen stehen wir skeptisch gegenüber. Im Gegensatz zu spezialisierten Behörden, angefangen von der Zentralbank bis zu einer Kartellbehörde, betrifft die Nachhaltigkeit jeden Lebensaspekt und kann nicht vom Kern demokratischer Politik getrennt werden. Unsere Analyse hat jedoch ergeben, dass es oft ausreichend ist, bestehende Institutionen zu vernetzen, um das Konzept nachhaltiger Entwicklung in ihre speziellen Aufgabenbereiche zu integrieren.

Deshalb schlagen wir die Bildung einer „Allianz für nachhaltige Energieinnovationen" vor, die sich auf drei Ziele konzentrieren sollte:
- die Erhöhung der öffentlichen Aufmerksamkeit für die Divergenz von Energiebedarf und Wachstumsgrenzen und dem Potential nachhaltiger Energieinnovationen zur „Erweiterung der Grenzen", wenn das Potential rascher ausgeschöpft wird,
- die Identifikation von Hemmnissen (z.B. Ineffizienzen) für die beschleunigte Umsetzung von nachhaltigen Energieinnovationen sowie die Förderung neuer Lösungen und
- den Aufbau einer Datenbank und eines Zentrums für Wissenstransfer zu nachhaltigen Energieinnovationen für den leichten Zugriff auf alle Informationen über spezielle Energieinnovationen, Kooperationspartner, Beratungsunternehmen usw.

Mitglieder einer solchen Allianz könnten sein:
- Unternehmen und Industrieverbände (z.B. Erzeuger von Sonnen- und „herkömmlicher" Energie, Energiekunden),
- wissenschaftliche Institutionen,
- Energieagenturen und Institutionen für den Technologietransfer sowie
- Beratungs- und Dienstleistungsunternehmen mit innovativen und kreativen Ideen.

Je mehr Mitglieder das Netzwerk umfasst, desto wertvoller ist es für das einzelne Mitglied. Nicht zuletzt könnte die Allianz auch Kontakte über Europa hinaus knüpfen, insbesondere zu den Entwicklungsländern, wo das wirkliche Ringen um ein nachhaltigeres Energiesystem stattfindet.

Verantwortung für den „Energiehunger" der Entwicklungsländer – Wie können nachhaltige Energieinnovationen hier helfen?

Der Rahmen für die Beurteilung der hier vorgeschlagenen Maßnahmen ist zwar ein globaler, die Maßnahmen selbst konzentrierten sich jedoch weitgehend auf die EU. Wir würden aber dem Kriterium der intragenerationenellen Gerechtigkeit als einem wesentlichen Kriterium jeder Nachhaltigkeitskonzeption nicht gerecht, wenn wir nicht auch prüfen würden, inwieweit nachhaltige Energieinnovationen erkennbare „Nord-Süd-Gefälle" abflachen könnten.

Die wichtigsten Besonderheiten betreffen den Mangel an Kompetenz und Infrastruktur, das begrenzte kommerzielle Energieangebot und den ineffizienten Verbrauch, insbesondere von Holz. Viele moderne Techniken der Energiegewinnung aus regenerativen Quellen, insbesondere aus Windkraft, Biomasse und Sonnenenergie sollten in diesen Ländern eingesetzt werden. Bevor sie jedoch in der Praxis von Belang sein können, müssen Kompetenzen und Infrastruktur aufgebaut werden. Im dünn besiedelten ländlichen Raum außerhalb der Städte sind die dezentralen Technologien in vielen Fällen wesentlich sinnvoller als zentrale Versorgungen. Aber auch hier sind umfangreiche und gezielte Maßnahmen notwendig.

Zahlreiche internationale Organisationen – vor allem die Weltbank und die Globale Umweltfazilität (*Global Environmental Facility* – GEF) – versuchen, nachhaltige Energiesysteme und Innovationen in Entwicklungsländern zu unterstützen. Von der EU dagegen ist bemerkenswert wenig zu sehen: Energie spielt in der Entwicklungshilfe der Union keine signifikante und nicht einmal eine institutionelle Rolle. Dies bedarf einer Änderung und viele gute Vorschläge liegen bereits vor (z.B. die G8 Task Force, deren gut durchdachte Vorschläge leider abgelehnt wurden).

Wie einige erfolgreiche Beispiele zeigen, können außerdem weltweit tätige Unternehmen eine wesentlich aktivere Rolle beim „Technology Sharing" spielen, beispielsweise durch Direktinvestitionen (z.B. Anlagen zur Produktion von Windturbinen). Offensichtlich würden sie sich jedoch lieber an einer Politik orientieren, als sich auf eigene Faust in unbekanntes Terrain vorzuwagen. Die EU müsste sich deshalb bemühen, Energiefragen und Energietechnologien aktiver als in der Vergangenheit in ihre Entwicklungspolitik zu integrieren. Auf diese Weise würden ein Rahmen und Anreize für mehr Investitionen in Energieinnovationen und ihre Entwicklung durch die Industrie entstehen.

Entwicklungshilfe, Technologietransfer usw. werden jedoch nur dann wirksam, wenn die Industrieländer ihre eigenen Energiesysteme erfolgreich verändern. Energieinnovationen in Industrieländern sind deshalb eine Voraussetzung für nachhaltige Energiesysteme in Entwicklungsländern. Diese Erkenntnis führt uns zurück an den Anfang unserer Analyse: Auch wenn die globale Dimension der Energiefrage unbestreitbar ist, werden die meisten energierelevanten Entscheidungen offenkundig auf der nationalen, kommunalen oder sogar individuellen Ebene getroffen. Erforderlich ist deshalb ein langfristiges internationales Engagement aller Akteure zu Gunsten nachhaltiger Energieinnovationen auf allen diesen Ebenen von Unternehmen bis hin zu nichtstaatlichen Organisationen und von den Wissenschaften bis hin zum Staat.

1 Problemstellung, Aufgaben, Arbeitsweise und Ableitung der Handlungsempfehlungen

1.1 Problemstellung

Die Energiediskussion ist paradox; auf der einen Seite zeigen globale Energieprognosen und -szenarien unverdrossen „nach oben" – ein kontinuierliches Wachstum des Energieverbrauchs durch Wirtschafts- und Bevölkerungswachstum scheint unausweichlich, nur Umfang und Tempo scheinen noch strittig. Stagnation in Europa bei raschem Wachstum in den Schwellenländern (und den USA) bildet dabei das übliche Muster. Auf der anderen Seite stößt ein weiteres Wachstum des Energieverbrauchs zunehmend an Grenzen: Die Verpflichtungen zur Reduktion des „Treibhausgases" CO_2 – fast ausschließlich durch den Energieverbrauch verursacht – sind das prominenteste Beispiel, aber keinesfalls das einzige. Die (Rück-) Verschiebung der Ölförderung in den politisch instabilen Nahen Osten, die Volatilität der Ölpreise, die ungeheuren Investitionssummen für Erschließung und Förderung der nicht-erneuerbaren Energiequellen, die zugleich die Entwicklung erneuerbarer Energiequellen verhindern, die Erschöpflichkeit nicht erneuerbarer Energiequellen, die beschränkten assimilativen Kapazitäten der Erde, z. B. als Aufnahmemedium für Schadstoffe aus energieintensiver Prodution – das sind weitere wichtige Argumente. In der Wissenschaft wie in den internationalen Grundsatzdeklarationen taucht auch immer wieder das Problem der intra- wie intergenerationellen Gerechtigkeit (zwischen den heute lebenden Menschen sowie im Verhältnis zu künftigen Generationen) auf, ohne dass man den Eindruck gewinnen könnte, dass dieser Gesichtspunkt energiepolitische Entscheidungen von Regierungen, Unternehmen oder auch Verbrauchern sonderlich beeinflusst. Nur etwa 10–15% der Deutschen kennen überhaupt den Begriff der „Nachhaltigen Entwicklung" und damit ein Konzept, das ökonomische, ökologische und soziale Kriterien bei Entscheidungen in allen Bereichen zusammenführen will und dabei Gerechtigkeitsfragen innerhalb und zwischen „Nord und Süd" sowie zwischen heutigen und künftigen Generationen thematisiert.

Fragt man nun, wie dieses Problemfeld sinnvoll bearbeitet werden kann, so findet man das „Prinzip Hoffnung" am Werk – man hofft in den meisten Fällen auf „Innovationen", die neue Energiequellen erschließen und die Effizienz der Energienutzung revolutionieren sollen. Der Begriff – oder besser: die damit verbundene Hoffnung – wird zur „Schlupfvariablen" zwischen den unterschiedlichen Prognosen und den erkennbaren Restriktionen.

1.2
Aufgaben der Arbeitsgruppe

In dieser Situation war es Aufgabe der von der Europäischen Akademie eingesetzten interdisziplinären Arbeitsgruppe, systematisch zu untersuchen, welches Potenzial denn Innovationen im Energiebereich wirklich in sich bergen und ob damit die angestrebte nachhaltige Entwicklung tatsächlich zu erreichen sei. In regionaler Hinsicht gehen wir dabei vor allem von der Situation in den Ländern der Europäischen Union aus, ohne die weitere Perspektive und die Rückwirkungen, insbesondere auf die Entwicklungsländer, zu vergessen.

Die Fragestellung erforderte eine klare Fokussierung auf die Schnittmenge der drei zentralen Themen: Energie, Innovation und nachhaltige Entwicklung. Zu jedem Thema gibt es Bibliotheken von Untersuchungen verschiedenster Art, die Anzahl der möglichen „Holzwege" für die Gruppe war nahezu unbegrenzt. Die Bedeutung des Energieverbrauchs für alle Bereiche des Lebens ist zwar im Grundsatz unstrittig, aber alle Facetten und Fernwirkungen zu untersuchen ist unmöglich. Ähnliches gilt für das Thema „Innovation", das spätestens seit Schumpeter (1911) ein „Dauerbrenner" in der ökonomischen Theoriediskussion ist. Hingegen ist der Begriff der Nachhaltigkeit als politischer Modebegriff erst neueren Datums, wegen seiner normativen Setzung dafür aber bereits Gegenstand zahlloser Kontroversen. Jeder nimmt ihn für sich in Anspruch – oder versucht andere auszuschließen.

Eine umfassende Aufarbeitung der drei Themenfelder sollte also nicht unternommen werden. Auch konnten viele der damit zusammenhängenden Debatten nur in so weit aufgearbeitet werden, wie sie für den Strategievorschlag der Studie zweckdienlich waren.

Daher war es eine erste Aufgabe, auf der Basis einer präzisen Konzeptions- und Begriffsbildung die theoretischen Zusammenhänge zwischen Energie, Innovationen und nachhaltiger Entwicklung herauszuarbeiten und damit auch den präzisen Fokus der weiteren Untersuchung zu bestimmen. Hier waren Abgrenzungen geboten, um die Untersuchung handhabbar zu machen. So enthält der Begriff der Nachhaltigkeit ja neben der ökologischen und ökonomischen auch eine soziale Dimension, die hier mit der Behandlung von Beschäftigungsfragen, entwicklungspolitischen Aspekten und Problemen der Beschaffungssicherheit[1] angesprochen wird.

Die soziale Dimension tangiert letztlich jedoch alle Bereiche des persönlichen und gesellschaftlichen Lebens: Die Individualisierung lässt die Anzahl der Single-Haushalte – und damit den Pro-Kopf-Energieverbrauch – weiter steigen. Wohnungsbauförderung für Eigenheime wie die Straßenbau- und Verkehrspolitik beeinflussen den Energieverbrauch. Jeder Versuch, diese Fernwirkungen von Energie-Innovationen im Rahmen dieser Studie zu erfassen, zu analysieren und zu

---

[1] „Beschaffungssicherheit" soll den Begriff der „Versorgungssicherheit", der eine bestimmte Position in der Energiediskussion der Vergangenheit markiert, ersetzen.

bewerten, wäre von vorneherein zum Scheitern verurteilt – nicht nur aus Gründen beschränkter Ressourcen und begrenzter Zeit, sondern weil auch viele Entwicklungen schlicht unvorhersehbar sind (wie später zu begründen sein wird). Die soziale Dimension der Nachhaltigkeit stellt eine Randbedingung für die in dieser Studie behandelten Handlungsoptionen in dem Sinne dar, dass kein Energieszenario akzeptabel erscheint, welches grundlegende Elemente unseres politischen, ökonomischen, sozialen und kulturellen Entwicklungsmodells in Frage stellt. Dies schließt allerdings nicht die Frage nach der Verantwortung des Einzelnen wie der Institutionen zur Weiterentwicklung dieses Wohlstandsmodells unter den verschiedenen Restriktionen in einer „enger" werdenden Welt mit ca. 10 Mrd. Menschen im Jahre 2050, vor allem angesichts des großen Nachholbedarfs der Entwicklungsländer, aus.

„Archimedischer" Punkt der meisten Gutachten ist die Frage, welche Ziele verfolgt werden sollen, zu deren Erreichung dann Handlungsempfehlungen entwickelt werden. Die Arbeitsgruppe ging einen anderen Weg: Sie prüfte die internationalen und EU-Rechtsnormen, aus denen sich das Postulat der Nachhaltigkeit und die entsprechenden energiepolitischen Weichenstellungen ableiten ließen. Es handelt sich dabei um politische Normsetzungen von dazu legitimierten Institutionen, nicht um „wissenschaftsimmanente" Abgrenzungen. Aus den – quantitativ unbestimmten – Normen lassen sich allerdings nur schwer operationalisierbare Handlungsziele ableiten. Daher wurde unter den zahlreichen, von verschiedenen Institutionen ausgearbeiteten Energieszenarien als Referenzpunkt oder „Benchmark" ein mittleres Szenario des World Energy Council (WEC) bzw. der IIASA (International Institute for Applied Systems Analysis) gewählt und mit einem „moderaten Szenario" der IPCC (Intergovernmental Panel on Climate Change) kombiniert. Diesem Szenario wurde eine Abschätzung des Potenzials von Innovationen im Bereich der Energieeffizienz und der erneuerbaren Energiequellen, mit all den Unsicherheiten, die solchen Rechnungen immanent sind, gegenüber gestellt. Gleichwohl: Man müsste schon eine Reihe von sehr extremen Annahmen machen, um *nicht* zu konstatieren, dass beim aktuellen „business as usual" die angestrebte Nachhaltigkeit weit verfehlt wird. Da es Aufgabe der Arbeitsgruppe war, auch beratend Politikempfehlungen zu geben, konnte sie nicht bei der bloßen Konstatierung eines Handlungsbedarfes stehen bleiben.

1.3
Ableitung von Handlungsempfehlungen

Die umwelt- und wirtschaftspolitische Debatte leidet sicher nicht unter einem Defizit an Diskussionen und Untersuchungen über Instrumente. Allerdings helfen abstrakte Bewertungen von Instrumenten wenig, weil sie unter den jeweils gemachten Annahmen immer als „optimal" erscheinen werden. Instrumente können nach Ansicht der Arbeitsgruppe nur dann beurteilt werden, wenn die Zielsetzung *und* der Kontext klar definiert sind (was oft schwierig genug ist, weil Ziele vage formuliert werden und der Kontext sich immer wieder verändert). Selbst unter den günstigsten Bedingungen unserer Überlegungen – einen quantitativen Referenzpunkt für den nachhaltigen Energieverbrauch zu haben – können sehr oft wegen der hohen Komplexität[2] und der Unsicherheiten in den Wirkungsabschätzungen von Instrumenten kaum verlässlich quantitative Abschätzungen von Innovationsmöglichkeiten im Energiebereich vorgenommen werden – schon gar nicht, wenn man sich den gebotenen langen Zeithorizont unserer Studie (bis 2050) vergegenwärtigt. Bei Innovationen ist diese „Unbestimmtheit" insofern konstitutiv, als sie sich prinzipiell durch Ergebnis- und Prozessoffenheit auszeichnen: Bei ihnen wissen wir nicht, was wir wissen werden.

Der Mangel an quantitativer Abschätzung der Handlungsempfehlungen wird indessen von der Gruppe nur begrenzt als Nachteil empfunden. Der entscheidende Punkt ist nämlich, ob es gelingt, im Energiebereich einen beschleunigten Lern- und Entwicklungsprozess in einem größeren europäischen Wirtschafts- und Forschungsraum zu induzieren, der Innovationsmöglichkeiten über nationalstaatliche Grenzen hinaus befördert. Bislang überwog eher Trägheit, bedingt durch den hohen, langfristigen Kapitaleinsatz, aber auch durch mentale und institutionelle Barrieren, vor allem dort, wo Energieversorgung als reguliertes Monopol betrieben wurde.

Aber Veränderungen in Bereichen mit so breit gestreuten Wirkungen wie im Falle der Energie sind auch immer mit Zielkonflikten konfrontiert. Sicher gibt es „win-win"-Lösungen, bei denen sich verschiedene Kriterien gleichzeitig verbessern, etwa wenn eine Innovation sowohl die Kosten als auch die Umweltbelastung des Energieangebots senkt und zudem keine negativen sozialen Folgen aufweist. Aber wahrscheinlicher sind die Fälle, in denen Konflikte zwischen verschiedenen Zielen auftreten. Daher ist für die Relevanz von Empfehlungen die Anerkenntnis von Zielkonflikten wichtig – verbunden mit der Suche nach Instrumenten und Instrumenten-Mixes, die solche Zielkonflikte auch soweit abmindern, dass sie politisch handhabbar werden (indem sich beispielsweise eine mehrheitsfähige Akteurskoalition zugunsten eines sinnvollen Kompromisses herstellen lässt).

Unter diesen Kriterien haben wir die bisherigen Erfahrungen und Kenntnisse geprüft. Gerade im Lichte aktueller Forschungen sind wir dabei mitunter zu Ergebnissen gekommen, die sich deutlich von bisher vorherrschenden Diskussionssträngen abheben, etwa was die Rolle von Subventionen oder freiwilligen Vereinbarungen in unterschiedlichen Phasen des Zyklus von Energieinnovationen und in spezifischen Segmenten betrifft (vgl. dazu Kapitel 6 und 7).

Aber bei aller Notwendigkeit, die Differenziertheit und Vielfältigkeit des Energieverbrauchs im Blick zu behalten: Eine Strategie muss Schwerpunkte setzen. Wir haben uns ganz plausibel dafür entschieden, dort strategische Prioritäten anzunehmen, wo der Energieverbrauch einerseits besonders groß ist, wo aber andererseits auch die größten Potenziale zur Verbesserung bestehen: bei den energieintensiven Prozessen in der Industrie und den Haushalten sowie energieintensiven Produkten und – gerade auch im Hinblick auf das große Potenzial der EU im Allgemeinen und Deutschlands Verantwortung als zweitgrößte Exportnation im Besonderen – in der

---

[2] Es sollte hier sicherheitshalber nochmals darauf hingewiesen werden, dass Komplexität nicht das Modewort für kompliziert ist, sondern durch die Vielzahl möglicher Systemzustände definiert wird.

Beschleunigung der Entwicklung von regenerativen Energiequellen. Zentral war dabei stets die Frage, wie bestehende Innovationspotenziale schneller zum breit genutzten „Stand der Technik" gemacht werden können.

Es sind andere Prioritäten, ein anderer Fokus oder eine andere Strukturierung der Empfehlungen (etwa in der Reihenfolge von klassischen Politikfeldern) denkbar. Insofern können (und sollen) unsere Empfehlungen auch Widerspruch auslösen. Aber wir glauben, dass sich für diese Strategie durch eine Kooperation von Eliten auch eine mehrheitsfähige Akteurskoalition bilden lässt. Denn Handlungsempfehlungen auszusprechen, ohne ihre politische Durchsetzbarkeit zu prüfen, wäre nur die halbe Arbeit gewesen.

1.4 Aufbau der Studie

Zunächst braucht eine solide Untersuchung einen klar abgesteckten begrifflichen und konzeptionellen Rahmen. Das zweite Kapitel leistet dies für die drei hier zentralen Begriffe der Nachhaltigkeit, der Energie und der Innovation. Dabei wird nicht versucht, den wohl mittlerweile über 200 verschiedenen Definitionen von Nachhaltigkeit ein paar weitere hinzuzufügen. Bekanntlich können Definitionen nicht wahr oder falsch, sondern nur zweckmäßig oder unzweckmäßig sein. Für die Klarheit unserer Analyse ist die Unterscheidung zwischen *Nachhaltigkeit* als einer generellen Leitidee, die einen Such- und Lernprozess in praktischer Absicht initiiert, und dem stärker konkretisierten Konzept der *nachhaltigen Entwicklung* wichtig. Letzteres berücksichtigt spezielle Vorgaben und dient somit als prinzipiell handlungsleitender Begriff für die Identifizierung der Potenziale und Handlungsmöglichkeiten in dieser Studie, die einen Weg aufzeigen, der dem Leitbild der Nachhaltigkeit näher kommen könnte.

Anschließend werden die verschiedenen Konzepte der „schwachen" bis hin zur „starken" Nachhaltigkeit analysiert. Die Arbeitsgruppe hat sich dafür entschieden, das Konzept der „kritischen Nachhaltigkeit" als Referenzmaßstab anzulegen, und zwar deswegen, weil es im Hinblick auf die angestrebte langfristige Strategie innovationsgestützter nachhaltiger Entwicklung am besten geeignet ist. Es vermeidet einerseits gefährliche Verwässerungen des Nachhaltigkeitsgedankens, wie etwa die bei (sehr) schwacher Nachhaltigkeit unterstellte beliebige wechselseitige Substituierbarkeit verschiedener Formen von Kapital, zum anderen trägt es der Tatsache Rechnung, dass nur bei einer Konzentration auf wenige, aber entscheidende und in diesem Sinne kritische „Leitplanken" oder „Engpässe", die das Wirtschaften zu beachten hat, realistische Strategien nachhaltiger Entwicklung gewonnen werden können.

Der zweite Bereich einer Präzisierung umfasst den Begriff der Energie. Aus naturwissenschaftlicher Sicht wird die Rolle der Energie als nicht substituierbare Schlüsselressource des Menschen auf die grundlegende Bedeutung des Energieflusses in der Biosphäre zurückgeführt. In diesem Sinn werden die in der Umgangssprache verwendeten Ausdrücke „Energiebedarf" und „Energieverbrauch" mit dem Bedarf des Menschen nach Energie hoher Qualität („Exergie") und deren Degradierung in solche niedriger Qualität verstanden.

1 Problemstellung, Aufgaben, Arbeitsweise

Im Bereich der Innovation gingen wir noch einen Schritt weiter. Neben der begrifflichen Präzisierung haben wird kurz den Stand der wissenschaftlichen Diskussion zu diesem Thema referiert, um eine Basis für die spätere Abhandlung insbesondere für jene Leser zu geben, die nicht mit der ökonomischen Diskussion vertraut sind. Denn in den späteren, stärker ökonomisch geprägten Kapiteln greifen wir insbesondere bei den Handlungsempfehlung auf diese Ergebnisse zurück.

Das dritte Kapitel dient der Erörterung von grundlegenden Abwägungs- und Entscheidungskriterien, die allzu oft nur implizit in die Diskussion eingeführt werden. Je nach den zu Grunde gelegten Prämissen kann man dann zu sehr unterschiedlichen Interpretationen über die Ausgestaltung der Nachhaltigkeit kommen – das Ergebnis ist eine z. T. verwirrende Debatte, wie sie gegenwärtig zu beobachten ist. Grundlegend für die eigene Analyse ist die Ungewissheit der Wissensgrundlage gerade in den Breichen, die für die Nachhaltigkeitsdiskussion einschlägig sind. Da jedoch nicht nur umweltbezogene Ziele (Flächenverbrauch, Klimawandel) zu berücksichtigen sind, sondern auch solche, die sich auf das Energiesystem selbst (Verlässlichkeit, Optionsoffenheit) und die Ressourcenverfügbarkeit (Beschaffungssicherheit) beziehen, lässt sich ein breit angelegtes Zielbündel als Entscheidungsgrundlage formulieren.

Das vierte Kapitel untersucht die Defizite und Referenzpunkte für ein nachhaltiges Energiesystem in dem Kontext, der zuvor durch die kritische Nachhaltigkeit spezifiziert wurde. Ausgangspunkt sind dabei die normativen Vorgaben aus dem Recht (Völker- und Verfassungsrecht), die sich auf Nachhaltigkeit, insbesondere den Klimaschutz, und die Beschaffungssicherheit beziehen. Sie sollen in konkretisierter Form als Referenzpunkte für die Evaluierung des globalen Energiesystems dienen.

Nachhaltigkeit wird, jedenfalls weltweit, auf der Basis aller einschlägigen Prognosen verfehlt – und zwar nicht nur im Sinne der kritischen Nachhaltigkeit, sondern hinsichtlich aller referierten Nachhaltigkeitsbegriffe. Der – weltweite – Trend zur Deregulierung leitungsgebundener Energien verschärft eher die Nachhaltigkeitsprobleme (was nicht gegen eine stärkere Wettbewerbsorientierung in diesem früher monopolistischen Sektor spricht, sondern nur auf notwendige flankierende Maßnahmen hinweist). Von den vermeintlichen „Backstop-Technologien" Fusions- bzw. Fissionsenergie sind in der Zeit bis 2050 keine maßgeblichen Beiträge zur Problemlösung zu erwarten.

Es werden zwei Operationalisierungskonzepte entwickelt: die „Zeit sicherer Praxis" als Maßstab für die Zeit, die zur Verfügung steht, bis ein neuer (nachhaltiger) Entwicklungspfad erreicht sein muss, und eine personenbezogene, globale Durchschnittsdauerleistung von 2000 Watt als Referenzpunkt (2000 Watt-Benchmark) – auch kompatibel mit dem moderaten IPPC-Szenario S450 für eine nachhaltige Energieversorgung, die auf intelligenter Energienutzung und regenerativen Energiequellen basiert, ohne dem Bürger Komforteinbußen zuzumuten.

Im fünften Kapitel werden die technischen Potenziale diskutiert, die für eine Umgestaltung des Energiesystems ausgeschöpft werden können. Neben Effizienzpotenzialen ist hier vor allem das Potenzial regenerativer Energiequellen zu nennen. Diese Potenziale werden in einigen Entwicklungsperspektiven zusammengefasst, die eine Erreichung der formulierten Ziele erlauben.

In Kapitel 6 analysieren wir die Zielkonflikte, die eine nachhaltige Energieversorgung erschweren. Sorgen um Beschäftigung und Wettbewerbsfähigkeit, nicht erwünschte Auswirkungen von Deregulierung und Innovationsförderung, unerwünschte entwicklungspolitische Konsequenzen sowie die Grenzen der Intervention durch den souveränen Verbraucher mit seinen Rechten sind dann die Stichworte. Solche Zielkonflikte zu beachten ist bei der Strategieempfehlung ebenso wichtig wie die Kenntnis der normativen Abwägungsregelungen, die durch das EU-Recht (sinnvollerweise) vorgegeben werden.

Kapitel 7 schließlich fokussiert auf die Strategieempfehlungen: Wie also kann die Lücke zwischen „Trend" oder „business as usual" und dem beispielhaften Referenzmaßstab eines globalen Energiesystems, das einer personenbezogenen Dauerdurchschnittsleistung von 2000 Watt entspricht, geschlossen werden?

Nachdem wir die strategischen Ziele präzisiert haben, konzentrieren wir uns auf vier Problemkonstellationen: die beschleunigte Markteinführung von nachhaltigen Energieinnovationen durch Subventionen, die schnellere Diffusion von „Best Available Technologies" durch freiwillige Vereinbarungen, die Förderung noch nicht marktfähiger, regenerativer Energiequellen durch ein abgestimmtes Maßnahmenbündel und die Aktivierung des Verbrauchers, um durch einen „Nachfragesog" die Marktchancen von nachhaltigen Energieinnovationen zu stimulieren. Da wir nicht nur Handlungsempfehlungen vorzulegen hatten, sondern auch die Durchsetzungsfähigkeit dieser Vorschläge analysieren und Vorschläge für die Erhöhung der Realisierungschancen entwickeln sollten, haben wir in Kapitel 8 eine „Allianz für nachhaltige Energieinnovationen" vorgeschlagen.

Während die vorhergehenden Kapitel sich auf die Situation in EU-Ländern konzentriert haben, wird in Kapitel 9 die Bedeutung der Industrieländer für die „nachholenden" Entwicklungsländer untersucht. Alle Anstrengungen auf europäischer Ebene würden schließlich wenig nutzen, wenn die große und wachsende Mehrheit der „Armen" unsere gegenwärtigen Energieverbrauchsgewohnheiten kopieren würde. Aber auch hier greift der alleinige Bezug auf den Staat zu kurz, denn auch Unternehmen können und sollen eine aktive Funktion im „technology sharing" übernehmen.

2 Begriffliche und konzeptionelle Grundlegung

2.1 Nachhaltigkeit und nachhaltige Entwicklung

2.1.1 Begriffliche Abgrenzung

Vor allem seit den letzten beiden Jahrzehnten verbinden sich mit den Begriffen „Nachhaltigkeit" und „nachhaltige Entwicklung" in der Diskussion um die globalen Bedingungen eines menschenwürdigen Lebens ausgeprägte Hoffnungen, so dass sie ausgesprochen positive Konnotationen aufweisen. Der Begriff der Nachhaltigkeit, ursprünglich in der spätmittelalterlichen Forstwirtschaft Mitteleuropas entstanden, wurde dabei von einem abgegrenzten Objektbereich der dauerhaften Bewirtschaftung und Nutzung von Wäldern – zunächst nur in holzwirtschaftlicher Perspektive, aber seit dem 19. Jahrhundert auch immer mehr im Hinblick auf ihre umfassenden ökologischen Funktionen (Wasserhaushalt, lokales und regionales Klima, Artenvielfalt, Bodenerhalt, Erholung usw.) – auf immer neue Bereiche ausgedehnt.

Erschien zunächst die Ausweitung des Nachhaltigkeitskonzepts von dem nachwachsenden Rohstoff Holz auf andere regenerierbare Ressourcen, wie etwa Fischbestände, noch systematisch begründbar und inhaltlich wenig problematisch, so änderte sich die Situation vor allem durch den Bericht der Weltkommission für Umwelt und Entwicklung (WCED) „Unsere gemeinsame Zukunft" (1987) grundlegend. Er weitete den Maßstab der „Sustainability" und des „Sustainable Development"[1] auf eine vielfältig miteinander verbundene Weltwirtschaft und Weltgesellschaft aus, die gerade dadurch geprägt sind, dass ihr Energieverbrauch nur noch in geringem Maße auf tatsächlich nachhaltig nutzbaren regenerierbaren Ressourcen beruht. Statt dessen werden vor allem erschöpfliche Ressourcen wie Kohle, Erdöl und Erdgas eingesetzt, die jedenfalls im Sinne eines Bestandskonzeptes *per definitionem* nicht nachhaltig nutzbar sind, da jede heute an einem bestimmten Ort verbrauchte Einheit eines Energieträgers zwangsläufig in gleichem Umfang nicht noch einmal an einer anderen Stelle oder zu einem anderen Zeitpunkt genutzt

---

[1] Die deutsche Fassung dieses Berichts verwendet dafür die Übersetzung „Dauerhafte Entwicklung", jedoch hat sich in der Folgezeit der Begriff „Nachhaltige Entwicklung" durchgesetzt, nicht zuletzt auch deswegen, weil der englische Begriff des „Sustained oder Sustainable Yield" seinerseits eine englische Übersetzung des deutschen Konzepts „Nachhaltiger Ertrag" darstellt (vgl. Nutzinger/Radke (1995a), S. 16).

werden kann (*zeitliche Rivalität im Verbrauch*). Von daher gewinnen die beiden zentralen normativen Eckpunkte von nachhaltiger Entwicklung im Konzept der Weltkommission für Umwelt und Entwicklung (Brundtland-Kommission), nämlich die *intragenerationale Gerechtigkeit* zwischen den Ländern des Nordens und des Südens und die *intergenerationelle Gerechtigkeit* zwischen den heute lebenden Menschen und zukünftigen Generationen, besonderes Gewicht.

Wenn man nun anstelle des statischen Nachhaltigkeitskonzepts, das sich auf die Ressourcenbestände konzentriert, sinnvollerweise einen *dynamischen* Nachhaltigkeitsbegriff verwendet, der *nicht* auf die Ressourcen*vorräte*, sondern auf die mit ihnen verbundenen *Nutzungsmöglichkeiten* im Zeitablauf abhebt, dann verbessern sich die Realisierungschancen nachhaltiger Entwicklung; nur in einer statischen Wirtschaft ohne jeglichen technischen Fortschritt sind Bestands- und Nutzungskonzept von Nachhaltigkeit „unentrinnbar" aneinandergekoppelt. Berücksichtigt man weiterhin das Phänomen der *Innovation*, also der Durchsetzung neuer Problemlösungen bei der Erstellung und Vermarktung von Gütern und Leistungen (vgl. dazu im Einzelnen Kapitel 2.3), so stellt sich die zunächst widersinnig erscheinende Ausdehnung des Nachhaltigkeitsbegriffs auf eine Weltwirtschaft, die vor allem auf erschöpflichen Energieressourcen beruht, nicht mehr als ein von vornherein aussichtsloses Unternehmen dar: Wenn es gelingt, durch entsprechende Neuerungen die Nutzung erschöpflicher Ressourcen pro Leistungseinheit in Produktion und Konsum zu verringern, so dass man in Zukunft mit einem geringeren Verbrauch solcher begrenzter Vorräte auskommt, können trotz sinkendem Ressourcenbestand Nutzungsmöglichkeiten aufrecht erhalten und mitunter sogar verbessert werden.

Selbstverständlich muss man dabei in Rechnung stellen, dass Nachhaltigkeit ein komplexes und anspruchsvolles Konzept darstellt, das einfachen technischen Lösungen nicht zugänglich ist. Wir können z. B. die Knappheit an erschöpflichen Ressourcen nicht einfach dadurch überwinden, dass wir die ganze Erde in eine Plantage für nachwachsende Rohstoffe verwandeln. Gleichwohl ist es zwar nicht möglich, durch Innovationen den physischen Bestand an erschöpflichen Ressourcen zu vermehren oder auch nur konstant zu halten, aber man kann durchaus den Wert vorhandener Bestände für die heute und in Zukunft lebenden Menschen steigern. Damit wird der ansonsten unlösbare Konflikt, der sich aus der Rivalität im Verbrauch solcher Ressourcen ergibt, wenigstens im Prinzip in dem Sinne „lösbar", dass es für alle Beteiligten konsensfähige und sinnvolle Nutzungschancen geben kann. Die Möglichkeit solcher konsensfähigen Nutzungschancen bedeutet allerdings keineswegs, dass angesichts der gegenwärtigen Trends in den Bereichen Energieverbrauch, Umweltbelastung, privater Konsum sowie Bevölkerungsentwicklung tatsächlich ein Pfad „nachhaltiger Entwicklung" gefunden werden kann, der den vielen konkurrierenden Ansprüchen in gleichem Maße gerecht wird. Die vorliegende Studie versucht daher, die Chancen eines solchen Entwicklungsweges einigermaßen realistisch zu bestimmen; dabei können und dürfen notwendige Veränderungen in den langfristigen Trends nicht ausgespart bleiben.

Zunächst wollen wir aber zwischen „Nachhaltigkeit" als genereller Leitidee und „nachhaltiger Entwicklung" als Konkretisierung dieser Leitidee unterscheiden. Diese Unterscheidung dient einer pragmatischen und nicht etwa einer rezeptbuchartigen Bestimmung konkreter Handlungsmöglichkeiten, ausgehend von den vorhandenen Rahmenbedingungen und den absehbaren Entwicklungen (vgl. dazu im Einzelnen Kapitel 7 und 8).

2.1.2 Nachhaltigkeit und nachhaltige Entwicklung

Wie schwierig es ist, das Konzept der Nachhaltigkeit zu konkretisieren, ohne es entweder inhaltlich so festzuschreiben, dass die erforderliche „Zukunftsoffenheit" der Nachhaltigkeitsidee darunter leidet, oder es andererseits sachlich so unpräzise zu lassen, dass diese Idee nicht einmal als eine vernünftige Heuristik für die notwendige Suche nach nachhaltigen Entwicklungspfaden gebraucht werden kann, das hat exemplarisch die Diskussion von fünf im Auftrag des Bundeswirtschaftsministeriums erstellten Gutachten über „Ordnungspolitische Grundfragen einer Politik der Nachhaltigkeit" gezeigt (Gerken 1996).

Im Folgenden wird das Konzept der *Nachhaltigkeit* im Sinne einer allgemeinen Leitidee verstanden, die einen Such- und Lernprozess in praktischer Absicht initiiert und begleitet, während das konkreter gefasste Konzept der *nachhaltigen Entwicklung* als prinzipiell handlungsleitender Begriff aufgefasst wird. Damit soll keine abschließende oder gar allgemeinverbindliche Definition von nachhaltiger Entwicklung gegeben werden; vielmehr geht es darum, in Anerkenntnis vorgegebener Bedingungen und unter Abwägung alternativer Handlungsmöglichkeiten und Potenziale einen Weg zu bestimmen, welcher der regulativen Idee der Nachhaltigkeit möglichst nahe kommt.

(1) „Nachhaltigkeit" als Leitvorstellung – das hat sie mit anderen Leitideen, wie der Freiheit oder der Gerechtigkeit gemein – enthält sowohl eine deskriptiv beschreibende wie auch eine explizit und a priori normative Komponente. In ihrer allgemeinen Form ist sie allerdings eher dazu geeignet, nachhaltigkeitswidrige Formen des Wirtschaftens aufzuzeigen als schon konkrete nachhaltigkeitsfördernde Maßnahmen zu identifizieren. Wenn man jedoch, wie die Weltkommission für Umwelt und Entwicklung (WCED 1987), von „nachhaltiger" oder „dauerhafter" Entwicklung" spricht, muss man konkretere Vorgaben in einzelnen Problembereichen entwerfen, und daher muss eine an der Leitidee der Nachhaltigkeit orientierte Entwicklung inhaltlich mehr sein als eine generelle Heuristik. In der Tat hat ja die „Brundtland-Kommission" auch deutlich zu machen versucht, dass sie – unter Berücksichtigung des technischen Fortschritts, dem hier eine analoge Bedeutung zukommt wie den Produkt- und Prozessinnovationen und unter Einhaltung von Gerechtigkeitsaspekten im Hinblick auf die Länder des Nordens und des Südens sowie heute und künftig lebende Generationen – solche Entwicklungspfade auch als realistische Möglichkeiten sieht. Verständlicherweise nimmt die Kommission keine detaillierten inhaltlichen Beschreibungen vor und beschränkt sich stattdessen auf den wiederholten Hinweis auf die prinzipiell gleichberechtigten Ansprüche der Menschen an allen Orten und zu allen Zeiten auf ein menschenwürdiges Leben.

(2) Bei der berechtigten Warnung vor zu konkreten „Politikvorgaben" dürfen umgekehrt die Gefahren einer beliebigen Interpretationsvielfalt von Nachhaltigkeit nicht unterschätzt werden: Zum einen bedarf auch ein gedanklicher

2 Begriffliche und konzeptionelle Grundlegung

Suchprozess hinreichend klarer Vorstellungen, an denen sich diese Suche orientieren kann. Zum anderen besteht die große Gefahr, dass die begriffliche Unbestimmtheit der zugrunde liegenden Leitidee notwendige Konflikte und Abwägungen verschleiert und eine Übereinstimmung in der Sache vortäuscht, in der widersprüchliche Interessen erst noch zu einem Ausgleich gebracht werden müssen.[2] Dies wird der realen Problemlage nicht gerecht. Zwar ist es richtig, dass „Nachhaltigkeit" als Leitidee niemals abschließend bestimmt werden kann – dies gilt auch für den von Homann (1996, S. 38) im Rahmen seiner Kritik des Nachhaltigkeitsbegriffes bemühten Begriff der „Gesundheit" –, aber die mit diesen Begriffen verbundenen Intuitionen schließen keineswegs bestimmte Festlegungen, vor allem negativer Art, aus; sie können diese mitunter auch erfordern. Tatsächlich dient die Leitidee der „Nachhaltigkeit" u.a. auch dazu, schon auf der Ebene der Heuristik bestimmte Entwicklungen, Prozesse und Maßnahmen auszuschließen, die offenkundig dieser Leitidee widersprechen und z. B. erkennbar einen Prozess nachhaltiger Naturzerstörung initiieren oder begünstigen.[3] Gleichwohl müssen weitere Konkretionen, z. B. bestimmte Zielvorgaben, hinzutreten, wenn aus Nachhaltigkeit generell spezifische Maßnahmen im Hinblick auf eine angestrebte nachhaltige Entwicklung abgeleitet werden sollen.

(3) Die Vermeidung solcher Gefahren durch Festlegung bestimmter „Leitplanken" wird in der gegenwärtigen Klimadiskussion deutlich, insbesondere in der den IPCC-Szenarien zugrunde liegenden Annahme, der zufolge die Erhöhung der globalen Durchschnittstemperatur auf 0,1° C pro Dekade zu begrenzen sei.[4] Dagegen kann man einwenden, dass die Erde auch raschere Klimaveränderungen „verkraften" könnte. Aber selbst wenn man diese Voraussetzung einer Begrenzung der Geschwindigkeit der Klimaveränderung (vorläufig) teilt, ergibt sich ein weiterer – und bisher keineswegs konsensuell befriedigter – Diskussionsbedarf über die Folgen der Emission treibhausrelevanter Gase für die globalen Durchschnittstemperaturen. Hier besteht ein weiterer Forschungs- und Diskussionsbedarf, der sich aber dem Problem ausgesetzt sieht, dass wir möglicherweise „erst am Ende eines jahrzehntelangen Such-, Lern- und Erfahrungsprozesses" genau wissen, dass wir im Zustand unvollständiger Information eine Situation herbeigeführt haben, in der es zu irreversiblen, nachhaltigkeitswidrigen Klimaveränderungen gekommen ist. Die Leitidee der Nachhaltigkeit erfordert also nicht nur einen gesellschaftlichen Diskussionsprozess, sondern auch die Bereitschaft, in einer Situation unzureichenden Wissens durch geeignete Handlungen (z.B. Reduktion von Treibhausgasen) Situationen zu vermeiden, die sich *ex post* als nachhaltigkeitswidrig und zukunftsgefährdend erweisen könnten, falls sich die Vermei-

---

[2] Dieser letzteren Gefahr unterliegt z.T. der Bericht der Weltkommission für Umwelt und Entwicklung (WCED 1987).
[3] Hier zeigt sich, wie wichtig es ist, den Doppelcharakter von Nachhaltigkeit als einer deskriptiven und zugleich normativen Charakterisierung stets im Auge zu behalten.
[4] Diese Annahme des IPCC beruht auf dem verfügbaren Wissen über die Geschwindigkeit natürlicher erdgeschichtlicher Klimaveränderungen.

dungsstrategien in Abwägungsprozessen als verhältnismäßig ausweisen lassen (vgl. Kapitel 3).

(4) Gleichwohl bleibt richtig, dass „Nachhaltigkeit" als Leitvorstellung eher dazu geeignet ist, nachhaltigkeitswidrige und -gefährdende Handlungen auszuschließen als hinreichend konkrete Politikempfehlungen zu geben. Es reicht also nicht aus, „Sustainability" als reine Leitidee zu betrachten. Daher ist es sinnvoll, zwischen „Nachhaltigkeit/Sustainability" und „nachhaltiger Entwicklung/sustainable Development" zu unterscheiden und zwar in der Weise, dass man in einem zweistufigen Prozess zunächst einmal die allgemeine Leitvorstellung der Nachhaltigkeit bestimmt und sodann nachfragt, welche identifizierbaren Trends (vor allem bei der Bereitstellung und Nutzung von Energie sowie im Bereich der Innovationen) dazu führen, dass diese Leitidee erkennbar verfehlt werden wird. Die Zweistufigkeit der Begriffsbildung wird der notwendigen Offenheit einer allgemeinen Leitvorstellung von Nachhaltigkeit ebenso gerecht wie der inhaltlichen Bestimmung einer gangbaren nachhaltigen Entwicklung, die einen am Gedanken der Nachhaltigkeit orientierten Entwicklungspfad näher charakterisiert.

(5) In diesem Sinne besitzt „nachhaltige Entwicklung", anders als „Nachhaltigkeit", einen explizit *konstitutiven* Charakter. Wenn wir das Ziel der nachhaltigen Entwicklung als Handlungsorientierung ernst nehmen, müssen wir uns darüber verständigen, welche Weichenstellungen und Orientierungen erforderlich sind, damit die Leitidee der Nachhaltigkeit nicht erkennbar verfehlt wird. Insofern kann es dann zu ganz konkreten Handlungsempfehlungen in verschiedenen Bereichen kommen, vor allem bei der Bereitstellung und Nutzung von Energie sowie im Innovationsprozess, die sich vor allem an erkennbaren Engpässen künftiger Entwicklung orientieren.

2.1.3
Verschiedene Nachhaltigkeitskonzepte

Wenn man die zahlreichen, inzwischen weit über 200 Konkretisierungsversuche von „nachhaltiger Entwicklung" nach einer nunmehr fünfzehnjährigen wissenschaftlichen und politischen Diskussion betrachtet, so kommt man nicht um das Eingeständnis herum, dass dieser Begriff auch heute noch sehr vage, ja mitunter sogar konfus geblieben ist.[5] In der gegenwärtigen Erörterung der Nachhaltigkeitsproblematik kann man in erster Annäherung drei unterschiedliche Arten des Umgangs mit der Bedeutungsvielfalt von *sustainable Development* beobachten: Neben einer *ablehnenden Haltung* (das Konzept sei zu schwammig) und einer *vereinnahmenden Strategie* (man packt im Konzept das hinein, was einem gerade zweckdienlich erscheint) gibt es eine weitere, von der Arbeitsgruppe geteilte Möglichkeit, nämlich den Versuch, *produktiv* mit dem Begriff umzugehen und ihn nach wissenschaftlichen Kriterien so exakt wie möglich zu bestimmen. Dazu gehört, dass man verschiedene Definitionsmöglichkeiten dieses Konzepts einander gegen-

---

[5] Einen Überblick über die definitorische Bandbreite bieten Enquête-Kommission (1998) und Kopfmüller et al. 2001.

überstellt und danach fragt, welche konkreten Schlussfolgerungen sich daraus jeweils für die zentrale Forschungsfrage unserer Untersuchung ergeben. Dieser Weg wird in der neoklassischen Umweltökonomie und vor allem der Ökologischen Ökonomie als der „Lehre von der Nachhaltigkeit" (Costanza 1991) beschritten. Es kommt dabei darauf an, eine Balance zwischen der Über- und der Unterbestimmung dieses Begriffs zu finden und ihn weder so sehr zu präzisieren, dass er zwar strengste ökologische Kriterien erfüllt, aber dabei zu einem unerreichbaren Ideal wird, noch ihn so unbestimmt zu belassen, dass er alles bedeuten und damit nichts bewirken kann; er muss also prinzipiell operationalisierbar sein.

Wir wollen im Folgenden einige produktive Interpretationen dieses Nachhaltigkeitsbegriffs vorstellen und kurz erörtern. Welche Definition von *sustainable Development* man sich auch anschaut – eine grundsätzliche Gemeinsamkeit ist die normative Grundorientierung auf ein (wie auch immer im Einzelnen definiertes) Prinzip intergenerationeller Gerechtigkeit: Nachhaltig ist eine Entwicklung in den Worten der Brundtland-Kommission (WCED 1987, S. 46), wenn die heutige Generation ihre Bedürfnisse befriedigt, ohne nachfolgenden Generationen die Möglichkeit zu nehmen, ihre Bedürfnisse zu befriedigen. Dies ist typischerweise das Kernzitat der „gesättigten" Welt. Gerne wird der unmittelbar folgende Satz vergessen:

> Zwei Schlüsselbegriffe sind wichtig: Der Begriff von ‚Bedürfnisse', insbesondere der Grundbedürfnisse der Ärmsten der Welt, die die überwiegende Priorität haben sollten, und der Gedanke von Beschränkungen, die der Stand der Technologie und sozialen Organisation auf diese Fähigkeiten der Umwelt ausübt, gegenwärtige und zukünftige Bedürfnisse zu befriedigen.

Damit eng verbunden ist als zweites normatives Element einer nachhaltigen Entwicklung ein Prinzip intragenerationeller Fairness. Diese Verknüpfung ist sowohl aus ethisch-philosophischer wie aus praktischer Sicht unumgänglich. In ethischer Perspektive lässt sich sagen, dass sich Menschen, die sich für das Wohlergehen ihrer Nachfahren verantwortlich fühlen, sich mindestens ebenso verantwortlich für das Wohlergehen ihrer Zeitgenossen fühlen sollten (so etwa Daly und Cobb 1989).

Die innerökonomische Diskussion – sowohl in der neoklassischen Ressourcenökonomie als auch in der Ökologischen Ökonomie – konzentriert sich auf Fragen der intergenerationellen Verteilung. Die Ressourcenökonomie hat dabei das Problem lange Zeit auf ein reines Optimierungskalkül reduziert, ohne das Gerechtigkeitsproblem zu thematisieren. Der Ökologischen Ökonomie kommt das Verdienst zu, auf die impliziten Gerechtigkeitsfragen – wie sie etwa in der routinemäßigen Diskontierung künftiger Nutzen und Kosten enthalten sind – explizit hingewiesen zu haben. Ohne auf die unterschiedlichen Positionen zur Gerechtigkeit zwischen den Generationen einzeln eingehen zu können (vgl. dazu Turner, Doktor und Adger 1994, S. 267), sei hier nur festgehalten, dass das Anerkenntnis von Pflichten der heutigen gegenüber zukünftigen Generationen eine normative Grundsatzentscheidung darstellt, für die es keine bindende Letztbegründung, wenn auch viele plausible Argumente, gibt (vgl. Kapitel 3).

Ein unter Ökonomen verbreiteter Definitionsversuch dessen, was Nachhaltigkeit im Sinne intergenerationeller Gerechtigkeit bedeuten könnte, ist die Forderung nach der Weitergabe eines konstanten Kapitalbestandes an nachfolgende Generationen, wobei sich dieser „Kapitalstock" in erster Unterscheidung aus menschengemachtem Sachkapital einerseits und „Naturkapital" andererseits zusammensetzt. Dies wirft nicht nur weitere Definitionsprobleme auf, etwa die Frage, was genau unter „Naturkapital" zu verstehen und wie es zu messen ist,[6] sondern führt vor allem zu der kontrovers diskutierten Frage, wie sich diese unterschiedlichen Kapitalarten zueinander verhalten. Bestehen zwischen Sachkapital und Naturkapital substitutive oder komplementäre Beziehungen? Ausgehend von eben dieser Frage werden mittlerweile unter den Begriffen sehr schwache, schwache oder kritische, starke und sehr starke Nachhaltigkeit insgesamt mindestens fünf Konzepte unterschieden:

Sehr schwache Nachhaltigkeit wird in mindestens zwei verschiedenen Formen diskutiert. Die schwächste von ihnen fordert nur, dass im Zeitablauf lediglich das jährliche Sozialprodukt – also die bewertete periodische Nutzungsabgabe eines nicht notwendig konstanten aggregierten Kapitalbestands – nicht abnehmen darf. Wir könnten hier von „äußerst schwacher Nachhaltigkeit" sprechen. Die zweite Form, die in der Literatur teils als sehr schwache, teils als schwache Sustainability bezeichnet wird, fordert, dass der gesamte aggregierte Kapitalstock im Zeitverlauf wertmäßig konstant bleiben soll, wobei von einer perfekten Substituierbarkeit zwischen Sach- und Naturkapital ausgegangen wird. Zur Messung dieser (sehr) schwachen Nachhaltigkeit haben Pearce und Atkinson (1993) einen Indikator vorgeschlagen. Danach befindet sich ein Land dann auf einem (sehr schwach bzw. schwach) nachhaltigen Entwicklungspfad, wenn die Ersparnisse größer sind als die Summe der Wertminderungen bei Sach- und Naturkapital. Empirische Studien zeigen, dass selbst dieses Kriterium der sehr schwachen Nachhaltigkeit von zahlreichen Ländern nicht erfüllt wird (Pearce & Atkinson 1993, Atkinson et al. 1997). Diese (sehr) schwache Nachhaltigkeit geht letztlich zurück auf die neoklassische Ressourcenökonomie, insbesondere das Modell von Robert Solow (1974) und dessen Erweiterung durch John Hartwick (1977). Berechtigte Zweifel an der „Nachhaltigkeit" eines solchen schwachen Indikators haben u.a. Faucheux et al. (1997) geäußert.

Die Vertreter einer *schwachen Nachhaltigkeit*, besser einer *kritischen Nachhaltigkeit* oder einer *Quasi-Nachhaltigkeit* (etwa die „London School" um David Pearce oder auch Nutzinger/Radke 1995b) argumentieren, dass die (sehr) schwache Nachhaltigkeit den Umstand übersieht, dass Natur- und Sachkapital nicht vollständig, sondern nur begrenzt substituierbar sind, und führen den Begriff des *kritischen Naturkapitals* ein, welches Grenzen der Substituierbarkeit markiert und der Tatsache Rechnung trägt, dass die Elemente des Naturkapitals nicht nur Inputs für den ökonomischen Prozess, sondern in bestimmtem Maße Voraussetzungen menschlichen Lebens und damit Wirtschaftens schlechthin sind. Bestimmte „keystone species" bzw. „keystone processes" sind in dieser Sicht für ein menschliches Überleben unerlässlich und nicht durch menschengemachtes Sachkapital zu ersetzen. Daher verlangt dieses Konzept schwacher Nachhaltigkeit (also die *kritische*

---

[6] Anders als beim Sachkapital steckt die Messung und Bewertung des Natur- (und auch Human-) Kapitals noch in den Anfängen. U.a. die Weltbank versucht hier verstärkt, entsprechendes Datenmaterial zu sammeln (siehe World Bank 1995, 1996).

Nachhaltigkeit) die Aufstellung von Grenzen, von „Safe Minimum Standards" bzw. eines Vorsorgeprinzips als Grenze für zulässige ökonomische Abwägungen (vgl. Kapitel 3).

„Safe Minimum Standards" sind wie die in der Diskussion um eine nachhaltige Entwicklung prominenten Leitplanken (WBGU 1996), Tragekapazitäten und kritischen Bestände (Endres/Radke 1998) Umweltstandards (Streffer et al. 2000). Umweltstandards werden auf einen bestimmten Zweck hin *gesetzt* und nicht einfach durch naturwissenschaftliche Forschung *ermittelt*. Ergebnisse naturwissenschaftlicher Forschung spielen jedoch stets eine Rolle im Prozess der Setzung von Umweltstandards. Untersucht man etwa die Möglichkeit, dass der Golfstrom „versiegt", so kann im Rahmen eines Simulationsmodells bestimmt werden, unter welchen Bedingungen dies geschehen kann. Unter der Voraussetzung, dass die Erhaltung des Golfstromes erwünscht ist, können dann auf der Grundlage der Modellrechnung (die ihrerseits in methodischer Hinsicht zu problematisieren ist) Werte formuliert werden, die als Leitplanken einschlägiges Handeln begrenzen *sollen*. Die Erhaltung des Golfstromes wäre in diesem Beispiel das Umweltqualitätsziel, an dem sich die Umweltstandardsetzung orientiert.

Trotz dieser Grenzziehung erlaubt das Konzept der *kritischen Nachhaltigkeit* Degradationen des Naturkapitals *oberhalb* des „Safe Minimum Standards", solange diese durch einen Zuwachs anderer Formen von Kapital ausgeglichen werden. Insoweit fallen kritische und schwache Nachhaltigkeit tatsächlich zusammen. Aus der Perspektive der *starken Nachhaltigkeit* wäre dies nicht zulässig. Aufgrund des höchst unsicheren Wissens über ökologische (System-)Zusammenhänge, über die Irreversibilität von Eingriffen in die Ökosysteme und die nicht vollständig mögliche adäquate Bewertung des Naturkapitals soll dieses – gemessen an *physischen Indikatoren* – konstant bleiben. Wie Turner et al. (1994) feststellen, dürfte die Abgrenzung zwischen derart definierter schwacher (also in unserer Redeweise: kritischer) und starker Nachhaltigkeit in der Praxis schwierig sein, da sich die Forderung nach „Konstanz" des Naturkapitals möglicherweise auch aus der Forderung nach wirklich sicheren „Safe Minimum Standards" herleiten lässt.

Das Konzept der *sehr starken Nachhaltigkeit* fordert schließlich eine Begrenzung des gesamten *Ausmaßes (Scale)* des ökonomischen Systems als Teil des ökologischen Systems. Der *Durchsatz (Throughput)* von Materie und Energie soll minimiert werden, nicht zuletzt angesichts thermodynamischer Zusammenhänge, insbesondere des sog. Entropiegesetzes (vgl. dazu Kapitel 2.2). Eine Umsetzung solcher abstrakter physikalischer Minimierungsregeln in konkrete Handlungsempfehlungen scheint indessen kaum möglich.

Sinnvoller erscheint der Arbeitsgruppe der Ansatz, aus der naturwissenschaftlichen Analyse konkrete „Safe Minimum Standards" zu gewinnen, die bei der künftigen wirtschaftlichen Entwicklung einzuhalten sind. Mit einer so verstandenen *kritischen Nachhaltigkeit* wird auch eines der Ziele starker Nachhaltigkeit – die Begrenzung der anthropogenen Entropiezunahme – indirekt mitverfolgt.[7]

---

[7] Weitere Konkretisierungsversuche innerhalb der Nachhaltigkeitsdiskussion stellen die (auf Daly zurückgehenden) sogenannten Management- oder Nutzungsregeln dar (vgl. Nutzinger/ Radke 1995b) sowie das ökologische Zielbündel E(lemente der Biosphäre)-S(elbstregulationsfähigkeit)-H(omöostase) bei Hampicke 1992, S 314-322).

Alle von uns identifizierten Formen der Nachhaltigkeit – von äußerst schwacher bis zu sehr starker Nachhaltigkeit – implizieren eine bestimmte Form intergenerationeller Fairness, nämlich die Weitergabe eines bestimmten Leistungspotenzials an die nachfolgenden Generationen. Unterschiede bestehen darin, wie diese Ausstattung jeweils zusammengesetzt ist: Muss lediglich ein konstantes Sozialprodukt (*äußerst schwache Nachhaltigkeit*), ein insgesamt konstanter, aber beliebig kombinierter Bestand an Natur- und Sachkapital (*schwache Nachhaltigkeit*), ein Mindestmaß an („kritischem") Naturkapital (*kritische Nachhaltigkeit*) oder ein für sich konstantes Naturkapital (*starke Nachhaltigkeit*) aufrechterhalten und an die jeweils folgende Generation weitergegeben werden?

Warum stützen wir uns angesichts des reichlichen Angebots an Nachhaltigkeitsdefinitionen im Folgenden auf ein Konzept *kritischer* Nachhaltigkeit? Die Antwort lautet: Das Konzept kritischer Nachhaltigkeit ist im Hinblick auf die angestrebte langfristige Strategie innovationsgestützter nachhaltiger Entwicklung am besten geeignet, weil es einerseits gefährliche Verwässerungen des Nachhaltigkeitsgedankens, wie etwa die bei (sehr) schwacher Nachhaltigkeit unterstellte beliebige wechselseitige Substituierbarkeit verschiedener Formen von Kapital, vermeidet und zum anderen der Tatsache Rechnung trägt, dass nur bei einer Konzentration auf wenige, aber entscheidende und in diesem Sinne kritische „Leitplanken" oder „Engpässe", die das Wirtschaften zu beachten hat, realistische Strategien nachhaltiger Entwicklung gewonnen werden können. Gesucht sind daher weder Entwicklungspfade, die zwar realistisch aber erkennbar nachhaltigkeitswidrig sind, noch Pfade, die höchsten ökologischen Ansprüchen genügen aber erkennbar keine Durchsetzungschancen besitzen. Überdies weist die Verknüpfung der Begriffe „Nachhaltigkeit" und „Innovation" ja gerade auf die zentrale Idee dieser Untersuchung hin, wonach – innerhalb der erwähnten kritischen Grenzen – der Mensch dank seiner innovativen Gabe tatsächlich in der Lage ist, Natur- durch Sachkapital zu substituieren. Eine Annahme, welche durch die Geschichte der Menschheit vielfältig bestätigt wird.

2.2
Nachhaltigkeit und Energie

Neben Nachhaltigkeit spielt für unser Projekt ein zweiter Grundbegriff eine zentrale Rolle, derjenige der Energie. Warum haben wir gerade die Energie als entscheidendes Themenfeld für die Nachhaltigkeit gewählt? Tatsächlich hängt unsere Gesellschaft noch von einer großen Zahl weiterer, zum Teil nicht erneuerbarer Ressourcen ab, die wir heute, zumindest aus einer langfristigen Perspektive betrachtet, nicht nachhaltig nutzen. Dazu gehören sämtliche mineralischen Rohstoffe, aber auch Wasser, Luft, Boden und die Artenvielfalt der Biosphäre. Ferner spielen immaterielle Güter, insbesondere das im Laufe von Jahrtausenden gesammelte Wissen und die Organisationsformen des gesellschaftlichen Zusammenlebens, kurz die menschliche Kultur, für die Nachhaltigkeit eine wichtige Rolle.

Wenn wir uns auf die materiellen Güter beschränken, kommen wir zum Schluss, dass zwar dem menschlichen Erfindungsgeist in vielen Belangen kaum Grenzen gesetzt sind, aber dennoch Randbedingungen existieren, die als unhintergehbare

Daten auch für Innovationen angesehen werden müssen. Wir werden im Folgenden kurz darlegen, dass zu diesen Grundbedingungen die Energie – genauer der Energiefluss – gehört. Aus dieser Erkenntnis rechtfertigt sich die Wahl der Energie als zentrales Themenfeld unseres Projektes. Eine Gesellschaft, welche die Schaffung einer nachhaltigen Energiebasis vernachlässigt, überlebt nicht, so wie auch in der Geschichte der Menschheit nur jene Kulturen überlebt haben, denen es gelang, ihre Energieversorgung nachhaltig zu organisieren.

2.2.1
Die Hauptsätze der Thermodynamik und der Energiebegriff

Obschon Energie unser tägliches Leben bestimmt und in der ökonomischen Theorie einen wichtigen Produktionsfaktor darstellt, ist vom physikalischen Standpunkt aus die Energie eine sehr abstrakte und nur im Rahmen eines differenzierten mathematischen Modells genau zu definierende Größe. Historisch wurde der Energiebegriff vorerst lediglich als „Potenzial Arbeit zu leisten" verstanden. So betrachtet ist Energie offensichtlich keine Erhaltungsgröße; dies erklärt, warum sich in der Umgangssprache der Begriff „Energie*verbrauch*" eingebürgert hat.

Die Verbindung zwischen den vorerst völlig verschiedenen Begriffen „Energie" und „Wärme" wurde erst im 19. Jahrhundert mit der Formulierung des ersten Hauptsatzes der Thermodynamik geklärt. Danach kann Energie weder erzeugt noch vernichtet, sondern lediglich in verschiedene Formen umgewandelt werden. (Anfang des 20. Jahrhunderts wurde der Energiebegriff durch die spezielle Relativitätstheorie von Einstein um die Masse erweitert.) Spricht man von Energieverbrauch, meint man damit eigentlich Energie*degradierung*, d.h. die Umwandlung hochwertiger bzw. verfügbarer Energie (Exergie) in niederwertige bzw. nichtverfügbare Energie (Anergie). Die Grenze zwischen Exergie und Anergie ist nicht absolut, sondern hängt vom betrachteten System ab. Beispielsweise enthält 20 Grad warmes Wasser in einer Umgebung von 0 Grad nutzbare Energie (Exergie), bei einer Umgebungstemperatur von 20 Grad hingegen nicht. Die gebräuchlichen physikalischen Einheiten für Energie und Energieflüsse werden in Box 2.1 definiert.

Box 2.1. Energie und Leistung: Joule und Watt

Die Energie*menge* wird in **Joule (J)** oder **Kilowattstunden (kWh)** gemessen. Der Energiefluss *pro Zeit* wird *Leistung* genannt und in **Watt (W)** angegeben. Das Watt ist definiert als **1 Joule pro Sekunde**. Auch Kilowattstunden pro Tag oder pro Jahr werden als Leistungseinheit verwendet. Die Einheiten sind für alle Energieformen (Brenn- und Treibstoffe, Elektrizität etc.) gleich.

2000 Watt Dauerleistung (während 24 Stunden pro Tag) entspricht:

– 2000 Joule pro Sekunde, oder
– 48 Kilowattstunden pro Tag, oder
– 17.500 Kilowattstunden pro Jahr, oder
– einem Verbrauch von rund 1700 Liter Heizöl bzw. Benzin pro Jahr.

2.2 Nachhaltigkeit und Energie

Die Biosphäre und damit auch die Existenz des Menschen wird nicht durch den ersten, sondern durch den zweiten Hauptsatz der Thermodynamik bestimmt. Dieses so genannte *Entropiegesetz* handelt von der Umwandelbarkeit verschiedener Energieformen: Energie einer bestimmten Qualität kann vollständig in eine Form niedrigerer Qualität umgewandelt werden. Der umgekehrte Prozess ist hingegen nur teilweise, d. h. mit einem beschränkten Wirkungsgrad, möglich. Die thermodynamisch maximale Umwandlungsquote nennt man den *Carnotschen Wirkungsgrad*. Er erklärt beispielsweise die Grenzen bei der Produktion von Elektrizität (Energie hoher Qualität) aus Wärme (Energie niedrigerer Qualität) in thermischen Kraftwerken oder die physikalischen Randbedingungen beim Betrieb von Wärmepumpen. Gälte der zweite Hauptsatz nicht, so könnte man allein durch geringfügige Abkühlung der Weltmeere den gesamten Energiebedarf der Menschheit decken.

2.2.2
Energiesysteme in der Bio- und Anthroposphäre

Lebewesen sind Gebilde großer molekularer Komplexität bzw. Ordnung. Als Folge des Entropiegesetzes benötigt jedes Leben zur Aufrechterhaltung dieser Ordnung, d. h. quasi zu deren Verteidigung gegen das Chaos, einen ständigen Fluss degradierbarer Energie. Die Biosphäre bezieht ihre Energie praktisch vollständig aus der Sonnenstrahlung. Weil der Energiefluss von der Sonne nicht permanent zur Verfügung steht, wäre Leben ohne einen Mechanismus zur Energiespeicherung nicht möglich. Im Prozess der *Photosynthese* wird solare Strahlungsenergie in speicherbare chemische Energie umgewandelt. Die durchschnittliche globale Photosynthese der Biosphäre entspricht einer Leistung von 130 TW (1 TW = 1 Terawatt = 10^{12} Watt). Dies ist lediglich rund 0,1 Promille des gesamten solaren Energieflusses, welcher die Erdoberfläche erreicht (Box 2.2).

Box 2.2. Globale solare und anthropogene Energieflüsse

	Pro Fläche (Watt pro m²)	Total (TeraWatt)
Totale Solarstrahlung an Erdoberfläche	240	122.000
Globale kommerzielle Energienutzung	0,02	12
Physiologischer Energiebedarf der Menschheit (100 Watt pro Person)		0,6
Biologische Primärproduktion		
– total (Land + Meer)	0,25	130
– Land (Bezugsfläche ohne Antarktis)	0,44	65

Der physiologische Energiebedarf des Menschen beträgt rund 10 Millionen Joule pro Tag und Person, was einer durchschnittlichen Leistung von rund 100 Watt pro Person bzw. global einer Leistung von 0,6 TW entspricht. Da in der Biosphäre der Übergang von einer trophischen Stufe zur nächst höheren typischerweise mit einem

Verlust von 90 % verbunden ist, würde die Menschheit für die Deckung ihres Nahrungsbedarfes zehnmal mehr Energie (6 TW) aus der globalen Primärproduktion beanspruchen. Tatsächlich ist dieser Anteil noch größer, weil der Mensch einen Teil seiner Nahrung in Form von Fleisch, d. h. aus einer noch höheren trophischen Stufe, deckt.

Über seinen physiologischen Energiebedarf hinaus hat der Mensch im Laufe seiner Geschichte verschiedene Methoden erfunden, einen Teil des riesigen solaren Energieflusses für andere menschliche Bedürfnisse abzuzweigen. Die Entwicklung der Landwirtschaft stellt hierbei die größte vorindustrielle Innovation dar. Dabei wird durch Rodung die Primärproduktion künstlich erhöht und durch die Wahl geeigneter Kulturpflanzen der für den Menschen nutzbare Anteil der biologischen Produktion gesteigert. Anbau, Ernte und Verwertung landwirtschaftlicher Produkte verlangten einen großen Aufwand an mechanischer Energie (Arbeit), der durch den Menschen selbst, durch Arbeitstiere und durch die Nutzung der Naturkräfte (Wind, Wasser) gedeckt wurde. Neben dem mechanischen Energiebedarf gab es auch immer einen Bedarf an thermischer Energie, einerseits für die Zubereitung der Nahrung, andererseits zum Heizen. Der Wärmebedarf wurde praktisch ausschließlich aus Biomasse (Holz, tierischen Abfälle etc.) gewonnen; fossile Brennstoffe spielten keine Rolle, obwohl an gewissen Orten die Kohle schon lange bekannt war.

Unter dem *Energiesystem* (eines Landes oder der Erde insgesamt) versteht man die gesamte Struktur der genutzten Primärenergieressourcen, der Infrastruktur zu deren Verteilung und Umwandlung in Endenergie und der spezifischen Nachfragestruktur der sogenannten Energiedienstleistungen (vgl. Box 2.3). Im Hinblick auf die Wertigkeit der Energie spielt insbesondere die Unterscheidung zwischen Bedarf an Wärme bzw. Arbeit eine Rolle, ferner die Aufteilung zwischen stationärem und mobilem Bedarf und die Rolle der Elektrizität. Angebots- und Bedarfsstruktur bestimmen zusammen das Potenzial zur Veränderung eines gegebenen Energiesystems.

Basierte das *vorindustrielle Energiesystem* praktisch ausschließlich auf der Nutzung solarer, d. h. erneuerbarer und hauptsächlich lokal vorhandener Energieressourcen, so änderte sich die Situation durch die Industrialisierung in zweifacher Hinsicht grundlegend; erstens durch die Erfindung der Dampfmaschine und zweitens durch die Entdeckung und Nutzung der Elektrizität. Die Dampfmaschine und später andere thermische Motoren erlaubten es erstmals, thermische Energie in Arbeit umzuwandeln (wenn auch gemäß dem zweiten Hauptsatz nur mit erheblichen Verlusten). Damit stieg die Nachfrage nach thermischen Energieressourcen so stark, dass die Nutzung fossiler Brennstoffe (Kohle, später Erdöl und schließlich Erdgas) zur wichtigsten Stütze des *industriellen Energiesystems* wurde und bis heute geblieben ist (siehe Kapitel 4). Die Energiegewinnung aus Kernspaltung hat trotz ihrer bald fünfzigjährigen Geschichte daran nichts geändert; ihr Beitrag zum globalen Energiesystem liegt heute immer noch unter 3 %.

Im Gegensatz zu den fossilen Brennstoffen bedeutet die Einführung der Elektrizität in das Energiesystem nicht eine neue Quelle von *Primärenergie* (siehe Box 3). Elektrizität ist eine Form von *Endenergie*. Ihre große Bedeutung liegt darin, dass sie aus verschiedenen Primärenergien hergestellt werden kann (fossilen Brennstoffen, Kernbrennstoff, Wasserkraft, Wind, Photovoltaik u. a.), leicht über große Distanzen zu transportieren ist und dank ihrer hohen Energiequalität (Exergie) zur

Deckung jedes Energiebedarfs thermischer oder mechanischer Art verwendet werden kann. Ihr mittlerer globaler Anteil an der Endenergie beträgt heute 20%, mit steigender Tendenz. Der Strom wird zu über 60% in thermischen Kraftwerken produziert, die durch fossile Brennstoffe (vor allem durch Kohle) befeuert werden. Diese Kraftwerke sind für fast 30% der globalen Kohlendioxid-Emissionen in die Atmosphäre verantwortlich.

Box 2.3. Energieumwandlungskette und graue Energie (vgl. Kapitel 5, Abb. 5.1)

Bei der Nutzung der Energie durch den Menschen durchläuft diese eine Wandlungskette, welche aus folgenden Gliedern besteht: Primärenergierohstoff – Primärenergie – Sekundärenergie – Endenergie – Nutzenergie – Energiedienstleistung. Zur Illustration der Kettenglieder wählen wir das Beispiel „Betrieb einer elektrischen Lokomotive mittels Strom aus einem Kohlekraftwerk":

Primärenergierohstoff	Kohle als Rohstoff im Boden
Primärenergie	Abgebaute Kohle
Sekundärenergie	Heißdampf im thermischen Kraftwerk
Endenergie	Elektrizität
Nutzenergie	Kraft am Antriebsrad der Lokomotive
Energiedienstleistung	Transport von Menschen und Gütern

Ein Land wie Deutschland importiert nicht nur Energie in Form von Erdöl, Gas etc., sondern auch in Form von Gütern, zu deren Produktion Energie genutzt worden ist. Diese Energie wird **graue Energie** genannt. Umgekehrt wird graue Energie in Gütern auch exportiert. Länder mit großem Dienstleistungssektor und wenig Schwerindustrie haben einen Importüberschuss an grauer Energie, welcher in der nationalen Energiestatistik mitberücksichtigt werden muss. Beispielsweise wird der Importüberschuss an grauer Energie für die Schweiz auf 25% des direkten Primärenergieverbrauchs geschätzt.

2.3
Innovation und Nachhaltigkeit

2.3.1
Grundlegende Zusammenhänge

Den Begriffen „Nachhaltigkeit" und „Innovation" sind – bei aller Verschiedenheit der damit bezeichneten Sachverhalte – wichtige Eigenschaften gemein, die für unsere Thematik ebenso von Bedeutung sind wie wesentliche Unterschiede zwischen diesen Konzepten. Sowohl „Nachhaltigkeit" als auch „Innovation" stellen inhaltlich zumeist wenig bestimmte, jedoch in aller Regel mit positiven Konnotationen versehene Begriffe dar. Häufig werden sie als tatsächliche oder auch nur vermeintliche „Problemlöser" dort eingesetzt, wo unmittelbare Handlungsansätze in Krisensituationen nicht ersichtlich sind.

"Nachhaltigkeit" fungiert daher oftmals als das "Zauberwort", das – vor allem im Dreiklang von ökologischer, wirtschaftlicher und sozialer Nachhaltigkeit – einen Weg aus den aktuellen und befürchteten Krisen zu weisen scheint, die sich aus der bereits eingetretenen und vor allem der zukünftig zu erwartenden Übernutzung des Naturvermögens auf der Input- und der Outputseite (natürliche Ressourcen und Assimilationskapazität natürlicher Systeme) durch wirtschaftliche Aktivitäten des Menschen ergeben. Ähnliches lässt sich auch bei der Verwendung des Innovationsbegriffs beobachten, vor allem dann, wenn er über den Bereich des Technischen und Ökonomischen hinaus als "soziale Innovation" auf die Gesellschaft insgesamt ausgedehnt wird; Innovationen sind ja gerade dadurch gekennzeichnet, dass sie durch neue Produkte und Verfahren zuvor gegebene Beschränkungen überwinden oder zumindest lockern.

Nicht jede Innovation liefert allerdings einen positiven Beitrag zu nachhaltiger Entwicklung. Innovation ist zunächst nur eine Quelle des gesellschaftlichen und wirtschaftlichen Strukturwandels und trägt zu Wirtschaftswachstum und Konjunkturschwankungen bei. Inwieweit Innovation insgesamt z. B. beschäftigungsfördernd und/oder umweltentlastend wirkt, liegt nicht von vornherein fest, sondern hängt vom gesellschaftlichen Rahmen, den Preisrelationen oder der Technologiewahl ab und ist damit prinzipiell gestaltbar.

Verschiedene theoretische und empirische Arbeiten lassen vermuten, dass Innovation insgesamt einen positiven Beitrag zu nachhaltiger Entwicklung leistet:
– In der neuen Wachstumstheorie werden *increasing returns to scale* betont, d. h. eine generelle Zunahme der Faktorproduktivität (also auch der Umwelt- bzw. Ressourcenproduktivität).
– Der unter anderem durch Innovation angetriebene Strukturwandel führt zu ökologischen Entlastungseffekten ("Gratiseffekten").

Hier sollen zunächst die für die vorliegende Studie relevanten Aspekte der Innovationsforschung kurz skizziert werden.

2.3.2
Innovationsbegriff und -typen

Die für unsere Handlungsempfehlungen wichtige Frage nach der politischen Beeinflussbarkeit des Innovationsprozesses lässt sich nur sinnvoll beantworten, wenn zuverlässige Erkenntnisse sowohl über die Bestimmungsfaktoren (Innovationsdeterminanten) als auch über die Prozessphasen und die Wirkungen unterschiedlicher Innovationsaktivitäten vorliegen. Wir veranschaulichen diesen Zusammenhang zunächst in Abbildung 1.

Die folgenden Ausführungen referieren kurz den Stand der Diskussion zu Prozess- und Produktinnovationen und gehen dabei auch auf die spezifischen Probleme im Energiebereich ein. Es wird dann untersucht, wie deren Durchsetzung am Markt (Markteinführung, Diffusion) unterstützt werden könnte, d. h. welche Fördermöglichkeiten wirksam wären bzw. welche Hemmnisse abgebaut werden müssten; mit anderen Worten: welche institutionellen Innovationen notwendig sind (vgl. Kapitel 6 und 8).

Der wirtschaftswissenschaftliche Innovationsbegriff wurde wesentlich geprägt durch die Arbeiten von Joseph Schumpeter (1911, 1942). Demnach ist *Innovation*

2.3 Innovation und Nachhaltigkeit

die Durchsetzung neuer Problemlösungen bzw. neuer Faktorkombinationen am Markt. Entscheidendes Kriterium ist der kommerzielle Erfolg, der allerdings stets erst ex post festgestellt werden kann. Von der Innovation zu unterscheiden ist die *Invention* (Erfindung), eine neue Erkenntnis, technologische Idee oder Lösung, die in der Regel durch Patente und andere Rechte auf geistiges Eigentum schützbar ist. Nicht jede Invention kann sich am Markt durchsetzen, also Grundlage einer Innovation sein. Eine Invention ist weder eine notwendige noch eine hinreichende Bedingung für Innovation. Allerdings hat die Inventionsaktivität eindeutig eine positive Wirkung auf die Innovation, da mit der Häufigkeit von Inventionen auch die der Innovationen steigt. Erst die *Diffusion*, d. h. die flächendeckende Verbreitung, erschließt das wirtschaftliche Potenzial einer Innovation. Die Diffusion wird nicht nur durch den Innovator vorangetrieben, sondern vor allem durch die *Imitation* (Nachahmung), die vielfach mit weiteren Verbesserungen verbunden ist.

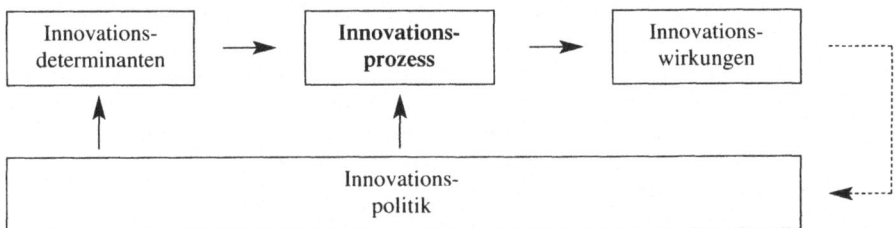

Innovations- determinanten	Innovations- prozess	Innovationswirkungen		
		Ökonom. Nachhaltig- keit	Soziale Nachhaltig- keit	Ökologische Nachhaltig- keit
Besteuerung	F&E (Forschung und Entwicklung)			
Regulierung	Invention	Wachstum	Verteilung	Stoff-/Energie- ströme
Bildungssystem	Prototyp	Beschäftigung	soziales	Flächen- versiegelung, Artenvielfalt
Wettbewerbspolitik	Markteinführung	Preisstabilität	Sicherung	
Infrastruktur		Außenwirt- schaftliches Gleichgewicht		

Abb. 2.1. Innovationsprozess, Innovationsdeterminanten, Innovationswirkungen

2 Begriffliche und konzeptionelle Grundlegung

Je nach ihrer Bedeutung wird zwischen *Verbesserungsinnovationen* (incremental innovation) und *Basisinnovationen* (breakthrough) unterschieden. Diese Klassifizierung lässt sich weiter ausdifferenzieren (z.B. Kemp 2000b, der zwischen „incremental innovation", „radical innovation" und „system innovation" unterscheidet). Allerdings bringt jede weitere Kategorie zusätzliche Abgrenzungsprobleme. Verbesserungsinnovationen bestimmen das „alltägliche" Innovationsgeschehen; sie haben zwar kurzfristig keine durchschlagende Wirkung, kontinuierlich und über einen längeren Zeitraum hingegen ergeben sich weitreichende Veränderungen (das Auto ist dafür ein gutes Beispiel). Basisinnovationen treten nur in längeren, unregelmäßigen Zeitintervallen auf, führen aber dann zu grundlegenden wirtschaftlichen und gesellschaftlichen Umbrüchen.

Nach dem Gegenstand der Innovationsaktivität wird zumeist zwischen zwei Innovationsarten unterschieden:
- **Prozessinnovation**: neue Anlagen, Produktionsmethoden/-verfahren, Organisationsformen, Erschließung neuer Absatzmärkte und Bezugsquellen.
- **Produktinnovation**: neue Funktionen, Qualitäten, Formen/Design von Gütern und Dienstleistungen.

Über diese traditionelle Verwendung in der Ökonomie hinaus findet der Innovationsbegriff in jüngerer Zeit auf weitere Aspekte der wirtschaftlichen und gesellschaftlichen Entwicklung Anwendung. Zusammenfassend lassen sich dabei zwei weitere Innovationsarten unterscheiden:
- **Institutionelle Innovation**: Veränderte Rahmenbedingungen (autonome Notenbank, Regulierungsregime, nationale Nachhaltigkeitspläne etc.), die sich vor allem im internationalen Ordnungswettbewerb durchsetzen.
- „**Sozio-kulturelle Innovation**": Veränderte Werte, Lebensstile, Konsummuster, (Arbeits-)Zeitmuster, Bedürfnisse, Präferenzen etc., die gesellschaftliche Verbreitung finden.

Im Nachhaltigkeitskontext sind alle diese Innovationsarten relevant. Dies entspricht der Abgrenzung von „Umweltinnovation", d.h. „jene technisch-ökonomischen, institutionellen und/oder sozialen Neuerungen (...), die zu einer Verbesserung der Umweltqualität führen (...) gleichgültig ob diese Innovationen auch unter anderen – namentlich ökonomischen – Gesichtspunkten vorteilhaft wären" (Klemmer et al. 1999, S 29). Damit sind alle Innovationsarten erfasst, die üblicherweise in der Umweltschutzdiskussion eine Rolle spielen: „end of pipe"-Technologien, prozessintegrierter Umweltschutz, produktintegrierter Umweltschutz und Funktionsorientierung (Kurz 1996).

2.3.3
Innovationsprozess: Inside the Black Box

(1) **Phasen des Innovationsprozesses**: Der gesamtwirtschaftliche Innovationsprozess kann gedanklich in verschiedene, im einfachsten Fall drei, Phasen zerlegt werden:

$$\text{Invention} \rightarrow \text{Markteinführung} \rightarrow \text{Diffusion}$$

Differenziertere Ansätze unterscheiden weitere Phasen (F&E, Prototyp etc.) und berücksichtigen zudem Rückkoppelungen. Die innovationspolitische Relevanz unterschiedlicher Modelle des Innovationsprozesses liegt darin, dass sie Schnittstellen (interfaces) und damit Transferprobleme und mögliche Engpässe oder Barrieren sichtbar machen, die Ansatzpunkte für Innovationsförderung bzw. für innovationsfördernde Reformen politischer Rahmenbedingungen sein können. Mit seiner bahnbrechenden Arbeit „Inside the Black Box" gab Rosenberg (1982) den Anstoß für die ökonomische Analyse von Innovationsprozessen (ferner Freeman/Soete 1997, Dodgson/Rothwell 1996). Die Innovationsforschung hat in den vergangenen Jahrzehnten zahlreiche Erkenntnisse über die Bestimmungsfaktoren (Determinanten) des Innovationsprozesses hervorgebracht. Es bestehen aber nach wie vor erhebliche Erkenntnislücken, vor allem über die relative Bedeutung der verschiedenen Determinanten. Im Folgenden kann nur stichwortartig auf die Ergebnisse hingewiesen werden, die für das vorliegende Projekt von besonderem Interesse sind; vor allem wenn es darum geht, Hemmnisse für Innovationen (im Energiesystem) zu identifizieren.

(2) **Innovation durch „technology push":** Innovation kann systematisch „produziert" werden. Wichtigster Input-Faktor sind F&E-Aufwendungen (Personal, Geräte, Materialien etc.). Je höher dieser Input ist, desto höher ist der Innovationsertrag – allerdings nur mit einer gewissen Wahrscheinlichkeit, denn Innovation ist mit Risiko und Unsicherheit verbunden. Vereinfachend kann zwischen der Grundlagenforschung und der angewandten Forschung unterschieden werden. Die Grundlagenforschung ist nicht unmittelbar auf aktuelle Probleme ausgerichtet, wird aber sehr wohl von diesen beeinflusst. Bei der Bestimmung von Forschungsschwerpunkten spielen immer auch die Perspektiven späterer ökonomischer Nutzung eine Rolle. Entscheidungen über Schwerpunkte der Grundlagenforschung sind insofern wichtige Weichenstellungen in der Frühphase des Innovationsprozesses. Sie konstituieren eine gewisse selbstverstärkende Entwicklungsdynamik (z.B. bei der Atomenergienutzung oder bei der Gentechnik einen jeweils spezifischen „wissenschaftlich-industriellen Komplex"). Angewandte Forschung versucht, bekannte Grundprinzipien auf neue Fragestellungen zu übertragen. Auf die Richtung der angewandten Forschung in Unternehmen haben ökonomische Bedingungen und erwartete Veränderungen dieser Bedingungen einen starken Einfluss, vor allem die relativen Preise der Faktoren Arbeit und Energie. Bereits in den 30er Jahren wurde die Hypothese formuliert, dass Veränderungen der relativen Preise die Richtung des Innovationsprozesses verändern (Hicks 1932, Popp 2002). Wenn z.B. die Lohnkosten anhaltend rascher steigen als die Kapitalkosten, induziert dies arbeitssparenden technischen Fortschritt (Rationalisierung). Die Innovationsanstrengungen richten sich verstärkt auf den (relativ) teurer werdenden Faktor. Von einem Anstieg der Energiepreise ist entsprechend zu erwarten, dass er vermehrt energiesparende Innovationsaktivität induziert. Einen überzeugenden empirischen Beleg dafür liefert z.B. die Untersuchung von Popp (2002), der für die USA zu dem Ergebnis kommt, dass steigende Energiepreise – auch wenn sie durch Umweltsteuern oder Regulierung bedingt sind – „encourage the development of new technologies that make pollution control less costly in the long run" (Popp 2002, S. 26).

(3) **Innovation durch „demand pull":** Letztlich wird der Innovationsprozess durch die Aussicht auf (außergewöhnlich hohe) Gewinne angetrieben. Bei freiem

(unbeschränktem) Wettbewerb sind diese Gewinne immer nur Vorsprungsgewinne, d. h. sie werden durch Imitatoren zerstört. Vorsprungsgewinne lassen sich erzielen, wenn gegebene Bedürfnisse besser befriedigt werden oder wenn es gelingt, neue Bedürfnisse zu wecken. Innovatoren reagieren also auf (bislang unentdeckte) Wünsche der Nachfrager, sie schaffen aber – als dynamische Unternehmer – auch selber neue Wünsche. Staatliche Politik kann einen wesentlichen Einfluss auf Art und Umfang der Nachfrage ausüben. Der Staat kann im Extremfall neue Produkte/ Prozesse verbieten (oder zumindest deren Zulassung verzögern) und damit verhindern, dass es zu einer Innovation kommt. Der Staat kann eine Innovation fördern, indem er

– die neue Problemlösung vorschreibt (z. B. als „Stand der Technik") – und damit vor allem die Diffusion beschleunigt;
– vorhandene Problemlösungen verteuert (z. B. durch Steuern auf fossile Brennstoffe) oder verbietet (z. B. toxische, persistente Chemikalien);
– als Pionier-Nachfrager auftritt, der einen zunächst hohen Preis (bei teilweise geringer Produktqualität) in Kauf nimmt, und so die Voraussetzungen für Vorteile der Massenproduktion und Lerneffekte schafft.

(4) Kostenvorteile im Innovationsprozess: Der Innovator schafft einen neuen Markt und hat die Chance, ihn wesentlich zu prägen (z. B. durch Standardsetzung). Vor allem, wenn hohe Fixkosten anfallen, wird es für alle potentielle Konkurrenten schwer, den Marktzutritt zu schaffen (first-mover advantage). Der Innovator profitiert auch als erster von Lerneffekten. Wenn Unternehmen eine neue Technologie einführen, fallen zunächst hohe Umstellungs- und Adaptionskosten an. In dem Maße wie das Unternehmen bzw. die Mitarbeiter lernen und kleinere Verbesserungen vorgenommen werden, sinken diese Kosten (Lernkurve; vgl. auch den Exkurs in Kapitel 7.8.3). Es werden Erfahrungen, Fertigkeiten (skills), informelles Wissen (tacit knowledge) erworben, die auch vor schnellem, einfachem „Kopieren" (Imitation) schützen. Sinkende Lernkosten und expandierendes Marktvolumen lassen die Stückkosten sinken (Selbstverstärkungsprozess). Im internationalen Wettbewerb versuchen Regierungen daher immer wieder, den Aufbau „nationaler Champions" zu unterstützen, von deren *first-mover advantage* die gesamte Volkswirtschaft profitieren soll (Wachstums- und Beschäftigungseffekte).

Durch Lernkurveneffekte ergibt sich ein selbst verstärkender Prozess: größeres Marktvolumen → sinkende Kosten → niedrigerer Preis → größeres Marktvolumen etc. Wenn die sinkenden Stückkosten stets im Preis weitergegeben werden, stärkt dies die Marktposition des Innovators. Diese Penetrationsstrategie erschwert potentiellen Konkurrenten den Marktzutritt, geht allerdings auf Kosten der Gewinnerzielung und muss deshalb schließlich aufgegeben werden. Damit verbessern sich dann die Chancen für den Markteintritt von Newcomern, insbesondere wenn es „spillover"-Effekte der Erfahrungen gibt (z. B. durch Abwerben qualifizierter Mitarbeiter). Ansonsten könnte sich eine dauerhafte Monopolisierung des Marktes ergeben. Durch die Lernkurve nicht erfasst sind Verbesserungen des Produkts, die sich aus dem Feedback der Anwender ergeben. Die zunehmende Produktqualität ist aber ein zumindest ebenso wichtiger Faktor zur Erhöhung der Diffusionsgeschwindigkeit.

2.3 Innovation und Nachhaltigkeit

Box 2.4. Lernkurven (Erfahrungskurven)

Lernkurven erfassen das empirisch gut belegte Phänomen (z. B. in der Flugzeugindustrie, in der Chip- und Computerproduktion), dass mit der Gesamtzahl der produzierten Einheiten die Stückkosten sinken:[8] Unternehmen lernen aus der täglichen Erfahrung im Produktionsprozess wie Produktionskosten gesenkt werden können (*learning by doing* (Arrow 1962)). Durch Forschung allein können diese Potenziale offensichtlich nicht erschlossen werden. Im Produktionsprozess ergeben sich sowohl kleinere (inkrementale) Verbesserungen als auch signifikante Verbesserungen (Prozessinnovationen).

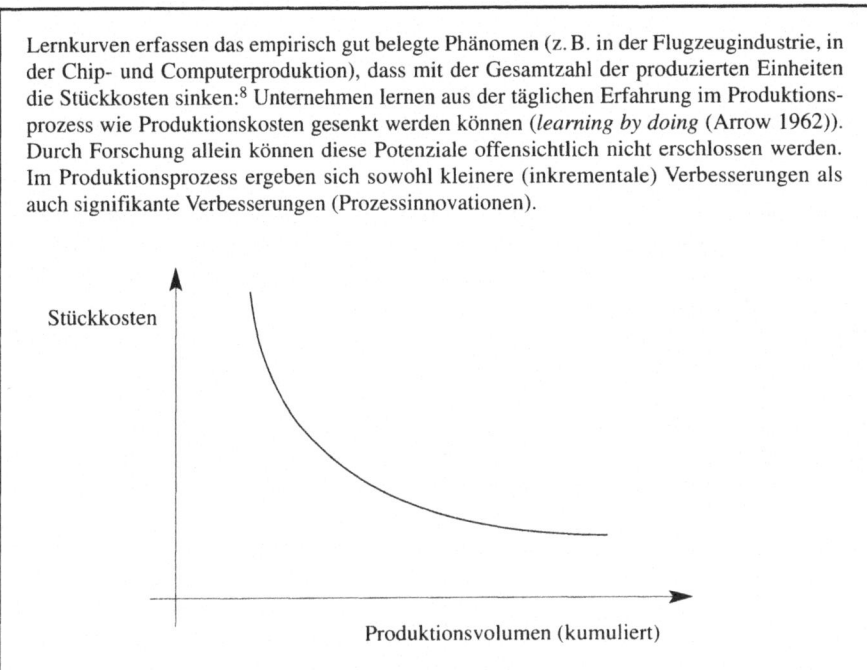

Empirische Untersuchungen zu Lernkosten-Effekten im Energiebereich haben u. a. zu folgenden Ergebnissen geführt (OECD/IEA 2000b, Williams 1994):
- Eine Verdoppelung der (weltweit) verkauften Photovoltaik-Module führt zu einem Rückgang des Preises um 18%.
- Bei (dänischen) Windturbinen führt die Absatzverdoppelung (nur) zu einem Rückgang des Windenergiepreises um 4%. Die Lerneffekte sind allerdings deutlich größer (18% EU, 32 % USA), wenn man nicht die einzelne Anlage betrachtet, sondern den gesamten Prozess der Erzeugung von Strom aus Windenergie (einschließlich Standortwahl, Wartung etc.).
- Für die Herstellung von Strom aus Biomasse beträgt die Lernrate bei Verdoppelung der Produktion jeweils ca. 15 %.

---

[8] Üblicherweise werden Lernkurven in einem Diagramm dargestellt, in dem auf der Abszisse in logarithmierter Form die produzierte (verkaufte) Gesamtmenge und auf der Ordinate der Preis pro Einheit (logarithmiert) aufgetragen wird. Es lässt sich dann ein linearer Zusammenhang zwischen der (kummulierten) Mengen und dem Preis ermitteln.

Um die Dynamik der Lernkurve für die Diffusion nachhaltiger Innovation auslösen zu können, erscheinen staatliche Markteinführungshilfen wohl begründet, weil sie
- positive externe Effekte aufweisen (Spillover des Know-hows auf andere Branchen, Reduzierung der Umweltbelastung);
- „Startvorteile", z. B. Markteintrittsbarrieren, der alten, z. T. durch öffentliche Subventionierung und Regulierung etablierten Technologien und Entwicklungspfade kompensieren.

Der Staat kann sich an den Lernkosten beteiligen (d. h. „learning investments" tätigen), indem er die Nachfrage privater Pioniere anregt (Subventionierung, Regulierung) oder eigene Nachfrage entfaltet (staatliche Beschaffungskäufe). Adressat der Förderpolitik ist zunächst der Innovator, doch muss sie stets auch potenzielle Newcomer beachten, um nicht einer dauerhaften Monopolisierung Vorschub zu leisten. Die Förderung muss eingestellt werden, wenn eine Technologie ausgereift ist, d. h. die (durch Förderung) erzielbaren Lerneffekte nur noch gering sind.

(5) „Embodied und disembodied technical change": Die Diffusion neuer Problemlösungen vollzieht sich über neue Produkte und Anlagen, die den neuen „Stand der Technik" enthalten (embodied technical change). Wenn die rasche „Modernisierung" des Kapitalstocks vorangetrieben werden soll, müssen hohe Brutto-Investitionen erfolgen, und daher gilt es, günstige Rahmenbedingungen für Investitionen herzustellen (z. B. durch Investitionsprämien oder günstige Abschreibungsbedingungen). So kann der Ersatz von Altanlagen (Kraftwerken, Fahrzeugen etc.) zu ökologischen Entlastungseffekten führen. Allerdings ist die Verkürzung der Nutzungsdauer von Altanlagen keine generelle Nachhaltigkeitsstrategie, denn
- neue Anlagen (z. B. Fahrzeuge) sind nicht in jedem Fall umweltverträglicher;
- Entlastungswirkungen in der Nutzungsphase müssen Mehrbelastungen bei der Herstellung und der späteren Entsorgung von Anlagen gegenüber gestellt werden.

Nur auf der Grundlage einer Gesamtbilanz (*life cycle assessment*, LCA) kann entschieden werden, ob ein „Langzeitprodukt" tatsächlich überlegen bzw. wie lange die ökonomisch und ökologisch optimale Nutzungsdauer ist. Es muss also im Einzelfall geprüft werden, ob eine Beschleunigung der Diffusion durch Investitionsförderung eine nachhaltige Entwicklung wirklich unterstützt. Neben „embodied" gibt es auch „disembodied technical change", der nicht an physisches Kapital gebunden ist und vor allem die Art der betriebs- und volkswirtschaftlichen Organisation des Produktionsprozesses betrifft (organisatorische Innovation). Dazu gehören Managementtechniken, Vertriebsformen, Logistikkonzepte, Kapitalgesellschaften, Finanzmarktinnovationen (z. B. Risikokapital (*Venture Capital*)), Car-Sharing, Energie-Contracting und Wertstoffbörsen. Mit solchen organisatorischen Innovationen sind Effizienzsteigerungen möglich, die keinen oder nur einen geringfügigen zusätzlichen Ressourcenaufwand (für Herstellung und Entsorgung) erfordern. Für diese Innovationsart lassen sich nur schwer konkrete Fördermöglichkeiten erkennen; am ehesten dürften hier (hoheitliche) Regulierungen ein Rolle spielen.

2.3 Innovation und Nachhaltigkeit

(6) **Pfadabhängigkeit des Innovationsprozesses:** Wenn der Innovationsprozess einmal eine bestimmte Richtung eingeschlagen hat und sich auf einem Technologiepfad (trajectory) befindet, lässt sich dies nur zu hohen Kosten wieder verändern, wie etwa der Umstieg von Gleichstrom auf Wechselstrom. Entlang eines Technologiepfades kommt es zu inkrementellen Innovationen, zu fortlaufenden Verbesserungen, die zur weiteren Verfestigung beitragen. Hat sich der Pfad einmal verfestigt, können Veränderungen von Marktbedingungen, vor allem von relativen Preisen, nur marginale Veränderungen bewirken; sie führen aber nicht unmittelbar zu einem Pfadwechsel. Mitunter gelingt ein Pfadwechsel erst nach langer Zeit, wenn sich ein neues „window of opportunity" für eine technologische Weichenstellung ergibt. In einer „revolutionären" Situation (Bifurkationspunkt), in der der alte Technologiepfad verlassen wird und sich (zwei oder mehr) neue Technologiepfade auftun, ist entscheidend, welche Technologie am schnellsten eine kritische Menge von Anhängern/Kunden gewinnen kann. Wenn Netzwerkeffekte auftreten, laufen schließlich (fast) alle Kunden zu dieser Technologie über. Markteinführungshilfen des Staates können an dieser Stelle – im Guten wie im Schlechten – eine erhebliche Wirkung entfalten. Netzwerkeffekte liegen vor, wenn der Nutzen eines Produkts oder einer Dienstleistung für jeden Konsumenten mit der Zahl der Konsumenten insgesamt steigt. Ein einzelnes Telefon stiftet keinen Nutzen, in einem kleinen Netz mit wenigen Teilnehmern ist der Nutzen bescheiden; erst wenn viele ein Telefon besitzen, entfaltet diese Technologie ihr ganzes Potenzial. Netzwerkeffekte treten auch bei Technologien auf, bei denen das Netz nicht unmittelbar zu erkennen ist, z. B. bei der Benutzung eines weitverbreiteten PC-Betriebssystems (das Kompatibilität, Service, und Anwendungssoftware garantiert). Eine wichtige Rolle bei der Entstehung eines (neuen) Technologiepfades spielen Infrastrukturentscheidungen sowie privatwirtschaftlich oder öffentlich vereinbarte Normen (DIN, ISO etc.) und hoheitlich gesetzte Standards. Normierung kann durch Beseitigung von Kompatibilitätsproblemen zur rascheren Diffusion beitragen. Damit kann aber auch der Kampf zwischen unterschiedlichen technischen Lösungen frühzeitig abgebrochen werden – bevor die überlegene Variante wirklich klar erkennbar ist. Private Normen sind auch insofern kritisch zu bewerten, als sie in einem Verfahren zustande kommen, das in der Regel von großen etablierten Unternehmen bzw. Verbänden dominiert wird. Daher geht es hier nicht nur um die wettbewerbsneutrale Lösung technischer Probleme, sondern stets auch um die Durchsetzung von Interessen: Wer die Norm bestimmt und beherrscht, hat einen Wettbewerbsvorsprung. Nicht immer setzt sich die effizientere Technologie durch (und bestimmt damit auf Jahre das Innovationsgeschehen). Vielzitierte Beispiele dafür, wie sich durch Zufall oder unter dem Einfluss von Unternehmensstrategien suboptimale Lösungen durchgesetzt und verfestigt haben (vgl. dazu Fleischmann 2001), sind u.a. Video-Recorder mit VHS von JVC gegen Betamax von Sony, QWERTY-Schreibmaschinen-Tastatur (gegen Dvorak-Tastatur). Staatliche Innovationspolitik kann sich aktiv als technologischer Weichensteller betätigen (z.B. Atomenergie, Luft-/Raumfahrt, Gentechnologie) und damit allerdings kostspielige Fehlentwicklungen einleiten.

(7) „Regionale Cluster": Regionale Konzentrationen von Mitteln und Kompetenzen (Cluster), die sich historisch oft zufällig gebildet haben, steigern die gesamtwirtschaftliche Innovationsaktivität. Diese ergeben sich vor allem aus
– der räumlichen Nähe, die zu niedrigen Kommunikations- und Mobilitätskosten führt;
– der sozialen Nähe, die vielschichtige informelle Kontakte und den Aufbau von Vertrauenskapital begünstigt.
Die Innovationsforschung versucht, die Entstehungsbedingungen von Clustern zu erkunden, z. B. durch Analyse von Erfolgsregionen wie Baden-Württemberg oder der norditalienischen Po-Ebene. Auf diesen Grundlagen kann Innovationspolitik versuchen, neue Cluster zu schaffen. Als „Kristallisationskern" eines Clusters können Hochschulen, Gründerzentren oder die (subventionierte) Ansiedlung eines Pionierbetriebs dienen (vgl. Braczyk 1998). Wenn (nachhaltige) Innovationspolitik auf Clusterbildung (Kompetenzregionen) setzt, können zunehmende regionale Disparitäten (Gefälle zwischen Zentren und Peripherie) zu Effekten führen, die einer nachhaltigen Entwicklung entgegen stehen (z. B. zunehmende Mobilität).

(8) Kooperation (F&E-Gemeinschaftsunternehmen, Strategische Allianzen): Der Erfolg von Innovationsprozessen hängt entscheidend vom Zusammenwirken verschiedener Akteure ab. Dieses kann in mehr oder weniger formellen Innovationskooperationen organisiert werden. Eine Kooperation bietet, verglichen mit rein marktlicher wie auch verglichen mit hierarchischer Koordination, wesentliche Vorteile. Kooperationen sind branchenübergreifend und können stark regional ausgerichtet sein, aber auch globale Dimensionen annehmen. Bei abnehmender Fertigungstiefe geht die Innovation immer mehr von Zulieferern aus. Die Zulieferer erhalten nicht einfach eine Konstruktionszeichnung, sondern allgemeine Leistungsspezifikationen. Sie sind Teil des Lern-Netzwerkes, das auch Kooperation von Zulieferern untereinander anregt (Systemlieferant). In manchen Branchen sind die Innovationen der Anlagenhersteller (Beispiel Kraftwerke) von entscheidender Bedeutung. Idealerweise werden in solchen Netzwerken auch die spezifischen Vorteile von Großunternehmen einerseits und von kleineren und mittleren Unternehmen (KMU) andererseits im Innovationsprozess kombiniert. Allerdings ergeben sich daraus auch wettbewerbspolitische Probleme wie Nachfragemacht und Spezialisierungskartelle. Kooperationen können auch durch den Staat (z. B. durch Verbundforschungsprojekte) initiiert oder verstärkt werden.

(9) Internationale Verflechtungen im Innovationsprozess: Durch die Globalisierung wird Innovation zunehmend abhängig von der weltweiten Information über erfolgreiche Problemlösungen, die in anderen Teilen der Welt gefunden wurden, und vom internationalen Transfer solcher Lösungen zur Anwendung in einer Vielzahl von Märkten. Intensive außenwirtschaftliche Beziehungen erbringen Lerneffekte, die ihrerseits die innovative Kompetenz erhöhen. Verschiedene Elemente des Innovationsprozesses sind dabei durch ein unterschiedliches Maß an internationaler Mobilität gekennzeichnet. Grundlagenwissen diffundiert sehr rasch, die Diffusion von Produktinnovationen dauert länger, die von Prozessinnovationen noch länger, und einige Fähigkeiten (Genauigkeit, Zuverlässigkeit, Engagement etc.) lassen sich vermutlich überhaupt nicht transferieren. Wegen der raschen Diffusion

von Grundlagenwissen wird es für den jeweiligen Investor (Staat oder Unternehmen) immer schwerer, sich die Erträge seiner Investition in Bildung und Forschung vollständig anzueignen („appropriability"-Problem). Für die Entwicklungsländer ist in der Vergangenheit intensiv diskutiert worden, inwieweit diese spezielle „angepasste Technologien" benötigen, z. B. weil sie nicht über qualifiziertes Personal für Betrieb und Wartung komplexer Anlagen verfügen oder weil westliche Technologie negative Beschäftigungseffekte auslösen würde. Diese Debatte scheint sich zunehmend dadurch aufzulösen, dass die Entwicklungs-/Schwellenländer die neuesten Technologien verlangen, so dass es faktisch primär darum gehen muss, den potentiellen Wirkungsgrad dieser Anlagen im Dauerbetrieb sicherzustellen (z. B. durch Unterstützung von Qualifikationsmaßnahmen).

(10) **Nationale Innovationssysteme:** Seit den 80er Jahren wird versucht, die Ausmaß, Richtung und Geschwindigkeit einer Innovation bestimmenden Faktoren eines Landes zu bestimmen, in ihrem Zusammenhang zu beschreiben und dafür den Begriff „Nationales Innovationssystem" (NIS) zu verwenden. Es beschreibt in systematischer Form das Geflecht der Beziehungen zwischen Akteuren und Institutionen, die an Wissenserzeugung, -transfer und -nutzung beteiligt sind (vgl. z. B. OECD 1999). Unternehmen und ihre Innovationsfähigkeit sind das zentrale Element eines NIS. Daneben kommt es auf die Art der Beziehungen zwischen den Unternehmen sowie zwischen Unternehmen und anderen Institutionen (insbesondere dem Staat) an. Im internationalen Vergleich lässt dieser Ansatz nationale Besonderheiten mit relativen Stärken und Schwächen sichtbar werden. Stärken des deutschen Innovationssystems liegen eher im Bereich der höherwertigen Technik, weniger in der Spitzentechnik (vgl. BMBF 2000 und ZEW et al. 2000). In dieses allgemeine Bild passt die internationale Spitzenposition der deutschen Umwelt-(technik)industrie, in der überwiegend gehobene Technologie, aber nicht unbedingt Spitzentechnik, zur Anwendung kommt. Ein Spezifikum des deutschen, aber auch des niederländischen und dänischen NIS ist, dass hohe Siedlungsdichte und hohes Wohlstandsniveau zu hohen Umweltanforderungen der Bevölkerung geführt haben. Zudem stellen starke Gewerkschaften und andere politische Akteure Anforderungen an die Sozialverträglichkeit von Innovationen. Mit der Schaffung des Europäischen Binnenmarktes verringert sich allerdings die Bedeutung von NIS erheblich. Während regionale Spezifika („Cluster") bleiben, ersetzen die europäischen Rahmenbedingungen zunehmend die nationalen Muster (vgl. auch Anhang 3).

2.3.4
Bestimmungsfaktoren der Innovationsaktivität

Ausmaß, Richtung und Geschwindigkeit der Innovationsaktivität hängen von den gesamtwirtschaftlichen und gesellschaftlichen Rahmenbedingungen sowie den unternehmerischen Reaktionen und Strategien ab (vgl. Nill/Petschow/Jahnke 2001). Es ließe sich eine nahezu beliebig große Zahl solcher Rahmenbedingungen aufzählen. Die Schwierigkeit besteht darin, diejenigen zu identifizieren, die wesentlichen Einfluss auf den Innovationsprozess insgesamt und auf einzelne Phasen dieses Prozesses haben. Dazu gibt es unter Ökonomen einen weitreichen-

den Konsens, der sich allerdings nicht immer auf eindeutige empirische Evidenz stützen kann (vgl. dazu Kurz/Graf/Zarth 1989, Becher et al. 1990). Die Gesamtheit der Rahmenbedingungen (institutional structures) in einem Land zu einem bestimmten Zeitpunkt – die in ihrem Zusammenwirken Ausmaß und Art der Innovationsaktivität prägen – wird als „Nationales Innovationssystem" bezeichnet. Durch die Erforschung von Unterschieden und Übereinstimmungen verschiedener Nationaler Innovationssysteme lassen sich Erfolgsfaktoren und Hemmnisse identifizieren und daraus Politikempfehlungen ableiten. Einige wichtige Aspekte wurden bereits in vorangegangenen Punkten angesprochen. In der einschlägigen Literatur werden darüber hinaus folgende Punkte hervorgehoben:
- Geistige Eigentumsrechte (Aneignungsproblem): Information, Kosten, Verletzung des Patentschutzes (im internationalen Kontext);
- Regulierungen: hoheitliche Marktzutrittsschranken in bestimmten Branchen (z. B. Verkehr, Handwerk) und Social Regulations (Sicherheitsstandards, Umweltschutz, Verbraucherschutz, Arbeitssicherheit);
- Besteuerung: Einkommens- versus Konsumbesteuerung, Verlustvor- und rücktrag als Form der Begünstigung stark schwankender Einkommen von Innovatoren, generell niedrige Einkommens(grenz)steuersätze versus günstige Abschreibungsbedingungen;
- Finanzierung/Kapitalmärkte: Engpässe in der Innovationsfinanzierung (Venture Capital, Seed Capital);
- Innovationsinfrastruktur: Grundlagenforschung, Internet-Zugang, Technologie- und Gründerzentren;
- Bildungssystem/Humankapital (Grundschule bis Hochschule, Duales System);
- Transfer Hochschule-Wirtschaft: Kooperation, Durchlässigkeit, personeller Austausch;
- Arbeitnehmer als Innovationsquelle: Beteiligungsformen, Arbeitszeitmodelle;
- Akzeptanzprobleme: Technikfolgenabschätzung, Kommunikationsformen.

Hinter jedem dieser Stichworte verbirgt sich eine Vielzahl von möglichen innovationspolitischen Entscheidungen. Dies soll am Beispiel Umweltschutz kurz verdeutlicht werden. Die Innovationswirkungen des Umweltschutzes hängen vor allem von den Umweltschutzzielen und den zu ihrer Umsetzung gewählten Instrumenten ab. Die Erkenntnisse über die Innovationswirkungen umweltpolitischer Instrumente lassen sich grob vereinfachend wie folgt zusammenfassen (vgl. dazu insbesondere Klemmer 1999, Klemmer et al. 1999, Zimmermann et al. 1998):
- Ordnungsrechtliche Instrumente (Gebote/Verbote, auch als „command and control"-Ansatz bezeichnet) bremsen den Innovationsprozess, wenn ein bestimmter Stand der Technik (BAT) dauerhaft festgeschrieben wird („Schweigekartell der Oberingenieure"). Ausnahme: Es gelingt, anspruchsvolle, bei gegebenem Stand der Technik nicht realisierbare Standards für einen bestimmten zukünftigen Zeitpunkt glaubwürdig festzuschreiben („technology forcing", vgl. dazu Ashford 2000).
- Marktliche Instrumente (Haftung, Abgaben, handelbare Verschmutzungsrechte) begünstigen in aller Regel auch Innovationen.
- Bei freiwilligen Lösungen (Selbstverpflichtungen) ist die Innovationswirkung zumeist vom Grad ihrer Verbindlichkeit abhängig.

Insgesamt sollte allerdings der Einfluss des umweltpolitischen Instrumenten-Mixes auf den gesamtwirtschaftlichen Innovationsprozess nicht überschätzt werden. Wenn es darum geht, diesen Prozess stärker in eine nachhaltige Richtung zu drängen, leistet die „Optimierung" des umweltpolitischen Instrumentariums nur einen begrenzten Beitrag. Es muss ein wesentlich breiterer Ansatz gewählt werden.

Empirische Untersuchungen, die sich explizit mit den Bestimmungsfaktoren „nachhaltiger Innovation" befassen, liegen nicht vor. Wenn vereinfachend unterstellt wird, dass Umweltinnovationen zugleich nachhaltig sind, kann auf die Ergebnisse einer ZEW-Studie (ZEW et al. 2000) zurückgegriffen werden:

- Die größte Bedeutung haben gesetzliche Regelungen: Die Einführung von Gesetzen und die Erwartung zukünftiger Gesetzgebung ist der wichtigste Impuls für Umweltinnovationen. Dies spricht für die Bedeutung des „technology forcing"-Ansatzes. Allerdings ist zu beachten, dass die Auswirkungen eines solchen Regulierungsansatzes auf andere Innovationsfelder empirisch wenig erforscht sind, jedenfalls eher negativ sein dürften.
- Ein weiterer wichtiger Impuls für Umweltinnovation sind Kostenersparnisse (Entsorgung, Energie, Material, Arbeit). Die Verteuerung von Energie und Material(entsorgung), z. B. durch Öko-Steuern, dürfte daher einen spürbaren Einfluss auf die Innovationsaktivität haben. Allerdings gilt auch hier: Eine höhere Abgabenlast dürfte, soweit sie nicht überwälzt werden kann, eher negative Effekte auf die Innovationsaktivität haben.
- Wichtig ist auch das Umweltbewusstsein einerseits in den Unternehmen selbst und andererseits im Unternehmensumfeld (Chance der Imageverbesserung). Insofern kann eine Politik, die auf Schärfung des Umweltbewusstseins setzt, eine wesentliche Unterstützung für Umweltinnovation sein.
- Eine eher untergeordnete Rolle spielt die Hoffnung, neue Märkte erschließen zu können. „Umweltrelevante Produkteigenschaften scheinen sich daher zur Produktdifferenzierung, nicht aber für sich genommen als wesentliche Produktattribute ... zu eignen" (ZEW et al. 2000, S. 83).
- Als wohl wichtigstes Innovationshemmnis kann die mangelnde Verlässlichkeit der umweltpolitischen Rahmenbedingungen genannt werden, die auch für die mangelnden Amortisationsmöglichkeiten mitverantwortlich ist. Dies unterstreicht die Bedeutung der Formulierung verbindlicher Nachhaltigkeitsziele (Nationale Nachhaltigkeitsstrategie), die Orientierungshilfen sind und der Erwartungsbildung eine solide Grundlage verschaffen.

Diese Ergebnisse zeigen, dass umweltentlastende Innovationen nicht allein – und vermutlich nicht entscheidend – von der finanziellen Förderung des Staates abhängen. Ordnungspolitische Faktoren (Zieldefinition, Veränderung der relativen Preise, De-Regulierung etc.) sind zumindest ebenso bedeutsam. Dies gilt es bei der Formulierung einer Strategie für nachhaltige Innovation im Energiebereich zu berücksichtigen.

2.3.5
Nachhaltige Innovationspolitik

In diesem Abschnitt werden einige allgemeine Überlegungen zu einer Strategie nachhaltiger Innovation angestellt. Zunächst gilt es zu klären, ob und mit welcher Begründung der Staat in einer Marktwirtschaft überhaupt innovationsfördernd eingreifen sollte.

(1) Begründung staatlicher Innovationsförderung: In der Regel gelingt es forschenden und innovativen Unternehmen nicht, sich alle Erträge ihrer Innovationstätigkeit anzueignen. Über die im Unternehmen anfallenden Gewinne hinaus entstehen gesellschaftliche Erträge (positive externe Effekte, Spillover-Effekte). Die Unternehmen neigen also aus einer gesamtwirtschaftlichen Perspektive zu Unterinvestition in F&E. Aus diesem Grund ist es auch in einer marktwirtschaftlichen Ordnung effizienzsteigernd, wenn der Staat zugunsten einer Erhöhung von F&E- bzw. Innovationsaktivität in das Marktgeschehen eingreift. Am ehesten mit positiven externen Effekten verbunden ist Innovationsförderung, wenn sie marktfern ansetzt. Mit der Marktnähe (angewandte Forschung, Markteinführungshilfen) nimmt der privat internalisierbare Ertrag zu und es verbleiben kaum noch (darüber hinaus gehende) gesellschaftliche Erträge. Mit der Marktnähe nimmt auch die Selektivität der Förderung zu und damit gleichzeitig das Problem, die „richtigen" Projekte auszuwählen („picking the winners") und KMU einzubeziehen (Bias zugunsten von Großunternehmen). Die Förderung von Grundlagenforschung ist daher allgemein ökonomisch gut begründet, die Unterstützung angewandter Forschung dagegen nur im konkreten Einzelfall. Relativiert wird diese Position dadurch, dass einzelwirtschaftliche Rationalität durchaus auch zu Überinvestition in F&E („Patentrennen", Parallelforschung etc.) führen kann und dass staatliche Förderung diese Ineffizienz dann noch zusätzlich verstärken würde. Allerdings dürfte dieser Einwand bei nachhaltigen Innovationen eine geringe Rolle spielen, weil hier die positiven externen Effekte definitionsgemäß groß sein werden. Neben dem ökonomischen Erfolg sind soziale und/oder ökologische Verbesserungen zu verzeichnen (double dividend oder gar triple dividend). Wenn die Notwendigkeit staatlicher Förderung grundsätzlich bejaht wird, bleiben allerdings folgende schwierige „Detailfragen" zu klären: Welche Innovationen (Potenziale, Projekte) sollen mit welchen Instrumenten in welchem Umfang gefördert werden?

(2) Innovationspolitik als Wettbewerbs- und Ordnungspolitik (akkomodierende Politik): Wenn Innovation als Ergebnis eines gesellschaftlichen Such- und Entdeckungsprozesses begriffen wird, in den eine Vielzahl von Akteuren ihr Wissen einbringen und dessen Ergebnisse nicht im Einzelnen prognostizierbar sind, so muss sich Innovationspolitik vor allem auf die „Prüfung der institutionellen Vorbedingungen von innovativen Prozessen konzentrieren", d.h. „im Kern ist die Politik darauf gerichtet, Handlungsbeschränkungen der Marktakteure zu identifizieren, welche einen (unter Abwägung eventueller negativer externer Effekte) wünschenswerten Innovationsprozess blockieren, verzögern oder begrenzen" (Wegner 2002, S. 9f.). Innovationspolitik ist im Kern Wettbewerbspolitik, die auf Beseitigung „dysfunktionaler Regulierungsdichte" (hoheitliche Wettbewerbsbeschränkungen) und wettbewerbswidriger Praktiken von Unternehmen sowie Stärkung des eigentumsrechtlichen Schutzes zielt. Ergänzend hat Innovationspolitik die Aufgabe, „komplementäre Inputfaktoren", die den Charakter eines öffentlichen Gutes haben, bereitzustellen. Zum „Vorhalten einer leistungsfähigen Infrastruktur" (Möschel 1994, S. 42) gehören z. B. das Bildungssystem und die Grundlagenforschung. Soweit die Ausgaben selbst aufgrund der staatlichen Allokationsfunktion wohl begründet sind, kann ergänzend eine staatliche Beschaffungspolitik eingesetzt werden. Unterstützend wirkt die „institutionelle Selbststeuerung" (Wegner 2002, S. 9): Die Marktteilnehmer selbst kreieren zur Durchsetzung ihrer Innovationen neue Institutionen wie technische Standards, Qualitäts- und Sicherheitsstandards, Ratings zur Beurteilung der Kreditwürdigkeit oder der Nachhaltigkeit von Unternehmen. Im Einzelfall kann hoheitliche Politik auch in diese Institutionenbildung und -weiterentwicklung fördernd oder reglementierend eingreifen.

Innovationspolitik, die neue Technologiepfade herbeizuführen oder zu beschleunigen sucht, kann insbesondere unter zwei Bedingungskonstellationen begründet und erfolgreich sein (Wegner 2002, S. 21 ff.):
– Man kann sich vorstellen, dass Innovationspolitik auf einem Wandel in den individuellen Präferenzen beruht und dass sie daher dessen Konsequenzen (Entwertung tradierter Problemlösungen) lediglich vorwegnimmt. Die Schwierigkeit besteht dann allerdings in der problematischen Annahme, dass der Staat den Präferenzwandel eher erkennen müsste als die Unternehmen; Innovationspolitik wäre insoweit der Versuch, „Defizite unternehmerischer Kompetenz auszugleichen" (Wegner 2002, S. 11).
– Wirtschaftspolitische Steuerung zwingt zum Verlassen eines Technologiepfades (Entwertung tradierter Problemlösungen), die Marktakteure erhöhen ihre Suchanstrengungen (z. B. ihre F&E-Ausgaben) und sind erfolgreich im Auffinden eines neuen (nachhaltigen) Technologiepfades. Die Innovationsdynamik wird nicht gehemmt, sondern lediglich umgelenkt – mit Zusatzkosten in der Übergangsphase. Dieses Szenario hängt entscheidend von der (nicht prognostizierbaren) Innovationskompetenz der Marktakteure ab. Damit Ausweichanstrengungen minimiert werden, sind auch hier Präferenzerkundungen (z. B. hinsichtlich des Instrumentariums) zu empfehlen. „Wirtschaftspolitik würde einer fatalen Illusion aufsitzen, betrachtete sie private Innovationskompetenz als eine beliebig ausbeutbare Steuerungsressource" (Wegner 2002, S. 22).

Innovationspolitik sollte daher auf möglichst offenen Zielsetzungen (z. B. Steigerung der Energieeffizienz) basieren, die weitgehend auf die Präferenzen der Normadressaten (Bürger, Unternehmen) abgestimmt sind (z. B. hinsichtlich der Bedürfnisfelder und der Instrumente) (Wegner 2002).

(3) Phasenspezifische Innovationspolitik: Jede Innovation schafft einen neuen Markt, der einen typischen „Lebenszyklus" (gemessen an Umsatz, Stückzahl etc.) durchläuft (Heuss 1965):
I. Experimentierphase: Das Produkt wird zur Marktreife entwickelt und am Markt eingeführt, ohne dass zunächst ein eindeutiger Expansionstrend erkennbar ist. Die Mehrzahl neuer Ideen und Erfindungen kommt über diese Phase nicht hinaus.

36   2 Begriffliche und konzeptionelle Grundlegung

II. Expansionsphase: Das Produkt setzt sich durch (exponentielles Wachstum des Marktvolumens). Mit der Expansion der Produktion sinken die Stückkosten aufgrund von Fixkostendegression, Lernkurveneffekten und Prozessinnovationen. Weitere Produktverbesserungen und Effizienzsteigerungen in der Produktion werden auch durch den Markteintritt von Newcomern angetrieben.

III. Ausreifungsphase: Bei rückläufigen Wachstumsraten (Marktsättigung) und weitgehend ausgeschöpftem Innovationspotenzial verlagert sich die Aktivität der Unternehmen auf Produktdifferenzierung. Expansionschancen können nur noch produktorientierte Dienstleistungen (Funktionsorientierung) bieten. Die Entrepreneure (im Sinne Schumpeters) verlassen den Markt und öffnen mit der nächsten Innovation einen neuen Markt.

IV. Stagnations-/Rückbildungsphase: Hier zeigt sich die zerstörerische Wirkung der Innovation. Innovative Substitute zerstören den Markt der alten Champions, für die nur ein Überleben in Nischen bleibt. Die notwendigen Kapazitätsanpassungen werden vielfach durch staatliche (Erhaltungs-)Subventionen verzögert, und damit wird indirekt der Erfolg der neuen Champions gebremst.

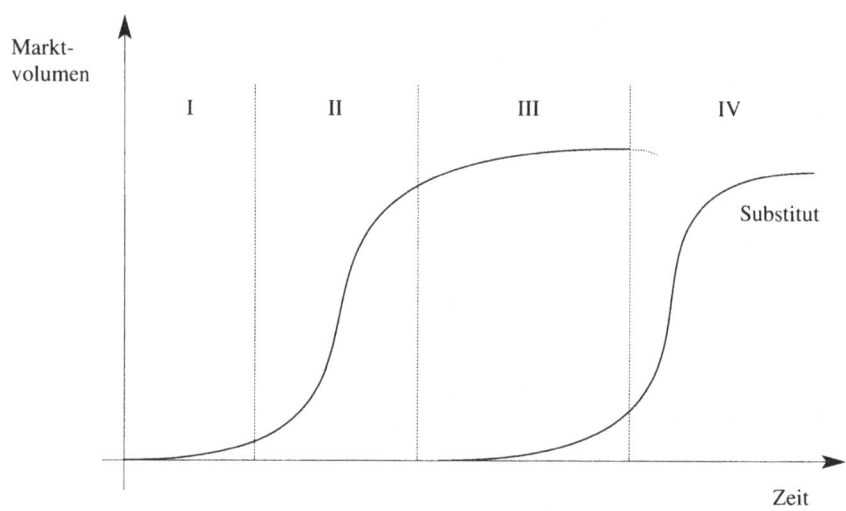

Abb. 2.2. Marktentwicklung im Innovationsprozess

Phasenspezifische Innovationspolitik:
– Zu Beginn der Expansionsphase kann staatliche Förderung der Markteinführung die Innovation beschleunigen – sowohl durch staatliche Zuschüsse für Pilot- und Demonstrationsprojekte als auch durch innovationsorientierte Beschaffungspolitik oder Subventionen für private Erstanwender. Welche Instrumente sich am besten eignen, wird in Kapitel 7 diskutiert. Grafisch: Die Kurve verläuft steiler, erreicht ihren Hochpunkt (Marktdurchdringung, Sättigung) weiter links. Der Hochpunkt verschiebt sich unter Umständen zudem nach oben – sofern es

inländischen Innovatoren gelingt, First-Mover-Vorteile (Lernkurveneffekte, Standardsetzung etc.) zu erzielen und Auslandsnachfrage anzuziehen.
– In der Expansions- und in der Ausreifungsphase wird die Innovation zum Selbstläufer; es ist keine (weitere) staatliche Unterstützung erforderlich. Die Schwierigkeit besteht darin, den richtigen Zeitpunkt für den Ausstieg des Staates aus der Förderung zu erkennen und den Ausstieg zu vollziehen.
– Spätestens in der Stagnations- und Rückbildungsphase müsste die nächste Innovation ihren Lebenszyklus beginnen. Damit dies gelingt, müssen die Unternehmen frühzeitig (bereits in der Expansions- und Ausreifungsphase) in F&E und Prototypen investieren. Sie werden dies aus Eigeninteresse (und mit eigenen Mitteln aus der erfolgreichen Innovation, die als „cash cow" fungiert) tun – allerdings nicht stets in einem volkswirtschaftlich wünschenswerten Ausmaß. Hier kann staatliche Förderung Anreize setzen, die dafür sorgen, dass der Druck in der Projekt-Pipeline hoch bleibt und – insbesondere durch (anwendungsbezogene) Schul- und Bildungspolitik – dazu beitragen, dass Kompetenzmangel nicht zum limitierenden Faktor im Innovationsprozess wird.

(4) Doppelstrategie: Eine pragmatisch ansetzende Innovationspolitik kombiniert (die Reform der) tradierte(n) F&E-Politik mit einer breiter angelegten Reform der Rahmenbedingungen.
– Weil Innovationsprozesse Regelmäßigkeiten aufweisen, lassen sich daraus Ansatzpunkte für wirtschaftspolitische Maßnahmen ableiten. Wenn der Wettbewerb seine Such- und Entdeckungsfunktion weitgehend erfüllt hat und es lediglich noch um die gesellschaftlich vorteilhafte Beschleunigung der Diffusion (Reduzierung negativer externer Effekte und Verstärkung positiver Externalitäten) geht, erscheint die Förderung von (angewandter) Forschung, Entwicklung und Markteinführung vertretbar. Dieser Teil der Innovationspolitik verbessert gezielt die Durchsetzungschancen (Diffusion) bestimmter Technologien (Ausschöpfung nachhaltiger Potenziale). Wenn eine Invention vorliegt und zudem eine Abschätzung der nachhaltigen Potenziale gelingt (technology assessment), ist es möglich, durch Einsatz politischer Instrumente daraus eine Innovation werden zu lassen, d.h. für breite Diffusion zu sorgen. Zu klären ist dann noch, welche Instrumente dazu am geeignetsten sind.
– Mittels allgemeiner Verbesserungen der Rahmenbedingungen für nachhaltige Innovationsaktivität (z.B. Regulierungsreform, Steuerreform, Schwerpunkte der Grundlagenforschung) werden die Suchanstrengungen der Wissenschaftler und Tüftler in eine andere Richtung gelenkt und der gesellschaftliche Wissens- und Ideenpool (Vorrat an Inventionen) wird mit ökologisch geprägten Substanzen und Prozessen angereichert, deren Durchsetzung staatlich begünstigt wird. Dieser Teil der Doppelstrategie zielt auf eine generelle Zunahme der nachhaltigen Innovationsaktivität, nicht auf sektorspezifische Potenziale oder bestimmte Arten von Innovation. Allerdings: Auch wenn damit eine Zunahme der Material- oder der Flächenproduktivität erreicht würde, wäre dies ein Beitrag zu einer nachhaltigen Entwicklung. Dieses Politikelement ist (kurz- bis mittelfristig) relativ unwirksam.

Beide Komponenten ergänzen einander. Erfolgreiche Innovationspolitik entsteht aus ihrer wohldosierten Kombination. Die Übergänge zwischen beiden Arten von

Innovationspolitik sind fließend, und insofern sind (z. T. ideologisch geprägte) Auseinandersetzungen über ein Entweder-Oder unergiebig. Nachhaltige Innovationspolitik ist insgesamt darauf gerichtet, die Rahmenbedingungen so zu verändern, dass sich die Durchsetzungschancen nachhaltiger Innovationspotenziale am Markt verbessern. Die zweite Komponente der Doppelstrategie für nachhaltige Innovation leidet klar darunter, dass Erfolge sich erst längerfristig einstellen und dass sie nicht kausal einer bestimmten Veränderung der Rahmenbedingungen zugeordnet werden können. Daher ist die politische Durchsetzung gerade dieser Art von Reformen ein schwieriges Unterfangen (vgl. Kapitel 8). Die Ursachen dafür sind aber nicht nur politisch-praktischer Natur, sondern sie liegen auch in den Zielkonflikten (vgl. Kapitel 6) und den grundlegenden normativen Entscheidungsproblemen, denen das nächste Kapitel gewidmet ist.

3 Normative Abwägungs- und Entscheidungskriterien

3.1 Risikobeurteilung und Handlungsempfehlungen

3.1.1 Wissenschaftliche Politikberatung

Im Gegensatz zu einer interessengebundenen politischen Einflussnahme („Lobbyismus") unterscheidet sich wissenschaftliche Politikberatung einmal durch die angestrebte Interessenneutralität (oder zumindest durch eine größere Distanz zu organisierten Interessen, so legitim diese in einer pluralistischen Demokratie sind). Der andere Unterschied besteht in der Transparenz und Systematik, mit der die Ergebnisse bearbeitet und insbesondere die Handlungsempfehlungen abgeleitet werden. Besonders notwendig ist dies im Falle interdisziplinärer Forschung, bei der die einzelnen Paradigmen, Annahmen oder implizierten normativen Vorentscheidungen eben nicht (relativ) eindeutig zuzuordnen sind (etwa im Gegensatz zu wirtschaftswissenschaftlichen Instituten mit bekannter Orientierung, bei denen ein enger Zusammenhang zwischen Forschungsergebnissen und wirtschaftstheoretischer Ausrichtung vermutet wird).

Die Arbeit der Forschungsgruppe sieht sich dabei in der Tradition der interdisziplinären Technikfolgenbeurteilung, wie sie sich auch gerade für den Umweltbereich bewährt hat. Diese institutionalisierte wissenschaftliche Politikberatung im Umweltbereich hat ihren Ursprung in der wissenschaftlichen Beurteilung neuer Techniken (United States Senate 1972, Haas 1975) und in der sozialwissenschaftlichen Bearbeitung der Akzeptanz technischer Großprojekte (Renn 1984). Dieser Ursprung prägt die entsprechenden Bemühungen bis heute. Zusammengefasst werden diese unter dem Titel TA (von „technology assessment"; Bullinger 1994, von Westphalen 1997, Bröchler et al. 1999). Die methodischen Grundlagen wurden mit der Zeit insbesondere um Kompetenzen aus der (angewandten) Ethik und Wissenschaftstheorie erweitert (Gethmann 1999, Grunwald 2000, Hanekamp 2001). Darüber hinaus tragen institutionalisierte Formen von TA heute den Forschungsdesideraten im biologischen und medizinischen Bereich Rechnung.

Das heute sehr breit angelegte Tätigkeitsfeld wissenschaftlicher Politikberatung ist im Umweltbereich zum einen von der Herausforderung geprägt, „subglobales" Handeln in eine globale Folgenbeurteilung zu integrieren; zum anderen zeigt sich hier schon in begrenzten Kontexten eine Unübersichtlichkeit der zu beachtenden Aspekte bzw. Optionen. Beide Entwicklungen lassen die Unsicherheit der Wissensbasis als zentrales Problem erscheinen. Für den hier thematisierten Energiebereich sind im Hinblick auf eine nachhaltige Entwicklung beide Aspekte von Bedeutung. Der Kontext für Veränderungen des Energiebereiches ist global – die Ressourcenvorkommen müssen z.B. meist nach globalen Maßstäben beurteilt werden, ebenso die relevanten Emissionen –, gehandelt wird jedoch in der Regel auf nationaler oder sub-nationaler Ebene. Die Beurteilung der einschlägigen Umweltveränderungen geschieht mit Hilfe von Modellen, deren prognostischer Wert erst ex post verlässlich beurteilt werden kann. Handlungsempfehlungen aber müssen heute gegeben werden. Diese Studie bündelt im Bewusstsein dieses Handlungsdilemmas der Umweltpolitik die Stimmen der Wissenschaft für wohlinformierte Entscheidungen im Hinblick auf nachhaltige Energieinnovationen.

3.1.2
Theoretische und praktische Sichtweisen

Handeln in diesem Kontext ist Handeln unter Risiko, also Handeln unter Inkaufnahme möglicher unerwünschter Nebenfolgen. Die Möglichkeit solcher Folgen bezieht sich dabei immer auf ein bestimmtes Wissen, eine bestimmte Theorie oder auch eine bestimmte Modellierung. Die Verlässlichkeit des entsprechenden Wissens spielt so die entscheidende Rolle für die Bestimmung eines Risikos. Die Nebenfolgen, die im Zusammenhang von Fragen zu einer nachhaltigen Entwicklung untersucht werden, sind jedoch nicht schlicht Folgen einer einzelnen Handlung, sondern Folgen, die sich in unübersichtlichen Handlungs- und Verlaufszusammenhängen ergeben. Diese Komplikation betrifft das Beurteilungsproblem vor allem in seinen ethischen Aspekten, da eine Zuordnung von Handlungsfolgen zu Handelnden erschwert oder gar unmöglich wird.

Zur Beurteilung der Risiken eines Klimawandels müssten die einzelnen Elemente von Klimaprognosen wissenschaftstheoretisch untersucht werden. Allerdings dürfte selbst eine derartige Untersuchung die Unsicherheit des Wissens in diesem Bereich nicht aufheben; diese scheint hier vielmehr konstitutiv zu sein.[1] Die Disziplin, die Verfahren für Entscheidungen unter Unsicherheit bereit stellt, ist die normative Entscheidungstheorie. Die normative Entscheidungstheorie behandelt ganz allgemein Vergleiche von Handlungsoptionen im Hinblick auf die Auswahl derjenigen Option(en), durch die ein bestimmtes Ziel bestmöglich erreicht wird. Das Ergreifen einer Handlungsoption führt, falls ein bestimmter Umweltzustand eintritt, zu einem bestimmten Ergebnis.[2]

Die verschiedenen Methoden der Entscheidungstheorie lassen sich danach sortieren, welches Wissen über das Eintreten der Umweltzustände zur Verfügung steht. Kann der Umweltzustand vorhergesagt werden, so handelt es sich um eine Entscheidung unter *Sicherheit*. Lassen sich lediglich Wahrscheinlichkeiten für das Eintreten der einzelnen Umweltzustände angeben, liegt eine Entscheidung unter *Unsicherheit* vor. Ferner können zwar die möglichen Umweltzustände bekannt

---

[1] Vgl. die Studie der Europäischen Akademie: Klimavorhersage und Klimavorsorge (Schröder et al. 2002).
[2] Durch die Bestimmung von Optionenraum, Zustandsraum und Ergebnisraum kann so ein Entscheidungsproblem dargestellt werden.

sein, nicht jedoch die Wahrscheinlichkeiten, mit denen sie eintreten; in einem solchen Fall handelt es sich um eine Entscheidung unter *Ungewissheit*. Für diese drei Arten von Entscheidungsproblemen stehen Entscheidungsverfahren zur Verfügung. Für Entscheidungen unter Ungewissheit gibt es z. B. die risikoaverse Minimax-Regel (Minimierung des maximalen Schadens) oder die risikofreudige Maximax-Regel (Maximierung des maximalen Gewinns, das bedeutet hier: Minimierung des minimalen Schadens). Diese Verfahren setzen allerdings voraus, dass die relevanten Umweltzustände – also der Zustandsraum – bestimmt werden können.

Lässt sich ein Zustandsraum nicht formulieren, scheiden diese Verfahren aus. Robert Goodin (1982, S. 174) spricht in einem solchen Fall (wie er etwa beim Klimawandel vorliegt) von *grundlegender* (*profound*) Ungewissheit im Gegensatz zur oben erwähnten *moderaten* Ungewissheit, bei der ein Zustandsraum vorhanden ist. Die grundlegende Ungewissheit des zugrundeliegenden wissenschaftlichen Problems steht also einer Anwendung der risikoaversen Minimax-Regel entgegen, die auf den ersten Blick gerade wegen dieser Ungewissheit angezeigt scheint. Die Angabe eines größten Schadens – den es nach dieser Regel auszuschließen gälte – ist eben selbst unsicher.

Die soeben diskutierten epistemologischen Schwierigkeiten bei der Anwendung der Minimax-Regel berühren nicht die *moralischen* Gründe, die zunächst dazu führen, diese Regel etwa für den Klimawandel verwenden zu wollen. Diese Gründe sind im Kern dieselben wie diejenigen, auf die sich John Rawls (1971/1998) stützt, wenn er die Verwendung der Minimax-Regel als Abwandlung seiner bekannten Gerechtigkeitsprinzipien vorschlägt. Im Einzelnen sind dies (a) die moralische Asymmetrie von Schäden und Vorteilen, (b) besonders, wenn die betroffenen Personen auf lange Sicht Folgen risikobehafteter Entscheidungen tragen, (c) wenn die Risiken vitale Interessen der Betroffenen berühren und schließlich (d), wenn sie die entsprechenden Entscheidungen nicht getroffen bzw. ihnen nicht zugestimmt haben. Wenn die Risiken eines Klimawandels untersucht werden, geht es um eine Situation, in der die Kriterien (b) bis (d) einschlägig sind. Es mag also sein, dass uns hinreichendes Wissen für eine strenge Anwendung der Minimax-Regel sowie für einen präzisen Vergleich von einschlägigen Kosten und Vorteilen fehlt. Aber dies entwertet nicht die moralische Perspektive, von der aus die Verwendung dieser Regel vorgeschlagen wurde.

Modelliert man das Entscheidungsproblem, ob Energiesysteme nachhaltigkeitsorientiert umgebaut werden sollen, als Entscheidung unter Ungewissheit mit zwei Optionen (nachhaltiger Umbau oder kein nachhaltiger Umbau des Energiesystems)[3] und zwei Umweltzuständen (Beeinflussung oder keine Beeinflussung des Klimawandels durch den Umbau) und berücksichtigt man weiterhin die Ergebnismöglichkeit, dass ein nachhaltiger Umbau einen Klimawandel nicht beeinflusst und damit mögliche negative Folgen nicht verhindert, dann führt die Anwendung der Minimax-Regel auf das Entscheidungsproblem zum Verzicht auf den Umbau.

---

[3] Damit ist auch das Optionenfeld zu einer einfachen ja/nein-Alternative vereinfacht worden. Es ließe sich jedoch problemlos bis hin zu einer kontinuierlichen Veränderung eines „Umbauparameters" erweitern.

Lediglich für den Fall, dass ein Umbau kostenlos zu haben ist, besteht Indifferenz zwischen beiden Optionen.

Indes sind selbst bei positiven Umbaukosten Untersuchungen zum Klimawandel nur dann notwendig, wenn die Vermeidung klimabedingter Schäden zentrales Ziel der (Um-)Gestaltung des Energiesystems ist. Umgekehrt gelesen bedeutet das: Man bürdet sich durch einen einseitigen Bezug eines nachhaltigen Umbaus auf den Klimawandel kaum einzulösende Begründungspflichten auf.

Ist ein solcher nachhaltiger Umbau des Energiesystems hingegen auch unabhängig von den erwähnten Risiken erwünscht, sind die Umbaukosten auf alle einschlägigen Kriterien zu beziehen. Weitere Gründe für einen nachhaltigen Umbau des Energiesystems können ressourcen- oder energiewirtschaftlicher Art sein. Angesichts der Erschöpflichkeit fossiler Energieträger erscheint eine Umorientierung in Richtung regenerative Energiequellen sinnvoll, und im Hinblick auf die Beschaffungssicherheit kann die Unabhängigkeit von sogenannten Krisenregionen, aber auch die Vorsorge vor zivilen oder gar militärischen Risiken von Kernenergie, ein sinnvoller Gesichtspunkt sein.

Die so spezifizierten Gründe für einen nachhaltigen Umbau lassen sich zusammenfassend als Zielbündel für diesen Umbau darstellen (Tabelle 3.1).

Tabelle 3.1. Zielbündel für einen nachhaltigen Umbau des Energiesystems

Zieldimension	Konkretisierung
Ressourcenverfügbarkeit	Zeit sicherer Praxis Beschaffungssicherheit
Energiesystem	Verlässlichkeit (Endverbraucher), Optionsoffenheit, Risikovermeidung
Umwelt	Klimawandel, Emissionen, Flächenverbrauch

Wenn im Rahmen dieser Studie auf die Notwendigkeit eines nachhaltigen Umbaus des Energiesystems hingewiesen wird, ist stets an alle soeben erwähnten Zieldimensionen zu denken. Die Reduzierung der CO_2-Emissionen lässt sich als „Leitindikator" für dieses Zielbündel verwenden, der einer notwendigen Bedingung entspricht und durch weitere Indikatoren (Flächenverbrauch, Optionsoffenheit u.ä.) als hinreichende Bedingungen ergänzt werden muss.

Angesichts der erörterten Wissensdefizite greift die Umweltpolitik gemeinhin auf das *Vorsorgeprinzip* zurück[4]. Das bedeutet, dass Maßnahmen schon dann ergriffen werden, wenn wissenschaftliche Plausibilität im Sinne eines „Besorgnispotenzials" vorliegt. Diese *Plausibilität* lässt sich einem durch Emissionen klimawirksamer Gase verursachten Klimawandel zwar zugestehen. Die zu ergreifenden Maßnahmen sollen indessen dem Prinzip der Verhältnismäßigkeit entsprechend gewählt werden (Übermaßverbot). Auch hier fehlt ein hinreichend präziser Bezugspunkt für eine Abwägung – den Vergleich von erwarteten Kosten bzw. Schäden

---

[4] Vgl. Rehbinder 1991; ders. 1998, Rdnr 27ff.

unterschiedlicher Strategien. Die heute übliche Ausformung des Vorsorgeprinzips, das ALARA-Prinzip („As Low As Reasonably Achievable") weist insofern auf diesen Umstand hin, als eben die Beurteilung dessen, was „vernünftigerweise erreichbar" ist, nicht möglich ist. Ein sehr weitgehendes Bestehen auf dem Verhältnismäßigkeitsprinzip scheint das Vorsorgeprinzip allerdings auszuhebeln.[5]

Akzeptiert man ein – wie schwach auch immer begründetes – Besorgnispotenzial hinsichtlich negativer Folgen einer globalen Erwärmung, erscheint ein Gegensteuern grundsätzlich angeraten. In welcher Art und in welchem Maße dieses Gegensteuern erfolgen soll, lässt sich aus den oben genannten Gründen jedoch nur schwer bestimmen. Hier müssen ressourcen- und energiewirtschaftliche Ziele als „Konkretisierungshilfen" hinzutreten, welche die Verhältnismäßigkeit der Maßnahmen zu bestimmen erlauben (vgl. Kapitel 4). Die Erörterung über den Umbau des Energiesystems erfordert in jedem Falle, unabhängig von der Stärke der einzelnen Argumente, dass man die mittel- und langfristigen Kosten und Nutzen eines durch Innovationen angetriebenen nachhaltigen Umbaus des Energiesystems kennt.

3.2 Nachhaltige Entwicklung und Gerechtigkeit

3.2.1 Einführung

Nachhaltigkeit ist zweifellos ein normatives Konzept, und mit jeder der in Kapitel 2 vorgestellten Konzeptionen ist eine bestimmte normative Grundsatzentscheidung mit jeweils spezifischen ethischen Implikationen verbunden, auch wenn diese nicht immer expliziert werden. Die Position, wonach keinerlei Verpflichtungen gegenüber zukünftigen Generationen bestehen, wird, soweit wir sehen, zwar kaum in der eher sarkastischen Interpretation von einem der „Marx Brothers", Groucho Marx[6], vertreten (*„Why should I care for posterity? What has posterity ever done for me?"*), aber etwa in der deutschen wirtschaftsethischen Diskussion von Karl Homann doch immerhin derart, dass Interessen künftiger Generationen heute nur insoweit zu berücksichtigen sind, wie dies auch der gegenwärtigen Generation nutzt. Beschränkungen der Handlungsoptionen der gegenwärtigen Generation sind also nur zulässig, wenn diese sich selbst dabei besser (oder zumindest nicht schlechter) stellt als ohne derartige Beschränkungen (Homann 1996, S. 42 ff.). Das offenkundige Problem dieser Position besteht darin, dass immer dann, wenn keine Spielräume für Pareto-Verbesserungen[7] mehr bestehen, sondern eine wirkliche Trade-Off-Situation und damit ein gravierender ethischer Konflikt eintritt, keinerlei

---

[5] Eine Vorverlagerung der Vorsorge wird in Fällen für gerechtfertigt gehalten, bei denen es um „ernste, möglicherweise irreversible" Wirkungen geht (Rehbinder 1998).
[6] zitiert nach Vallance (1995, S. 115).
[7] Damit sind solche Verbesserungen gemeint, bei denen einzelne Mitglieder der Gesellschaft besser gestellt werden können, ohne dass sich die Lage aller übrigen Gesellschaftsmitglieder verschlechtert. Sind solche Verbesserungen nicht mehr möglich, sprechen wir von einem „Pareto-Optimum" (vgl. Sohmen 1976).

Aussagen mehr möglich sind.[8] Die Anwendung eines intertemporalen Pareto-Kriteriums kann also nur ein erster, ethisch weitgehend abstinenter Schritt sein, die hier vorliegenden Fragen zu beantworten. Sind intertemporale Pareto-Verbesserungen nicht möglich, muss man nach Rechtfertigungen für die dann erforderlichen Trade-offs (Abwägungen) zwischen verschiedenen Möglichkeiten suchen.

Ob es bei den Fragen intergenerationeller Verteilung, wie sie die Nachhaltigkeitsdiskussion durchziehen, Spielräume für Pareto-Verbesserungen gibt, oder ob hier zumindest in einigen Bereichen eine Trade-Off-Situation besteht, ist natürlich eine empirische Frage, die im Einzelfall beantwortet werden muss. Festzuhalten ist jedenfalls, dass mit jeder Konzeption von Nachhaltigkeit eine intertemporale Bestandsgröße eingeführt wird. Deren Erhaltung zu fordern bzw. als gerecht vorauszusetzen, stellt den Nachhaltigkeitsbegriff in einen normativen Kontext. Die Schrittfolge Begriffseinführung und normative Verwendung wird in den einschlägigen politischen Dokumenten (vgl. z. B. WCED 1987) als ein einziger Schritt vollzogen. Für eine differenzierte Betrachtung ist es jedoch hilfreich, diese Abfolge als zwei getrennte Schritte zu behandeln. Der erste wurde im letzten Kapitel unter Hinweis auf die Implikationen für den zweiten Schritt behandelt. Hier soll im Hinblick auf den zweiten Schritt auf die moralische Intuition hingewiesen werden, die – abgesehen von der genauen Ausgestaltung – Gerechtigkeitsfragen auch intergenerationell als unkontrovers zu sehen erlaubt. Jeder wird nämlich Langzeitverpflichtungen zumindest für die unmittelbar folgenden Generationen akzeptieren. Eine abnehmende Verbindlichkeit dieser Verpflichtung mit zunehmender zeitlicher Distanz (*Gradierung*) wird ebenfalls intuitive Zustimmung finden, denn man wird eher seinen Kindern als seinen Nachkommen in zehnter Generation einen bestimmten Vorteil zukommen lassen oder einen Schaden ersparen wollen. Diese Gradierung von Verbindlichkeit lässt sich zusätzlich durch die mit zunehmender zeitlicher Distanz steigende Unsicherheit des Eintretens der gewünschten Handlungsfolgen begründen (Gethmann/Kamp 2000).

In das Konzept kritischer Nachhaltigkeit ist eine Vorstellung intergenerationeller Gerechtigkeit in dem Sinne eingewoben, dass die als kritisch erachteten Standards eingehalten werden sollen. Das Konzept kritischer Nachhaltigkeit als dynamisches Nutzungskonzept rekurriert auf Gradierungsfragen vor allem im Sinne der oben erörterten zunehmenden Unsicherheit des einschlägigen Wissens. Damit ist der Kontext für die folgende Diskussion skizziert. Auf die weit verzweigte philosophische und auch wirtschaftswissenschaftliche Diskussion um die Gerechtigkeit, speziell um die Ausgestaltung der Gradierung von Verbindlichkeiten, muss daher an dieser Stelle nicht weiter eingegangen werden.

---

[8] Amartya Sen (1987, S. 35) hat dies auf den Punkt gebracht: „Despite of its general importance, the ethical content of this welfare economic result is, however, rather modest. The criterion of Pareto optimality is an extremely limited way of assessing social achievement […]." Gemeint sind damit der erste und der zweite Hauptsatz der Wohlfahrtsökonomik, welche unter recht speziellen Bedingungen die Äquivalenz von Pareto-Optimum und allgemeinem Konkurrenzgleichgewicht aufzeigen.

3.2.2
Politische Ansätze

Das Prinzip der intergenerationalen Gerechtigkeit oder Fairness, das die von der Weltkommission für Umwelt und Entwicklung und in neuerer Zeit von der *Commission on Global Government* (CGG) vertretene Sicht von Sustainable Development kennzeichnet, „sucht sicherzustellen, dass der wirtschaftliche Fortschritt [und, so könnte man hinzufügen, Entwicklung generell] nicht die Chancen künftiger Generationen dadurch beeinträchtigt, dass der Bestand an Naturkapital, der menschliches Leben auf dem Planeten gewährleistet, immer mehr abgebaut wird. Die Fairness gebietet es, dass diese Strategie von allen Gesellschaften, den reichen und den armen, befolgt wird" (CGG, S. 52). Anders ausgedrückt: In der Sicht der CGG, die hier der Weltkommission für Umwelt und Entwicklung (WCED) folgt, gibt es also zwei Gerechtigkeitsprobleme: Gerechtigkeit zwischen Nord und Süd (Arm und Reich, d.h. intragenerationale Gerechtigkeit) kann und sollte so verfolgt werden, dass die Erreichung intergenerationaler Gerechtigkeit nicht darunter leidet (von Hengel 1998). Daher wird hier intergenerationale Gerechtigkeit als moralische Beschränkung bei der Verfolgung intragenerationaler Gerechtigkeit gesehen. Die Beschränkung besagt, dass verschiedene Generationen gleiche Möglichkeiten haben sollten, mindestens die primären Naturressourcen (im weiten Sinne) oder auch, um ein neueres Konzept zu verwenden, den Umweltraum zu nutzen. Als elementare, aber ganz generell geteilte ethische Grundlage der Strategie einer nachhaltigen Entwicklung kann man die „Goldene Regel" (Rawls 1971; CGG, S. 49) nehmen: Menschen sollten andere Menschen (nicht) so behandeln, wie sie selbst (nicht) behandelt werden möchten.

Die Beziehung zwischen Nachhaltigkeit und Gerechtigkeit mag einstweilen offenkundig, aber auch ein wenig vordergründig vorausgesetzt erscheinen. Eine nähere Untersuchung der Beziehung zwischen beiden Begriffen könnte ihre Plausibilität verstärken. Dies erfordert auch eine genauere Konzeption z.B. intergenerationaler Gerechtigkeit. Wie sollte eine derartige nähere Untersuchung aussehen? Zunächst sollte sie einigen allgemeinen Erfordernissen genügen, die vor allem mit dem Gesichtspunkt der Legitimität zu tun haben. Weil die reichen Länder bei der Umsetzung von nachhaltiger Entwicklung eine Vorreiterrolle spielen sollten, ist es angemessen, dass die angestrebte Untersuchung auf einer liberalen, insbesondere einer liberal-egalitären Gerechtigkeitstheorie beruhen sollte, und darüber hinaus sollte diese Theorie auch in ihrem Anspruch universalistisch und in ihrer Anwendung neutral in Beziehung auf Zeit und Raum sein. Beide Merkmale erscheinen angemessen, wenn der Anwendungsbereich die Theorie liberaler Demokratien – aber in einem zunehmend globalen Kontext und in langfristiger Perspektive – umfasst. Gute Beispiele dafür sind der politische Liberalismus von John Rawls (mit dem revidierten Prinzip der „gerechten Ersparnis" (*just savings principle*)), die Darstellung der (intergenerationalen) Gerechtigkeit von Brian Barry und die Verwundbarkeitskonzeption Robert Goodins.

Weil diese Gerechtigkeitskonzeptionen meist eine recht minimalistische Sicht unserer moralischen Verantwortlichkeit gegenüber künftigen Generationen implizieren, ist es hilfreich, sie im Kontext der von Dieter Birnbacher (1988, S. 197–240) vorgeschlagenen „Praxisnormen" zu sehen. Obwohl Birnbacher diese Praxisnormen auf indirekt utilitaristische Weise rechtfertigt, können sie für unsere Fragestellung gleichermaßen gut von Anhängern anderer ethischer Orientierungen angenommen werden, besonders weil sie eine enge Beziehung mit dem Entwicklungsaspekt von nachhaltiger Entwicklung aufweisen. Birnbacher schlägt folgende „Praxisnormen" vor, die insbesondere Normen für kollektive Handlungen darstellen: Menschliche Handlungen sollten *nicht* derart sein, dass sie a) menschliches Überleben und das Überleben der höheren Arten gefährden (d. h. kollektive Selbsterhaltung); dass sie b) menschenwürdiges Leben in der Zukunft aufs Spiel setzen. Darüber hinaus sollten wir dafür Sorge tragen, dass wir c) die Schaffung zusätzlicher irreversibler Risiken vermeiden; d) dass wir die gegenwärtigen natürlichen und kulturellen Ressourcen bewahren und verbessern; e) dass wir anderen bei der Verfolgung dieser und anderer zukunftsgerichteter Ziele helfen; und dass wir f) die nächste(n) Generation(en) im Geiste dieser Normen erziehen.

3.2.3
Die Theorie der Gerechtigkeit (Barry)

Um diese bisher eher abstrakten Bemerkungen über Gerechtigkeit und Rechtfertigung zu konkretisieren, ist es hilfreich zu überlegen, wie ein derartiges Konzept intergenerationaler Gerechtigkeit aussehen könnte. Das Gerechtigkeitskonzept von Brian Barry (1999) erscheint hier besonders attraktiv, weil er es explizit mit Überlegungen zur Nachhaltigkeit verknüpft. Barry (1999) beginnt mit einer Frage nach dem „ethischen Status" von Nachhaltigkeit (*sustainability*): Ist Nachhaltigkeit „... entweder eine notwendige oder eine hinreichende Bedingung intergenerationaler distributiver Gerechtigkeit?" Er versteht hier Gerechtigkeit in einem engen Sinne, der sich auf „Interessenkonflikte" konzentriert, so dass Fragen intergenerationaler Gerechtigkeit „typischerweise Fragen intergenerationaler distributiver Gerechtigkeit" sind. Zur Beantwortung dieser Frage geht er von der Prämisse einer fundamentalen Gleichheit aller menschlichen Wesen aus. Aus dieser Prämisse, die er als Axiom verwendet, leitet er vier Theoreme ab:

> 1. *Gleiche Rechte*. Prima facie müssen bürgerliche und politische Rechte gleich sein. Ausnahmen lassen sich nur rechtfertigen, wenn sie die wohlinformierte Zustimmung derjenigen erhalten würden, die im Vergleich zu anderen geringere Rechte zugeteilt bekämen.
>
> 2. *Verantwortlichkeit*. Eine legitime Ursache unterschiedlicher Ergebnisse für verschiedene Leute ist der Umstand, dass sie unterschiedliche freiwillige Entscheidungen getroffen haben. (Dieses Prinzip kommt jedoch erst vor dem Hintergrund eines gerechten Systems von Rechten, Ressourcen und Handlungsmöglichkeiten voll zum Tragen.) Die Kehrseite dieses Prinzips ist, dass schlechte Ergebnisse, für die irgendjemand nicht verantwortlich ist, prima facie einen Anlass zur Kompensation darstellen.
>
> 3. *Lebenswichtige Interessen*. Es gibt gewisse objektive Erfordernisse für menschliche Wesen, dass sie in der Lage sind, ein gesundes Leben zu führen, Kinder großzuziehen, mit voller Leistungskraft zu arbeiten und am gesellschaftlichen und politischen Leben teilzunehmen. Die Gerechtigkeit erfordert, dass der Sicherstellung der Mittel zur Befriedigung dieser lebenswichtigen Interessen eine höhere Priorität zukommt als der Befriedigung anderer Wünsche.
>
> 4. *Wechselseitiger Vorteil*. Ein sekundäres Prinzip der Gerechtigkeit besagt: Wenn jedermann *ex ante* durch die Abweichung von einem Zustand, der sich aus einer Anwendung der

drei erstgenannten Prinzipien ergibt, profitiert, dann ist es gerecht, eine entsprechende Veränderung vorzunehmen. (Jedoch ist es nicht ungerecht, die Veränderung nicht vorzunehmen)" (Barry 1999, S. 97–98).

Offenkundig ist ein wechselseitiger Vorteil (eine Pareto-Verbesserung), der nicht von einer derartigen Abweichung profitiert, z. B. erhöhte Energieeffizienz, a fortiori mit Gerechtigkeit vereinbar und im Interesse aller Betroffenen. Barry hat hier gewisse Zweifel im Hinblick auf die entfernte Zukunft, weil solche Verbesserungen in Form von Präferenzen ausgedrückt werden, und die Kenntnis solcher Präferenzen immer schwieriger wird, je weiter wir in die Zukunft blicken müssen. Aber welche anderen Implikationen haben diese Prinzipien für intergenerationelle Gerechtigkeit? Das erste, *gleiche Rechte*, hat keine direkten intergenerationalen Implikationen. Dasselbe gilt für das zweite Prinzip, das vor allem innerhalb von Generationen anwendbar ist, es sei denn, wir vertreten die Auffassung, dass die Menschen den Umfang der Bevölkerung kontrollieren können (eine Frage, auf die wir nicht weiter eingehen), oder wir können vorhersehen, dass wir aufgrund unseres gegenwärtigen Ressourcenverbrauchs für künftige Generationen weniger übrig lassen, als wir zur Verfügung hatten. Im letzteren Fall (vor allem beim Verbrauch nicht erneuerbarer Ressourcen) haben wir natürlich die Verpflichtung, ihnen „kompensierende Vermögenswerte", d. h. zusätzliche produktive Kapazität, zu hinterlassen. Dagegen hat das dritte Prinzip, *lebenswichtige Interessen*, unmittelbare Konsequenzen: Dies gilt aufgrund der universalistischen Idee, dass „zeitliche und räumliche Anordnungen nicht von selbst einen Einfluss auf legitime Ansprüche ausüben" (Barry 1999, S. 99f.). Daraus ergibt sich, dass die lebenswichtigen Interessen der Menschen in der Zukunft dasselbe moralische Gewicht haben wie entsprechende Interessen heute lebender Menschen.

Der Kern des Nachhaltigkeitskonzepts, das „irreduzibel normativ" (Barry 1999, S. 105) ist, besagt: „Es gibt irgendein X, dessen Wert aufrecht erhalten werden sollte, soweit das in unserer Macht liegt, bis in die unbestimmte Zukunft" (Barry 1999, S. 100). Der Inhalt von X sollte Barry zufolge nicht Nutzen im Sinne der Präferenzbefriedigung sein, sondern die Chance von Mitgliedern künftiger Generationen, ein gutes Leben nach ihren eigenen Vorstellungen (die unsere Vorstellungen darüber nicht ausschließen) zu leben. Daher muss man sich unter X „ein Konzept von gleichen Handlungsmöglichkeiten zwischen den Generationen" (S. 104) vorstellen. Und dies wiederum bedeutet nach Barry die Aufrechterhaltung von Bedingungen, die „ein Spektrum verschiedener Konzeptionen von gutem Leben ermöglichen". Mit solchen Bedingungen ist es nicht vereinbar, ihre lebenswichtigen Interessen zu verletzen, genauso wenig aber, ihnen eine Welt zu hinterlassen, in der die Natur „der Verfolgung der Konsumentenbefriedigung bis zum Äußersten untergeordnet ist" (S. 105). Wir können hier eine moralische Basis für Birnbachers wichtige Norm der Vermeidung irreversibler Risiken sehen (vgl. dazu bereits Barry 1978, S. 243; 1977, S. 275; und ganz deutlich Goodin 1982, S. 209ff. mit der Forderung, „die Optionen offen zu halten").

Aus diesen Überlegungen, besonders aus dem Prinzip der Verantwortlichkeit, folgt, dass Nachhaltigkeit zumindest eine notwendige Bedingung für intergenerationale Gerechtigkeit ist. Denn „keine Generation kann für den Zustand des Planeten, den sie ererbt, verantwortlich gemacht werden" (Barry 1999, S. 106). Dies bedeutet zunächst, dass künftige Generationen nicht schlechter gestellt werden sollten als wir selbst. Aber „das Potential, um dasselbe Niveau von X aufrecht zu erhalten, dessen wir uns erfreuen, hängt von jeder aufeinander folgenden Generation ab, die ihren Teil dazu beiträgt. Das Einzige, was wir tun können, ist, die Möglichkeit offen zu halten, und genau dazu verpflichtet uns die Gerechtigkeit" (ebd.). Barrys Argument beruht zunächst auf der Annahme einer gegebenen Bevölkerung. Für unseren Argumentationsgang können die von Barry (1999, S. 111 ff.) ebenfalls erörterten Probleme des Bevölkerungswachstums außer Betracht bleiben.

Eine gewisse Spannung in dem Versuch von Barry, Nachhaltigkeit in einem liberal-egalitären Kontext zu rechtfertigen, ist nunmehr klar geworden. Wie er argumentiert, verpflichtet uns die Nachhaltigkeit im Sinne von „Konzeptionen" eines guten Lebens zu denken: Die Möglichkeit eines guten Lebens in der Zukunft ist das, worum es bei dem Streben um Nachhaltigkeit geht. Aber Politik in einer liberalen Demokratie muss eigentlich neutral sein im Hinblick auf verschiedene Konzeptionen des guten Lebens. Wenn man also Nachhaltigkeit ernst nimmt, dann muss man zwangsläufig über Natur und Grenzen liberaler Neutralität neu nachdenken und diese neu bewerten. Diese Frage ist uns schon bei der Erörterung von Konzeptionen „schwacher" versus „starker" Nachhaltigkeit in Kapitel 2 begegnet. Vor allem veränderte Konsummuster können sich in einem liberalen Denkrahmen als eine große Herausforderung erweisen. Man stelle sich etwa vor, dass die heutigen Überflussgesellschaften einen „verbreiteten, allgemein geteilten Glauben an den Wert von Konsum für jedermann [kundtun], einen Glauben, dass das, was durch Konsum erreicht werden kann, zumindest Teil des „guten Lebens für Menschen" ist, und dass deswegen eine „gute Gesellschaft" auch reichhaltige Möglichkeiten für die Menschen bereitstellt, diese Vorteile zu genießen, und zwar in einem stets wachsenden Umfang" (Keat 1994, S. 342). Daher können Beeinträchtigungen der Konsumfreiheit oder auch nur eine Abnahme des Realeinkommens (bei gleichem Nominaleinkommen infolge gestiegener Preise) erheblichen Verdruss bei den Konsumenten hervorrufen, und dies verheißt wenig Gutes für eine Umweltpolitik, die eine Verringerung des Verbrauchs anstrebt, selbst wenn dies nur die Verringerung des stofflichen und energetischen Gehalts gegenwärtiger Verbrauchsmuster bedeutet (jedenfalls in den Fällen, in denen Effizienzsteigerungen und Substitutionen nicht ausreichen, diese Verringerung auszugleichen).

3.2.4
Verwundbarkeit, die Zukunft und die Umwelt (Goodin)

Bisher haben wir uns auf das Konzept der Gerechtigkeit und seine Ausarbeitung konzentriert, da ja Gerechtigkeit in den vorherrschenden Vorstellungen von nachhaltiger Entwicklung einen zentralen Platz einnimmt. Das heißt jedoch nicht, dass es keine anderen ethischen Vorstellungen gibt, auf denen wir die moralische Verantwortlichkeit für künftige Generationen, die Armen und die Umwelt aufbauen könnten (die ohnehin in jedem sinnvollen Konzept von nachhaltiger Entwicklung implizit enthalten sind). Deswegen wollen wir kurz einen anderen ethischen Ansatz erörtern, der durch den Utilitarismus geprägt ist und die ethische Relevanz von „Verwundbarkeit" betont. Auf jeden Fall erscheint dieser von Goodin (1985) entwickelte Ansatz durchaus eine geeignete moralische Sicht unserer Beziehungen zu

Entwicklungsländern und künftigen Generationen zu umfassen. Darüber hinaus führt dieser Ansatz auf ganz natürliche Weise zu einer globalen und langfristigen Perspektive im Hinblick auf den Umweltzustand in liberalen Demokratien. Im Folgenden konzentrieren wir uns auf die zukünftigen Generationen.

Zukünftige Generationen sind den schädlichen Effekten unserer Entscheidungen und unseres Verhaltens in besonderem Maße ausgesetzt. Goodin zufolge beruht unsere Verantwortlichkeit dafür, ihnen ausreichend Ressourcen zu hinterlassen, in ethischer Hinsicht vor allem auf dieser Verwundbarkeit. Die Begründung für diese Problemsicht ist teils negativer, teils positiver Natur: Negativ gewendet läuft das Argument auf eine Zurückweisung von Theorien intergenerationaler Gerechtigkeit hinaus, vor allem dann, wenn sie Reziprozität zwischen uns und Menschen künftiger Generationen implizieren. Positiv gelesen beruft sich das Argument auf spezielle Pflichten, und zwar von der Art, wie sie Eltern gegenüber ihren Kindern haben (mitunter auch in umgekehrter Richtung), Eheleute oder Freunde gegeneinander; Pflichten, Fremden in Not zu helfen, ohne sich selbst zu große Opfer aufzuerlegen, und wenn andere zur Hilfe entweder nicht vorhanden oder nicht in der Lage sind, gehören ebenfalls hierzu. Entscheidend für solche speziellen Pflichten sind Goodin zufolge Hilfe und Schutz abhängiger und daher verwundbarer Leute. Wenn wir diese Sicht übernehmen, wird rasch deutlich, dass diese besonderen Pflichten letztlich gar nicht so besonders sind, da Verwundbarkeit durch Abhängigkeit in unserer Gesellschaft ein recht häufiger Fall ist. Dies führt zu einer *generell positiven* Pflicht, anderen Menschen in verwundbaren Situationen Hilfe zu leisten.

Das Konzept von Nachhaltigkeit, das man von Goodins (1985) Hinweisen gewinnen könnte, braucht nicht nur auf die Idee begrenzt zu sein, (menschliche) Wohlfahrt oder Nutzen im Zeitablauf aufrecht zu erhalten, wobei Umweltbelange nachrangig wären. Goodin selbst (1992 und bes. 1996) hat in der Zwischenzeit die hier skizzierte Theorie zu einer konsequenzialistischen (ausschließlich an Handlungsfolgen orientierten) Theorie des Wertes der Natur ausgeweitet, die sich zur Begründung engagierter Politik für den Schutz der Natur und der globalen Umwelt eignet.

3.3
Effizienz und Suffizienz –
theoretische und praktische Nachhaltigkeitsdiskussion

Mit der vorliegenden Studie wird, wie eingangs erläutert, der Zweck verfolgt, das Potenzial von Innovationen für einen nachhaltigen Umbau des Energiesystems auszuloten sowie spezifische Maßnahmen zur Ausnutzung dieser Potenziale und Strategien zu deren Umsetzung vorzuschlagen.

Neben der Entwicklung und Etablierung effizienterer Mittel (Effizienzsteigerung) besteht selbstverständlich die Möglichkeit, die Zwecke zu verändern, zu deren Erreichung diese Mittel eingesetzt werden. Für die Diskussion und Transformation dieser Zwecke ist vielfach die etwas unglückliche Bezeichnung „Suffizienz" gewählt worden. Unglücklich deshalb, weil von einem nach Nachhaltigkeitskriterien bestimmten Mittelangebot ausgegangen wird, um dann Zweckkonstellationen danach auszuzeichnen, ob dieses Mittelangebot suffizient für deren Erreichung ist. Herman Daly, dessen Konzept vom Ausmaß der Nutzung von Tragekapazitäten („scale") für die Suffizienzdiskussion ursprünglich ist, verwendet das Bild eines Bootes, mit dem man Güter transportiert (Daly 1996, S. 50). Wenn man bei der Beladung nicht darauf achtet, die Güter gleichmäßig auf der Ladefläche zu verteilen, kann das Boot kippen und untergehen. Durch bessere Beladung (Effizienz) kann man diesen Fehler vermeiden. Die Lademarke des Bootes, die dessen Tragekapazität angibt, kann jedoch nicht überschritten werden, ohne dass das Boot sinkt (Suffizienz). Wie oben erläutert, ist aber eine hinreichend präzise Festlegung der Lademarke wegen des Ungewissheitscharakters des zur Verfügung stehenden Wissens nicht möglich. Mit dem hier verwendeten Nachhaltigkeitsbegriff wird deshalb lediglich nach mehr oder weniger nachhaltig unterschieden, statt eine präzise Marke als Nachhaltigkeitsgrenze zu formulieren. Das Leichterwerden der Güter, nicht deren absolutes Gewicht, wird maßgebliches Kriterium.

Insbesondere in der Studie „Zukunftsfähiges Deutschland" (BUND/Misereor 1996, S. 218) wird neben der auch dort betonten Effizienzsteigerung der Gedanke der „Suffizienz" stark gemacht. Betont wird dabei nicht nur die Möglichkeit, menschliche Bedürfnisse auch auf der Seite des Konsums (und nicht nur im Hinblick auf die technische Effizienz der Gütererstellung und -nutzung) mit geringerem Energie-, Ressourcen- und Materialaufwand zu befriedigen, ausgerichtet an den Kriterien der „Sparsamkeit, Regionalorientierung, gemeinsame Nutzung [langlebiger Konsumgüter], Langlebigkeit", sondern auch der Gedanke, dass es sich dabei weniger um Einschränkungen und Verzichte als um eine Art ökologischen Fortschritts handelt, was in der Wiedergewinnung von „Zeitwohlstand statt Güterreichtum" (S. 221) und einer neuen „Eleganz der Einfachheit" (S. 223) zum Ausdruck kommen soll. So plastisch die dort gegebenen Beispiele eines solchen neuen Lebensstils auch sind, die Studie bleibt doch den Nachweis einer Verallgemeinerbarkeit derartiger wohlfahrtssteigernder Suffizienzstrategien für sämtliche Konsumentengruppen schuldig, so dass in der Realität Suffizienz doch immer wieder auch mit Einschränkungen und Verzicht einhergehen kann und wird. In demokratischen Gesellschaften können indes derartige Optionen nicht von oben verordnet, sondern letztlich nur von den Nachfragern selbst gewünscht und durchgesetzt werden.

Man kann im Lichte dieser Überlegungen angestrebte Zweckveränderungen daraufhin beurteilen, ob und inwiefern sie das bestehende Energiesystem nachhaltiger machen. In Anlehnung an die genannte Unterscheidung von Effizienz (bei der Erstellung und Nutzung von Gütern) und Suffizienz (in der konkreten Ausgestaltung der Lebensstile) kann man allgemeiner von *theoretischer* und *praktischer* Nachhaltigkeitsdiskussion[9] sprechen. In der theoretischen Erörterung geht es um die Verbesserung der Mittel zur Erreichung vorgegebener Zwecke, in der praktischen um die Überprüfung und Transformation dieser Zwecke. Im Folgenden werden hauptsächlich theoretische Aspekte behandelt. Um praktische Aspekte geht

---

[9] „Theoretisch" und „praktisch" bezieht sich hier auf die philosophische Verwendungsweise. Zur theoretischen Philosophie gehört etwa die Erkenntnistheorie, zur praktischen Philosophie die Ethik.

es dagegen vor allem in dem Sinne, dass politische Instrumente, die relative Preise verändern, in die Möglichkeiten jedes einzelnen, seine Zwecke zu erreichen, eingreifen. Diese Maßnahmen sind in einem bestimmten Rahmen als Optionen staatlichen Handelns allgemein akzeptiert.

Im Zusammenhang einer weitergehenden Transformation von Zwecken ist, wie bereits angedeutet, das Handlungsfeld für politische Maßnahmen stark eingeschränkt. Es könnte nur auf die Gefahr eines staatlichen Paternalismus hin erweitert werden. Politische Maßnahmen sollen hier daher nur ermöglichenden, nicht jedoch einschränkenden Charakter haben. Um z.B. den Energieverbrauch durch das Pendeln zwischen Wohnung und Arbeitsplatz zu verringern, könnte eine Beschränkung dieser Entfernung durch eine gesetzliche Regelung als einschränkende Maßnahme in Erwägung gezogen werden. Ein derartiges Gesetzgebungsvorhaben wäre indes allein aus verfassungsrechtlichen Gründen zum Scheitern verurteilt. Man könnte stattdessen städtebauliches Umdenken unterstützen, das seinerseits zu einer Verschmelzung von Wohn- und Arbeitsgebieten führt, oder man könnte eine Verbesserung des Öffentlichen Personennahverkehrs (ÖPNV) als ermöglichende Maßnahme anstreben. Man muss jedoch nicht notwendig an staatliche Aktivitäten denken. Die Transformation von Zwecken kann auch „kulturwüchsig" zu einem nachhaltigeren Energiesystem führen. Im Hinblick auf diese Art von Veränderungen können wir jedoch, abgesehen von der Informationsbereitstellung z.B. durch entsprechende Kennzeichnungen (Kapitel 7), keine Empfehlungen für staatliches Handeln formulieren.

3.4 Zwischenresümee

Die bisherigen Überlegungen führen zu einigen wichtigen Einsichten, die im weiteren Gang unserer Studie näher untersucht werden. Es zeigt sich, dass es zwischen „Innovation" und „nachhaltiger Entwicklung" vielfältige methodische, aber vor allem auch inhaltliche Beziehungen gibt, die sich im Energiebereich paradigmatisch behandeln lassen. Einerseits hängen Gesellschaft und Wirtschaft zentral von der Verfügbarkeit von Energie ab, andererseits lassen sich die im Kapitel 3.1.2 bestimmten Ziele im Rahmen einer Fortschreibung des Status-quo nicht dauerhaft erreichen. Erhebliche Änderungen im „Wirtschaftsstil" – nicht zuletzt beim Energieverbrauch, dessen Löwenanteil aus dem Einsatz nicht erneuerbarer Energieträger besteht – scheinen daher unabweisbar. Ohne nachhaltige Innovationen sind solche Änderungen nahezu aussichtslos.

Auf nachhaltige Entwicklung hin orientierte Innovationen können (und sollten) ja ganz allgemein dazu führen, dass als notwendig erachtete wirtschaftliche und soziale Leistungen mit geringerem „Naturverbrauch" erbracht werden können, als dies bei Abwesenheit solcher Innovationen möglich wäre. Damit verbindet sich die bereits begründete Forderung, das Konzept der „Nachhaltigkeit" von einem (statischen) Bestandskonzept zu einem (dynamischen) Nutzungskonzept weiterzuentwickeln. Dieses bewertet technischen Fortschritt, sozialen und organisatorischen Wandel usw. als mögliche Beiträge der heute lebenden Generation zur Wahrung der Interessen künftiger Generationen auch in jenen Fällen, in denen ein

Bestandserhalt im klassischen Sinne nicht möglich ist, so z.B. bei den erschöpflichen Energieressourcen.

Die Betonung von Umwelt- und Ressourcenproblemen ist nicht als eine generelle Absage an das häufig vorgebrachte Drei-Säulen-Modell einer ökologischen, ökonomischen und sozialen Nachhaltigkeit zu verstehen, denn diese Vorstellung trägt der Tatsache Rechnung, dass ökologische Ziele nur dann erfolgreich angestrebt werden können, wenn die Leistungsfähigkeit der Wirtschaft (im nationalen, transnationalen und globalen Rahmen) dadurch nicht wesentlich gemindert und gefährliche soziale Verwerfungen (innerhalb und zwischen Gesellschaften) vermieden werden. Sie beachtet aber eine gewisse Asymmetrie zwischen ökologischen Nachhaltigkeitspostulaten auf der einen Seite und wirtschaftlichen und sozialen Nachhaltigkeitsforderungen auf der anderen: Soweit die Erstgenannten auf naturwissenschaftlichen Gesetzmäßigkeiten beruhen, sind sie grundsätzlich mit erster Priorität zu berücksichtigen; sind doch derartige Gesetzmäßigkeiten weder durch politische, pädagogische noch aufklärerische Bemühungen beeinflussbar. Einschränkend muss wiederum bemerkt werden, dass es entgegen verbreiteten Vorstellungen kein „Naturgesetzbuch" gibt, in dem diese Gesetzmäßigkeiten nachgeschlagen werden könnten. Wie oben erörtert ist die Unsicherheit der naturwissenschaftlichen Ergebnisse gerade in den Breichen konstitutiv, die für Nachhaltigkeitsdiskussionen einschlägig sind.

Erfordernisse des Naturerhalts haben, anders als die ökonomischen und sozialen „Säulen", keine „Stimme" im politischen Prozess und damit werden die ökologischen Dimensionen oft zugunsten spezieller Interessen, Vermeidung von Anpassungen oder sozialen Härten vernachlässigt. Ökologie ist nicht nur für den Markt ein „externer Effekt", sondern auch für die Politik. Dies gilt insbesondere dann, wenn die Wirkungen dieser Effekte erst langfristig eintreten, wissenschaftlich unsicher oder kontrovers und nicht direkt „spürbar" sind (wie früher etwa die Luftverschmutzung). Wissenschaft kann und muss hier korrigierend wirken, indem die vernachlässigte ökologische Dimension besonders betont wird. Nachhaltige Energieinnovationen werden daher in dieser Studie als neue technologische, organisatorische oder institutionelle Problemlösungen oder Prozesse definiert, die zur Verbesserung der Umweltqualität oder der Verminderung von Umweltrisiken führen, ohne dass unzumutbare ökonomische oder soziale Nachteile entstehen, vor allem dadurch, dass diese Nachteile gering gehalten und erforderlichenfalls durch ergänzende Maßnahmen ausgeglichen werden können.

Trotz der Möglichkeit, soziale Gewohnheiten durch Aufklärungs- und Erziehungsbemühungen zu verändern, erscheinen auch bei ökonomischen und sozialen Systemen vor allem solche Innovationen nachhaltigkeitsfördernd, die nicht primär auf das Bewusstsein der Beteiligten, sondern auf die Funktionsweise ökonomischer und sozialer Subsysteme einwirken. Aus diesem Grunde haben „ökonomische Instrumente" des Umweltschutzes bei allen nachhaltigkeitsorientierten Innovationen einen besonders hohen Stellenwert, nicht zuletzt deswegen, weil sie nur durch eine ökologische Korrektur der relativen Preise nicht nur dazu veranlassen, vorhandene Technologien möglichst umweltschonend zu nutzen, sondern weil sie auch starke Anreize geben, die Innovationstätigkeit – ohne dass man deren Inhalte im Einzelnen konkret vorhersagen könnte – in eine generell „umweltfreundlichere" Richtung zu lenken.

Nach diesen Grundlegungen soll unter Berücksichtigung der bisher erarbeiteten Ergebnisse im nächsten Schritt die Nachhaltigkeit des (künftigen) Energiesystems und die (technischen) Potenziale für nachhaltige Energieinnovationen (Steigerungen der Energieeffizienz und Ausbau regenerativer Energiequellen) analysiert werden.

4 Auf dem Weg zu einem nachhaltigen Energiesystem – Rechtsgrundlagen, Defizite und Referenzpunkt

4.1 Rechtsnormen für ein nachhaltiges Energiesystem

Wie einleitend erläutert, setzt die Forschungsgruppe nicht ihre eigenen Ziele und Maßstäbe als Grundlage der Analyse, sondern sie gewinnt diese unter Berücksichtigung der Rechtsnormen internationaler Verträge, des EU- und nationalen Rechts.[1] Solche Rechtsnormen sind natürlich zunächst keine – quantitativen – Ziele, aus denen sich zwingend spezifische Strategien ergeben. Aber sie definieren – quasi als „regulative Idee der Nachhaltigkeit" – Richtungen und Begrenzungen, innerhalb derer dann die Politik und andere Akteure konkretisierende Ziele setzen und Programme entwickeln müssen (mit nachhaltiger Entwicklung als konstitutivem Begriff). Die in Kapitel 2 und 3 entwickelten konzeptionellen Überlegungen sowie Abwägungs- und Entscheidungskriterien helfen dabei, den Übergang von der „abstrakten Rechtsnorm" zu den konkreten Handlungsempfehlungen in einer transparenten Weise zu vollziehen. Sie dienen aber nicht nur der Konkretisierung, sondern auch der Überprüfung und Weiterentwicklung dieser Normen, ohne einen umfassenden Anspruch erheben oder gar die Konsequenzen des Nachhaltigkeitskonzeptes für das Rechtssystem evaluieren zu wollen.

4.1.1 Völkerrechtliche Entwicklung im Klimaschutz

Bis zur Rio-Konferenz
Bereits von der Brundtland-Kommission geprägt, wurde der Gedanke der nachhaltigen Entwicklung in den Dokumenten der Umweltkonferenz in Rio de Janeiro und insbesondere in der Agenda 21 aufgegriffen und näher ausgestaltet. Zwar greift die Agenda 21 den „Schutz der Atmosphäre" in Kapitel 9 eigens auf; gleichwohl ergeben sich hieraus keine klaren Verpflichtungen für die Unterzeichner. Demgegenüber bildet das Rahmenübereinkommen der Vereinten Nationen über Klimaänderungen (sog. Klimarahmenkonvention)[2] das erste grundlegende klimapoli-

---

[1] Es ist nicht beabsichtigt, die weit verzweigte juristische Diskussion zum Thema Nachhaltigkeit umfassend aufzuarbeiten. Vielmehr werden einige Aspekte diskutiert, die im Hinblick auf die in Kapitel 7 vorgestellten Handlungsempfehlungen von Bedeutung sind.

[2] *Sekretariat der Klimarahmenkonvention* (Hrsg.), Klimarahmenkonvention; ebenfalls abgedruckt in BGBl. II 1993, S. 1784 sowie in UTR 21 (1993), S. 423ff.

tische völkerrechtliche Dokument. Es wurde von einem von den Vereinten Nationen eingesetzten zwischenstaatlichen Verhandlungsausschuss (INCC[3]) erarbeitet und ist, nachdem es auf der Konferenz der Vereinten Nationen über Klima und Entwicklung (UNCED[4]) in Rio de Janeiro von rund 160 Staaten unterzeichnet wurde, am 21.3.1994 in Kraft getreten.[5] Hauptziel der Klimarahmenkonvention (KRK) ist es nach Art. 2, „die Stabilisierung der Treibhausgaskonzentrationen in der Atmosphäre auf einem Niveau zu erreichen, auf dem eine gefährliche anthropogene Störung des Klimasystems verhindert wird." Folglich wird nur eine Begrenzung der Zunahme der Treibhausgase in der Atmosphäre angestrebt.[6] Art. 3 KRK greift mit dem Vorsorgeprinzip (Abs. 3) und der Forderung, das Klimasystem zum Wohle heutiger und künftiger Generationen zu schützen (Abs. 1), einzelne Komponenten des Grundsatzes der nachhaltigen Entwicklung auf. Explizit genannt wird das Ziel einer „nachhaltigen Entwicklung in allen Vertragsparteien" in Art. 3 Abs. 5 KRK.

Spezifisch für den Energiebereich sind folgende Aussagen besonders relevant: Nach Art. 4 Abs. 2 lit. a) KRK verpflichten sich die in Anlage I aufgeführten sog. entwickelten Länder, nationale Politiken zu ergreifen und Maßnahmen zu beschließen, die durch Emissionsbegrenzungen und den Schutz von Treibhausgasspeichern und -senken zu einer Abschwächung der Klimaänderungen führen. Über entsprechende Maßnahmen ist der Vertragsstaatenkonferenz nach Art. 4 Abs. 2 lit. b) KRK in regelmäßigen Abständen Rechenschaft abzulegen mit dem Ziel, bis zum Jahr 2000 „einzeln oder gemeinsam die anthropogenen Emissionen von Kohlendioxid und anderen nicht durch das Montrealer Protokoll[7] geregelten Treibhausgasen auf das Niveau von 1990 zurückzuführen." Eine völkerrechtliche Verbindlichkeit kommt diesen politischen Verpflichtungen allerdings derzeit[8] noch nicht zu.[9] Gleichwohl enthalten sie die Grundelemente dessen, was international mit dem Begriff der nachhaltigen Entwicklung im Energiebereich verbunden wird.

Aus den völkerrechtlichen Dokumenten der Rio-Konferenz wurde abgeleitet, der Abbau von nicht erneuerbaren Rohstoffen sei auf das zu beschränken, was auf Dauer durch regenerierbare Primärrohstoffe oder durch Sekundärrohstoffe ersetzt werden kann.[10] Diese sog. 2. Managementregel ist indes so völkerrechtlich nicht verankert, wegen des „auf Dauer" infolge unvorhersehbarer Entwicklungen etwa in

---

[3] Intergovernmental Negotiating Committee for a Convention on Climate Change.
[4] United Nations Conference on Environment and Development.
[5] *Sekretariat der Klimarahmenkonvention* (Hrsg.), Klimarahmenkonvention, S. 1.
[6] Krit. dazu *Hohmann*, Ergebnisse des Erdgipfels von Rio, NVwZ 1993, S. 311/316.
[7] V. 16.09.1987, BGBl. II 1988, S. 1015. Dieses Protokoll zielte in erster Linie auf den Schutz der Ozonschicht durch ein schrittweises Verbot der Verwendung von FCKW.
[8] Vgl. Art. 25 Abs. 1 Kyoto-Protokoll. Zur ausstehenden Ratifikation sogleich unter 2.
[9] Siehe *Kloepfer*, Umweltrecht, 2. Aufl. 1998, § 9 Rn. 84; *Bail*, Das Klimaschutzregime nach Kyoto, EuZW 1998, S. 458.
[10] *Bundesministerium für Umwelt, Naturschutz und Reaktorsicherheit*, Bericht der Bundesregierung anlässlich der VN-Sondergeneralversammlung über Umwelt und Entwicklung 1997 in New York, Auf dem Weg zu einer nachhaltigen Entwicklung in Deutschland, BT-Drucks. 13/7054, S. 6 sowie Enquête-Kommission „Schutz des Menschen und der Umwelt", BT-Drucks. 13/7400, S. 13.

Gestalt der wirtschaftlichen Nutzbarkeit von zusätzlichen Rohstoffen (z. B. Ölschiefer für Rohöl) schwerlich zu handhaben und lässt zudem die im Rahmen einer nachhaltigen Entwicklung gleichermaßen vorhandenen gleichfalls zu respektierenden Bedürfnisse gegenwärtiger Generationen[11] bei einer strikten Anwendung zu kurz kommen.[12]

Das Kyoto-Protokoll
Grundpflichten. Im Gefolge der Rio-Konferenz hat die internationale Klimapolitik eine deutliche Aufwertung erfahren. Anlässlich der dritten Tagung der Vertragsstaatenkonferenz (COP-3)[13] der Klimarahmenkonvention in Kyoto wurde am 12.12.1997 das sog. Kyoto-Protokoll verabschiedet, das im Vergleich zur Klimarahmenkonvention erstmals rechtsverbindliche[14] Emissionsziele für die CO_2-Reduktion der Industrie- und Transformationsländer festsetzt. Völkerrechtliche Bindungswirkung entfaltet das Kyoto-Protokoll gem. Art. 25 Abs. 1 freilich erst, wenn mindestens 55 Vertragsparteien bzw. deren Parlamente das Protokoll ratifiziert und die entsprechende Ratifikationsurkunde bei dem Generalsekretär der Vereinten Nationen hinterlegt haben und sich darunter zudem Anlage I-Staaten[15] befinden, auf die insgesamt mindestens 55 % der in dieser Anlage für das Jahr 1990 festgehaltenen CO_2-Emissionen entfallen. Keine der in Anlage I des Kyoto-Protokolls genannten Vertragsparteien hat Ende 2001 eine solche Ratifikationsurkunde hinterlegt. Mittlerweile erfolgte dies aber durch die Europäische Union bzw. deren Mitgliedstaaten.

Die Zielperiode des Kyoto-Protokolls ist gemäß Art. 3 Abs. 1 auf fünf Jahre angelegt (2008-2012), in deren Durchschnitt die in Anlage B für einzelne Länder definierten Ziele erreicht werden müssen. Zentrale Vorschrift ist Art. 3. Danach verpflichten sich die in Anlage I aufgeführten Industriestaaten – einzeln oder gemeinsam[16] – ihre eigenen länderspezifischen Begrenzungs- bzw. Reduktionsziele, die in Anlage B aufgelistet sind, nicht zu überschreiten. Ziel ist, die Treibhausgas(THG)-Emissionen aller in Anlage I aufgeführten Industriestaaten um mindestens 5 % unter das Niveau von 1990 zu senken.[17] Zu den THG gehören CO_2, Methan, Stickoxide, Fluorchlorkohlenwasserstoffe (FCKWs) und noch ein paar weitere, wobei für den Energiesektor nur die ersten drei Gase relevant sind. Alle THG werden mittels ihrer Klimarelevanz auf sog. CO_2-Äquivalente umgerechnet. Die THG-Emissionen aus der Bereitstellung und der Nutzung von Energie machen

---

[11] A „development that meets the needs of the present without compromising the ability of future generations to meet their own needs", *World Commission on Environment and Development, Our Common Future*, 1987, S. 43.
[12] Im Einzelnen *Frenz*, Sustainable Development durch Raumplanung, 2000, S. 20ff.
[13] Zur klimapolitischen Entwicklung zwischen dem Umweltgipfel 1992 in Rio de Janeiro bis zur dritten Vertragsstaatenkonferenz 1997 in Kyoto näher *Ehrmann*, Die Genfer Klimaverhandlungen, NVwZ 1997, S. 874ff.
[14] *Bail*, Das Klimaschutzregime nach Kyoto, EuZW 1998, S. 460.
[15] Anlage I-Staaten sind diejenigen Industrieländer, die in Anlage I der Klimarahmenkonvention aufgelistet sind.
[16] Sog. Joint Implementation (gemeinsame Erfüllung von Verpflichtungen).
[17] Art. 3 Abs. 1.

rund 80 % der gesamten anthropogenen Emissionen aus. Davon fallen fast 95 % auf CO_2, rund 4 % auf Methan und der Rest auf Stickoxide. Nach Anlage B sind alle Mitgliedstaaten der EG eine Reduktionsverpflichtung von 8 % gegenüber 1990 eingegangen.[18] Innerhalb der EU variieren die individuellen Reduktionsziele der einzelnen Mitgliedstaaten beträchtlich, nämlich zwischen −28 % für Luxemburg und +27 % für Portugal. Das Ziel für Deutschland beträgt −21 %. Neben einer Verringerung der Emissionen kann nach Art. 3 Abs. 3 prinzipiell auch die Erhöhung des Abbaus von Treibhausgasen mittels CO_2-Absorption durch Landnutzungsänderungen und forstwirtschaftliche Maßnahmen in Ansatz gebracht werden.

Das Kyoto-Protokoll erklärt den Klimaschutz zu einem Kernelement einer „nachhaltigen Entwicklung". Im Hinblick auf die Umsetzung dieser Zielvorgabe durch die Anlage I-Staaten gilt es, zwischen nationalen und internationalen Maßnahmen zu unterscheiden. Welche nationalen Politiken und Maßnahmen aus Sicht des Kyoto-Protokolls der Förderung einer nachhaltigen Entwicklung dienen, lässt sich – wenn auch rudimentär – der beispielhaften Aufzählung des Art. 2 Abs. 1 lit. a) entnehmen. Für den Energiebereich besonders relevant sind die Forderungen nach einer „Verbesserung der Energieeffizienz", nach der „Erforschung und Förderung, Entwicklung und vermehrten Nutzung von neuen und erneuerbaren Energieformen, (…) und innovativen umweltverträglichen Technologien" sowie nach einer Begrenzung und/oder Reduktion von Methanemissionen bei der Gewinnung und Verteilung von Energie. Nach Art. 2 Abs. 1 lit. b) sind die Vertragsparteien zur Zusammenarbeit angehalten, um die Wirksamkeit der einzelnen Politiken und Maßnahmen durch Erfahrungs- und Informationsaustausch zu verstärken.

Flexibilisierungen. Die internationalen Mechanismen dienen vor allem einem ökonomisch effizienten Klimaschutz. Ziel ist es, eine Senkung der weltweiten Treibhausgasemissionen mit maximaler Kosteneffizienz zu erreichen. Hierfür sieht das Kyoto-Protokoll verschiedene neue völkerrechtliche Mechanismen vor.

Der im Protokoll vorgesehene Mechanismus für umweltverträgliche Entwicklung (Art. 3 Abs. 12 i.V.m. Art. 12) erlaubt den Anlage I-Staaten, emissionsmindernde Projekte in Entwicklungsländern durchzuführen und die solchermaßen zertifizierten Emissionsreduktionen für ihre Begrenzungs- bzw. Reduktionspflichten zu verwenden. Nach Art. 12 Abs. 2 bezweckt dieser Mechanismus, „die nicht in Anlage I aufgeführten Vertragsparteien dabei zu unterstützen, eine nachhaltige Entwicklung zu erreichen und … die in Anlage I aufgeführten Vertragsparteien dabei zu unterstützen, die Erfüllung ihrer quantifizierten Emissionsbegrenzungs- und -reduktionsverpflichtungen aus Art. 3 zu erreichen." Ziel ist also einmal die Ermöglichung einer kosteneffizienten Verwirklichung der Reduktionsziele auf Seiten der Industrieländer und zum anderen eine Förderung der Zusammenarbeit bzw. des Technologietransfers zwischen Industrie- und Entwicklungsländern. Indes dürfen die Industriestaaten nach Art. 3 Abs. 3 lit. b) nur einen Teil ihrer Emissions- bzw. Reduktionsverpflichtungen durch zertifizierte Emissionsreduktionen aus Clean Development Projekten erfüllen.

---

[18] USA: −7 %; Japan, Kanada, Polen und Ungarn: −6 %; Kroatien: −5 %; Neuseeland, Russland, Ukraine: 0 %; Norwegen: +1 %; Australien: +8 %; Island: +10 %.

4.1 Rechtsnormen für ein nachhaltiges Energiesystem

Ebenfalls eine Erfüllung der völkerrechtlichen Reduktionsverpflichtungen auf fremdem Territorium, allerdings beschränkt auf das Gebiet der Anlage I-Staaten, eröffnet die Möglichkeit zur gemeinsamen Projektumsetzung nach Art. 3 Abs. 10 und 11 i.V.m. Art. 6 Abs. 1. Danach könnte sich beispielsweise ein westeuropäischer Staat durch emissionswirksame Modernisierungsmaßnahmen an veralteten osteuropäischen Kraftwerken die dadurch entstehenden Emissionsminderungen auf die eigenen Reduktionsverpflichtungen anrechnen lassen. Dem solchermaßen eröffneten Erwerb von Reduktionseinheiten darf jedoch nach Art. 6 Abs. 1 lit. d) lediglich eine Ergänzungsfunktion zu Maßnahmen im eigenen Land zukommen. Zudem erfasst Art. 6 nur solche Reduktionseinheiten, die aus konkreten emissionsmindernden Projekten stammen.

Der Emissionshandel zwischen Industrieländern ermöglicht gleichfalls eine Verlagerung von Verpflichtungen. Keine tatsächlichen Anstrengungen sind allerdings insoweit zu unternehmen, wie Rechte von einem Staat angekauft werden, der unterhalb der auf ihn entfallenden Verpflichtungen bleibt und dieses Unterschreiten nicht zu einer überobligatorischen Erfüllung nutzt, sondern durch den Verkauf von Zertifikaten kapitalisiert. Für den Handel mit Emissionsrechten setzt Art. 17 aber ebenfalls eine Obergrenze voraus, indem auch dieser lediglich „ergänzend" zu den im eigenen Land ergriffenen Maßnahmen erfolgen soll. Die Auslegung dieses Tatbestandsmerkmales ist äußerst umstritten. Während die Vereinigten Staaten von Amerika schon vor dem gänzlichen Ausstieg aus dem Kyoto-Protokoll unter Präsident Bush auf voller Flexibilität beharrten, setzt sich die Europäische Union dafür ein, dass die Hälfte der Reduktionsverpflichtungen im eigenen Land erfüllt werden müssen.[19] „Ergänzend" bedeutet nicht „ausschließlich", sondern impliziert eine bloße Zusatzfunktion, mithin eine Obergrenze von höchstens 50 %,[20] wenn nicht von 49 %, damit entsprechend dem Wortlaut des Kyoto-Protokolls der Hauptteil im eigenen Land und nur der hinzukommende Ergänzungsteil in einem fremden Land erbracht wird.

Darüber hinaus bedarf es für den Emissionshandel nach Art. 17 noch der Festlegung und näheren Ausgestaltung der „Grundsätze, Modalitäten, Regeln und Leitlinien, insbesondere für die Kontrolle, die Berichterstattung und die Rechenschaftslegung" durch die Konferenz der Vertragsparteien.

Fortführung in Den Haag, Bonn und Marrakesch. Eine Lösung dieser und anderer in Kyoto noch offen gebliebener Fragen sollte auf der 6. Konferenz der Vertragsstaaten (COP-6) vom 13. bis 24.11.2000 in Den Haag erfolgen. Eine Einigung scheiterte jedoch. Eine gemeinsame Lösung kam vor allem wegen der Frage nicht zustande, inwieweit ein Abbau bzw. eine Speicherung von Treibhausgasen durch sog. Senken aufgrund von Landnutzungsänderungen und forstwirtschaftlichen Maßnahmen im Rahmen der Reduktionsverpflichtungen der Vertragsstaaten Berücksichtigung finden soll. Dabei fußt die zurückhaltende Position der Euro-

---

[19] Vgl. FAZ v. 18.11.2000, Nr. 269, S. 15 re. Sp. „Nur ein Tropfen auf den heißen Stein"; FAZ v. 23.11.2000, Nr. 273, S. 19 „BDI: Klimavereinbarung ist zwingend nötig".

[20] *Müller-Kraenner*, Zur Umsetzung und Weiterentwicklung des Kioto-Protokolls, ZUR 1998, 113/114: Obergrenze von 50 %.

päischen Union auf der Tatsache, dass die Anrechenbarkeit von Kohlenstoffsenken derzeit wissenschaftlich wenig fundiert ist und bei genauerer Betrachtung eine Vielzahl von wissenschaftlichen Fragen aufwirft. In diesem Zusammenhang kann beispielhaft auf eine „Hintergrundinformation" der Max-Planck-Gesellschaft zur Förderung der Wissenschaften e.V. hingewiesen werden, die sich mit der Rolle der Wälder und ihrer Bewirtschaftung für den natürlichen Kreislauf des Kohlenstoffs und deren Auswirkungen auf das globale Klimageschehen befasst. Dort heißt es, „dass man heute wissenschaftlich noch nicht exakt weiß, bei welchen Ökosystemen es sich um sogenannte Senken für Kohlenstoff handelt, ob diese Senken nachhaltig sind und wie die gewaltigen Mengen an Kohlenstoff zu bewerten sind, die in den Böden gespeichert sind. Gleichzeitig hat unter den Nationen ein Konkurrenzkampf eingesetzt darüber, welche Region eine globale Senke oder Quelle für CO_2 ist. So gibt es beispielsweise eine Publikation aus Nordamerika, die zeigt, dass in der Nordhemisphäre allein die USA eine Kohlenstoffsenke darstellen. Inzwischen existiert auch eine Gegendarstellung, in der Europa als einzige Senke ausgewiesen wird."[21]

Die in Den Haag „unterbrochenen" Verhandlungen wurden im Juli 2001 in Bonn wieder aufgenommen. Die USA lehnten mittlerweile das Kyoto-Protokoll vollständig ab. Indes erzielte die EU einen Kompromiss mit Japan, Kanada und Russland, um das Protokoll ratifizierungsfähig zu machen, obwohl 55 Staaten ratifizieren und diese 55 % der Emissionen der Industrieländer bei einem 40 %-Anteil der USA repräsentieren müssen. Der Preis war aber eine weitgehende inhaltliche Aushöhlung: Biologische Senken als Speicher von Kohlendioxid sollen in weitem Umfang und je nach Lage von Land zu Land unterschiedlich angerechnet werden. Das begünstigt insbesondere die drei am Kompromiss beteiligten Staaten und verringert die Verpflichtung der Industriestaaten um ca. 169 Millionen Tonnen CO_2. Der sog. flexible Mechanismus, Aktivitäten außerhalb des eigenen Staatsgebietes auf die eigenen Verpflichtungen zur Emissionsminderung anrechnen zu lassen, darf großzügig eingesetzt werden, wenngleich keine Kernkraftwerke berücksichtigt werden dürfen. Entwicklungsländer, die OPEC-Staaten eingeschlossen, erhalten von den EU- und anderen Industriestaaten Projekte zum Klimaschutz mit bis zu 410 Millionen Dollar gefördert.[22] Eine strenge Erfolgskontrolle in Form rechtlich bindender Sanktionsmechanismen bei Nichteinhaltung der Abbauverpflichtungen wurde nicht vereinbart und war Gegenstand einer Nachfolgekonferenz vom 29.10. bis zum 9.11.2001 in Marrakesch.

Auf dieser Konferenz wurden nähere Berichtspflichten vereinbart und eine sog. Erfüllungskontrolle beschlossen, deren völkerrechtliche Verbindlichkeit aber offen gelassen wurde. Über die Nichterfüllung von Vertragspflichten beschließt eine „Enforcement Branch", die sich aus sechs Vertretern aus den Entwicklungsländern und vier Vertretern aus den Industriestaaten zusammensetzt. Sie stellt einen umzusetzenden Aktionsplan für den Fall, dass Emissionsminderungs- und Berichtspflichten nicht eingehalten werden, auf. Verfehlen Staaten Reduktionspflichten,

---

[21] Max-Planck-Gesellschaft zur Förderung der Wissenschaften e.V., http://www.mpg.de/pri99/hg_hainich.htm.
[22] F.A.Z. v. 24.07.2001, Nr. 169, S. 1f.; Handelsblatt v. 23.07.2001.

dürfen sie ihre Emissionserlaubnisse nicht mehr an andere Vertragsparteien verkaufen.

Ausblick. Angesichts der engen Verknüpfung von Klimaschutz und (umwelt-) völkerrechtlichem Nachhaltigkeitspostulat im Kyoto-Protokoll stellt sich unter Einbeziehung der dort als Problemlösungsstrategie vorgeschlagenen flexiblen Mechanismen und der exemplarisch aufgeführten innerstaatlichen Politiken und Maßnahmen die Frage, inwieweit diese Mittel geeignet erscheinen bzw. ausreichen, um das in Art. 2 KRK festgeschriebene, langfristig anvisierte Ziel der Verhinderung einer gefährlichen anthropogenen Störung des Klimasystems zu erreichen. Die Beantwortung dieser Frage hat insbesondere mit Blick auf die allgemein als Kerngedanke einer „nachhaltigen Entwicklung" anerkannte Verantwortung der jetzt Lebenden gegenüber künftigen Generationen, die sog. intergenerationelle Komponente des Nachhaltigkeitsgedankens, zu erfolgen. Diesen Gedanken aufgreifend heißt es in Art. 3 Abs. 1 KRK: „Die Vertragsparteien sollen auf der Grundlage der Gerechtigkeit und entsprechend ihren gemeinsamen, aber unterschiedlichen Verantwortlichkeiten und ihren jeweiligen Fähigkeiten das Klimasystem zum Wohle heutiger und künftiger Generationen schützen. Folglich sollen die Länder, die entwickelte Länder sind, bei der Bekämpfung der Klimaänderungen und ihrer nachteiligen Auswirkungen die Führung übernehmen." Dazu gehören verbindliche und wirkliche Verpflichtungen, die zu einer tatsächlichen Emissionsreduktion führen. Diese fehlen bisher.

Immerhin ist mit der Klimakonferenz von Marrakesch der Weg frei, damit das Kyoto-Protokoll überhaupt in Kraft treten kann. Die EU-Umweltminister beschlossen am 4.3.2002, dieses Protokoll zu ratifizieren.

4.1.2
Europarechtlicher Rahmen

Verträge

Im Europarecht ist eine nachhaltige Entwicklung schon in der Präambel zum EU und auch in Art. 2 1. Spiegelstrich EU angesprochen. Sie wird insbesondere in der Grundlagenbestimmung des Art. 2 EG in der Fassung der Amsterdamer Vertragsänderung gefordert. Diese Vorschrift gibt eine nachhaltige Entwicklung im Zusammenhang mit dem Wirtschaftsleben vor und macht damit deutlich, dass diese nicht einseitig ökologisch ausgerichtet werden kann.[23] Ökologische Belange sind allerdings entsprechend der Querschnittsklausel des Art. 6 EG „zur Förderung einer nachhaltigen Entwicklung" durchgehend im Rahmen der in Art. 3 EG genannten Politiken zu berücksichtigen. Gerade das in der Querschnittsklausel enthaltene, freilich auf die Erfordernisse des Umweltschutzes beschränkte Integrationsgebot, welches zugleich als Ausdruck des nachhaltigkeitsimmanenten integrativen Ansatzes begriffen werden kann, eignet sich zur Umsetzung der in Art. 4 Abs. 1

---

[23] Näher *Frenz/Unnerstall*, Nachhaltige Entwicklung im Europarecht, 1999, S. 155ff., 177. Siehe auch *Badura*, Umweltschutz und Energiepolitik, in: Rengeling (Hrsg.), Handbuch zum europäischen und deutschen Umweltrecht, Bd. II, 1998, § 83 Rn. 27.

lit. f) KRK enthaltenen, an alle Vertragsparteien gerichteten Verpflichtung, „in ihre einschlägigen Politiken und Maßnahmen in den Bereichen Soziales, Wirtschaft und Umwelt soweit wie möglich Überlegungen zu Klimaänderungen ein(zu)beziehen ...". Weil der Klimaschutz zu den „Erfordernisse(n) des Umweltschutzes" i.S.d. Art. 6 EG zählt, sind klimaschützende Maßnahmen auch im Rahmen der Festlegung und Durchführung von Maßnahmen im Energiesektor gem. Art. 3 Abs. 1 lit. u) EG[24] zu berücksichtigen. Weitergehend ist das Nachhaltigkeitspostulat allerdings insoweit, als es durch eine abstrakt gleichberechtigte Verknüpfung von ökologischen, ökonomischen und sozialen Belangen seine spezifische Prägung erfährt; Umweltbelange sind also weder ausschließlich noch a priori vorrangig zu beachten.[25] Maßstab für eine nachhaltige Entwicklung im Energiebereich ist damit nicht nur dessen Umwelt- und Klimaverträglichkeit bei Schonung der Ressourcenbasis. Vielmehr erfordern die soziale und ökonomische Komponente des Nachhaltigkeitsgedankens darüber hinaus eine langfristige Sicherung und Stabilität der Energieversorgung (Versorgungssicherheit) sowie die Erhaltung einer wettbewerbsfähigen Energiewirtschaft (Wettbewerbsfähigkeit).[26] Im dynamischen Abgleich dieser Determinanten liegen Ziel und Maßstab einer nachhaltigen Energiepolitik. Hieran müssen sich Maßnahmen und Instrumente im Energiebereich messen lassen.

Im Abschnitt über die Umweltpolitik werden diese Grundaussagen ergänzt. Von besonderer Bedeutung ist der Vorsorge- und der Vorbeugungsgrundsatz[27] nach Art. 174 Abs. 2 S. 2 EG, der ein zukunftsbezogenes Handeln auch auf der Basis tatsachengestützter Wahrscheinlichkeiten impliziert, wie es auch der Grundsatz der nachhaltigen Entwicklung fordert: Grundsatz 15 der Rio-Deklaration postuliert ein Handeln auch auf ungesicherter Tatsachengrundlage.[28] Spezifisch bezogen auf die Bewirtschaftung von Rohstoffen verlangt Art. 174 Abs. 1, 3. Spiegelstrich EG eine umsichtige und rationelle Verwendung der natürlichen Ressourcen. Dem ist eine Beachtung der Bedürfnisse künftiger Generationen inhärent.[29] Die Möglich-

---

[24] Es besteht allerdings keine eigene Energiepolitik. aber sie ist zum Zwecke des Klimaschutzes auf Umweltbasis möglich, wie Art. 175 Abs. 2 S. 1, 3. Spiegelstrich EG deutlich macht, *Steinberg/Britz*, Die Energiepolitik im Spannungsfeld nationaler und europäischer Regelungskompetenzen, DÖV 1993, S. 313/314.

[25] Näher *Frenz*, Sustainable Development durch Raumplanung, 2000, S. 41ff.

[26] Siehe Weißbuch der Kommission „Eine Energiepolitik für die Europäische Union" v. 13.12.1995, KOM (95) 682 endg.; Bericht der Bundesregierung anlässlich der VN-Sondergeneralversammlung über Umwelt und Entwicklung 1997 in New York – Auf dem Weg zu einer nachhaltigen Entwicklung in Deutschland, BT-Drucks. 13/7054, S. 38; *Badura*, Umweltschutz und Energiepolitik, in: Rengeling (Hrsg.), Handbuch zum europäischen und deutschen Umweltrecht, Bd. II, 1998, § 83 Rn. 1, 30, 34.

[27] Zum synonymen Gehalt etwa *Kahl*, Umweltprinzip und Gemeinschaftsrecht, 1993, S. 21f.; *Grabitz/Nettesheim*, in: Grabitz/Hilf, EU, Stand: Juli 2000, Art. 130 r Rn. 67; *Rengeling*, Umweltvorsorge und ihre Grenzen im EWG-Recht, 1989, S. 11; differenzierend hingegen etwa *Epiney*, Umweltrecht in der Europäischen Union, 1997, S. 99.

[28] Näher *Calliess*, Die neue Querschnittsklausel des Art. 6 ex 3 c EGV als Instrument zur Umsetzung des Grundsatzes der nachhaltigen Entwicklung, DVBl. 1998, 559/563; *Frenz*, Deutsche Umweltgesetzgebung und Sustainable Development, ZG 1999, S. 143/146ff.

[29] Siehe in der französischen Fassung „prudente et rationelle" und in der dänischen „forsigtigt og fornunftigt".

keit des Rohstoffabbaus wird allerdings weiterhin vorausgesetzt, und zwar auch aktuell.[30]

Die Handlungsrichtung gemeinschaftlich erlassener bzw. vorgegebener und durch die Mitgliedstaaten umzusetzender Maßnahmen hat sich nach Art. 174 Abs. 2 S. 2 EG auf die Verursacher zu beziehen. Das sind diejenigen, welche durch ihr Verhalten die Umwelt schädigen.[31] Dafür müssen auch bei bestehenden Unsicherheiten in Kausalzusammenhängen zumindest tatsächliche Anhaltspunkte vorliegen.[32] Aufgrund des Verursacherprinzips bedarf es auch einer besonderen Rechtfertigung von Beihilfen an die Verursacher.[33]

Aktionsprogramme

Gerade im Zusammenhang mit der Einsparung von Energie und der Stabilisierung bzw. Reduzierung des CO_2-Ausstoßes wurde der Gedanke der nachhaltigen Entwicklung in verschiedenen Dokumenten europäischer Organe immer wieder aufgegriffen. Besonders hervorzuheben ist das 5. Umweltaktionsprogramm.[34] Es sieht eine Änderung der bestehenden Haltungen als besonders bedeutsam an. Das impliziert eine Modifikation bestehender Einstellungen. Angesichts der Wechselwirkung zwischen wirtschaftlicher und sozialer Entwicklung einerseits und der begrenzten Tragfähigkeit der Umwelt andererseits wird ein Gleichgewicht zwischen menschlicher Tätigkeit, Entwicklung und Umweltschutz angemahnt. Abgelöst, ergänzt und fortentwickelt wurde das 5. Umweltaktionsprogramm (1992–1999) zu Beginn des Jahres durch das 6. Umweltaktionsprogramm (2001–2010),[35] dessen strategischer Schwerpunkt in der Beschreibung der Umweltziele und -prioritäten der Gemeinschaftsstrategie für eine nachhaltige Entwicklung liegt.[36] Voraussetzung für eine nachhaltige Entwicklung ist neben wirtschaftlichem Wohlstand (wirtschaftliche Komponente) und einer ausgewogenen sozialen Entwicklung (soziale Komponente) auch die Erreichung umweltpolitischer Ziele, insbesondere ein umsichtiger Umgang mit den natürlichen Ressourcen der Erde und der Schutz des globalen Ökosystems.[37] Dieser umweltpolitischen Dimension bzw. Komponente des Nachhaltigkeitspostulats wird im 6. Umweltaktionsprogramm, das die wichtigsten Ziele und Maßnahmen gemeinschaftlicher Umweltpolitik im Zeithorizont 2001–2010 festlegt, größte Aufmerksamkeit gewidmet, wobei insbesondere der Bekämpfung

---

[30] Ausführlich *Frenz*, Sustainable Development durch Raumplanung, 2000, S. 32ff.
[31] Zur Reichweite im einzelnen *Frenz*, Europäisches Umweltrecht, 1997, S. 55ff. m.w.N.
[32] S. näher *Di Fabio*, in: FS für Ritter, 1997, S. 807/820ff; *Frenz*, Das Verursacherprinzip im Öffentlichen Recht, 1997, S. 298f.
[33] S.u. 6.1.
[34] „Für eine dauerhafte und umweltgerechte Entwicklung. Ein Programm der Europäischen Gemeinschaft für Umweltpolitik und Maßnahmen im Hinblick auf eine dauerhafte und umweltgerechte Entwicklung", ABl. EG 1993, C 138, S. 1ff.
[35] Mitteilung der Kommission an den Rat, das Europäische Parlament, den wirtschafts- und Sozialausschuss und den Ausschuss der Regionen zum sechsten Aktionsprogramm der Europäischen Gemeinschaft für die Umwelt „Umwelt 2010: Unsere Zukunft liegt in unserer Hand" – Ein Aktionsprogramm für die Umwelt in Europa zu Beginn des 21. Jahrhunderts vom 24.01.2001, KOM (2001) 31 endg.
[36] KOM (2001) 31 endg., S. 3.
[37] Vgl. KOM (2001) 31 endg., S. 11.

der zunehmenden globalen Erwärmung infolge des Treibhauseffektes und des daraus resultierenden Klimawandels erste Priorität eingeräumt wird. Im Gegensatz zum 5. Umweltaktionsprogramm, dessen Klimaschutzstrategie noch auf eine Stabilisierung der CO_2-Emissionen auf dem Niveau von 1990 basierte, sieht daher das 6. Umweltaktionsprogramm neben der Ratifizierung und Umsetzung des Kyoto-Protokolls (Reduzierung der Treibhausgasemissionen bis 2008–2012 um 8 % gemeinschaftsweit gegenüber den werten von 1990) als langfristiges Ziel vor, den Ausstoß von Treibhausgasen, insbesondere CO_2, bis 2020 um 20 %–40 % gegenüber den Werten von 1990 zu senken.[38] Damit soll dem Gesamtziel einer Stabilisierung einer Konzentration der Treibhausgase in der Atmosphäre auf einem Niveau, das unnatürliche Schwankungen des Weltklimas für die Zukunft ausschließt (wozu ca. 70 % Reduktion gegenüber den Werten von 1990 erforderlich sind[39]), im Sinne einer nachhaltigen Entwicklung nähergerückt werden. Im einzelnen soll eine EU-weite Handelsregelung für CO_2-Emissionen bis 2005 geschaffen, eine weitere Umstellung der Elektrizitätserzeugung von Kohle und Erdöl auf Quellen mit geringerem CO_2-Ausstoß, insbesondere Erdgas, erreicht sowie eine Steigerung des Anteils erneuerbarer Energien an der Stromerzeugung gefördert werden.[40] Diesem Ziel dient insbesondere die am 07.09.2001 vom Ministerrat verabschiedete Richtlinie des Europäischen Parlaments und des Rates zur Förderung der Stromerzeugung aus erneuerbaren Energiequellen im Elektrizitätsbinnenmarkt,[41] die zwei allgemeine richtungsweisende Ziele festlegt, die bis 2010 erreicht werden müssen: der Anteil der erneuerbaren Energien am europäischen Energieverbrauch muss 12 % erreichen, wobei 22,1 % des verbrauchten Stroms aus regenerativen Energiequellen stammen muss. Des Weiteren soll ein System von Ursprungszertifikaten für Strom aus erneuerbaren Energien errichtet werden. Die Stromerzeugung aus energieeinsparender Kraft-Wärme-Kopplung ist auf Grundlage der EU-Elektrizitätsrichtlinie[42] in den einzelnen Mitgliedstaaten zu fördern. Die wichtigsten CO_2-Emissionen sollen einem gemeinschaftsweiten Zertifikathandelssystem unterworfen werden.[43]

Strategie der Europäischen Union für die nachhaltige Entwicklung
Der Europäische Rat in Helsinki vom Dezember 1999 ersuchte die Europäische Kommission, „einen Vorschlag für eine langfristige Strategie auszuarbeiten, wie die verschiedenen Politiken im Sinne einer wirtschaftlich, sozial und ökologisch

---

[38] KOM (2001) 31 endg., S. 28; so schon EU-Umweltkommissarin Wallström in FAZ vom 25.01.2001, Nr. 21, S. 7 „Ehrgeizige Ziele beim Umweltschutz".
[39] KOM (2001) 31 endg., S. 28.
[40] KOM (2001) 31 endg., S. 30.
[41] Verabschiedet vom EP am 04.07.2001; vgl. zum Richtlinienvorschlag der Kommission vom 10.05.2000 (ABl. 2000, C 311 E, 320).
[42] Richtlinie 96/92/EG des Europäischen Parlaments und des Rates vom 19.12.1996 betreffend gemeinsame Vorschriften für den Elektrizitätsbinnenmarkt; vgl. insbesondere deren Art. 8 Abs. 3 und Art. 11 Abs. 3.
[43] Vorschlag für eine Richtlinie des Europäischen Parlaments und des Rates über ein System für den Handel mit Treibhausgasemissionsberechtigungen in der Gemeinschaft und zur Änderung der Richtlinie 96/61/EG, KOM (2001) 581 endg.

4.1 Rechtsnormen für ein nachhaltiges Energiesystem 65

nachhaltigen Entwicklung aufeinander abzustimmen sind, und ihn dem Europäischen Rat von Göteborg im Juni 2001 vorzulegen". Nachdem der Europäische Rat von Lissabon (23./24.03.2000) das strategische Ziel ausgegeben hatte, die Union zum „wettbewerbsfähigsten wissensbasierten Wirtschaftsraum in der Welt zu machen – einem Wirtschaftsraum, der fähig ist, ein dauerhaftes Wirtschaftswachstum mit mehr und besseren Arbeitsplätzen und einem größeren sozialen Zusammenhalt zu erzielen", beschloss der Europäische Rat von Stockholm (23./24.03.2001), dass die Strategie der EU für eine nachhaltige Entwicklung nach der Lissabonner Strategie um den Umweltaspekt ergänzt werden solle, was auch schon Ausdruck im 6. Umweltaktionsprogramm gefunden hatte. Die Strategie für eine nachhaltige Entwicklung soll in den nächsten Jahren als Katalysator für politische Entscheidungsträger und die öffentliche Meinung dienen und zur treibenden Kraft hin zu institutionellen Reformen und einem tiefgreifenden Bewußtseinswandel in Politik, Wirtschaft und Bevölkerung weg von einer kurzfristigen profitträchtigen Perspektive hin zu einer längerfristigen Denk- und Handlungsweise werden, die soziale und ökologische Auswirkungen auf Lebensraum und Umwelt der Menschen berücksichtigt. Die EU-Strategie für eine nachhaltige Entwicklung[44], die vom Europäischen Rat von Göteborg (15./16.06.2001) ausdrücklich begrüßt wurde[45], stellt somit erstmals ein umfassendes Nachhaltigkeitskonzept auf europäischer Ebene vor, mit dem die EU unter anderem einer auf der Rio-Konferenz gegebenen Zusage nachgekommen ist, rechtzeitig in Vorbereitung des Weltgipfels für nachhaltige Entwicklung (Rio +10) vom 2. bis 11.09.2002 in Johannesburg Strategien für eine nachhaltige Entwicklung auszuarbeiten. Das Nachhaltigkeitspostulat muss danach zum Kernelement aller Politikfelder werden[46]. Die Strategie listet auch die zur Erreichung einer umfassenden nachhaltigen Entwicklung erforderlichen Ziele, Prioritäten und (Sofort-)Maßnahmen auf, worunter auch solche, für den Energiebereich bedeutsame und solche zur Bekämpfung des Klimawandels und der gesteigerten Nutzung sauberer Energien fallen[47], die im wesentlichen mit denen des 6. Umweltaktionsprogramms übereinstimmen. Dann gehören insbesondere die schrittweise Beseitigung von Subventionen für die Produktion und den Verbrauch fossiler Brennstoffe bis 2010, ein neuer Rahmen für die Besteuerung von Energie, die Einführung eines Handels mit CO_2-Rechten, die Förderung alternativer Kraftstoffe, wie Biokraftstoffe für Kraftwagen und LKW sowie Maßnahmen zur Förderung der Energieeffizienz[48]. Alle Dimensionen der nachhaltigen Entwicklung gemäß der vorliegenden EU-Strategie sollen jeweils auf der Frühjahrstagung des Europäischen Rates, erstmals im Frühjahr 2002 im Rahmen des Europäischen Rates von Barcelona, überprüft werden und jeweils zu Beginn der neuen Amtszeit einer Kommission umfassend überarbeitet werden. Gleichzeitig

---

[44] Mitteilung der Kommission: Nachhaltige Entwicklung in Europa für eine bessere Welt: Strategie der Europäischen Union für die nachhaltige Entwicklung vom 15.05.2001, KOM (2001) 264 endg.
[45] Schlussfolgerungen des Vorsitzes Europäischer Rat (Göteborg) 15./16.06.2001, S. 4.
[46] KOM (2001) 264 endg., S. 7.
[47] KOM (2001) 264 endg., S. 12.
[48] Zu den Einzelheiten vgl. KOM (2001) 264 endg., S. 12f.

soll das Europäische Parlament flankierend einen Ausschuss für die nachhaltige Entwicklung, die Kommission einen „Runden Tisch" für nachhaltige Entwicklung mit ca. zehn unabhängigen Sachverständigen einrichten, die ein weites Spektrum der Ansichten vertreten und nicht interessen- oder länderpolitisch gebunden sind.

4.1.3
Grundgesetzlicher Rahmen

Im Grundgesetz folgt der Gedanke der nachhaltigen Entwicklung bereichsspezifisch vor allem aus Art. 20 a, der einen Schutz der natürlichen Lebensgrundlagen auch in Verantwortung für die künftigen Generationen vorgibt.[49] Denn die solchermaßen in der Umweltstaatszielbestimmung explizit angelegte Langzeitverantwortung der jetzigen Generationen verknüpft diese mit der Kernforderung des Nachhaltigkeitsgedankens, nämlich nach der weiterhin prägenden Definition der Brundtland-Kommission eine „Entwicklung, die die Bedürfnisse der Gegenwart befriedigt, ohne zu riskieren, dass künftige Generationen ihre eigenen Bedürfnisse nicht befriedigen können". Schutz genießt damit das Klima[50] auch für den Fall, dass es an einem Individualrechtsbezug mangelt und von daher ein entsprechender Schutzauftrag des Staates über die aus Art. 2 Abs. 2 i.V.m. Art. 1 GG abgeleitete Rechtsfigur der grundrechtlichen Schutzpflichten leerläuft.[51] Nachfolgenden Generationen müssen die für ihre Entfaltung notwendigen Lebensgrundlagen zur Verfügung stehen, die heute Lebenden müssen sich entsprechend beschränken. Freilich ergibt sich hieraus kein konkretes Maß der gebotenen Sparsamkeit und Sicherung. Vielmehr ist es Aufgabe des Gesetzgebers, diese Komponente des Umweltstaatsziels unter Beachtung sonstiger Verfassungsvorgaben bereichsspezifisch zu konkretisieren. Für den Energiebereich kommen beispielsweise Maßnahmen zur Energieeinsparung in Betracht.

Die ökonomische und die soziale Komponente des Grundsatzes der nachhaltigen Entwicklung sind in Art. 20 a GG nicht eigens enthalten, aber Art. 12, 14 GG bzw. Art. 20 Abs. 1 GG entnehmbar. Damit sind zwei gleichgewichtige Kontrapunkte zur ökologischen Seite vorhanden, die in einer umfassenden Abwägung gleichrangig berücksichtigt werden müssen und damit ein einseitiges Überwiegen von Umweltbelangen verhindern.[52]

---

[49] Siehe *Kloepfer*, in: Bonner Kommentar, Stand: 77. Lfg. 1996, Art. 20 a Rn. 58ff.; *Epiney*, in: v. Mangoldt/Klein/Starck, GG II, 4. Aufl. 2000, Art. 20a, Rn. 30, 97.
[50] *Scholz*, in: Maunz/Dürig, Stand: 35. Lfg. 1999, Art. 20 a Rn. 36; *Epiney*, in: v. Mangoldt/ Klein/Starck, GG II, 4. Aufl. 2000, Art. 20 a Rn. 18; *Murswiek*, NVwZ 1996, S. 222/225.
[51] *Steinberg*, Verfassungsrechtlicher Umweltschutz durch Grundrechte und Staatszielbestimmungen, NJW 1996, 1985/1991; siehe aber auch *Kruis*, Der gesetzliche Ausstieg aus der „Atomwirtschaft" und das Gemeinwohl, DVBl. 2000, S. 441/443.
[52] *Frenz*, Nachhaltige Entwicklung nach dem Grundgesetz, in: Hendler/Marburger/Reinhardt/ Schröder, Jahrbuch des Umwelt- und Technikrechts 1999, UTR 49, 1999, S. 37, 50ff.

4.1.4
Pflicht zum Umweltschutz?

Die einzelnen Elemente des Art. 174 Abs. 1 EGV beschreiben die Inhalte der Umweltpolitik näher und richten diese auf bestimmte Ziele aus. Die Formulierung „Die Umweltpolitik trägt zur Verfolgung der nachstehenden Ziele bei" dürfte angesichts der Aufwertung des Umweltschutzes in Art. 2, 3 EGV und auch in Art. 130 s EGV bereits mit dem Maastrichter Vertrag keine Relativierung gegenüber der Vorgängerbestimmung des Art. 174 Abs. 1 EGV beinhaltet haben.[53] Somit ist die als solche vorausgesetzte Umweltpolitik auf die genannten vier Elemente verpflichtet. Sind sie nicht verwirklicht, bedarf es eines Tätigwerdens der Gemeinschaft.[54] Allerdings werden sich diese Ziele angesichts der Allgegenwart von Umweltbeeinträchtigungen vollständig nie erreichen lassen. Von daher ist ein permanentes Agieren der Gemeinschaft im Umweltbereich notwendig. Deshalb und aufgrund begrenzter organisatorischer Ressourcen ist es aber auch kaum möglich, in allen Bereichen die in Art. 174 Abs. 1 EGV aufgeführten Ziele voranzutreiben. Eine Handlungspflicht der Gemeinschaft im Einzelfall besteht somit nicht.[55] Daher haben die Marktbürger kein Recht auf ein Tätigwerden der Gemeinschaft und damit keinen Umweltschutzanspruch; Art. 174 EGV ist nicht unmittelbar anwendbar.[56]

Art. 20 a GG beschreibt eine Zielgröße auch für die nachhaltige Entwicklung insbesondere in ihrer intergenerationellen Komponente und ist auf Verwirklichung durch den Gesetzgeber angelegt, der wie auf Gemeinschaftsebene vor dem Problem steht, nicht auf allen Gebieten gleichzeitig tätig werden zu können. Stärker auf den Einzelnen bezogen sind die grundrechtlichen Schutzpflichten, sowohl zum Schutze der menschlichen Gesundheit[57] als auch des Eigentums[58]. Diese Schutzpflichten erfordern Umweltschutzmaßnahmen, auch im Interesse nachfolgender Generationen,[59] aber nur als solche, nicht in einer konkreten Gestalt; die nähere Ausformung obliegt dem Gesetzgeber. Damit verlangen sie zwar die Gewährleistung eines Mindeststandards, eines „ökologischen Existenzminimums".[60] Subjektiv einforderbar sind sie aber nur, wenn sie unterbleiben oder völlig unzureichend sind, das gebotene Schutzziel zu erreichen, oder erheblich dahinter zurückbleiben.[61] Das ist im Hinblick auf die nachhaltige Entwicklung aber schon dann zu bejahen, wenn

---

[53] *Epiney/Furrer*, EuR 1992, 369 (381f.).
[54] Auch etwa *Grabitz/Nettesheim*, in: Grabitz/Hilf, Art. 130 r Rn. 10.
[55] Anders *Epiney*, Umweltrecht, S. 95f.; siehe auch *Heinz/Körte*, JA 1991, 41 (43); *Kahl*, Umweltprinzip und Gemeinschaftsrecht, S. 94; *Lietzmann*, in: Rengeling, Europäisches Umweltrecht und europäische Umweltpolitik, S. 163 (174f.).
[56] *Grabitz/Nettesheim*, in: Grabitz/Hilf, Art. 130 r Rn. 13; vgl. *Krämer*, EuGRZ 1998, 285 (291).
[57] Bereits BVerfGE 53, 30 (57); 56, 54 (73); BVerfG, NJW 1996, 651.
[58] BVerfG, NJW 1998, 3264 (3265).
[59] *Frenz*, Nachhaltige Entwicklung nach dem Grundgesetz, in: Hendler/Marburger/Reinhardt/Schröder, JUTR 1999, S. 37, 65f.
[60] *Kloepfer*, Umweltrecht, 2. Aufl. 1998, § 3 Rn. 38.
[61] BVerfGE 77, 170 (215); 92, 26 (46); BVerfG, NJW 1996, 651.

es sich nicht um Maßnahmen handelt, die eine dauerhafte Wirkung sowie einen umfassenden Umweltschutz ohne Verlagerung der Verschmutzung von einem Umweltmedium auf ein anderes versprechen.[62]

4.1.5
Verwirklichung im Energierecht

Der Ansatz für eine nachhaltige Entwicklung zeigt sich auch in der neueren Gesetzgebung der Bundesrepublik Deutschland zum Energierecht. So ist Zweck des Energiewirtschaftsgesetzes[63] eine möglichst sichere, preisgünstige und umweltverträgliche leitungsgebundene Versorgung mit Elektrizität und Gas im Interesse der Allgemeinheit. Damit werden einerseits wirtschaftliche Aspekte angesprochen und andererseits die Umweltbezüge deutlich gemacht. Umweltverträglichkeit bedeutet nämlich gem. § 2 Abs. 4 EnWG, dass die Energieversorgung den Erfordernissen eines rationellen und sparsamen Umgangs mit Energie genügt, eine schonende und dauerhafte Nutzung von Ressourcen gewährleistet ist und die Umwelt möglichst wenig belastet wird. Das Erfordernis eines rationellen und sparsamen Umgangs mit Energie liegt parallel zu Art. 174 Abs. 1, 3. Spiegelstrich EG, und die Vorgabe einer schonenden und damit dauerhaften Nutzung von Ressourcen konkretisiert den Schutz der natürlichen Lebensgrundlagen auch in Verantwortung für die künftigen Generationen, wie er in Art. 20a GG vorgegeben ist. Das gilt ebenfalls für das Erfordernis, die Umwelt möglichst wenig zu belasten. Diesen generellen Vorgaben muss auch die Grundentscheidung des Energiewirtschaftsgesetzes entsprechen, den Strommarkt weitestgehend zu liberalisieren und den Staat im Wesentlichen auf eine Gewährleistungsfunktion zu beschränken.

Die besondere Bedeutung der Nutzung von Kraft-Wärme-Kopplung und erneuerbaren Energien wird zwar in § 2 Abs. 4 S. 2 EnWG betont. Die Abnahme- und Vergütungspflicht für die Einspeisung von Elektrizität aus solchen und anderen erneuerbaren Energien in das Netz für die allgemeine Versorgung bleibt aber gem. § 2 Abs. 5 EnWG der Regelung in einem eigenen Gesetz vorbehalten. Das Gesetz für den Vorrang erneuerbarer Energien[64] hat nach seinem § 1 zum Ziel, im Interesse des Klima- und Umweltschutzes eine nachhaltige Entwicklung der Energieversorgung zu ermöglichen. Hier wird der Nachhaltigkeitsgedanke explizit angesprochen. Als Mittel ist vorgesehen, den Beitrag erneuerbarer Energien an der Stromversorgung deutlich zu erhöhen, um entsprechend den Zielen der Europäischen Union und der Bundesrepublik Deutschland den Anteil dieser Energien am gesamten Energieverbrauch bis zum Jahr 2010 mindestens zu verdoppeln. Um dieses Ziel zu erreichen, werden die Netzbetreiber verpflichtet, den gesamten angebotenen Strom aus Anlagen zur Erzeugung erneuerbarer Energien vorrangig

---

[62] Näher *Frenz/Unnerstall*, Nachhaltige Entwicklung im Europarecht, 1999, S. 202.
[63] Gesetz über die Elektrizitäts- und Gasversorgung (Energiewirtschaftsgesetz – EnWG) vom 24.4.1998, BGBl. I S. 730, insbesondere geändert durch Art. 2 des Gesetzes für den Vorrang erneuerbarer Energien (Erneuerbare-Energien-Gesetz – EEG) sowie zur Änderung des Energiewirtschaftsgesetzes und des Mineralölsteuergesetzes vom 29.3.2000, BGBl. I S. 305.
[64] Erneuerbare-Energien-Gesetz – EEG, verkündet als Art. 1 des vorgenannten Gesetzes vom 29.3.2000, BGBl. I S. 305.

abzunehmen und mit festgelegten Mindestsätzen zu vergüten, die erheblich über den üblichen Sätzen für konventionelle Energien liegen. Erfasst wird Strom aus Wasserkraft, Windkraft, solarer Strahlungsenergie, Geothermie, Deponiegas, Klärgas, Grubengas und Biomasse. Aus dieser Förderregelung ergeben sich verschiedene europarechtliche Probleme im Hinblick auf die Warenverkehrsfreiheit und das Beihilfenverbot.[65]

4.1.6 Verwirklichung im Raumordnungs- und Bergrecht

Ein wesentlicher Bestandteil einer nachhaltigen Energiepolitik ist auch die Ordnung des Rohstoffabbaus. Davon hängt ab, welche Rohstoffvorräte für künftige Generationen übrig bleiben. Rechtliche Vorgaben dazu ergeben sich aus dem Raumordnungs- und dem Bergrecht. Gerade das Raumordnungsgesetz (ROG)[66], das die Planung auch der Orte ordnet, an denen Rohstoffe zur Energiegewinnung abgebaut oder Zentren für regenerative Energieerzeugung errichtet werden sollen, ist ein besonders gelungenes Beispiel zur Umsetzung des Nachhaltigkeitsgedankens. Es unterliegt gem. § 2 Abs. 2 der Leitvorstellung einer nachhaltigen Raumentwicklung, die die sozialen und wirtschaftlichen Ansprüche an den Raum mit seinen ökologischen Funktionen in Einklang bringt und zu einer dauerhaften, großräumig ausgewogenen Ordnung führt. Nachhaltige Entwicklung im Sinne des Raumordnungsgesetzes bezweckt also einen Ausgleich ökologischer, ökonomischer und sozialer Raumansprüche und Funktionen. Das bedeutet, dass keinem Belang per se und a priori ein Vorrang eingeräumt wird. Damit hat der Gesetzgeber der Forderung nach einem Optimierungsgebot zugunsten eines Belanges eine Absage erteilt. Diese Leitvorstellung fungiert als Auslegungs- und als Anwendungsmaxime. Danach sind im Einzelfall einschlägige und divergierende Belange (Grundsätze) nach Maßgabe der Leitvorstellung in Einklang zu bringen. Die in § 1 Abs. 2 S. 2 ROG ausgeführten acht Teilaspekte sollen diese zentrale Leitvorstellung ihrerseits verdeutlichen.[67]

Der unter Nr. 1 angeführte Teilaspekt fordert die Gewährleistung „der freien Entfaltung der Persönlichkeit ... in der Verantwortung gegenüber künftigen Generationen". Raumplanung soll zunächst die freie Entfaltung der Persönlichkeit „gewährleisten". Es sind also nicht nur die aktuellen Auswirkungen und Risiken für die Raumfunktionen des Gesamtraumes der Bundesrepublik und deren Teilräume zu berücksichtigen, sondern insbesondere die Langzeitauswirkungen und -risiken zu würdigen und in die planerische Abwägungsentscheidung einzubeziehen. Besonders deutlich wird dies bei der Gewinnung von Bodenschätzen für die Energieerzeugung. Heutiger Ressourcenverbrauch nicht nachwachsender Rohstoffe mindert die Möglichkeiten nachfolgender Generationen zur Nutzung der betreffenden Ressource oder kann sie gar ganz ausschließen. Die Nutzung nicht erneuerbarer Ressourcen sieht sich daher aufgrund ihrer Langzeitfolgen im besonderen mit der

---

[65] Siehe im Zusammenhang in Kapitel 6.3.
[66] Vom 18.8.1997, BGBl. I S. 2081.
[67] So die Begründung des Gesetzentwurfes der Bundesregierung, BR-Drucks. 635/96, S. 40.

Frage nach der Langzeitverantwortung konfrontiert. Durch den ersten Teilaspekt des § 1 Abs. 2 S. 2 ROG wird die rechtliche Verpflichtung der planenden Stellen gerade in diesen Fallkonstellationen begründet, der Interessenlage künftiger Generationen bei der planerischen Entscheidung Rechnung zu tragen. Nachhaltige Raumentwicklung soll also nach diesem Teilaspekt Raumansprüche und Raumfunktionen in die Zukunft hinein für künftige Generationen gewährleisten. Umgekehrt wird die freie Entfaltung der jetzt Lebenden, die auch den Abbau von Rohstoffen umschließt, in § 1 Abs. 2 S. 2 Nr. 1 ROG vorausgesetzt. Damit geht es um eine Beschränkung, nicht eine völlige Zurückdrängung des Abbaus selbst nicht erneuerbarer Ressourcen. Das Maß der gebotenen Sparsamkeit ergibt sich aus den Umständen des Einzelfalls, die im Rahmen der raumplanerischen Abwägung zu berücksichtigen sind. Es ist nicht statisch festzulegen, sondern dynamisch zu ermitteln je nach den vorhandenen sowie den erschließbaren Lagerstätten sowie den zu erwartenden Bedürfnissen heutiger und künftiger Generationen.[68]

Der zweite Teilaspekt des § 1 Abs. 2 S. 2 ROG befugt und verpflichtet die planenden staatlichen Stellen zum Schutz und zur Entwicklung der natürlichen Lebensgrundlagen und betont damit die ökologische Dimension des Grundsatzes der nachhaltigen Raumentwicklung. Indem der Grundsatz der nachhaltigen Raumentwicklung im erläuternden Teilaspekt unter § 1 Abs. 2 S. 2 Nr. 3 ROG die Schaffung von Standortvoraussetzungen für die wirtschaftliche Entwicklung voraussetzt, wird deutlich, dass die gesetzgeberische Konzeption des Vorsorgeauftrages im Raumordnungsrecht nicht im Sinne eines Verschlechterungsverbots „reinsten Wassers" verstanden werden kann. Ziel ist vielmehr eine Versöhnung von sozialen, wirtschaftlichen und ökologischen Ansprüchen an den Raum, „die zu einer dauerhaften, großräumig ausgewogenen Ordnung führt". Ein weiterer Teilaspekt, der den Grundsatz der nachhaltigen Entwicklung verdeutlichen soll, ist die Forderung, Standortvoraussetzungen für die wirtschaftliche Entwicklung zu schaffen. Er spiegelt die wirtschaftlichen Ansprüche des Menschen an den Raum wider.[69] Die Entwicklung der natürlichen Lebensgrundlagen und die Entwicklung der „wirtschaftlichen Lebensgrundlagen" sind mithin nach der gesetzgeberischen Konzeption gleichberechtigte Planungsleitlinien. Die vierte Leitlinie verlangt, dass die „Gestaltungsmöglichkeiten der Raumnutzung langfristig offen zu halten" sind. Diese Leitvorstellung soll dem Erfordernis langfristiger räumlicher Vorsorgepolitik Rechnung tragen.

Auch aus dem Bundesberggesetz als zweitem relevanten Gesetz für die Regelung des Rohstoffabbaus, das insbesondere auch die Gewinnung von Energieressourcen wie Kohle und Gas in Deutschland ordnet, lässt sich der Nachhaltigkeitsgedanken herleiten. Er liegt freilich nicht offen zutage. Das Bergrecht ist schließlich ein traditionelles Rechtsgebiet Es scheint ausschließlich auf die Bedürfnisse des Rohstoffabbaus zugeschnitten zu sein. Diese Sicht greift jedoch zu kurz. Die Gewährleistung der aktuellen Versorgungssicherheit ist nicht der alleinige Maßstab. Schon in der Zweckvorschrift des § 1 BBergG schimmern Elemente des

---

[68] Näher *Frenz*, Sustainable Development durch Raumplanung, 2000, S. 152ff.
[69] So die knappe Begründung des Gesetzentwurfes der Bundesregierung, BT-Drucks. 13/6392, S. 79.

4.1 Rechtsnormen für ein nachhaltiges Energiesystem

Nachhaltigkeitsgedankens durch. Auch eine Untersuchung der den Rohstoffabbau ordnenden Vorschriften zeigt, dass diese durchaus im Sinne des Grundsatzes der Nachhaltigen Entwicklung ausgelegt werden können.[70] Indem die als Auslegungsregel fungierende Zweckvorschrift des § 1 BBergG auf einen langfristig vorsorgenden Lagerstättenschutz zielt, trägt sie einer an der intergenerationellen Komponente des Nachhaltigkeitsgedankens orientierten, bergbaubezogenen Sichtweise Rechnung. Die damit intendierte mittel- bis langfristige Sicherung der Rohstoffversorgung beinhaltet in erster Linie eine ökonomische und soziale Komponente. Der von § 1 Nr. 1 BBergG geforderte sparsame und schonende Umgang mit Grund und Boden greift einen allgemein als Unteraspekt des Nachhaltigkeitsgedankens anerkannten Gesichtspunkt auf; dieser dient v. a. der Absicherung ökologischer Interessen.

Das geltende Bergrecht enthält auch zahlreiche „Öffnungsklauseln", über die außerbergrechtliche Belange, insbesondere solche des Umwelt- und Planungsrechts und damit vor allem Umweltaspekte in die Genehmigungs- und Zulassungsverfahren einströmen. Die Bezugnahme zahlreicher bergrechtlicher Vorschriften auf entgegenstehende „öffentliche Interessen" erfordert eine nachvollziehende Abwägungsentscheidung der Bergbehörde, so dass dem nachhaltigkeitsimmanenten Gebot der Konfliktbewältigung durch Abwägung der im konkreten Einzelfall widerstreitenden Interessen Rechnung getragen werden kann.

4.1.7
Internationale Verpflichtungen zur Energiesicherheit

Gegenwärtig deckt die Europäische Union etwa 50 % ihres Energiebedarfs durch Einfuhren, was 6 % aller Importe entspricht. Dabei entfallen geopolitisch ca. 45 % der Erdöleinfuhren auf den Nahen Osten; 40 % der Erdgasimporte kommen aus Russland. In 2020 – so wird von der EU prognostiziert – ist unter Status quo-Bedingungen der Importanteil auf (wieder) 70 % gestiegen (KOM (2000) 769 endg.). Dramatischer ist dabei die Verschiebung hin zu einer erneuten Abhängigkeit vom Nahen Osten, wo rund zwei Drittel der Ölreserven der Zukunft lagern (siehe Abb. 4.4 weiter unten) und nach einer Schätzung der International Energy Agency (IEA) über 85 % der zusätzlichen Förderkapazitäten liegen. Die Gründe für diese Entwicklung sind die extrem hohen Kosten der Erschließung konventioneller und alternativer Ölressourcen außerhalb der OPEC (etwa Teersände in Kanada) und eine weiter steigende Nachfrage. Letztere ist darauf zurückzuführen, dass Öl mittlerweile vornehmlich im besonders rasch wachsenden Markt für Energie, nämlich dem Verkehrssektor, eingesetzt wird.

Die Vorstellung, dass die Mobilität als Grundvoraussetzung einer arbeitsteiligen, globalen Wirtschaft vom politisch instabilen Nahen Osten abhängt, löst zwar Unbehagen, aber (noch) keine Aktionen aus, die das Wachstum der Ölnachfrage im Verkehr bremsen. Vor allem in den USA, wo der Benzinverbrauch pro 100 km um 2–3 Liter höher liegt als in Europa (und dies bei höherer Fahrleistung pro Jahr und

---

[70] Im Einzelnen auch zum Folgenden *Frenz*, Bergrecht und Nachhaltige Entwicklung, 2001, S. 11ff.

Kopf), sind kaum Ansätze zur Verbrauchsabsenkung erkennbar, obwohl auch in den USA der Energieimport weiter steigen wird – trotz gelegentlicher Versuche, die Energieautarkie im Rahmen der NAFTA zu erhöhen (siehe Abb. 4.5 weiter unten).

Einzig die Internationale Energieagentur (IEA), nach der ersten Ölkrise von 1973/74 gegründet, befasst sich spezifisch mit dem Thema der Sicherheit von Energie, besonders der Ölversorgung. Die originäre Aufgabe dieser zwischenstaatlichen Organisation, der gegenwärtig 26 Mitgliedsländer angehören, besteht darin, gemeinsame Maßnahmen zu entwickeln, um Versorgungsengpässen beim Erdöl entgegenzuwirken. Dementsprechend haben sich die Mitgliedsländer verpflichtet, Ölreserven mindestens in Höhe des Äquivalents der Nettoimporte von 90 Tagen des vergangenen Jahres zu halten. Zusätzlich sind für Notfälle weitere schnelle und flexible Maßnahmen (z. B. durch Wechsel von Energieträgern, Programme zur Nachfrageeinschränkung und Produktionssteigerung) in den Co-ordinated Emergency Response Measures (CERM) festgelegt.

1993 verabschiedeten die Minister der Mitgliedstaaten die „Shared Goals", in denen die Leitprinzipien Versorgungssicherheit, Umweltschutz und Wirtschaftswachstum verankert wurden. Die langfristige Versorgungssicherheit soll durch
- Diversifizierung der Energiesysteme,
- Steigerung der Effizienz aller Arten von Energie,
- Flexibilität,
- Einschränkung des Energieverbrauchs und
- Unterstützung erneuerbarer Energieträger

sichergestellt werden. Eine hohe Priorität wird der Förderung nichtfossiler Energiequellen eingeräumt. Forschung, Entwicklung, Marktdurchdringung und der Transfer von neuen und verbesserten Technologien werden als notwendige Elemente angesehen, um die Ziele zu erreichen. Neben neuen, flexiblen Lösungen sollen auch Regulierungsreformen dazu beitragen. Nach Aussage der IEA führte die Deregulierung des Energiesektors in den Mitgliedstaaten bereits zu Effizienzsteigerungen und hat neue Möglichkeiten für Innovationen erschlossen (IEA 2001b).

Die Ziele der Europäischen Union im Energiebereich – globale Wettbewerbsfähigkeit, Versorgungssicherheit und Umweltschutz – sind weitgehend deckungsgleich mit denen der IEA. Im Jahr 2000 wurde mit dem Grünbuch „Hin zu einer europäischen Strategie der Energieversorgungssicherheit" (KOM (2000) 769 endg.) eine Debatte eröffnet. Gegenwärtig werden die Empfehlungen diskutiert, aber verbindliche Regelungen existieren bislang noch nicht. Es werden insbesondere folgende Vorschläge unterbreitet:
- Besteuerung als Instrument zur Nachfragesteuerung,
- Energieeinsparung und -diversifizierung im Bau- und Verkehrssektor,
- Ausbau neuer und erneuerbarer Energieträger (Förderung durch Beihilfen, Steuerermäßigung sowie finanzielle Unterstützung) und
- neue Einfuhrwege für Erdöl und -gas sowie Aufstocken der Vorräte.

4.2
Evaluierung des globalen Energiesystems unter Nachhaltigkeitskriterien

Alle Formen von Nachhaltigkeit implizieren die Weitergabe eines bestimmten Nutzungspotenzials an die nachfolgenden Generationen (Kapitel 2). Die verschiedenen Definitionen von Nachhaltigkeit (sehr schwache bis sehr starke Nachhaltigkeit) unterscheiden sich nur darin, was unter diesem Potenzial verstanden wird. Nachfolgend wird anhand einer Analyse des heutigen Energiesystems und im Kontext verschiedener Zukunftsszenarien die Nachhaltigkeit des Energiesystems beurteilt und dabei das im Kapitel 2 definierte Konzept der kritischen Nachhaltigkeit als Referenzmaßstab genutzt.

4.2.1
Charakterisierung des heutigen Energiesystems

Der Verbrauch kommerzieller Energie ist innerhalb der letzten 50 Jahre weltweit um den Faktor 5 auf rund 350 EJ[71] pro Jahr gestiegen (Abb. A.1 im Anhang 1). Dazu kommt die nichtkommerzielle Energienutzung (Brennholz, biologische Abfälle u. a.). Das World Resources Institute (WRI) gibt für das Jahr 1997 einen totalen (kommerziellen und nichtkommerziellen) Energieverbrauch von 380 EJ pro Jahr an. Als Dauerleistung ausgedrückt entspricht dies einem globalen Wert von 12 Terawatt (TW)[72] bzw. von rund 2100 Watt pro Person (Abb. A.2, Anhang 1).

Das globale Energiesystem basiert heute zum größten Teil auf den nicht erneuerbaren fossilen Energieressourcen Kohle, Erdöl und Erdgas. Deren Gesamtanteil beträgt 83 % des totalen und 95 % des kommerziellen Energieverbrauchs (Abb. A.2, Anhang 1). Die Kernenergie und die Wasserkraft tragen 2,3 bzw. 2,4 % zur Deckung des Bedarfs bei.[73] Die neuen regenerierbaren Energieressourcen wie Sonne, Wind, Geothermie und andere bilden einen marginalen Beitrag von zusammen 0,4 %. Den größten nichtfossilen Beitrag zum globalen Energiesystem liefert die Biomasse, deren Hauptanteil aus nichtkommerziellen Energieressourcen stammt. Diese spielen vor allem in Entwicklungsländern eine große, oft sogar die größte Rolle, besitzen allerdings in vielen Fällen andere negative ökologische Nebeneffekte (z. B. Entwaldung, Versteppung).

Abbildung 4.1 vermittelt einen Eindruck des großen weltweiten Gefälles bei der Energienutzung zwischen den ärmsten Entwicklungsländern wie Bangladesch (260 Watt/Person) und den reichsten Industrienationen wie USA und Kanada (mehr als 10.000 Watt/Person). Der Energieverbrauch pro Kopf divergiert um mehr als das Vierzigfache. Berücksichtigt man gar nur die kommerzielle Energie, vergrößert sich dieser Unterschied nochmals mindestens um den Faktor zehn.

---

[71] EJ = 10^{18} Joule. Siehe Kapitel 2 (Box 1) für die Definition von Energieeinheiten.
[72] Terawatt = 10^{12} Watt; 1 Watt = 1 Joule pro Sekunde.
[73] Wasserkraft und Kernenergie werden hier mittels der produzierten Elektrizität quantifiziert und nicht, wie in gewissen Energiestatistiken, mit dem Faktor 3 (dem reziproken Wert des durchschnittlichen Wirkungsgrades der thermischen Stromproduktion) multipliziert.

4 Auf dem Weg zu einem nachhaltigen Energiesystem

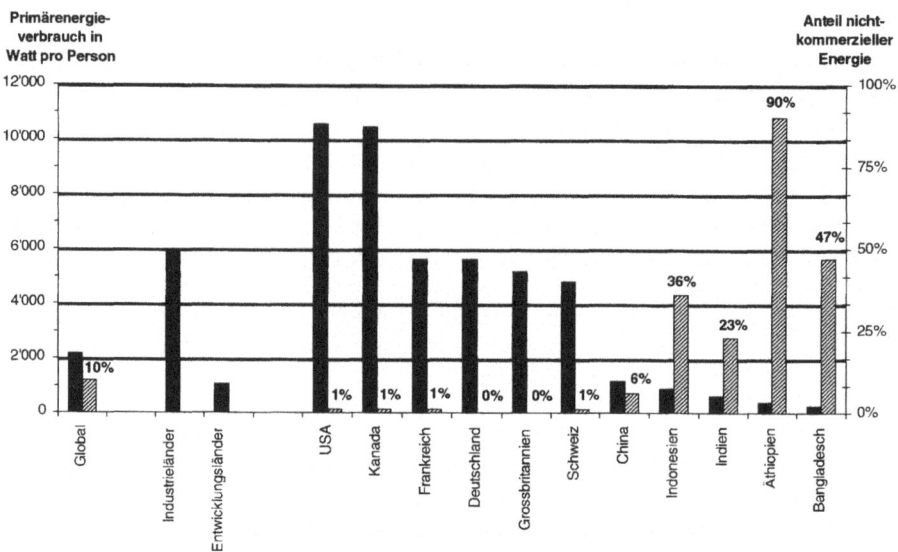

Abb. 4.1. Primärenergieverbrauch global sowie für ausgewählte Regionen und Länder. Schwarze Balken: Primärenergieverbrauch in Watt pro Person für 1997. Schraffierte Balken: Anteil der nichtkommerziellen Energie in Prozent des Primärenergieverbrauchs für 1993 (global für 1997). (Quellen: WRI 1997, WRI 2001, BP 2001)

In der EU liegt der durchschnittliche Energieverbrauch pro Person bei 4500 Watt (Abb. B.1, Anhang 1). In Deutschland betrug der Primärenergieverbrauch im Jahr 1997 5100 Watt pro Person. Die fossilen Energieträger haben einen Anteil von 93,6 %, die Kernenergie von 4,6 %. Erneuerbare Energien sind mit einem Anteil von weniger als 2 % nur marginal am Primärenergieverbrauch beteiligt (Abb. B.2, Anhang 1).[74]

4.2.2
Prognosen zur Entwicklung des globalen Energiesystems in den nächsten 100 Jahren

Verschiedene internationale Organisationen und Forschungsinstitute haben Prognosen über den Verlauf des zukünftigen Energiebedarfes bis zum Jahre 2100 entwickelt. Ihnen allen ist gemeinsam, dass nicht nur die Weltbevölkerung und das globale Bruttoinlandprodukt (BIP), sondern auch das BIP pro Person und der Energieverbrauch pro Person signifikant wachsen. Die Prognosen unterscheiden sich hauptsächlich in den Annahmen, welche für die Effizienzsteigerung bei der Energienutzung, d.h. für die Entkopplung von Energie-, Wirtschafts- und Bevöl-

---

[74] Umweltbundesamt (2001): In der dortigen Aufstellung ist der Anteil der Kernenergie dreimal größer, weil die Stromproduktion mit dem Faktor 3 auf die totale Wärmeproduktion der KKW umgerechnet wird.

4.2 Evaluierung des globalen Energiesystems

kerungswachstum gemacht werden, ferner bei der Rolle der sog. neuen erneuerbaren Energien (vor allem solare Energie in all ihren Variationen) und beim Bevölkerungswachstum. Eine Auswahl solcher Modelle findet sich im Abschnitt C des Anhangs 1 (Box 1 und 2, Tab. C.1). Stellvertretend für deren typische Variationsbreite werden dort sechs Szenarien des International Institute for Applied Systems Analysis und des World Energy Council (IIASA/WEC-Szenarien) verglichen (Anhang 1, Abb. C.1 bis C.7). Die nachfolgende Analyse basiert auf dem IIASA/WEC B-Szenario; es befindet sich im Mittelfeld der Prognosen, geht von einem mittleren Wirtschaftswachstum und einer mittleren Technologie-Entwicklung aus und berücksichtigt keine expliziten Klimaschutz-Maßnahmen.

Box 4.1. Zusammenhänge zwischen den Veränderungsraten des globalen Energiebedarfes, der globalen atmosphärischen CO_2-Emission und der CO_2-Intensität.

A. Der totale globale Energiebedarf pro Jahr (E) kann geschrieben werden als:

$$E = \left(\frac{E}{BIP}\right)\left(\frac{BIP}{N}\right) N = \left(\frac{BIP}{E}\right)^{-1}\left(\frac{BIP}{N}\right) N = \frac{q_w N}{\varepsilon} \quad (1)$$

Es gelten die folgenden Definitionen:

$\varepsilon = \dfrac{BIP}{N}$ Energieeffizienz (BIP pro Energieverbrauch)

$q_w = \dfrac{BIP}{N}$ Einkommensquotient (BIP pro Kopf der Bevölkerung)

N Bevölkerung

Die relativen Veränderungsraten der in Gl. 1 auftretenden Größen erfüllen folgende Beziehung:

$$k_E = k_N + k_q - k_\varepsilon \quad (2)$$

mit den relativen Wachstumsraten:

$k_E = \dfrac{1}{E}\dfrac{dE}{dt}$ relatives Wachstum des Gesamtenergiebedarfes (a^{-1})

$k_N = \dfrac{1}{N}\dfrac{dN}{dt}$ relatives Bevölkerungswachstum (a^{-1})

$k_q = \dfrac{1}{q_w}\dfrac{dq_w}{dt}$ relatives Wachstum des Einkommensquotients (a^{-1})

$k_\varepsilon = \dfrac{1}{\varepsilon}\dfrac{d\varepsilon}{dt}$ relatives Wachstum der Energieeffizienz (a^{-1})

Fazit aus Gl. 2: Damit k_E negativ wird, muss die Wachstumsrate der Energieeffizienz größer sein als die Summe der Wachstumsraten von Bevölkerung und Einkommensquotient.

> B. Der totale atmosphärische CO_2-Input pro Jahr (C) kann geschrieben werden als:
>
> $$C = \left(\frac{C}{E}\right)\left(\frac{E}{BIP}\right)\left(\frac{BIP}{N}\right) N = \left(\frac{E}{C}\right)^{-1}\left(\frac{BIP}{E}\right)^{-1}\left(\frac{BIP}{N}\right) N = \frac{q_w N}{\gamma \varepsilon} \qquad (3)$$
>
> $\gamma = \dfrac{E}{C}$ CO_2-Effizienz des Energiesystems (Energie pro CO_2-Emission)
>
> Die relative Veränderungsrate der CO_2-Emission C erfüllt die Beziehung:
>
> $$k_C = k_E + k_\gamma = k_N + k_q - k_\varepsilon - k_\gamma \qquad (4)$$
>
> mit $k_\gamma = \dfrac{1}{\gamma}\dfrac{d\gamma}{dt}$ Dekarbonisierungsrate
>
> **Fazit aus Gl. 4:** Damit der Kohlenstoffausstoß in die Atmosphäre (C) abnimmt, muss die Dekarbonisierungsrate k_γ die Wachstumsrate des Gesamtenergiebedarfes k_E übersteigen.

> C. Unter dem Begriff CO_2-**Intensität** verstehen wir die CO_2-Emission pro BIP, also
>
> $$CO_2\text{-Intensität} = \frac{C}{BIP} = \frac{C}{E}\frac{E}{BIP} = \frac{1}{\gamma\varepsilon}$$

Neben der Entkopplung von Wirtschaftswachstum und Energieverbrauch spielt im Hinblick auf die Klimaproblematik die *Dekarbonisierung* (Entkopplung von CO_2-Emission und Energie) mittels des Ersatzes der fossilen Energieressourcen durch erneuerbare und nukleare Energien oder durch Sequestration von Kohlendioxid im Meer bzw. im geologischen Untergrund eine zentrale Rolle. Die Fokussierung auf CO_2 im Energiebereich ist sinnvoll, da Kohlendioxid ca. 95 % der durch diesen Bereich verursachten klimarelevanten Emissionen ausmacht. Zum besseren quantitativen Verständnis der Entkoppelungsmechanismen sind in Box 4.1 einfache mathematische Beziehungen zusammengestellt, die es erlauben, die zur Diskussion stehenden Entkoppelungsmechanismen zu analysieren.

Als Beispiel einer Prognose für die nächsten 100 Jahre ist in Abb. 4.2 das IIASA/WEC B-Szenario dargestellt (siehe Anhang 1 Abschnitt C). Danach würde der globale Energieverbrauch zwischen 2000 und 2100 um das 3,5-fache steigen. Vereinfacht käme dieser Anstieg jeweils durch eine knappe Verdoppelung der globalen Bevölkerung und des Energieverbrauches pro Person zustande. Gleichzeitig würde sich das Bruttoinlandsprodukt (BIP) pro Person um das 4-fache vergrößern. Dieser Anstieg, kombiniert mit einer ungefähren Verdoppelung des Energiebedarfs pro Person, würde eine Vergrößerung der Energieeffizienz um den Faktor 2 bedeuten. Allerdings wären im Jahre 2100 die Unterschiede zwischen den Industrie- und Entwicklungsländern immer noch sehr groß, sowohl beim BIP pro Person (Faktor 4,8) als auch beim Energieverbrauch pro Person (Faktor 2,3).

Da nach Abb. 4.2 das Bevölkerungswachstum im Laufe der nächsten 100 Jahre zurückgehen wird, wird der auf exponentiellen Wachstumskurven basierende Formalismus von Box 4.1. lediglich auf die Periode von 2000 bis 2030 angewendet. Es ergeben sich dabei die folgenden spezifischen Veränderungsraten:[75]

Bevölkerungswachstum	k_N	0,012 a^{-1}	(1,2% pro Jahr)
Wachstum Einkommensquotient	k_q	0,009 a^{-1}	(0,9% pro Jahr)
Energieeffizienz	k_ϵ	0,007 a^{-1}	(0,7% pro Jahr)
Wachstum Gesamtenergiebedarf	k_E	0,014 a^{-1}	(1,4% pro Jahr)

Laut diesem Szenario würde also lediglich ein Drittel der durch Bevölkerungs- und Einkommenswachstum bedingten Energiebedarfssteigerung ($k_N + k_q = 0,021$ a^{-1}) durch eine Zunahme der Energieeffizienz ($k_\epsilon = 0,007$ a^{-1}) kompensiert werden. Um bei einem jährlichen Wachstum des Gesamtenergiebedarfs von 1,4 % den atmosphärischen CO_2-Input konstant zu halten, müsste die Dekarbonisierungsrate k_γ ebenfalls 1,4 % a^{-1} betragen (Box 4.1, Gl. 4). Gemäss den Prognosen der Klimamodelle sollte allerdings die globale CO_2-Emission in 100 Jahren nur noch rund 40 % des heutigen Wertes betragen (vgl. Tab. 4.6), was einen Rückgang der Emissionen um 0,9 % pro Jahr bedingen würde. Um dieses Reduktionsziel trotz prognostiziertem Wachstum des Energieverbrauches zu erreichen, müsste die globale Dekarbonisierungsrate also sogar 2,3 % (1,4 % + 0,9 %) pro Jahr betragen. Gegenwärtig liegt sie aber lediglich bei 0,3 % pro Jahr (Grübler und Nakićenović 1997). Tatsächlich müsste angesichts des gegenwärtigen Ungleichgewichts zwischen Nord und Süd der Rückgang der CO_2-Emissionen in der EU und anderen Industrieländern sogar 2 % pro Jahr betragen. In Kapitel 5 werden die Möglichkeiten der Dekarbonisierung vertieft diskutiert.

4.2.3
Exkurs: Strom, Deregulierung und Nachhaltigkeit

Die Elektrizität nimmt in allen Energiesystemen eine Schlüsselstellung ein. Sie ist unabdingbare Voraussetzung für die Entwicklung eines Landes. In den Industrieländern spiegelt sie den Trend in Richtung Dienstleistungssektor sowie die wachsende Bedeutung des privaten Energiekonsums gegenüber dem wirtschaftlichen Bedarf wider. Die Stromproduktion beträgt 15 % des globalen kommerziellen Primärenergieverbrauches (Tab. 4.1). 63,7 % des Stromes wird aus fossilen Brennstoffen hergestellt. Wegen des aus thermodynamischen Gründen beschränkten Wirkungsgrades thermischer Kraftwerke benötigt man dazu fast 30 % der jährlich genutzten fossilen Energieressourcen. Wasserkraft und Kernenergie liefern je ca. 17 % der elektrischen Endenergie. Die neuen erneuerbaren Energien (Geothermie, Wind, Photovoltaik u. a.) tragen die restlichen 1,6 % zur Stromproduktion bei. Sie müssten in einem nachhaltigen Energiesystem dereinst eine zentrale Rolle spielen. Die nur zögernd anlaufende Substitution hin zu den erneuerbaren Energieressourcen kämpft aber noch immer mit wirtschaftlichen Schwierigkeiten. Dies soll

---

[75] Für die kürzere Periode (2000/2020) ergeben sich sehr ähnliche Wachstumskoeffizienten.

4 Auf dem Weg zu einem nachhaltigen Energiesystem

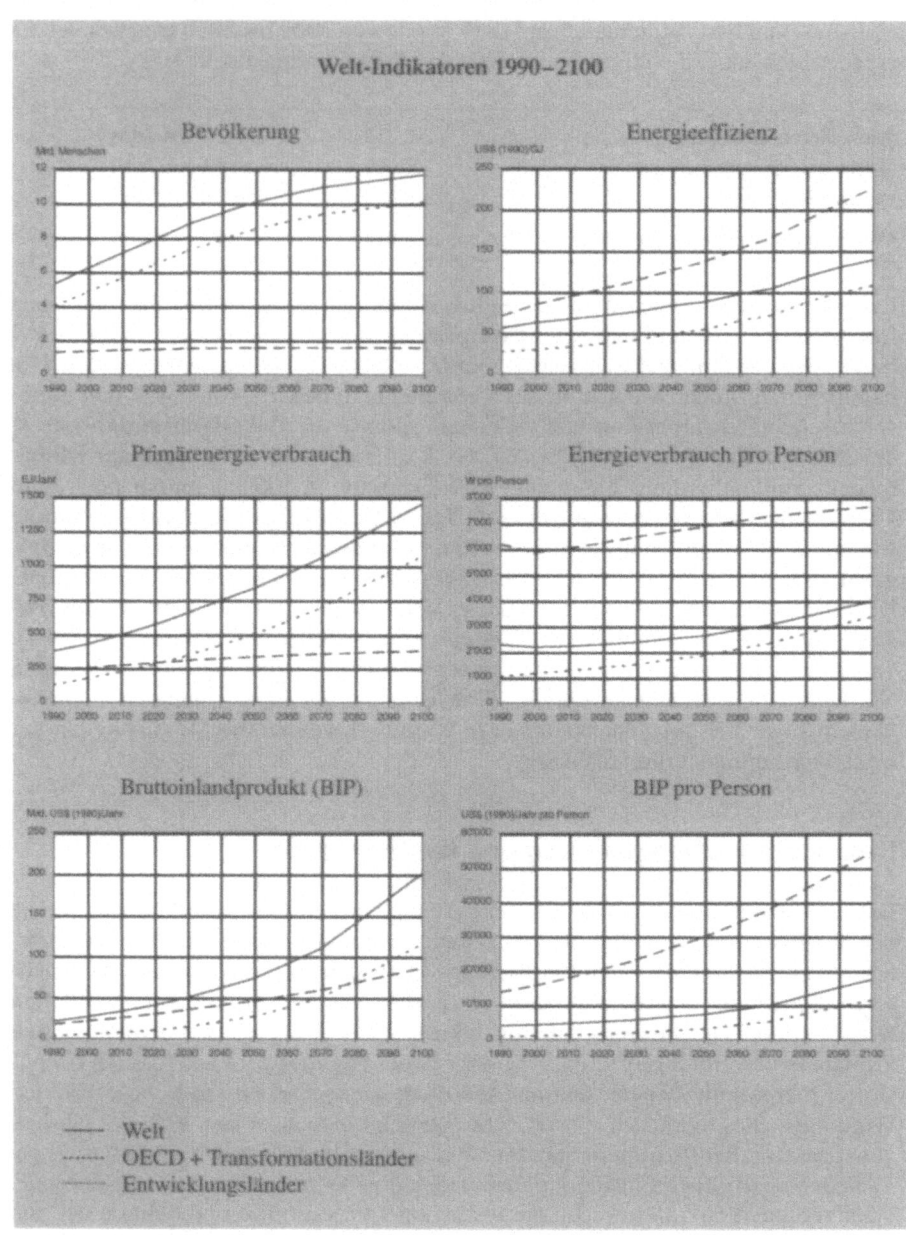

Abb. 4.2. Weltindikatoren 1990–2100 (entspricht Szenario IIASA/WEC B in Anhang 1). (Quelle: Nakićenović et al. 1998)

beispielhaft an den Auswirkungen der Deregulierung im europäischen Strommarkt gezeigt werden.

Tabelle 4.1. Die Bedeutung der Elektrizität im globalen Energiesystem (Quelle: IEA 2001a)

Globaler kommerzieller Primärenergieverbrauch (1999)		11,3 TW
Elektrizitätserzeugung		1,7 TW (15%)
Kohle/Holz	38,1 %	
Oel	8,5 %	
Erdgas	17,1 %	
Total fossil	*63,7 %*	
Kernenergie	17,2 %	(290 GW)
Hydroelektrizität	17,5 %	
Andere (Geothermie, Wind, Photovoltaik u. a)	1,6 %	

Die in den 90er Jahren begonnene europäische Liberalisierung der Märkte für leitungsgebundene Energien löst gravierende Umstrukturierungen in diesem Sektor aus. In fast allen europäischen Ländern war die leitungsgebundene Energie als „natürliches" Monopol dem Wettbewerb entzogen, und die abgegrenzten Märkte („Demarkationsgrenzen") wurden durch zahlreiche Regulierungen bestimmt (z. B. wurden Strompreise auf der Basis nachgewiesener Kosten plus Gewinnzugschlag genehmigt).

Schon im Vorfeld der Liberalisierung wurden von den Energieversorgern beträchtliche Rationalisierungsmaßnahmen eingeleitet, um konkurrenzfähige Preise anzubieten. Der dann durch die Marktöffnung faktisch entstandene Preis- und Verdrängungswettbewerb war allerdings in seiner Stärke nicht vorhersehbar. In Deutschland lagen die Strompreise im Jahr 2000 teilweise bei den kurzfristigen Grenzkosten (Haupt und Pfaffenberger 2001). Maßgeblich für den Preisverfall sind die erheblichen Überkapazitäten, die in Kontinentaleuropa bei etwa 40 bis 50 GW liegen. Früher war im Energiesektor die Rendite der Investitionen durch die Gebietsmonopole gesichert. Als Folge der Liberalisierung wurden nun, wie in allen anderen wettbewerblich organisierten Märkten, die energiewirtschaftlichen Entscheidungen von Unsicherheiten und strengeren Anforderungen an die Wirtschaftlichkeit geprägt. Die Kapitalkosten lagen zuvor bei 5 bis 6 %, derzeit betragen sie je nach Finanzierung 9 bis 12 %. Damit ergeben sich neue Berechnungsgrundlagen für Investitionen.

In der Elektrizitätsbranche ist die Kapitalintensität erheblich. Der Anteil der Abschreibungen an den Gesamtkosten liegt etwa doppelt so hoch wie im übrigen produzierenden Gewerbe. Die Kosten belaufen sich im Durchschnitt auf etwa ein Viertel der Stromgestehungskosten. Sie variieren stark, je nach Art der Anlagen: Bei der Grundlasterzeugung weisen Kernkraftwerke kapitalabhängige Kosten in Höhe von etwa 50 % auf, für steinkohlebefeuerte Dampfkraftwerke liegen diese bei 32 % und für kombinierte Gas- und Dampfturbinenkraftwerke betragen sie nur ca. 12 %. Für Übertragungsnetze ist ein Wert von etwa 90 % anzusetzen. Die erhebliche Verschiebung der relativen Preise, insbesondere der Kapitalkosten, und die wettbewerblichen Bedingungen dürften im Elektrizitätssektor zu signifikanten Verschiebungen führen.

Auswirkungen auf den Brennstoffeinsatz: Durch die veränderten Rahmenbedingungen fallen derzeit die wirtschaftlichen Vorteile kleiner, effizienter gasbefeuerter Anlagen stärker ins Gewicht (vgl. u. a. Schlesinger und Schulz 2000, S. 109 und Lapidus et al. 2000, S. 635). Die Gas- und Dampfturbinen weisen – im Gegensatz zu den hohen Investitionskosten, langen Amortisationszeiten und niedrigen Betriebskosten der Großanlagen – niedrige Investitionskosten, kurze Amortisationszeiten, aber hohe Brennstoffkosten auf, die bei etwa 75 % bis 80 % der Stromgestehungskosten liegen. Ihre Vorzüge bestehen weiterhin im flexiblen Einsatz; sie können der Entwicklung des Lastganges entsprechend zugeschaltet werden. Um die Wirtschaftlichkeit verschiedener Optionen sowie den Einfluss von Steuern und Subventionen zu untersuchen, wurden im Auftrag der Europäischen Union acht typische Stromerzeugungstechnologien in 14 europäischen Ländern analysiert. Folgende Technologien wurden untersucht (Capros et al. 2000): ein Druck-Wirbelschichtverbrennungsverfahren als Vertreter der „sauberen" Kohletechnologie, ein monovalentes Braunkohlekraftwerk, ein mit schwefelarmem Heizöl befeuertes Kraftwerk, ein mit Biomasse oder Abfall befeuertes monovalentes Wärmekraftwerk, landgestützte Windturbinen an windigen Standorten, Photovoltaikzellen und ein Druckwasserreaktor. Die Ergebnisse belegen den Trend zur Substitution von Kohle durch Gas. Bei einer jährlichen Auslastung von 7000 Stunden weist das Druckwirbelschichtverbrennungskraftwerk (befeuert mit Importkohle) im Gegensatz zur Gastechnologie nur in fünf europäischen Ländern die niedrigsten Erzeugungskosten auf. Je geringere Auslastungsgrade angesetzt werden, desto stärker verschiebt sich die Relation zum Gas als favorisiertem Brennstoff.

Da Erdgas pro produzierter elektrischer Energieeinheit einen bedeutend kleineren CO_2-Ausstoss bedingt als Kohle, wird durch die Liberalisierung mithin ein Trend zur Dekarbonisierung ausgelöst, da bei Neuinvestitionen für die Spitzenlast und Mittellast die Vorzüge der flexiblen Strombereitstellung und der kurzen Amortisationszeiten von kleinen gasbefeuerten Anlagen entscheidend sind. Zur Produktion von Strom im Grundlastbereich werden in einigen europäischen Ländern vermutlich weiterhin große kohlebefeuerte Kraftwerke mit niedrigen Brennstoffkosten eingesetzt.

Auswirkungen auf Kraft-Wärme-Kopplung: Anlagen mit Kraft-Wärme-Kopplung (KWK) weisen ökologische Vorteile auf, da sie durch ihre effiziente Ausnutzung der Abwärme zum verringerten Energieverbrauch und damit zum Klimaschutz beitragen. Für ihre Wirtschaftlichkeit ist die Vollaststundenzahl und die Wärmegutschrift entscheidend. Wegen der stark gesunkenen Strompreise gerät diese Technologie jetzt unter starken Druck. KWK-Anlagen sind gegenwärtig beispielsweise in Deutschland kaum rentabel zu betreiben, da die notwendigen Erlöse zur Kostendeckung im Allgemeinen nicht erzielt werden können. Die Wirtschaftlichkeit ist nur dann gegeben, wenn die Anlagen abgeschrieben und hinreichend effizient sind (Besch et al. 2000). Ein Zubau kann erst erwartet werden, wenn der Strompreis die Vollkosten widerspiegelt. Gegenwärtig werden Kapazitäten abgebaut und besonders industrielle und kommunale Anlagen der Kraft-

Wärme-Kopplung stillgelegt. Der Absatz dieser Kraftwerkstypen hat sich in Deutschland 1999 halbiert. Dies gilt insbesondere für größere (zentrale) KWKs, da das für den Betrieb nötige Fernwärmenetz hohe Investitionskosten bindet und höhere Wärmeverluste aufweist als dezentrale KWKs. Letztere dürften mittelfristig in einer nachhaltigen Stromversorgung eine wichtige Rolle spielen.

Auswirkung auf den Einsatz regenerativer Energiequellen: Der Strom aus regenerativen Quellen muss sich in einem geöffneten Markt dem Wettbewerb und somit ebenfalls der Frage nach der Wirtschaftlichkeit stellen. Wie Tabelle 4.2 verdeutlicht, sind die regenerativen Energien bei dem gegenwärtigen Preisniveau nicht konkurrenzfähig. Erschwerend wirkt sich der liberalisierungsbedingte Preisverfall aus, der den Abstand zwischen fossilen und erneuerbaren Energieträgern weiter vergrößert. Die relativ beste Ausgangsposition haben Windgeneratoren an sehr günstigen Standorten mit 0,04 Euro pro Kilowattstunde, deren Kosten nur noch etwa um den Faktor zwei über den gegenwärtigen Großhandelspreisen für Strom liegen. Hier waren denn auch in Deutschland in den letzten Jahren enorme Kapazitätszuwächse zu verzeichnen. Allerdings sind ohne Subventionen oder andere umweltpolitische Instrumente die vorhandenen Technologien (abgesehen von großen, abgeschriebenen Wasserkraftwerken) zur umweltverträglichen Herstellung von Strom gegenwärtig nicht wettbewerbsfähig.

Die weitere Entwicklung der regenerativen Quellen und des Strommarktes insgesamt kann gleichwohl nicht allein unter Kostengesichtspunkten beurteilt werden, da die Liberalisierung der Elektrizitätsmärkte die Chance der Freisetzung bislang nicht vorhandener Potenziale bietet. Neuartige Angebote in Form von „Grünem Strom" sind vor allem durch den Markteintritt neuer Akteure entstanden, die etablierte Unternehmen zu einem Wettbewerb um dieses Marktsegment herausfordern. Letztere versuchen unter den neuen Bedingungen als „good corporate citizen" zu erscheinen. Viele beteiligen sich an der Entwicklung regenerativer Energiequellen. Selbst das früher verpönte Wort vom „Energiedienstleister" taucht jetzt als strategischer Schlüsselbegriff auf. Aber Zweifel bleiben, ob die Ex-Monopolisten wirklich die „Pfadfinder" in eine neue Energie-Zukunft sein werden oder ob sie im Wettbewerb mehr die Convenience-Bedürfnisse der (End-) Verbraucher durch neue Angebote hochschrauben werden.

Tabelle 4.2. Stromgestehungskosten in Cents pro Kilowattstunde in Deutschland (Quelle: Besch et al. 2000, Bundesumweltministerium 2000)

Nichtregenerative	Durchschnittskosten	ca. 3,6
	Großhandelspreise	ca. 2–2,6
	KWK	3,7–4,8
Regenerative	Wind	4–15
	Biomasse	6–10
	Biogas	6–15
	Geothermie	8–10
	dezentrale Wasserkraft	6–13
	Photovoltaik	60–90

4.2.4
Beurteilung der Nachhaltigkeit

Im Kapitel 2.1.3 sind verschiedene Nachhaltigkeitskonzepte diskutiert worden. Als Basis für die hier vorgelegten Erörterungen wurde das Konzept der *kritischen Nachhaltigkeit* gewählt, das auf der begrenzten Substituierbarkeit von Natur- und Sachkapital und dem Begriff des kritischen Naturkapitals basiert, welches die Grenzen der Substituierbarkeit markiert. Dieses Konzept schließt also die Degradation des Naturkapitals (z. B. durch den Verbrauch nicht erneuerbarer Energieressourcen) nicht vollständig aus, sofern dieser Verbrauch oberhalb eines „Safe Minimum Standards" bleibt und durch einen Zuwachs von Sach- und Humankapital kompensiert wird. Im Folgenden wird das aktuelle Energiesystem unter dem Aspekt der kritischen Nachhaltigkeit analysiert.

Klimaveränderungen

Seit 1750 ist die atmosphärische CO_2-Konzentration von 280 ppm[76] um 31 % auf heute 367 ppm gestiegen. Dieser Wert liegt über dem aus paläontologischen Untersuchungen rekonstruierten Maximum während der letzten 420.000 Jahre. Drei Viertel der CO_2-Emissionen der letzten zwanzig Jahre ist auf die Verbrennung fossiler Brennstoffe zurückzuführen. Der Rest ist hauptsächlich eine Folge von Landnutzungsänderungen, speziell von Rodung und Intensivtierhaltung. Die heute praktizierte Nutzung fossiler Energieträger ist inhärent mit dem Anstieg der atmosphärischen CO_2-Konzentration und damit mit einer Störung des globalen Klimasystems verbunden. Die Klimaerwärmung wird heute als ernstzunehmende globale Bedrohung angesehen. Das Intergovernmental Panel on Climate Change (IPCC) legte 2001 seinen dritten Bericht zum Klima vor (IPCC (2001a), IPCC (2001b), IPCC (2001c)). Darin wird von einer beobachteten Erwärmung des Klimas im Verlaufe des letzten Jahrhunderts um 0,6° C und von einem mittleren Anstieg des Meeresspiegels von 10 bis 20 cm berichtet. Weitere Beobachtungen passen ins Bild einer globalen Klimaerwärmung, so die Zunahme der Niederschläge in den mittleren und höheren Breiten der nördlichen Hemisphäre und der Rückgang der Schnee-, Gletscher- und der Meereisbedeckung.

Die Frage, ob der Mensch einen Einfluss auf die beobachteten Klimaphänomene hat, wird im neuen IPCC-Bericht deutlicher bejaht als früher. Wurde im zweiten IPCC-Bericht von 1996 noch vorsichtig formuliert: Verschiedene Indizien *„legen eine Mitschuld des Menschen nahe"*, heißt es jetzt: *„Die Erwärmung in den letzen 50 Jahren ist wahrscheinlich hauptsächlich eine Folge der menschlichen Aktivität"*. Das IPCC prognostiziert aufgrund der zunehmenden Treibhausgasemissionen eine Zunahme der mittleren globalen Temperatur für die Periode von 1990 bis 2100 um 1,4 bis 5,8 °C. Für den Meeresspiegel wird ein Anstieg zwischen 9 und 88 cm vorausgesagt. Der Anstieg der Temperatur und der Meeresspiegel wird laut IPCC auch nach 2100 weiter gehen, da die Treibhausgase eine lange Verweildauer in der Atmosphäre haben.

---

[76] 1 ppm = 1 part per million = ein Millionstel.

Ressourcenknappheit und -reichweiten

Das globale Energiesystem basiert heute zu 83 % auf fossilen Brennstoffen (Abb. A.2, Anhang 1). Aus der Sicht der kritischen Nachhaltigkeit, die im Prinzip den Verbrauch nicht erneuerbarer Ressourcen innerhalb gewisser Grenzen zulässt, stellt sich die Frage nach den „Safe Minimum Standards" dieses fossilen Ressourcenverbrauches. Zwei Fragen stehen hier im Vordergrund: (1) die Reichweite der nicht erneuerbaren Ressourcen sowie (2) deren geografische Verfügbarkeit und die damit verbundene Preisstabilität. Diese Fragen müssen unter dem Aspekt der Trägheit des Energiesystems bezüglich Veränderungen analysiert werden.

Zur ersten Frage nach der Reichweite von nicht erneuerbaren Ressourcen ist zu sagen, dass es sich in der Vergangenheit immer als schwierig, ja geradezu als irreführend erwiesen hat, die Grenzen einer bestimmten Ressource und die ihr vorausgehende Knappheit vorauszusagen. Daraus allerdings den Schluss zu ziehen, eine wirkliche Knappheit sei noch in weiter Ferne, wäre voreilig und gefährlich. Noch nie war die Nachfrage nach Energierohstoffen so intensiv und noch nie war der Zeitbedarf für einen Umbau des auf diesen Ressourcen basierenden Energiesystems so gross wie heute.

Die Unsicherheit bei einer Prognose für den weiteren Verlauf des Ressourcenangebotes rührt daher, dass die Grösse der Reserven eines Energierohstoffes aus zwei Gründen starken Schwankungen unterworfen ist. Erstens besteht die Möglichkeit von Neufunden, und zweitens können als Folge einer Preisveränderung bereits bekannte Lagerstätten schlagartig zu Reserven, d.h. zu ökonomisch abbaubaren Rohstoffen werden. In Anbetracht dieser Interdependenzen muss jede quantitative Festlegung von Reserven und Ressourcen fossiler Energierohstoffe, wie dies in Tabelle 4.3 versucht wird, mit der nötigen Vorsicht interpretiert werden. Ganz beliebig sind diese Schätzungen allerdings auch nicht, wie Abb. C.6 im Anhang 1 zeigt, wo die Werte von Tabelle 4.3 (in Abb. C.6 ganz rechts) mit weiteren Berechnungen verglichen werden. Um die verschiedenen Brennstoffe miteinander und mit dem jährlichen Bedarf vergleichen zu können, werden alle Ressourcen durch ihren Energieinhalt ausgedrückt.

Ist die Reserven-Abschätzung schon schwierig genug, so kommt bei der Berechnung der Reichweite von nicht erneuerbaren Ressourcen noch das Problem der unbekannten zukünftigen Entwicklung bei der Nutzung verschiedener Ressourcen hinzu. Um zumindest einen relativen Vergleich zwischen den verschiedenen fossilen Energieressourcen zu ermöglichen, wird in Tabelle 4.3 als Mass die *lineare Reichweite*, d.h. der Quotient von Reserven und heutigem Verbrauch, berechnet.

Nach Tabelle 4.3 sind die linearen Reichweiten von Erdöl und Gas von ähnlicher Grösse, diejenige der Kohle ist dagegen rund vier- bis sechsmal grösser. Die lineare Reichweite der bekannten Erdölreserven beträgt 40 Jahre. Bei einem jährlichen Wachstum des Verbrauchs von 2 % und sonst konstanten Bedingungen würde sich die tatsächliche Reichweite auf 30 Jahre verringern. In Wirklichkeit würde die Verknappung schon viel früher zu einem Preisanstieg und damit sowohl zu einer Umwandlung von Ressourcen in Reserven und/oder zu einem Verbrauchsrückgang führen. Wichtiger noch als die absolute Reichweite ist daher der Zeitpunkt, ab welchem die jährliche Erdölproduktion nicht mehr ausgeweitet werden kann. Die Erölproduktion aus einem Ölfeld folgt einer charakteristischen Glockenkurve.

4 Auf dem Weg zu einem nachhaltigen Energiesystem

Dieses Verhalten gilt auch für die Gesamtmenge der Erdölfelder und somit für den Verlauf der Weltölförderung. Die Spitze der Kurve und somit der Zeitpunkt maximaler Ölförderung wird dann erreicht, wenn etwa die Hälfte des vorhandenen Öls gefördert ist. Wann dieser Zeitpunkt eintrifft, ist unklar. Schindler und Zittel (2000) geben in ihrer Stellungnahme zu Fragen der Enquête Kommission des Deutschen Bundestages an, dass bei Annahme der offiziell publizierten Daten dieses Produktionsmaximum im Zeitraum zwischen 2010 und 2015 eintreten wird. Vieles deutet darauf hin, dass vor allem in den Staaten des Nahen Ostens die Angaben über die verbleibenden Reserven überhöht sind.

Tabelle 4.3. Reserven und Ressourcen fossiler Brennstoffe im Vergleich zum aktuellen Verbrauch. Zahlen in EJ (Etajoule = 10^{18} Joule) bzw. EJ/Jahr. In Abb. C.6 (Anhang 1) werden diese Werte (ganz rechts) mit denjenigen anderer Studien verglichen. (Quelle: UNDP/OECD/WEC 2000)

	Reserven (EJ)	Zusätzliche Ressourcen (EJ)	Jahresverbrauch 1998 (EJ/Jahr)	Lineare Reichweite der Reserven (Jahre)[a]
Öl	6.000	6.100	147	40
Zusätzlich Ölschiefer, Teersande, Bitumen	*5.000*	*15.000*		
Kohle	21.000	179.000	94	220
Gas	5.500	11.1000	84	65
Zusätzlich Methan aus Kohlengruben u.a.	*9.400*	*24.000*		
Methanhydrit		*930.000*		

[a] Die *lineare Reichweite* ist der Quotient aus Reserve und heutigem, als konstant angenommenem jährlichen Verbrauch

Unsicherheit herrscht bei der Frage, wie groß die noch unentdeckten Erdölressourcen sind. In Tabelle 4.3 wird von einer Verdopplung der bekannten Reserven ausgegangen. Es gibt auch Analysen, in denen keine bedeutenden Erdölfunde mehr erwartet werden (Abb. C.6, Anhang 1). Heute kennt man etwa 42.000 Ölfelder: Bereits in 1 % dieser Felder sind rund 75 % des bisher gefundenen Erdöls enthalten. Die meisten der 400 größten Felder wurden vor mehr als 30 Jahren entdeckt (Schindler und Zittel 2000). Aufschlussreich ist in diesem Zusammenhang Abb. C.7 des Anhangs 1, wo gezeigt wird, dass sich beim Erdöl praktisch für alle Energieszenarien zwischen 2030 und 2050 eine akute Versorgungslücke öffnen wird.

Gemäss Tabelle 4.3 würden die Erdgasreserven noch mehr als 60 Jahre reichen, aber der Bedarf ist stark wachsend und die geografische Verfügbarkeit eingeschränkter als beim Öl. Die deutsche Enquete-Kommission sagt dazu (nach Schindler und Zittel 2000, S. 22):

„Dass Erdgas auch in 30 bis 40 Jahren noch in ausreichendem Masse kostengünstig verfügbar sein wird, ist aus heutiger Sicht unter Berücksichtigung einer zunehmenden Substitution von Erdöl durch Erdgas äußerst unwahrscheinlich. Die Bedeutung künftiger Funde wird angesichts wachsender Verbrauche einen Engpass in der Verfügbarkeit allenfalls um ein bis zwei Jahrzehnte hinauszögern können, insbesondere da künftige Funde im wesentlichen im ökonomisch ungünstigen tiefen Offshore-Bereich abseits der Verbraucher zu erwarten sind."

Im Prinzip könnte sich die Situation beim Erdgas bzw. beim Methan drastisch ändern, falls die in den Sedimenten der Tiefsee eingelagerten Methanhydrite ökonomisch abgebaut werden könnten (vgl. Tabelle 4.3). Im Augenblick ist die Entwicklung der dazu nötigen Technologie aber noch mindestens so weit von der Anwendungsreife entfernt wie diejenige des Fusionsreaktors.

Die Situation ist für Kohle weniger dramatisch, reicht sie doch bei heutigem Verbrauch noch über 200 Jahre. Sollte aber die Kohle die Anteile der langsam ausgehenden Öl- und Gasressourcen übernehmen, verkürzte sich die Reichweite schnell. Zudem würde ein Wechsel hin zu Kohle als wichtigster Energieressource die CO_2-Emissionen pro Energieeinheit signifikant erhöhen und somit der angestrebten Dekarbonisierung des Energiesystems entgegenlaufen. Auf diesen Punkt werden wir im Kapitel 4.3.1 zurückkommen.

Geografische Verfügbarkeit fossiler Energieressourcen und das Problem der politischen Stabilität

Die globalen Reichweiten fossiler Energieressourcen (Tabelle 4.3) täuschen darüber hinweg, dass es große geografische Unterschiede beim Verbrauch und insbesondere bei der Lage der Ressourcen gibt. Dies gilt vor allem für Erdöl und Erdgas, während die Kohle gleichmäßiger über die Kontinente verteilt ist (Abb. 4.3). In Abb. 4.4 werden die Erdölressourcen geografisch weiter aufgeschlüsselt und den bisher insgesamt geförderten Mengen gegenübergestellt. Die Abbildung lässt erwarten, dass diese Ungleichverteilung mittelfristig noch wachsen wird, weil die Länder mit dem größten Bedarf (z. B. USA) ihre Reserven zu einem großen Teil schon aufgebraucht haben. Tatsächlich ist in den USA beim Erdöl der Deckungsgrad durch eigene Ressourcen in den letzten 30 Jahren kontinuierlich gefallen (Abb. 4.5). Ein paar Jahre vor Ausbruch der ersten Ölkrise im Jahre 1973 betrug der amerikanische Eigendeckungsgrad immerhin noch fast 80 %. Wie viel verwundbarer müsste die amerikanische Wirtschaft heute sein, da die Eigendeckung bei einem insgesamt größeren Bedarf auf 40 % gefallen ist.

Dieser Punkt illustriert eindrücklich das aktuelle Risiko, das aus der regionalen Konzentration von Öl- und – etwas geringer – von Gas-Reserven auf die arabischen Golf-Staaten entsteht. Die spezifischen Risiken sind mit dem verschärften Palästina Konflikt, aber auch mit den internationalen Spannungen erneut deutlich geworden, die im Zuge des Kampfes gegen den Terrorismus aufgetreten sind. Die Möglichkeit neuer kriegerischer Verwicklungen, aber auch die innenpolitische Labilität autokratischer Regime lassen es eher unwahrscheinlich erscheinen, dass eine langfristige Versorgungssicherheit aus dieser Region angenommen werden kann. Mehr noch als der Kuwait-Krieg 1991 hat der Sturz des Schahs im Iran 1979 gezeigt, welche Schocks auf die Weltwirtschaft ausgehen können. Da die Abhängigkeit von Nahost-Öl wieder steigen wird, wächst auch wieder der „Multiplikator-Effekt" der Wirkungen – und damit die Versuchung, den „soft underbelly" der westlichen Industriestaaten zu treffen.

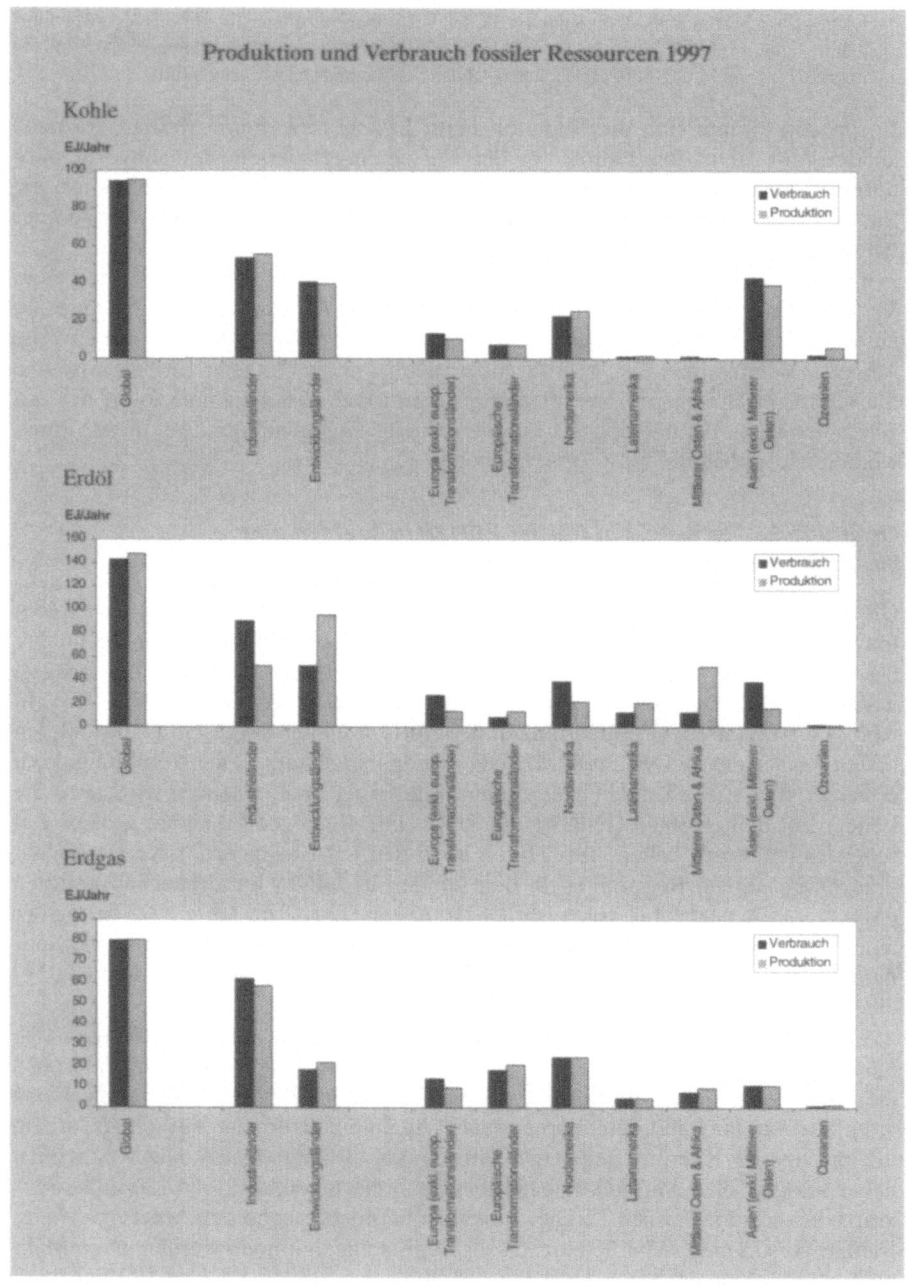

Abb. 4.3. Verbrauch und Produktion von Kohle, Erdöl und Erdgas 1997 für verschiedene Regionen. (Quelle: WRI 2001)

4.2 Evaluierung des globalen Energiesystems

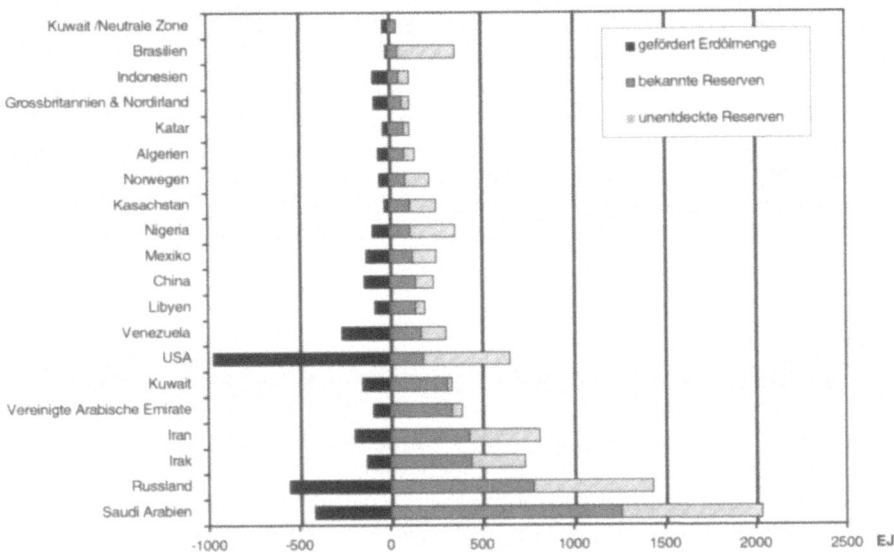

Abb. 4.4. Bisherige Produktion und noch vorhandene Reserven der wichtigsten Erdölproduzenten: Viele Länder, darunter die USA, haben den größten Teil ihrer Erdölreserven schon gefördert. Nur wenige Länder haben noch das Potenzial, die Erdölförderung auszuweiten. Diese liegen fast ausschliesslich im Nahen Osten. (Quelle: IEA 2001a)

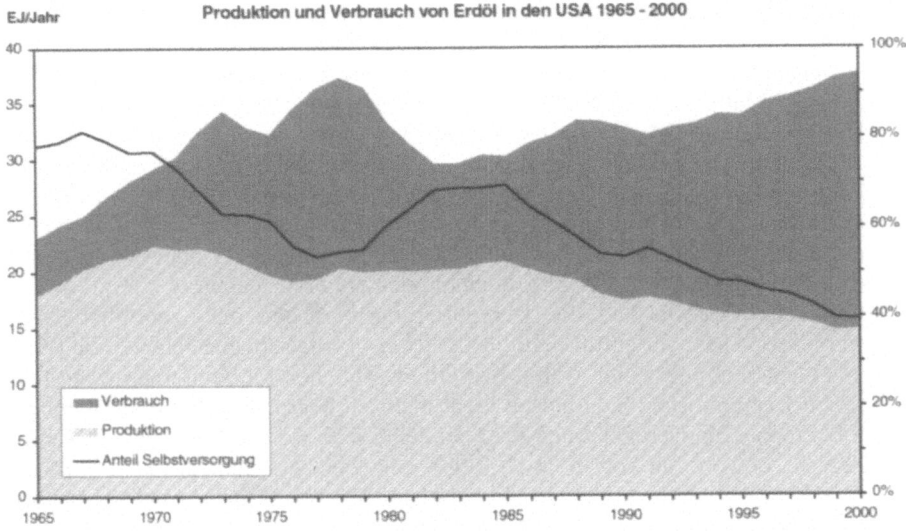

Abb. 4.5. Produktion und Verbrauch von Erdöl in den USA von 1965–2000 in EJ pro Jahr sowie der Anteil der Selbstversorgung in Prozent. (Quelle: BP 2001)

Soziale Aspekte und der Nord-Süd-Konflikt

Neben der einseitigen geografischen Verteilung fossiler Energieressourcen bedeutet auch die einseitige Nutzung dieser Ressourcen ein Problem für die Nachhaltigkeit (siehe Abb. 4.1). Wie bereits früher diskutiert, sind Länder mit einem Pro-Kopf-Verbrauch von deutlich weniger als 1000 Watt in ihrer Entwicklungsfähigkeit behindert (Goldemberg et al. 1985). In solchen Ländern haben große Teile der Bevölkerung praktisch überhaupt keinen Zugang zu kommerzieller Energie, insbesondere zur Elektrizität. Letztere erhält im Informations- und Dienstleistungszeitalter einen immer größeren Stellenwert für die ökonomische und soziale Entwicklung.

4.2.5
Exkurs:
Kernspaltungs- und Fusions-Energie als „Backstop-Technologien"?

Gerade nach der ersten Ölkrise 1973/74 wurde der Kernenergie – mit voll entwickelten Brüter- und Wiederaufbereitungssystemen – die Funktion zugeschrieben, die Begrenzungen und (damals: politischen) Risiken fossiler Energien zu überwinden und autark jede benötigte Energiemenge kostengünstig zur Verfügung zu stellen. Mit dieser Backstop-Technologie wäre auch die Verhandlungsmacht des OPEC-Kartells zu begrenzen. Das dritte Energieprogramm der Bundesregierung sah daher z. B. den Bau von vier großen Kernkraftwerken pro Jahr vor – neben massiven Investitionen in Kohlevergasung und -verflüssigung. Die berühmten „Häfele-Studien" prognostizierten für 2020 etwa 200 Brüter allein in Indien. Die reale Entwicklung zerstörte aber diese Utopie in vielfältiger Weise:
– In den USA und Nordeuropa führten massive Akzeptanzprobleme zu langen Genehmigungszeiten, kostspieligen Nachrüstungen und politischen Stilllegungsrisiken – bei flacherem Wachstum des Strommarktes als noch Mitte der siebziger Jahre erwartet. Zudem erwies sich die Lösung für eine Endlagerung aktiver Abfälle politisch wie technisch weitaus schwieriger als erwartet.
– Die Proliferationsrisiken waren nur schwer durch die Internationale Atomenergiebehörde zu kontrollieren. Irak, Nordkorea, wahrscheinlich auch Indien, Pakistan, Südafrika und Israel nutzten Elemente des „zivilen" nuklearen Brennstoffkreislaufes auch für militärische Zwecke. Es ist unklar, inwieweit auch terroristische Organisationen, evtl. unterstützt durch sogenannte ‚states of concern' (früher ‚rogue states'), nukleare Technologien erworben haben.
– Politische Proteste und die Deregulierung bremsten die „zentralistische" Kernenergie aus. Vorlaufinvestitionen von ca. 4 Mrd. Euro und zehnjährige Bau- und Genehmigungszeiten waren in wettbewerblichen Märkten und bei gestiegenen Kapitalkosten ökonomisch nicht mehr zu begründen. In Großbritannien z. B. stoppte die Deregulierung der 80er Jahre jede weitere Investition in Kernenergie, obwohl die konservative Regierung sehr „pro-nuklear" war. Vorhandene Kernkraftwerke waren nur mit massiven Wertabschlägen (wenn überhaupt) zu privatisieren.

Die Klimarisiken und die politischen Risiken des Erdöls beleben erneut die Diskussion über die Nutzung der CO_2-freien und quasi einheimischen Energie aus Kernspaltung. Konzepte für kleine, inhärent sichere Hochtemperatur-Reaktoren ohne

Proliferationsrisiken erzielen (wieder) Aufmerksamkeit. Ob es zu einer Renaissance der Kernenergie mit ganz neuen technologischen Konzepten kommen wird, braucht hier aber nicht entschieden werden. Denn jede realistische Abschätzung eines Zeitplans für einen Neuanfang der Kernspaltungstechnologie führt zu der Erkenntnis, dass erst nach 2050 mit einem signifikanten Beitrag für die globale Energieerzeugung zu rechnen wäre. Solange kann aber mit energiepolitischen Weichenstellungen nicht gewartet werden. Tatsächlich sieht es im Moment eher so aus, als ob – zumindest in Europa – die Bedeutung der Kernenergie eher abnehmen als zunehmen wird. Bis etwa 2030 müssen alle europäischen Kernkraftwerke ersetzt werden, da die Betriebsgenehmigungen ablaufen. Somit bleibt die zusätzliche Herausforderung, wie dies zu geschehen hat.

Ähnlich verhält es sich mit der Fusionsenergie. Zwar wurden auch hier beachtliche technische Fortschritte erzielt – insbesondere bei den Standzeiten von Magneten und bei der Einschlussdauer des Plasmas –, aber jede kommerzielle Nutzung ist noch Dekaden entfernt. Der Fusionsreaktor und die weitere Entwicklung neuer Kernspaltreaktoren bleiben daher Optionen für die Grundlagenforschung. Weder zur Absenkung der CO_2-Emissionen noch zur Erhöhung der Beschaffungssicherheit werden sie bis 2050 signifikant beitragen können.

4.2.6
Operationalisierung der kritischen Nachhaltigkeit: Die „Zeit sicherer Praxis"

Die Kulturgeschichte lehrt uns, dass alle Praktiken der menschlichen Gesellschaft zeitlich begrenzt sind, so dass die Frage der Nutzung nicht erneuerbarer Ressourcen *allein* kein sinnvolles Kriterium für die Nachhaltigkeit bilden kann. Dies begründet die Wahl des Konzeptes der kritischen Nachhaltigkeit als Zielvorstellung. Das *Konzept der Zeit sicherer Praxis* eröffnet die Möglichkeit, dieses Ziel zu operationalisieren. Es geht davon aus, dass jede gesellschaftliche Tätigkeit daraufhin analysiert werden kann, wie lange sich diese hypothetischerweise unverändert fortsetzen ließe, bis sie an ihre eigenen Grenzen stieße. Diese Zeit nennen wir *die Zeit sicherer Praxis* (Imboden 1993). Bei der Nutzung von nicht erneuerbaren Ressourcen entspricht sie der in Tab. 4.3 berechneten *Reichweite*. Für andere Aspekte können ähnliche Überlegungen angestellt werden. Beispielsweise liefert die Größe der jährlich durch Bautätigkeit verschwindenden Kulturfläche die Basis zur Berechnung der Zeit, bis ein signifikanter Teil der landwirtschaftlich genutzten Fläche aufgebraucht ist.

Um die einzelnen Zeiten zu einer „totalen" Zeit sicherer Praxis zu aggregieren und damit das System als Ganzes zu beurteilen, spielen die kürzesten Zeiten eine dominante Rolle. Ein Vergleich mit der Analyse eines Straßennetzes möge dies verdeutlichen: Aufgrund des jährlichen Verkehrswachstums an verschiedenen Stellen und der entsprechenden Straßenkapazitäten lässt sich für die einzelnen Abschnitte berechnen, wie lange der Verkehr noch „geschluckt" werden kann. Die Verkehrsplanung wird sich insbesondere auf jene Strecken konzentrieren, bei denen die so berechneten (kritischen) Zeiten am kürzesten sind. Auch wenn als Folge möglicher Verkehrsverlagerungen diese Zeiten nicht unabhängig sind (wie es auch die verschiedenen Zeiten sicherer Praxis als Folge von Substitutionen und anderer Maßnahmen nicht sind), so lässt sich doch in erster Näherung die Anfälligkeit eines Systems als Ganzes anhand der kürzesten Zeiten analysieren.

Nun gibt es freilich nicht nur Mechanismen, welche die Zeit sicherer Praxis verkleinern, sondern umgekehrt auch solche, welche diese verlängern. Die Exploration neuer Ressourcen, die Substitution einer Ressource durch eine andere mit größerer Reichweite oder die Schaffung neuer Arbeitsplätze sind Beispiele dafür. Wenn eine Gesellschaft – wie beispielsweise die antike ägyptische Kultur – über große Zeiträume hinweg zu überleben vermochte, betrieb sie offensichtlich eine Strategie, dank der die Zeit sicherer Praxis nie unter einen kritischen Wert sank – oder anders gesagt – das Gebot der kritischen Nachhaltigkeit nie verletzt wurde.

Aus dieser Sicht lässt sich nun die kritische Nachhaltigkeit mit Hilfe des Konzeptes „Zeit sicherer Praxis" quantifizieren. Dazu betrachten wir erstens die *Veränderung* der Nachhaltigkeit und stellen die folgende einleuchtende Forderung auf:

(1) Eine Praxis (z.B. eine Energiepraxis) ist dann nachhaltig, wenn die Zeit sicherer Praxis konstant bleibt oder wächst. (Prinzip der konstanten Zeit sicherer Praxis).

Auf die Nutzung nicht erneuerbarer Ressourcen übertragen bedeutet dies, dass die Substitutionsrate und die Rate der Neuentdeckung der betreffenden Ressource den Verbrauch mindestens kompensieren. Ohne Neuentdeckungen müsste, wie man mathematisch ableiten kann, zur Konstanthaltung der Zeit sicherer Praxis der Verbrauch einer Ressource mit einer linearen Reichweite von beispielsweise 40 Jahren (entspricht gemäss Tabelle 4.3 der linearen Reichweite des Erdöls) jährlich um den Faktor 1/40, d.h. um 2,5 %, verringert werden. Für die CO_2-Problematik bedeutet das Prinzip der konstanten Zeit sicherer Praxis: Die Dekarbonisierungsrate des globalen Energiesystems ist so groß, dass trotz steigendem Energiebedarf der Ausstoß von CO_2 in die Atmosphäre einen durch die Klimamodelle gegebenen und nach gewissen normativen Kriterien festzulegenden Wert nicht übersteigt. Auf diesen Punkt werden wir später zurückkommen (siehe Tabelle 4.6 und Abb. 4.7).

Eine zweite Anforderung an die Nachhaltigkeit basiert auf dem Prinzip der Wandelbarkeit bzw. *Trägheit* eines Systems, z.B. eines nationalen Energiesystems. Die Trägheit lässt sich als jene Zeit definieren, die es braucht, um das betrachtete System signifikant zu verändern. Für den Fall des heutigen, durch den Verbrauch fossiler Brennstoffe dominierten Systems wäre eine solche signifikante Veränderung zum Beispiel die Umstellung auf erneuerbare Energieressourcen oder auf Kernenergie. Ein zweites Gebot der Nachhaltigkeit lautet somit folgendermaßen:

(2) Die Zeit sicherer Praxis muss größer sein als die Trägheit des betrachteten Systems.

4.2 Evaluierung des globalen Energiesystems

Tabelle 4.4. Das BAUWERK SCHWEIZ (BWS) Das „Bauwerk Schweiz" besteht aus ca. 2 Mio. Gebäuden, welche durch eine komplexe Infrastruktur (Strasse, Schiene, Wasserversorgung und Abwasserentsorgung, Energieverteilung, Telekommunikation etc.) verbunden sind.

Wiederbeschaffungswert des Bauwerk Schweiz 1999 in Mrd. CHF [a]

Hochbauten	1788
Tiefbauten	653
Totaler Wiedererstellungswert	*2441*

Jährliche Aufwendungen für Neubauten, Umbauten und Renovationen in der Schweiz 1999 in Mrd. CHF [b]

Neubauten	23
Umbauten	14
Unterhaltsarbeiten der öffentlichen Hand	3
Total Aufwendungen pro Jahr	*40*
Theoretische Erneuerungsrate	1,6 % pro Jahr, (entsprechend einer Erneuerungszeit von rund 60 Jahren)

Das BWS bedingt:

Direkt: ca. 60% des totalen Endenergieverbrauches
Indirekt: einen großen Teil der für Mobilität aufgewendeten Energie, die ihrerseits ca. 30% des totalen Endenergieverbrauches ausmacht.

[a] Wuest & Partner 1999
[b] BFS 2001

Die Trägheit eines Systems bestimmt die Übergangsmöglichkeiten von einem nicht nachhaltigen zu einem nachhaltigen System. Sie wird zum einen von Innovationen und wirtschaftlichem Potenzial bestimmt, zum andern von gewissen strukturellen Eigenschaften eines Landes bzw. einer Region. In einem historischen Kontext gesehen sind die sozioökonomischen und politischen Strukturen und Traditionen Gegebenheiten, welche zu Trägheiten führen. Abgesehen von diesen Faktoren und mehr von einer technisch-wissenschaftlichen Seite her betrachtet erweist sich das *Bauwerk Welt* (bzw. die nationalen Bauwerke Deutschland, Schweiz etc.) als größter Trägheitsfaktor für Veränderungen im Energiesystem. Diese Trägheit wird in Tab. 4.4 anhand des Bauwerkes Schweiz exemplifiziert.[77] Unter dem Bauwerk Schweiz versteht man, wie oben angedeutet, die Summe der rund 2 Millionen Gebäude und der gesamten infrastrukturellen Vernetzung (Straße, Schiene, Wasserversorgung und -entsorgung, Energieverteilung, Telekommunikation etc.). Der totale Wiedererstellungswert des Bauwerkes Schweiz beträgt ungefähr 2,4 Billionen Franken. Die jährlichen Aufwendungen für Neubauten, Umbauten und

---

[77] Mit diesem Beispiel soll nicht unterstellt werden, das Bauwerk sei der einzige Faktor, der die Nachhaltigkeit eines Landes bestimmt. Sicher stellt es aber eine wichtige Einflussgrösse dar, sind doch in der Schweiz rund 60% des Endenergieverbrauches direkt mit Bau, Betrieb und Unterhalt des Bauwerkes verbunden.

Renovationen machen 40 Milliarden Franken aus. Die theoretische Erneuerungsrate des Bauwerkes Schweiz beträgt also 1,6 % pro Jahr; sie entspricht einer mittleren Erneuerungszeit von rund 60 Jahren. Der Umbau des Bauwerkes Schweiz würde also zwei bis drei Generationen dauern. Durch die Bevorzugung energierelevanter Maßnahmen beim Umbau des Bauwerkes Schweiz (die Umbau-Investitionen machen 35 % der totalen Ausgaben für das Bauwerk aus) könnte die auf den Energiebedarf bezogene Erneuerungszeit des Bauwerkes Schweiz um ein bis zwei Jahrzehnte reduziert werden.

Die Zeit sicherer Praxis und die Systemträgheit bilden die quantitative Grundlage, auf der das Energiesystem hinsichtlich der kritischen Nachhaltigkeit analysiert werden kann. Der Vergleich zwischen Reichweiten fossiler Energieressourcen, auf denen das heutige kommerzielle Energiesystem hauptsächlich basiert, und den Erneuerungszeiten des Bauwerkes eines typischen Industrielandes wie der Schweiz, führt zum Schluss, dass die Nachhaltigkeit dieses Systems ungenügend und fragil ist. Die Trägheit des Energiesystems macht die Wirtschaft empfindlich gegenüber volatilen Preisschwankungen, wie sie in den letzten 30 Jahren zunehmend zu beobachten sind. Energieprognosen deuten darauf hin, dass die Entwicklung des globalen Energiesystems, folgt sie dem eingeschlagenen Trend, nicht in Richtung größerer Nachhaltigkeit zielt, sondern die aufgezeigten Probleme noch zu verschärfen droht. Eine Neuorientierung der Energiepolitik ist unausweichlich. In einer Welt voller realpolitischer Hindernisse braucht man daher zunächst einen Referenzpunkt, einen *Benchmark*. Im nächsten Abschnitt wird der Versuch unternommen, die wichtigsten Eckpunkte eines zukünftigen nachhaltigen Energiesystems zu skizzieren.

4.3
Referenzpunkte für eine nachhaltige globale Energieversorgung

4.3.1
Optionen der Veränderung

Abgesehen von Änderungen der persönlichen Zwecksetzungen, die im Rahmen der Veränderung vorherrschender Lebensstile stattfinden kann (praktische Nachhaltigkeitsdiskussion), gibt es zwei Optionen, die sich auf die Mittelwahl beziehen: die Energieträger-*Substitution* und die *Effizienz*steigerung der Energienutzung (theoretische Nachhaltigkeitsdiskussion) (vgl. oben Abschnitt 3.3).

Sowohl in der praktischen wie auch in der theoretischen Diskussion spielen Innovationen eine zentrale Rolle. In der theoretischen Diskussion geht es eher um technische, in der praktischen mehr um gesellschaftliche Fragen (z.B. den Ersatz des Ausfluges im Auto durch die Lektüre eines Buches). Einerseits ist Technik besser plan- und implementierbar, weil der Faktor Konsument durch intelligente Techniken weitgehend umgangen werden kann. Andererseits sind die technischen Lösungen durch gewisse unverrückbare Randbedingungen eingeschränkt, zum Beispiel durch physikalische Restriktionen oder die geochemisch-biologische Beschaffenheit der Erde. Gerade umgekehrt verhält es sich in der praktischen

4.3 Referenzpunkte für eine nachhaltige globale Energieversorgung

Diskussion: Lebensstilveränderungen sind nicht durch technische oder organisatorische Maßnahmen von oben her zu planen und zu verordnen; entsprechende Versuche von diktatorischen Regimen und Planwirtschaftlern sind letztlich immer gescheitert. Umgekehrt können Maßnahmen/Ereignisse in kürzester Zeit die Welt verändern. So haben zum Beispiel die Terroranschläge in den USA vom 11. September 2001 die Entwicklung des Flugverkehrs – zumindest kurzfristig – drastisch verändert, was in dieser Radikalität wohl mit keiner staatlichen Maßnahme zu erreichen gewesen wäre.

Das Ziel der Substitution besteht sowohl in der Verminderung des Ausstoßes von CO_2 in die Atmosphäre als auch in der Verlagerung von nicht erneuerbaren zu erneuerbaren Energieträgern und damit in der Regel die Verlagerung von „unsicheren" Öl- und Gasquellen zur eher lokaler Energieproduktion. Kapitel 5 gibt einen Überblick über die globalen Energieressourcen, welche im Prinzip für die Substitution der fossilen Brennstoffe zur Verfügung stehen, und diskutiert, wie diese Potenziale zu realisieren sind. Ohne dass wir an dieser Stelle auf die Details dieser Erörterungen eingehen wollen, lassen sich gewisse einfache Schlüsse über die Möglichkeiten und Randbedingungen des zukünftigen Energiesystems ziehen:

1. Aus rein technischer Sicht reicht das Potenzial der (nicht erneuerbaren und erneuerbaren) Energieressourcen für die nächsten Jahrhunderte aus, die globale Energienachfrage zu decken.
2. Die Nutzung nicht erneuerbarer Ressourcen stößt im Falle der fossilen Brennstoffe infolge des Klimaproblems, bei der Nuklearenergie wegen ökonomischer und politischer Probleme an Grenzen, welche in den nächsten 50 Jahren spürbar werden. Allerdings besteht damit eine Gefahr, dass wegen der Trägheit des globalen Energiesystems trotz Kyoto-Protokoll der fossile Pfad weiter verfolgt wird.
3. Das Gesamtpotenzial aller solar basierten erneuerbaren Energien (inkl. Wasserkraft und Biomasse) reicht zwar für die Deckung des globalen Bedarfs aus. Solange dieser aber jährlich um 2 % wächst, hat die Sonnenenergie kaum eine Chance, ihren heute marginalen Anteil von unter 1 % während den nächsten 50 Jahren im notwendigen Maß zu vergrößern. Dazu wären entsprechende Steigerungen der Effizienz notwendig, die mengenmäßig vor allem in den ersten Jahrzehnten bedeutsamer als die Beiträge der regenerativen Energiequellen sind.
4. Das Potenzial der technischen Effizienzsteigerung ist bei weitem nicht ausgeschöpft. Insbesondere im Gebäudesektor – er macht in vielen Ländern mehr als 50 % des Energiebedarfs aus – kann die Effizienz noch immer um den Faktor 3 bis 10 vergrößert werden. Auch bei der Mobilität sind Verbesserungen um mindestens den Faktor 2 bis 3 möglich. Insgesamt liegt das noch nicht genutzte Potenzial vor allem beim privaten Konsum, weniger bei der industriellen Fertigung, wo Wirtschaftlichkeitsüberlegungen schon früher zu entsprechenden Maßnahmen geführt haben.

Die Quintessenz obiger Überlegungen lässt sich durch folgende einfache Rechnung zusammenfassen:

4 Auf dem Weg zu einem nachhaltigen Energiesystem

> Ein Energiepfad, der die Randbedingungen der kritischen Nachhaltigkeit einzuhalten versucht (d.h. insbesondere eine massive Senkung der CO_2-Emissionen mit sich bringt) und dabei allein auf die Reduktion der Kohlenstoff-Intensität setzt, sieht sich mit einer gewaltigen technischen Herausforderung konfrontiert: Bei einem für westliche Industrieländer anvisierten jährlichen Wachstum des BIP von 2 % und einer gleichzeitig geforderten jährlichen Senkung des CO_2-Ausstosses von 2 % müsste die CO_2-Intensität jährlich um 4 % abnehmen.

Es soll im Folgenden als „Benchmark" präzisiert werden, wohin eine solche Entwicklung bis 2050 führen wird, bevor wir näher die technischen Innovationspotenziale untersuchen, die einen solchen Benchmark überhaupt ermöglichen können.

4.3.2
Der 2000 Watt-Benchmark: Nachhaltiger Komfort durch Intelligenz

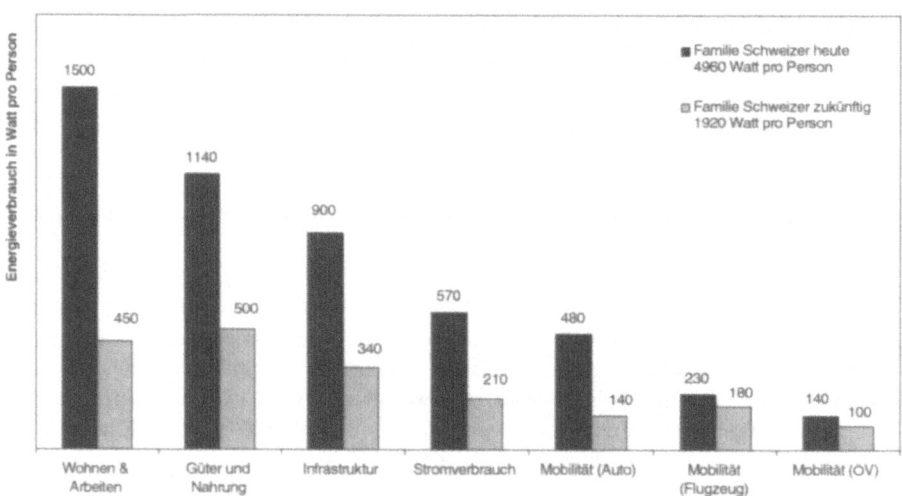

Abb. 4.6. Anhand eines fiktiven, aber typischen Beispiels wird dargestellt, für welche Aktivitäten Familie Schweizer heute bzw. in der „2000 Watt-Gesellschaft" Energie aufwendet. Das Reduktionspotenzial besteht hauptsächlich in den Bereichen „Wohnen" und „Mobilität". Es sind ausschließlich schon heute zur Verfügung stehende Techniken berücksichtigt (Imboden/ Roggo 2000).

Ein nachhaltiges Energiesystem der Zukunft muss sich auf zwei Pfeiler abstützen: (1) auf dem intelligenten Umgang mit Energie und (2) auf der vermehrten Nutzung der solaren Ressourcen. Zentral ist die Frage, wie viel Energie ein intelligenter Mensch der Zukunft braucht, ohne auf den heutigen westlichen Lebensstandard verzichten zu müssen. Goldemberg et al. (1985) haben für Entwicklungsländer einen Bedarf von 1000 Watt pro Person geschätzt. Für die wohlhabenden Länder des Westens, in denen sowohl mehr Bedarf an Raumwärme als auch andere Gewohnheiten bezüglich individueller Mobilität bestehen, ist dieses Ziel sicher

4.3 Referenzpunkte für eine nachhaltige globale Energieversorgung

zunächst zu anspruchsvoll. Umgekehrt ist der Bedarf, den die reichen Länder heute typischerweise ausweisen (4.000 bis 10.000 Watt pro Person) aller Voraussicht nach zu hoch. Die Lösung muss irgendwo dazwischen liegen, wo genau, lässt sich mit wissenschaftlichen Methoden allein nicht eindeutig festlegen. Ein nachhaltiges Energieziel ist somit – zumindest bis zu einem gewissen Grad – auch normativ.

Beispielhaft sei hier auf ein Projekt an der Eidgenössischen Technischen Hochschule in Zürich (ETH) verwiesen, das 1998 unter dem Titel „Die 2000 Watt-Gesellschaft" entwickelt worden ist. Es basiert auf dem oben dargelegten Schluss, ein Land wie die Schweiz könne ohne Einbuße an Lebensstandard mit 2000 Watt pro Person auskommen (Imboden/Roggo 2000). In Abb. 4.6 wird der heutige Energiebedarf – nach Sektoren getrennt – mit demjenigen eines 2000 Watt-Benchmarks verglichen. Tatsächlich besteht beim Bedarf für Raumheizung und für die Mobilität allein schon praktisch das gesamte notwendige Einsparpotenzial von gut 60%.

Tabelle 4.6. Die Globale CO2-Situation im IPCC S450-Szenario.

Aktuelle CO_2-Emission	
Total	23 Gigatonnen (Gt) CO_2 pro Jahr
Weltweiter Durchschnitt	4 t CO_2 pro Jahr und pro Person
USA	20 t CO_2 pro Jahr und pro Person
OECD-Länder	11 t CO_2 pro Jahr und pro Person
Indien	0,9 t CO_2 pro Jahr und pro Person
Totale CO_2-Emission für das S450-Szenario	
Summiert für Periode 1990 bis 2100	2500 Gt CO_2
Zum Vergleich (siehe Tab. 4.3)[78]	
Verbrennung aller Öl-Reserven	440 Gt CO_2
Kohle-Reserven	2000 Gt CO_2
Gas-Reserven	310 Gt CO_2

Zulässige CO_2-Emission für das S450-Szenario

	Bevölkerung (Milliarden)	Emissionen total (Gt CO_2/Jahr)	Emission pro Person (t CO_2/Jahr)	Potenzial für Energienutzung[79] (Watt/Pers.)		
				Kohle	Öl	Gas
2050	10	20 (15 bis 40)	2,0 (1,5 bis 4,0)	700	900	1100
2100	12	10 (7 bis 18)	0,8 (0,6 bis 1,5)	250	350	450

Der 2000 Watt-Benchmark lässt sich nicht nur von der Verbrauchs-, sondern auch von der Angebotsseite her begründen. Die nötige Primärenergie könnte ohne Beeinträchtigung von Mensch und Natur für die zukünftigen rund 10 Milliarden Menschen zu etwa einem Drittel aus fossilen Brennstoffen und zu zwei Drittel aus solarer Energie gedeckt werden. In Tabelle 4.6 wird gezeigt, dass es mit den Zielen

---

[78] Mit folgenden CO_2-Emissionsfaktoren berechnet (Werte in kg CO_2/GJ): Kohle 94,6, Rohöl 73,3, Erdgas 56,1.
[79] Angaben nur für die wahrscheinlichsten Emissionskontingente pro Person. Emissionsfaktoren wie oben.

des Klimaschutzes durchaus kompatibel wäre, in 50 Jahren noch 700 bis 1100 und in 100 Jahren höchstens noch 250 bis 450 Watt pro Person aus fossilen Energieressourcen zu nutzen. Umgekehrt ist es nicht utopisch, in den nächsten 100 Jahren pro Person ein Potenzial von erneuerbaren Energien von 1500 bis 1700 Watt pro Person zu entwickeln. Allein in der Schweiz stehen bereits heute pro Person 600 Watt an Hydroelektrizität zur Verfügung. Der restliche Bedarf wird dereinst durch andere erneuerbare Quellen (Photovoltaik, Wind, thermische Sonnenenergie, Biomasse) produziert werden können. Unrealistisch wäre es hingegen zu glauben, es sei in absehbarer Zeit möglich, pro Person 10.000 Watt Energie bereitzustellen, die nur auf erneuerbaren Energieressourcen basiert.

Die in Tab. 4.6 gemachten Überlegungen stützen sich auf das sog. IPCC S450-Szenario, wonach die atmosphärische CO_2-Konzentration auf maximal 450 ppm anwachsen soll. Diese Wahl ist nicht willkürlich, sondern orientiert sich erstens an der natürlichen Schwankungsbreite der mittleren globalen Temperatur während der letzten 100.000 Jahre, die unsere heutige Umwelt geprägt hat und damit als Maßstab für eine gerade noch zu gewährleistende Anpassungsfähigkeit ökologischer und gesellschaftlicher Systeme dienen kann. Die maximale Durchschnittstemperatur im jüngeren Quartär (Eem-Warmzeit) betrug 16,1°C, die Obergrenze der noch akzeptablen globalen Temperatur könnte mit einem Toleranzbereich von +0,5°C bei 16,6 °C angenommen werden. Der Abstand zu dieser Leitplanke liegt heute nur noch bei 1,3°C (WBGU 1997, S. 15 und WBGU 1995, S. 8).

Zweitens hängt die Anpassungsfähigkeit der Ökosysteme maßgeblich von der Geschwindigkeit der Veränderungen ab. Ebenfalls aufgrund der natürlichen Klimageschichte wurde als obere Grenze für eine ökologisch verkraftbare Erwärmung der Wert von 0,1 °C pro Dekade definiert (vgl. WBGU 1997, S. 16 und Onigkeit et al. 2000, S. 60). Zur Vermeidung von Risiken müsste eigentlich eine Stabilisierung der CO_2-Konzentrationen auf dem heutigen Niveau (365 ppm) angestrebt werden (S350-Szenario). Dies würde allerdings eine sofortige Halbierung der Emissionen verlangen. Ein so radikaler Umbruch wäre weder ökonomisch noch sozial durchführbar. Das in dieser Hinsicht aussichtsreichere, ökologisch aber etwas weniger strenge S450-Szenario dürfte (soweit dies in Anbetracht der großen Unsicherheiten überhaupt abgeschätzt werden kann) in etwa den formulierten historischen „Anforderungen" an die maximal zulässige Temperaturerhöhung und Geschwindigkeit genügen.[80] Die Modelle sagen für die Stabilisierung der atmosphärischen CO_2-Konzentration auf einem Niveau von 450 ppm eine wahrscheinliche globale Temperaturzunahme bis zum Jahr 2100 um etwa 1°C gegenüber dem Wert von 1990 voraus.[81] Gleichzeitig bedeutet dies einen Anstieg des Meeresspiegels um ca. 30 cm bis zum Ende des Jahrhunderts (Onigkeit/Alcamo 2000, S. 79), wobei neueste Berechnungen einen Anstieg um etwa 80 cm vermuten. Die Prognose gilt nur unter der Bedingung, dass sich die Emissionen von Methan, Distickstoffoxid und Schwefeldioxid auf dem Niveau von 1990 stabilisieren und der Ozonwert dem Pfad des Montrealprotokolls folgt.

---

[80] Für dieses Szenario liegt die Temperaturerhöhung pro Dekade bis zum Jahr 2030 höher als 0,15 °C, erst in der 2. Hälfte des Jahrhunderts sinkt der Wert unter 0,1 °C.

[81] Im Vergleich zum vorindustriellen Wert bedeutet die von Onigkeit/Alcamo (2000) berechnete Temperatursteigerung eine Zunahme von 1,7 °C.

4.3 Referenzpunkte für eine nachhaltige globale Energieversorgung

Für den zeitlichen Verlauf der Reduktion gibt es innerhalb der Modelle verschiedene Möglichkeiten (vgl. Emissionskorridore in WBGU 1997). Je später damit begonnen wird, desto größer und kostenintensiver sind die Maßnahmen und desto stärker werden die Handlungsoptionen zukünftiger Generationen eingeschränkt. Die kumulative CO_2-Emission von 1990 bis 2100 darf für den Fall des S450-Szenarios maximal 2500 Gt CO_2 betragen und sollte sich danach bei einem Wert von ungefähr 10 Gt CO_2/Jahr stabilisieren. Die gegenwärtige Emission liegt bei 24 Gt CO_2/Jahr. Mit einem globalen Energiesystem, das dem 2000 Watt-Benchmark entspricht, würde also 20 bis 30 % durch fossile Energiequellen und der Rest durch solare Energie gedeckt werden. Bei einer geschätzten Bevölkerung von 10 Milliarden Menschen würde der totale globale Energiebedarf 20 TW bzw. 630 EJ pro Jahr betragen; das ist fast doppel so viel wie heute. Die großen Unterschiede zwischen den reichen und armen Ländern wären weitgehend verschwunden.

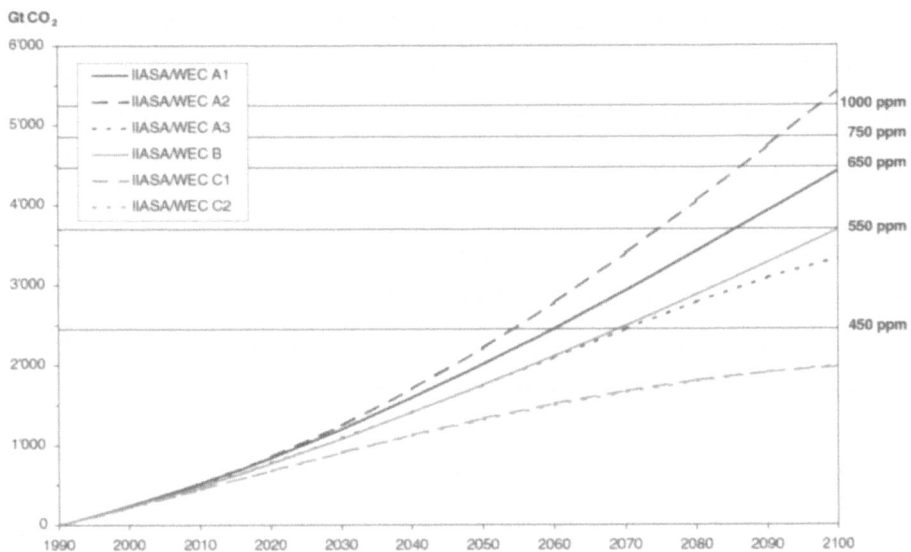

Abb. 4.7. Kumulative CO_2-Emission zwischen 1990 und 2100 für verschiedene Energie-Szenarien (siehe Anhang 1, Abschnitt C). Mit einer Ausnahme würde der im S450-Szenario zulässige Wert von 2500 Gt CO_2 bis zum Jahre 2100 überschritten.

Die meisten Energieprognosen liefern ein ganz anderes Bild (siehe Anhang 1, Abschnitt C). Noch immer sind in den meisten Prognosen die fossilen Brennstoffe die wichtigsten Träger des Energiesystems. Der absolute Zuwachs im Verbrauch wäre in den reichen Ländern größer als in den armen, was die Unterschiede noch akzentuieren würde. Der atmosphärische CO_2-Gehalt könnte nicht stabilisiert werden; mit wenigen Ausnahmen würde der für das S450-Szenario maximale kumulative Input in die Atmosphäre von 2500 Gt CO_2 noch vor dem Jahre 2100 überschritten, ohne dass eine Stabilisierung absehbar wäre (Abb. 4.7). Die Divergenz zwischen Trend und wünschbarer Referenz demonstriert den enormen politischen, wirtschaftlichen und gesellschaftlichen Handlungsbedarf und die Herausforderung an die Innovationsfähigkeit der Menschheit.

Im Kapitel 5 wird untersucht, welche technischen Potenziale bestehen, diese „Lücke" durch höhere Energieeffizienz und regenerative Energien zu schließen.

5. Potenziale für die nachhaltige Entwicklung von Energiesystemen

5.1 Einführung

Der Pro-Kopf-Energieverbrauch in der Europäischen Union beträgt 4,5 kW (siehe Abbildung B1, Anhang 1). Dieser Wert ist, wie im vierten Kapitel erläutert, so hoch, dass er nicht mehr als nachhaltig bezeichnet werden kann. Unter den Umweltrisiken ist insbesondere die Möglichkeit des Klimawandels auf Grund von CO_2-Ausstoß zu nennen. Die jährlichen Pro-Kopf-Emissionen an Treibhausgasen belaufen sich in der Europäischen Union auf 10,5 t CO_2-Äquivalent. Nach derzeitigem Wissensstand müssen die CO_2-Emissionen zumindest in den Industrieländern drastisch verringert werden.

Es ist bereits ein breites Spektrum an Technologien zur Verringerung energiebezogener CO_2-Emissionen verfügbar. Mit den vorhandenen Technologien können die Effizienz der Energieerzeugung und des Energieverbrauchs in ein oder zwei Jahrzehnten um 20 bis 40 % verbessert werden. Wichtige Möglichkeiten sind beispielsweise die erweiterte Anwendung der Gebäudedämmung, der Einsatz von Gebäudemanagementsystemen, die Optimierung von Elektrogeräten, der Einsatz der kombinierten Erzeugung von Wärme und Strom (Kraft-Wärme-Kopplung), die weitere Verbesserung von Kfz-Motoren und der Aerodynamik sowie eine lange Reihe von Anpassungsmöglichkeiten für industrielle Prozesse. Eine weitere Option ist der Übergang von der Kohle zum Erdgas. Erneuerbare Energiequellen können im nächsten Jahrzehnt ebenfalls bereits eine wenn auch begrenzte Rolle spielen. Solche Möglichkeiten sind verfügbar und reichen aus, um kurz- und mittelfristige Ziele wie die im Kyoto-Protokoll für den Zeitraum von 2008 bis 2012 enthaltenen Vorgaben zu erreichen (Blok et al. 2001a).

Um längerfristige Ziele etwa für den Zeitraum der nächsten 30 bis 100 Jahre zu erreichen, müssen nicht nur die erwähnten Technologien auf breiterer Basis eingeführt werden, es müssen auch neue Technologien zur Anwendung kommen. Diese Technologien sollten in einem Maße eingeführt werden, das zumindest die aus dem Wirtschaftswachstum resultierende Zunahme der menschlichen Aktivitäten kompensiert. In diesem Kapitel soll die Machbarkeit eines nachhaltigeren Energiesystems untersucht werden. Zu diesem Zweck werden auf dem Weg zu einem nachhaltigeren Energiesystem längerfristig wichtige Technologien evaluiert und ihre mögliche Rolle für den Bereich der EU quantifiziert.

Ein Energiesystem kann schematisch in fünf Stufen unterteilt werden (siehe Abbildung 5.1). Energie wird aus natürlichen Ressourcen erzeugt, häufig in andere Energieträger umgewandelt und anschließend transportiert und an den so genannten Endverbraucher verteilt. Die von den Endverbrauchern genutzte Energiemenge wird als Endverbrauch bezeichnet. Die Endverbraucher können die Energie weiter umwandeln und sie abschließend für eine breites Spektrum von Anwendungen nutzen.

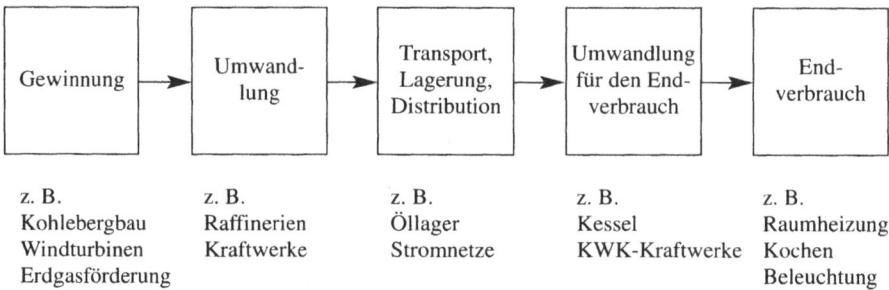

Abb. 5.1. Schematische Darstellung der Stufen eines Energiesystems (siehe auch Kapitel 2, Box 3)

Dieses Kapitel konzentriert sich auf zwei verschiedene Handlungsoptionen: die Verbesserung der Energieeffizienz und die Substitution (von Energie) (siehe Kapitel 4). Als erstes sollen Möglichkeiten der Verbesserung der Energie- und Materialeffizienz im Endverbrauch und bei der Umwandlung erörtert werden (Abschnitt 5.2). Anschließend werden Optionen im Bereich erneuerbarer Energien behandelt (Abschnitt 5.3). Es sei darauf hingewiesen, dass dieses Kapitel lediglich einige Gesamtlinien aufzeigen will, die mit konkreten Beispielen veranschaulicht werden. Eine ausführlichere Analyse findet sich in der einschlägigen Literatur (z. B. Blok et al. 1996a und Federal Energy Research and Development 1997).

Auf Grundlage dieser Analysen werden einige Szenarien präsentiert, und es werden die langfristigen Aussichten für ein nachhaltiges Energiesystem diskutiert (Abschnitt 5.4). Abschließend werden Hindernisse für die Realisierung der technologischen Potenziale im Überblick aufgezeigt (Abschnitt 5.5).

5.2
Verbesserung der technischen Energieeffizienz

Traditionell verbessert sich die Effizienz des Energieverbrauchs um etwa 0,5 bis 2 % pro Jahr, wobei die höheren Werte in Zeiten höherer Kraftstoff-/Brennstoffpreise oder einer aktiven Energiepolitik erreicht werden. In diesem Abschnitt wird die Machbarkeit einer weiteren Verbesserung der Energieeffizienz betrachtet.

Zuerst muss geklärt werden, was unter „Verbesserung der technischen Energieeffizienz"[1] zu verstehen ist: Die technische Energieeffizienz ist gleich dem Verhält-

---

[1] Das Adjektiv „technisch" wird hier hinzugefügt, um eine Unterscheidung von der (Gesamt-) Energieeffizienz zu ermöglichen, die in Kapitel 4 (Box 4.1) als BIP pro Energieverbrauch einer Volkswirtschaft definiert wurde.

5.2 Verbesserung der technischen Energieeffizienz

nis von Output zu Input bei einem Prozess, bei dem Energie ein Input ist. Der Kehrwert der Energieeffizienz ist das Verhältnis von Input zu Output, das häufig als spezifischer Energieverbrauch bezeichnet wird. Wenn in diesem Kapitel von der Verbesserung der Energieeffizienz die Rede ist, ist immer eine Verringerung des spezifischen Energieverbrauchs gemeint.

Im Folgenden werden Möglichkeiten der Verbesserung der technischen Energieeffizienz in den drei wichtigen Endverbrauchssektoren Fertigungsindustrie, Wohn- und Gewerbegebäude sowie Transportwesen erörtert.

Verarbeitende Industrie

Die Möglichkeiten für die zukünftige Verbesserung der Energieeffizienz in einer Reihe von Sektoren der Schwerindustrie wurden von de Beer analysiert (de Beer 1998 und de Beer et al. 1998a und b). Er verwendete dafür eine strukturierte Methode, bestehend aus (i) der Analyse von Prozessen und Energieformen, (ii) der Ermittlung von Technologien und (iii) der Charakterisierung von Technologien.

Die Ergebnisse dieser Arbeit liefern einen Überblick über das Potenzial für die Verbesserung der Energieeffizienz in ausgewählten Sektoren der Fertigungsindustrie (siehe Tabelle 5.1). Man sieht, dass es in allen Fällen möglich ist, etwa die Hälfte der Lücke zwischen den besten heute verfügbaren Technologien und dem thermodynamischen Minimum mit ermittelten neuen Technologien zu schließen.

Obwohl es sich um eine große Zahl von Techniken handelt, die in verschiedenen Listen zusammengefasst werden, könnten alle ermittelten Technologien unschwer innerhalb von 30 Jahren und die überwiegende Mehrheit sogar innerhalb von 15 Jahren kommerziell nutzbar gemacht werden. Die Entwicklung neuer Technologien für industrielle Prozesse ist in der Praxis jedoch ein langsamer Vorgang, sodass eine autonome Entwicklung allein nicht zur Entwicklung dieser Technologien innerhalb der genannten Zeiträume führen wird (Luiten 2001).

Es ist klar, dass in einer Reihe dieser Fälle die weitere Verringerung des spezifischen Energieverbrauchs durch die für bestimmte Umwandlungsarten bestehenden thermodynamischen Minima begrenzt wird. Der Energiebedarf für die Produktion dieser Materialien kann jedoch durch die effizientere Nutzung von Primärmaterialien weiter begrenzt werden. Hierzu eignen sich:
– ein materialeffizienteres Produktdesign,
– Material- und Produktrecycling,
– Materialkaskadierung und
– Materialsubstitution einschließlich des Einsatzes von Materialien, die aus Biomasse gewonnen wurden.

Einige Studien haben gezeigt, dass mit vorhandener Technologie substanzielle Verbesserungen der Materialeffizienz möglich sind. Dies gilt sowohl für einzelne Produkte („Ökodesign") als auch für ganze Materialsysteme. Die langfristigen Aussichten sind hier jedoch noch unbekannt und ganz gewiss nicht quantifiziert. Es ist nicht unwahrscheinlich, dass analog zum Bereich der Energieeffizienz auch bei dem der Materialeffizienz weitere Innovationen möglich sind. Dazu zählen beispielsweise die Entwicklung neuer Materialien, alternative Inputs und Verarbeitungswege für vorhandene Materialien, Tools für die Entwicklung materialeffizienter Produkte und verbessertes Materialrecycling durch den Einsatz von Materialerkennungssystemen, bessere Trenntechniken und neue Logistiksysteme.

Tabelle 5.1. Überblick über die aktuell besten Technologien und das ermittelte Potenzial für Verbesserungen im Hinblick auf den spezifischen Energieverbrauch (in GJ/t) für einige Formen des industriellen Energieeinsatzes.

	Spezifischer Energieverbrauch (GJ/t)			Wichtige zukünftige Technologien
	Aktuelle beste Technologie	Thermo- dynamisches Minimum	Kombination der besten ermittelten zukünftigen Technologien	
Papier/Pappe (Papiertrocknung)	2,3 – 8,6	0,0	0,6 – 4,3	Impulstrocknung, Condebelt-Trocknungsanlagen, ‚Dry-sheet-forming', Vakuumtrocknung
Stahlproduktion (aus Eisenerz)	19,0	6,6	12,5	‚Smelt reduction' Dünnbandgießen
Stahlproduktion (aus Schrott)	7,0	0,0	3,5	‚Combination shaft furnace', Dünnbandgießen
Ammoniak- produktion	33,0	24,1	28,6	Membranreaktoren
Salpetersäure- produktion	26,8	3,2	15,3	Gasturbine oder Festoxid-Brennstoffzellen-Integration

Wohn- und Gewerbegebäude

Raumheizung und Warmwassererzeugung sind wichtige Formen der Energienutzung in Gebäuden. Hierauf entfallen etwa zwei Drittel des gesamten Primärenergiebedarfs. Die Entwicklungen für diese Formen der Energienutzung können anhand der Entwicklungen für den Wohngebäudesektor in den Niederlanden illustriert werden. Dort betrug der durchschnittliche Energieverbrauch für Raumheizung und Warmwassererzeugung Ende der siebziger Jahre sowohl beim durchschnittlichen Bestand als auch bei neuen Gebäuden etwa 100 GJ pro Wohnung (~ 1 GJ/m^2) pro Jahr. Bis heute ist der Energieverbrauch für den durchschnittlichen Bestand auf 70 GJ pro Jahr gesunken (Weegink 1998). Für neue Wohngebäude wurde 1996 eine Norm festgelegt, die Bauherren zwang, Häuser mit einem kalkulierten Verbrauch von etwa 44 GJ zu bauen. Dieser Wert wurde bis zum Jahr 2000 in zwei Schritten weiter auf 32 GJ gesenkt.

Fünf Bauunternehmer haben zwischenzeitlich 200 Gebäude mit einem Energieverbrauch von 19 GJ errichtet (Fertigstellung 1999/2000). Sie erreichten dies durch verstärkte Dämmung, den Einsatz von Wärmerückgewinnungssystemen und Warmwassererzeugung durch Sonnenenergie.

Dies ist jedoch noch nicht das Ende der Möglichkeiten, denn es lassen sich neue Technologien entwickeln. Dazu zählen:

- der Einsatz neuer Dämmmaterialien (insbesondere der Einsatz der Vakuumdämmung),
- die weitere Verringerung des Wärmeverlustes durch Fenster,
- der Einsatz von Wärmepumpen (stattdessen können vielleicht auch Brennstoffzellen eine Rolle als Wärmequelle spielen)[2],
- kompakte Energiespeichersysteme (die Raumheizung mit Sonnenenergie ermöglichen).

Letztlich könnten es diese technischen Entwicklungen möglich machen, zu erschwinglichen Preisen Häuser zu bauen, die gar keine Energie verbrauchen.

Transportwesen

Etwa zwei Drittel des Energieverbrauchs für das Transportwesen entfallen auf Personenkraftfahrzeuge. In den neunziger Jahren betrug der Energieverbrauch von Pkw in der Europäischen Union etwa 7 bis 8 Liter pro 100 km (sowohl für Neufahrzeuge als auch im Durchschnitt). Die Aussichten für eine Verringerung des spezifischen Energieverbrauchs auch in Zukunft sind günstig (siehe Tabelle 5.2). Einige japanische Hersteller haben bereits Hybridfahrzeuge auf den Markt gebracht, die mit einem herkömmlichen Motor und einem Elektromotor ausgestattet sind. Ein weiterer Fortschritt wäre der Einsatz von Polymer-Elektrolyt-Membran-Brennstoffzellen (PEM-BZ) in Kraftfahrzeugen, wenngleich die optimierten Hybridfahrzeuge sich letztlich als effizienter erweisen könnten (Weiss et al. 2000). Möglicherweise könnte der Kraftstoffverbrauch durch den Einsatz neuer leichter Werkstoffe in Verbindung mit den neuen Antriebstechniken sogar auf etwa 1 Liter Benzinäquivalent pro 100 km gesenkt werden (von Weizsäcker et al. 1995).

Tabelle 5.2. Spezifischer Energieverbrauch von Pkw (Liter Benzinäquivalent pro 100 km)

Aktueller Durchschnitt in Europa	7–8
Europäischer Standard 2008 (Durchschnitt Neufahrzeuge)	5,8
Hybridfahrzeuge auf dem Markt	4–5
Verbesserte Hybridfahrzeuge oder Fahrzeuge mit Brennstoffzellen	2–3
Ultraleichtfahrzeuge	0,8–1,6

Verbesserung der Energieeffizienz der Energiewandlung

Energieverbrauch und Energieumwandlung finden sich in vielen Teilen des Energieversorgungssystems. Die wichtigsten Wandlungsverluste fallen im Stromsektor an; weltweit wird nur etwa ein Drittel des Inputs an fossilen Brennstoffen in Strom umgewandelt wird. In den effizientesten Ländern wird gemeinhin eine Umwandlungseffizienz von 40 % erreicht.

Wesentliche höhere Effizienzniveaus sind bereits heute möglich. Mit Erdgas betriebene Kombinationskraftwerke können mittlerweile Umwandlungseffizienzen

---

[2] Diese Möglichkeiten übertreffen nicht die vorhandene beste Technologie (Fernheizung aus Kombinationskraftwerken), bieten jedoch ein breiteres Anwendungsspektrum; siehe: Ossebaard et al. 1997.

von fast 60 % erreichen werden, während die besten Kohlekraftwerke etwas mehr als 45 % erreichen. Der Anstieg der Energieeffizienz mit Erdgas betriebener Systeme war in den zurückliegenden Jahrzehnten am stärksten ausgeprägt, was vor allem auf eine gewaltige Leistungssteigerung der Gasturbinen zurückzuführen war. Weitere Verbesserungen werden zwar erwartet, aber man ist in Grenzbereiche vorgestoßen: Die maximale theoretische Effizienz eines Energieumwandlungsprozesses auf der Grundlage von Verbrennung beträgt 70 bis 75 %.

Das bekannteste Beispiel eines nicht auf Verbrennung basierenden Stromerzeugungsprozesses ist die Brennstoffzelle. Brennstoffzellen werden bereits seit vielen Jahrzehnten entwickelt; was stationäre Anwendungen betrifft, wurden sie jedoch durch die rasche Entwicklung der Gasturbinentechnologie „ausgebootet". Es könnte sein, dass beispielsweise Festoxid-Brennstoffzellen in Verbindung mit Kombinationskraftwerken Umwandlungseffizienzen von mehr als 70 % erzielen können.[3]

Noch stärker als die Auswirkungen auf die Effizienz können die Auswirkungen auf die CO_2-Emissionen ausfallen. 1995 betrug der durchschnittliche Emissionsfaktor für die Stromerzeugung aus fossilen Brennstoffen in der Europäischen Union 790 g CO_2/kWh[4]. Bei der Stromerzeugung aus Erdgas mit einer Effizienz von 70 % sinkt der Emissionsfaktor auf 290 g CO_2/kWh.

Gesamteffekte der verbesserten Entwicklung von energieeffizienter Technologie

Wenn wir die oben behandelten Beispiele aus den drei Endverbrauchssektoren betrachten, sehen wir, dass es jeweils möglich ist, den spezifischen Energieverbrauch für Neugeräte *um 5% pro Jahr* zu senken.[5] Wir können diese technischen Möglichkeiten in etwa zwei Dekaden ausschöpfen. Darüber hinaus gibt es nur Indikatoren, dass sich eine derartige Entwicklung fortsetzen kann.

Obwohl ein fünfprozentiger Rückgang für Neugeräte erheblich ist (über einen Zeitraum von 50 Jahren ergäbe sich ein Rückgang um mehr als 90 %), ist der Effekt für die *durchschnittliche* Energieeffizienz auf Grund des langsamen Kapitalumschlags begrenzt. Um diesen Effekt analysieren zu können, wurde ein einfaches Simulationsmodell entwickelt. Es wird davon ausgegangen, dass der Bestand an Energie verbrauchenden Geräten in allen Fällen jährlich um 2 % zunimmt. Im Referenzfall gehen wir von einer Verbesserung der Energieeffizienz um jährlich 1,5 % für Neugeräte aus. Dies führt zu einer erhöhten Energienachfrage (siehe Abbildung 5.2 Punktlinie). Der Referenzfall wird mit Simulationen verglichen, bei denen für 80 % der Energieanwendungen eine höhere Verbesserungsrate der Energieeffizienz von jährlich 5 % für Neugeräte angenommen wird (was einer durchschnittlichen Verbesserung von jährlich 4,3 % für alle Anwendungen entspricht). Es wird kein Verbesserungseffekt einer Nachrüstung von Geräten berücksichtigt, weil dieser langfristig relativ unbedeutend ist.

---

[3] PEM-Brennstoffzellen können im Transportwesen und bei der Kraft-Wärme-Kopplung im kleinen Maßstab wichtig werden; siehe Abschnitt 2.
[4] Abgeleitet aus Energiestatistiken der IEA.
[5] Es handelt sich zwar um Beispiele, die nicht alle energieverbrauchenden Aktivitäten abdecken. Die genannten Beispiele stehen jedoch für etwa 50% des Endenergieverbrauchs.

5.2 Verbesserung der technischen Energieeffizienz

Zuerst wird der Einfluss der durchschnittlichen Nutzungsdauer der ersetzten Geräte und Anlagen auf den Energieverbrauch untersucht:
- 15 Jahre: generell für Pkw und Haushaltsgeräte,
- 30 Jahre: generell für Großgerät in industriellen Prozessen und Kraftwerken,
- 60 Jahre: generell für Gebäude.

Die Ergebnisse sind in Abbildung 5.2 veranschaulicht. Die Basislinie zeigt eine Zunahme des Energieverbrauchs um etwa 35 % in 50 Jahren. In den Fällen mit einer beschleunigten Verbesserung der Energieeffizienz nimmt der Energieverbrauch bis 2050 um ungefähr 50 % *ab*. Ausgenommen hiervon sind Anlagen mit einer Nutzungsdauer von 60 Jahren, bei denen der Energieverbrauch nur um ein Drittel abnimmt.

Als nächstes wird angenommen, dass die hohe Innovationsrate nur für einen begrenzten Zeitraum, d.h. für 15 oder 30 Jahre, beibehalten werden kann. Die Ergebnisse in Abbildung 5.3 zeigen, dass selbst dann die langfristigen Einspareffekte noch im Bereich von 20 bis 40 % liegen. Aus dieser Untersuchung ergibt sich, dass langfristig der Effekt einer beschleunigten Verbesserung der Energieeffizienz auf den Endenergieverbrauch erheblich sein kann, selbst wenn sich eine solche beschleunigte Verbesserung nur über einen Zeitraum von 15 Jahren aufrechterhalten lässt.

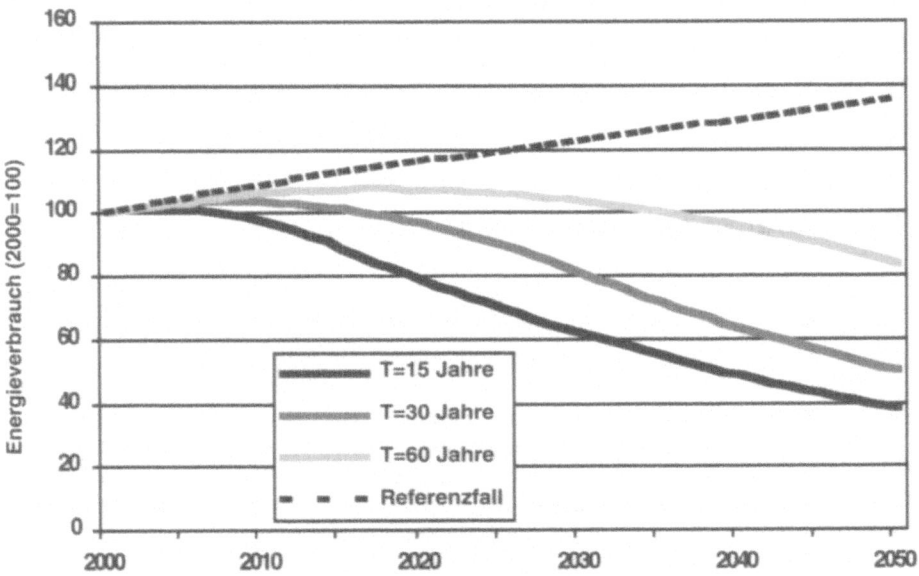

Abb. 5.2. Entwicklung des Energieverbrauchs bei unterschiedlicher Nutzungsdauer T von Geräten und Anlagen unter der Annahme, dass seit 2000 der spezifische Energieverbrauch bei 80% der Neugeräte um jährlich 5% abnimmt. Im Referenzfall beträgt die Verbesserung jährlich 1,5% (Punktlinie). Bei allen Berechnungen wird von einer Zunahme des Bestands an Energie verbrauchenden Geräten und Anlagen um jährlich 2% ausgegangen.

5 Potenziale für die nachhaltige Entwicklung von Energiesystemen

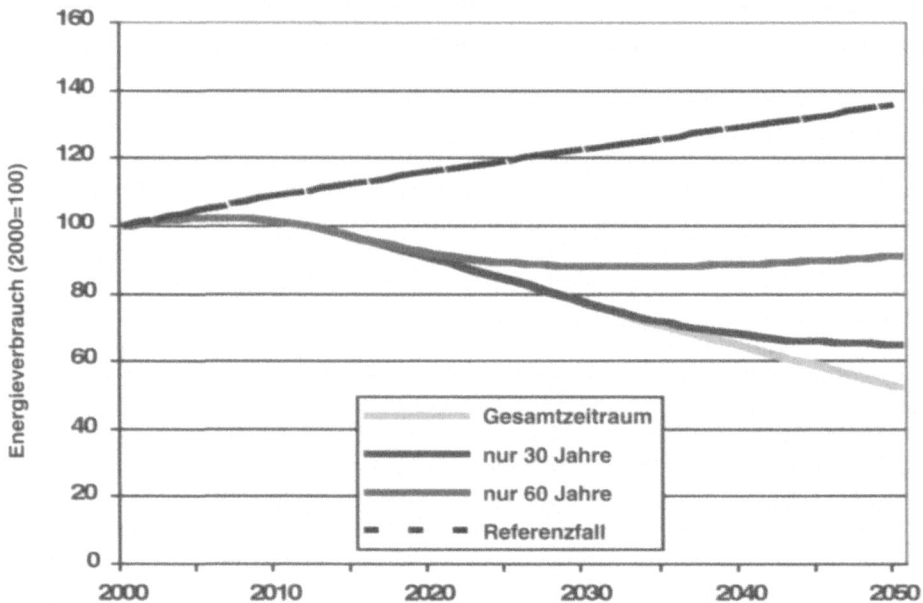

Abb. 5.3. Wie in Abbildung 5.2 mit der zusätzlichen Annahme, dass die beschleunigte Verbesserung der Energieeffizienz nur über einen begrenzten Zeitraum (d.h. für 15, 30 und 50 Jahre) aufrechterhalten werden kann. Geräte und Anlagen hatten eine gemischte Nutzungsdauer (15 Jahre bei 50%, 20 Jahre bei 25% und 60 Jahre bei 25%). Der Referenzfall (gestrichelte Linie) entspricht Abb. 5.2.

5.3 Regenerative Energiequellen[6]

Energie kann aus einer Reihe von Quellen erzeugt werden. Box 5.1 gibt einen Überblick über die möglichen Quellen. Für ein nachhaltiges Energiesystem erscheint die Nutzung regenerativer Energiequellen am besten geeignet.

Erneuerbare Energie trägt bereits zu 12 bis 16% zur (kommerziellen und nicht kommerziellen) globalen Energieversorgung bei, vor allem in Form von Energie aus Biomasse und großen Wasserkraftwerken (siehe Anhang 1, Abbildung A.2). Diverse Szenariostudien kommen zu dem Ergebnis, dass in der zweiten Hälfte unseres Jahrhunderts die Hälfte des Weltenergiebedarfs aus regenerativen Quellen gedeckt werden kann (Johannson et al. 1993 und UNDP/UNDESA/WEC 2000).

Nachfolgend werden verschiedene Möglichkeiten der regenerativen Energieerzeugung erörtert: aus Biomasse, mit Windkraft und mit Sonnenkraft. Dieser Abschnitt konzentriert sich auf die Möglichkeiten in Westeuropa. Eine Zusammenfassung aller wichtigen Energieressourcen enthält Box 5.1.

---

[6] Ein erster Entwurf dieses Abschnittes wurde von Yvonne Hofmans (Ecofys, Utrecht) geschrieben.

Box 5.1. Mögliche Energiequellen für das globale Energiesystem von morgen

Der kürzlich erschienene Bericht (UNDP/OECD/WEC 2000) *World Energy Assessment* vermittelt einen umfassenden Überblick über alle heute bekannten Energieressourcen. Aus verschiedenen Gründen ist es sehr schwer, das zukünftige Potenzial dieser Optionen für die nächsten 50 Jahre vorauszusagen. Wie soll beispielsweise in Anbetracht des immensen solaren Energieflusses (siehe Kapitel 2, Box 2) das Potenzial der Photovoltaik quantifiziert werden? Die folgenden Überlegungen zielen weniger auf das theoretische Potenzial bestimmter Energieressourcen, sondern basieren auf einer Einschätzung darüber, ob in 50 Jahren ein substanzieller Anteil des dann zu erwartenden totalen Bedarfs von 600 bis 1000 EJ/Jahr (davon 20 bis 25% Elektrizität) durch eine bestimmte Ressource abgedeckt werden könnte und was die entsprechenden Implikationen wären.

1. **Fossile Energien:** Betrachtet man die vorhandenen Ressourcen, so wäre es gemäß Tabelle 4.3 durchaus möglich, dass im Jahre 2050 die fossilen Energien immer noch den größten Beitrag zum globalen Energiesystem liefern. Dies würde allerdings die Erschließung unkonventioneller Öl- und Gasvorkommen und/oder die Rückkehr zur Kohle bedingen. Tabelle 4.6 gibt einen Überblick über die negativen Konsequenzen dieser Strategie für das CO_2-System.
2. **Kernenergie** (Spaltung, im Prinzip auch Fusion); *nicht erneuerbar*, aber bei voll ausgebauter Technologie (Wiederaufbereitung, Brüter, schließlich Fusionsreaktor) faktisch unbeschränkt, jedoch nur in einer politisch vollständig kontrollierbaren Welt anwendbar. So müsste der heutige Kraftwerkpark um das 15- bis 20-fache vergrößert werden, um die Kernenergie zum Hauptträger des zukünftigen Energiesystems zu machen. Wie im Kapitel 4.2.4 dargelegt, werden die Chancen für diese Entwicklung als gering eingeschätzt.
3. **Wasserkraft**; *erneuerbar*, globale Kapazität wäre ökonomisch auf rund 30 EJ/J ausbaubar (heute 9,3 EJ/J), technisch gar auf 50 EJ/J. Die ökologischen Konsequenzen wären allerdings negativ. Ungeeignet in Zukunft die steigende Nachfrage nach Energie signifikant auffangen zu können.
4. **Biomasse**; *erneuerbar*, Kapazitätsreserven vorhanden (280 bis 450 EJ/J Primärenergie). Sollte Biomasse eine signifikante Rolle (>50%) bei der Deckung des zukünftigen Energiebedarfs spielen, ergäbe sich ein enormer Landbedarf und eine Konkurrenz mit andern Landnutzungsarten. Der Mensch nutzt bereits heute 40% der gesamten terrestrischen Primärproduktion für seine Bedürfnisse (Pimm 2001).
5. **Windkraft**; *erneuerbar*, hat im Prinzip ein sehr großes Potenzial. Würden 4% der für Windkraftwerke geeigneten Standorte genutzt, könnten 230 EJ/J Elektrizität produziert werden.
6. **Photovoltaik**; *erneuerbar*, praktisch unbeschränktes Potenzial in allen Regionen (Schätzungen zwischen 1.500 und 50.000 EJ/J primär), aber bei den heutigen Energiepreisen noch nicht wirtschaftlich.
7. **Thermische und passive Sonnenenergienutzung**; *erneuerbar*, praktisch unbeschränktes Potenzial für Energiebedarf auf niedriger Temperaturstufe.
8. **Geothermie**; *bedingt erneuerbar*, Potenzial immens. Nutzung aus heutiger technischer und ökonomischer Sicht auf Gebiete beschränkt, in denen der geothermische Wärmefluss natürlicherweise an der Erdoberfläche groß ist (Vulkane, Geysire).
9. **Meeresenergie**, z. B. Gezeiten- und Wellenenergie, *erneuerbar*. Nischenanwendungen, keine signifikante Rolle absehbar.

Die mittels Wärmepumpen nutzbare **Umgebungswärme** gehört in einem gewissen Sinn auch zu dieser Liste. Da sie aber nur in Kombination mit einem anderen Energieträger einsetzbar ist, wird sie als eine Methode zur Effizienzsteigerung des Energiesystems eingestuft.

5 Potenziale für die nachhaltige Entwicklung von Energiesystemen

Energie aus Biomasse

Biomasse ist ein Begriff für alle aus der Biosphäre (hauptsächlich aus Pflanzen) gewonnenen (biogenen), nicht fossilen Formen von Energieträgern. Das bekannteste Beispiel ist Holz. Derzeit ist Holz die am umfassendsten genutzte regenerative Energiequelle und zugleich die wichtigste Energiequelle für einen großen Teil der Weltbevölkerung.

Eine wichtige Quelle für Biomasse sind organische Abfälle, beispielsweise Hausmüll, Dung, Haushalts- und Industrieabwässer, Ernterückstände aus der Landwirtschaft und Rückstände aus der Forstwirtschaft. Die Schätzungen für die Verfügbarkeit von Rückständen in Westeuropa reichen von 4 bis 5 EJ (Swisher/ Wilson 1993; Hall et al. 1993), also etwas weniger als 10 % des derzeitigen Energiebedarfs.

Daneben kann Biomasse explizit zum Zwecke der Energiegewinnung angebaut werden. Abgesehen von Holz lässt sich an eine breite Palette anderer Kulturpflanzen wie beispielsweise Zuckerrohr, Madhura (Zuckerhirse), Miscanthus (Chinaschilf) und Zuckerrüben denken. Für die Energiegewinnung ist die Produktivität, gemessen in Trockenmasse pro Hektar, wichtig. Wo die Verfügbarkeit von Wasser kein einschränkender Faktor ist, reicht die Produktivität bei den meisten Biomasse-Kulturpflanzen, abhängig von Pflanzentyp, Bodenbedingungen und Klima, von 10 bis 30 t Trockenmasse pro Hektar. Besonders in Trockenregionen kann die Produktivität beträchtlich niedriger ausfallen und auf bis zu 2 bis 4 t pro Hektar sinken. In Europa belaufen sich die Durchschnittserträge auf 10 bis 12 t Trockenmasse pro Hektar. Diese Werte könnten zukünftig auf bis zu 15 t pro Hektar bei den besten Böden steigen.

Natürlich hängt die Produktivität von der Fläche des verfügbaren Grund und Bodens ab. Tabelle 5.3 gibt einen Überblick über die Flächenverteilung in der Europäischen Union. Um 6 EJ (das entspricht 10 % des gegenwärtigen Energieverbrauchs in der EU) zu produzieren, wird eine Fläche von 25 Millionen Hektar (250.000 km^2) benötigt.[7] Dies entspricht einem Drittel der gesamten Ackerfläche, 22 % der Waldfläche und 12,5 % aller potenziell für die Biomasse-Produktion geeigneten Flächen. Freilich besteht eine beträchtliche Konkurrenz mit anderen Nutzungsformen.[8]

---

[7] Ausgehend von einer Durchschnittsproduktion von 14 t Trockenmasse pro Hektar, einem niedrigeren Heizwert von 18 GJ/t und unter Berücksichtigung des Energieverbrauchs für Anbau, Ernte und Vorbehandlung.

[8] In den achtziger Jahren wurden in der Europäischen Gemeinschaft hohe Erwartungen in Bezug auf die Größe stillzulegender Flächen gehegt. Unter der Voraussetzung, dass es gelänge, die mit der gemeinsamen Agrarpolitik zusammenhängenden Überschüsse und Subventionen einzudämmen, sollten im Jahr 2000 mehr als 15 Millionen Hektar nicht mehr agrarisch genutzt werden. Diese Erwartungen stellten sich jedoch als übergroßen heraus. Gründe hierfür waren sowohl Einschränkungen der Stilllegung als auch die begrenzte Nachfrage nach Kulturpflanzen für die Energiegewinnung. Die zwangsweise stillgelegte Fläche für 2001/2002 beläuft sich auf etwa 4 Millionen Hektar. Hinzu kommen 1,6 Millionen Hektar freiwillig stillgelegte Fläche, insgesamt also 5,6 Millionen Hektar. Bislang wurden keine neuen Zielvorgaben für stillzulegende Flächen verabschiedet.

Tabelle 5.3. Flächenverteilung in der Europäischen Union 1999 (Millionen Hektar). Quelle: FAO (2000)

Wälder und Gehölze	Dauer-kulturen[9]	Ackerland	Andere	Insgesamt
113	11	75	115	314
36%	4%	23%	37%	100%

Biomasse kann unmittelbar für Energiezwecke verwendet werden. Bis jetzt ist die unmittelbare Verbrennung die häufigste Art der Verwendung von Biomasse. Die hierfür eingesetzten Gerätschaften reichen von kleinen Öfen in Entwicklungsländern bis zu großen Industriekesseln, beispielsweise für die Verbrennung von Rückständen in der Zellstoff- und Papierindustrie. Im Allgemeinen stellt die Verbrennung in großen Anlagen die effizienteste und sauberste Form der Verwendung von Biomasse dar. Derzeitig erscheint die Mitverfeuerung von Biomasse in bestehenden Kohlekraftwerken am interessantesten. Bis zu 20 % der Kohle in diesen Kraftwerken können durch Biomasse ersetzt werden. Hierzu ist eine Modifizierung der Brenner erforderlich, dies ist mittlerweile bewährte Technologie. In der EU beläuft sich die gesamte Kohleverbrennung in Kraftwerken auf 5,5 EJ (1999). Dies bedeutet, dass es derzeit für die Erhöhung der Biomasse-Nutzung nicht der Einführung einer neuen Umwandlungstechnologie bedarf.

Die am meisten diskutierte zukünftige Technologie für die Biomasse-Nutzung ist die Vergasung. Unter Begrenzung der Sauerstoffzufuhr wird Biomasse in eine Mischung aus Gasen wie Methan, Wasserstoff und Kohlenmonoxid umgewandelt. Diese Gasmischung kann dann als Energieträger, beispielsweise für die Stromerzeugung in hocheffizienten Kombinationskraftwerken verwendet werden. Außerdem kann die Gasmischung weiter in Sekundärkraftstoffe wie Wasserstoff, Methanol oder – über die Fischer-Tropsch-Synthese – in synthetisches Benzin umgewandelt werden. Diese Kraftstoffe eignen sich für den Betrieb von Automobilen.

Für feuchte Formen von Biomasse sind biologische Behandlungsprozesse besser geeignet. Der am besten bekannte Wandlungsprozess ist die Vergärung. Dabei handelt es sich um einen bakteriellen Prozess in einer feuchten Atmosphäre, in der organische Abfälle in eine Mischung aus Methan und Kohlendioxid (Biogas) umgewandelt werden. Dieser Prozess eignet sich insbesondere für Abwässer und Dung. Bei der Vergärung beispielsweise von Zuckerrohr und Zuckerrüben entsteht in einem ähnlichen Prozess Alkohol. Für die Bedingungen in Europa gilt dieser Weg zur Produktion von Flüssigbrennstoffen im Vergleich zum oben beschriebenen Weg über die Vergasung allerdings als weniger attraktiv (im Hinblick auf die lifecycle efficiency und die Kosten). Die als sehr vielversprechend eingeschätzte enzymatische Hydrolyse, mit der Holz in Alkohol umgewandelt werden kann, befindet sich noch im Entwicklungsstadium.

---

[9] Beispielsweise Obstbäume und Reben.

Windenergie

Windenergie nutzt die kinetische Energie in bewegten Luftmassen. In den achtziger Jahren wurden Windturbinen mit einer Standardkapazität von 0,1 MW entwickelt und installiert. Seither konnte die Turbinenleistung drastisch gesteigert werden: Die größten Windturbinen haben heute eine Leistung von 2 MW. Bis jetzt werden Windturbinen in der Europäischen Union überwiegend auf dem Festland installiert. Ende 2001 betrug die installierte Gesamtleistung 17.000 MW bei jährlichen Wachstumsraten von 30 %.

In Windfarmen wird gewöhnlich eine Windturbinenleistung zwischen 5 und 10 MW pro Quadratkilometer installiert. Es wurden zahlreiche potenzielle Schätzungen vorgenommen (IEA 2000), und der Optimismus nimmt zu. Heute erscheint es möglich, in der Europäischen Union eine Leistung von 250.000 MW auf dem Festland und 150.000 MW offshore zu installieren. Die Windturbinen würden dann etwa 3 EJ Strom produzieren. Bei der Installation in Windparks würde für eine Leistung von 250.000 MW etwa 1 % der europäischen Landfläche benötigt; die Flächen könnten jedoch weiterhin für andere Zwecke genutzt werden.

Solarenergie

Es gibt verschiedene Formen der direkten Nutzung der Sonnenstrahlung. Die direkte Nutzung der Sonnenstrahlung ermöglicht die höchste Energieerzeugung pro Flächeneinheit (siehe Tabelle 5.4).

Tabelle 5.4. Typische spezifische Energieerzeugung pro Flächeneinheit aus regenerativen Quellen.

Regenerative Energietechnologie	Energieerzeugung (MJ pro m^2)	Energieform
Biomasse	20–25	Rohbiomasse
	10	Strom
Windenergie	35–70	Strom
Sonnenkollektoren	1000–2000	Wärme
Solarzellen	400	Strom

Die erste Form der Wärmeerzeugung bilden Sonnenkollektoren. Wärme wird auf eine Oberfläche gestrahlt, die von der Umgebung thermisch isoliert ist. Diese Wärme kann beispielsweise durch Wasser oder Luft abgeführt werden. Am stärksten ist die Nutzung für die Warmwassererzeugung verbreitet. Der Einsatz für die Raumheizung wird künftig möglich, wenn das jahreszeitlich bedingte Speicherproblem gelöst wird. Die Effizenz der Umwandlung von Sonnenstrahlung in Wärme mäßiger Temperatur liegt gemeinhin zwischen 30 und 60 %. Das Gesamtpotenzial in der Europäischen Union beträgt weniger als 1 EJ. Ein wichtiger beschränkender Faktor ist der fehlende (zukünftige) Bedarf an Niedertemperaturwärme.

Die zweite Form ist die in der Entwicklung noch nicht so weit fortgeschrittene, aber für die Zukunft besonders vielversprechende direkte Umwandlung von

Sonnenenergie in Strom durch Solarzellen.[10] Die bislang erreichte Effizienz von Systemen, die sich für den Einsatz in der Praxis eignen, liegt bei mehr als 10%; zukünftig könnten jedoch Werte von über 20% realisierbar sein. Die photovoltaische Stromerzeugung zählt derzeit noch zu den teuersten regenerativen Energiequellen. Sie ist jedoch auch diejenige, die sich langfristig zur wichtigsten Energiequelle entwickeln könnte.

Überblick über erneuerbare Energien

Tabelle 5.5 enthält einen Überblick über die derzeitige Nutzung regenerativer Energieressourcen.[11]

Tabelle 5.5. Merkmale der globalen Nutzung erneuerbarer Energie. Zum Vergleich: 1998 betrug der globale Gesamtenergieverbrauch etwa 380.000 PJ/Jahr (380 EJ/ Jahr). Es ist zu beachten, dass verschiedene Energieformen nicht uneingeschränkt vergleichbar sind. Beispielsweise ersetzt 1 PJ Strom aus Biomasse mehr fossilen Brennstoff als 1 PJ Wärme aus Biomasse. Außerdem ist der ökonomische Wert von 1 PJ Strom höher als der von 1 PJ Wärme. Quelle: UNDP/OECD/WEC 2000.

Technologie	Globale Energieerzeugung 1998 (PJ/Jahr)	Zunahme der installierten Leistung in den letzten 5 Jahren (%/Jahr)	Derzeitige Energiekosten bei neuen Systemen (¢/kWh)	Potenzielle zukünftige Energiekosten (¢/kWh)
Energie aus Biomasse				
Strom	580	~3	5 – 15	4 – 10
Wärme	>2500	~3	1 – 5	1 – 5
Ethanol	420	~3	3 – 9	2 – 4
Strom aus Windkraft	65	~30	5 – 13	3 – 10
Strom per Photovoltaik	2	~30	25 – 125	5 – 25
Strom aus Solarwärme	4	~5	12 – 18	4 – 10
Niedertemperaturwärme aus Solarwärme	770	~8	3 – 20	2 – 10
Strom aus Wasserkraft				
große Anlagen	9000	~2	2 – 8	2 – 8
kleine Anlagen	320	~3	4 – 10	3 – 10
Geothermische Energie				
Strom	170	~4	2 – 10	1 – 8
Wärme	150	~6	0,5 – 5	0,5 – 5

---

[10] Eine dritte Form wäre die Stromerzeugung durch die so genannte „Solarthermie": In diesem Fall wird die Sonnenstrahlung konzentriert, was die Erzeugung hoher Temperaturen, beispielsweise in Form von Heißluft oder Dampf, ermöglicht. Diese werden dann zur Stromerzeugung genutzt. Die Konzentration ist nur bei direkter Einstrahlung möglich, was die Anwendung auf sonnige Regionen wie beispielsweise den Süden Spaniens beschränkt.

[11] Zum Potential erneuerbarer Energien vgl. auch TAB (2000) und Nitsch u. Rösch (2001).

5 Potenziale für die nachhaltige Entwicklung von Energiesystemen

Viele Technologien sind bereits verfügbar, aber die meisten der so genannten regenerativen Energieressourcen verursachen bisher höhere Kosten als die herkömmliche Stromerzeugung: Strom aus Windkraft und Biomasse ist doppelt so teuer, Strom aus Sonnenenergie per Photovoltaik zehnmal so teuer. Technologisches Lernen führt zu sinkenden Kosten pro erzeugter Energieeinheit (siehe Abbildung 5.4); dieser Prozess ist jedoch zeitintensiv.

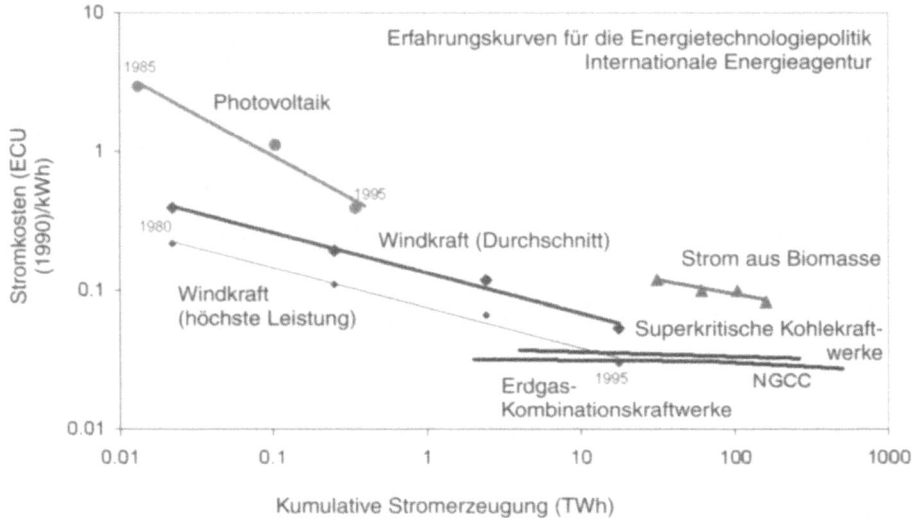

Abb. 5.4. Stromerzeugungstechnologien in der EU, 1980–1995. Entwicklung der kumulativen Energieerzeugung und des Preises pro Stromeinheit bei den verschiedenen Stromerzeugungstechnologien. Trotz rascher Lernkurven, insbesondere bei der Photovoltaik, sind die Stromerzeugungskosten bei allen regenerativen Energietechnologien immer noch höher als bei den Technologien auf der Grundlage fossiler Brennstoffe (superkritische Kohlekraftwerke und mit Erdgas betriebene Kombinationskraftwerke) (IEA 1998).

5.4
Zukunftsszenarien: Mögliche Entwicklungen und Effekte

Unter Berücksichtigung der möglichen Entwicklungen sowohl auf der Nachfrage- als auch auf der Angebotsseite des Energiesystems werden vier unterschiedliche Szenarien für das Energiesystem in der EU im Jahr 2050 präsentiert: ein Szenario mit konstanten CO_2-Emissionen nach 2010 („0") und drei davon abweichende Szenarien, denen ein Rückgang der CO_2-Emissionen von 75 bis 85 % im Vergleich zu 1990 (und auch ein Rückgang der Emissionen von vielen anderen Schadstoffen) zugrunde liegt. Die Szenarien für einen Zeitraum von 50 Jahren haben explorativen Charakter. Dieser Hinweis gilt gleichsam für die anderen Fälle.
  0. Referenzfall mit der Fortsetzung bestehender Trends wie geringer Verbesserung der Energieeffizienz, einer schrittweise zunehmenden Endenergie-

5.4 Zukunftsszenarien

nachfrage, eines zunehmenden Anteils von Erdgas, eines Auslaufens der Kernenergienutzung und geringer Anteile regenerativer Energiequellen,

I. Ein Szenario mit einer relativ stabilen Energienachfrage (jedoch mit einer Verlagerung von der Nachfrage nach Wärme zur Nachfrage von Strom) und einem Angebotssystem, das sich unter Berücksichtigung der Beschränkung der CO_2-Emissionen auf die billigsten, reichlich verfügbaren Energiequellen stützt: Biomasse und Erdgas,

II. Identische Nachfrageentwicklung, aber geringere Nutzung von Biomasse

III. Ein Szenario mit deutlich gesunkener Energienachfrage.

Der Primärenergie-Input der einzelnen Energiequellen für jedes Szenario ist in Abbildung 5.5 wiedergegeben.

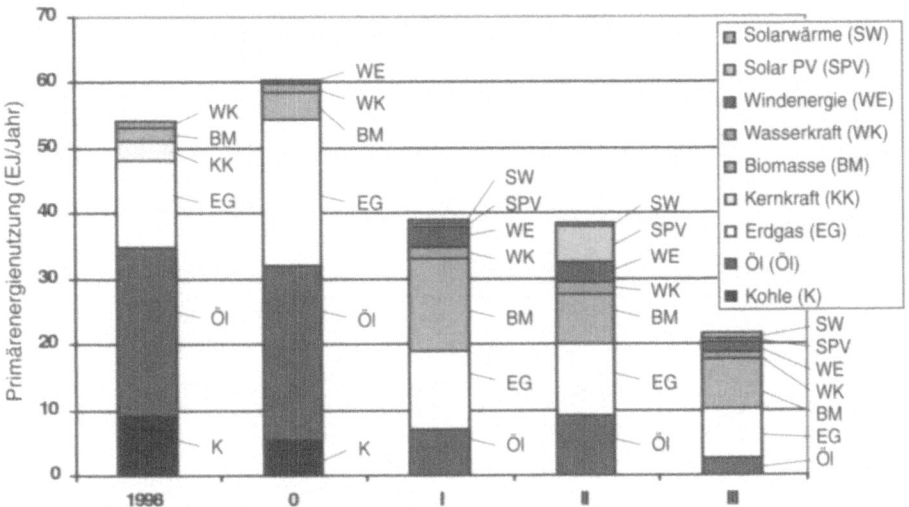

Abb. 5.5. Überblick über den Primärenergie-Input im Jahr 2050 für die drei Szenarien.[12] Bei der Energiegewinnung aus Windkraft, Sonnenstrahlung und Wasserkraft ist Primärenergie definiert als der Energiegehalt des erzeugten Stroms und der erzeugten Wärme. In den anderen Fällen ist Primärenergie definiert als der Energiegehalt des Brennstoffs. Dies führt zu der beschriebenen Unterschätzung des Wertes der regenerativen Energiequellen.

---

[12] Die Basisdaten für das Jahr 1998 wurden Energiestatistiken von IEA/OECD entnommen. Bei der Berechnung der Endwärmenachfrage wurde von einer derzeitigen Wärmeerzeugungseffizienz von 90% für die Industrie und 80% für die anderen Sektoren ausgegangen. Die Nutzung von Energieträgern zu anderen Zwecken als der Energieerzeugung wurde außer Acht gelassen.
Für die Szenarien I und II wurde davon ausgegangen, dass die Gesamtendnachfrage bis 2050 stabil bleibt, jedoch der Stromanteil an der Endnachfrage von 20 auf 27% steigt. Es wurde angenommen, dass die Nachfrage nach Niedertemperaturwärme zu einem kleinen Teil aus Solarwärme, im Wesentlichen jedoch durch elektrische Wärmepumpen (Leistungskoeffizient = 6) gedeckt wird. Die Nachfrage nach Industriewärme werde durch die kombinierte Erzeugung von Wärme und Strom (Kraft-Wärme-Kopplung [KWK]; elektrische Effizienz = 60%, Wärmeeffizienz = 30%) gedeckt. Die nicht durch regenerative Energiequellen oder

In Szenario I wird angenommen, dass Niedertemperaturwärme vor allem durch Wärmepumpen und Fernheizung aus Kombinationskraftwerken bereitgestellt wird. Alternativ ist ein wesentlich stärker dezentralisiertes Stromerzeugungssystem vorstellbar, das auf kleinen Brennstoffzellengeneratoren basiert, die den lokalen Wärmebedarf decken. Ein Drittel der Biomasse-Produktion kann durch eine Reihe von Abfallflüssen und Rückständen gedeckt werden. Unabhängig davon ist jedoch ein beträchtlicher zusätzlicher Anbau von Kulturpflanzen zur Energiegewinnung erforderlich. Die benötigte Gesamtfläche zur Produktion dieser Biomasse beläuft sich auf 40 Millionen Hektar; das entspricht 20 % der gegenwärtig in der EU für Land- und Forstwirtschaft genutzten Fläche.

Dieser riesige Flächenbedarf kann als problematisch angesehen werden. Es sei darauf hingewiesen, dass Biomasse aus anderen Kontinenten importiert werden könnte. Dennoch wird es mehr oder weniger ausgeprägte Nutzungskonkurrenzen (Nahrungsmittel, Futtermittel, Fasern etc.) geben. Allerdings lässt sich eine Entwicklung vorstellen, die sich auf eine weniger flächenintensive Energiequelle wie die photovoltaische Solarenergie stützt. Die Entwicklung dieser Energiequelle erfordert ein über einen langen Zeitraum anhaltendes Wachstum von mehr als 20 % jährlich in der ersten Hälfte dieses Jahrhunderts und kontinuierliche Investitionen in diese Energiequelle. Dies ist in Szenario II berücksichtigt. Ein scheinbar kleiner Anstieg der jährlichen Wachstumsrate der Leistung der photovoltaischen Solarenergieerzeugung von 13 auf 18 % jährlich führt dabei bereits zu einem enormen Anstieg des Beitrags der photovoltaischen Solarenergie von 0,6 auf 5,5 EJ_e führt. Dies macht unsere Unfähigkeit deutlich, exponentielles Wachstum über einen so langen Zeitraum richtig einzuschätzen

Ein weiteres Problem, das bei Szenario II auftreten kann, besteht darin, dass der Anteil diskontinuierlicher regenerativer Energieressourcen wie Windenergie und photovoltaischer Solarenergie groß wird. Der Umfang, in dem diskontinuierliche regenerative Energieressourcen in ein Stromsystem integriert werden können, ist stark von der Flexibilität der restlichen Erzeugungskapazität, der Verfügbarkeit von Speicherkapazität und der Art der Kraftnetzsteuerung abhängig. Bei ausreichender Flexibilität der nicht diskontinuierlichen Erzeugungskapazität erscheinen ohne Speicherkapazität ein Anteil der Stromerzeugung aus Windkraft und Sonnenstrahlung von 30 bis 40 % und mit ausreichender Speicherkapazität ein Anteil von etwa 40 bis 50 % möglich (Blok et al. 1985). Deshalb erfordert der noch höhere Anteil diskontinuierlicher regenerativer Energiequellen im Stromsektor in Szenario II, dass ein Teil des erzeugten Stroms zu anderen Zwecken genutzt wird. Eine logische Nutzung dieser Energie wäre die Produktion von Wasserstoff mittels Elektrolyse zu Transportzwecken.

Die in den Szenarien I und II angenommene Stabilisierung der Endenergienachfrage erfordert bereits beträchtliche Anstrengungen über das hinaus, was im

---

KWK erzeugte Wärme werde mit Erdgas erzeugt (elektrische Effizienz = 70%), Hochtemperaturwärme für industrielle Prozesse ebenfalls mit Erdgas. Biomasse werde hauptsächlich zur Automobilkraftstofferzeugung genutzt (Effizienz der Wandlung von Biomasse in Kraftstoff = 90%). Der Rest des Brennstoffverbrauchs einschließlich des Verbrauchs als petrochemischer Rohstoff wird mit Ölprodukten bestritten. In Szenario II wird ein Teil des Brennstoffs aus überschüssigem Strom durch Elektrolyse erzeugt (Wandlungseffizienz = 90%).

5.4 Zukunftsszenarien

Rahmen einer autonomen Entwicklung erwartet werden kann. Die Stabilisierung der Endnachfrage kann als Nettoeffekt eines jährlichen BIP-Wachstums von 2 bis 2,5 % betrachtet werden. Gleichzeitig führen strukturelle Effekte zu einer verringerten Energieintensität von etwa 0,5 % jährlich und zu einer Verbesserung der Energieeffizienz von 1,5 bis 2 % jährlich (normalerweise wird nur ein Wert von 1 % jährlich erreicht). Wie in Abschnitt 5.2 gezeigt wurde, erscheint dennoch eine beträchtliche Verringerung der Energienachfrage machbar, wenn der technologische Fortschritt bei den Optionen für die Energienachfrage groß genug ist. Szenario III zeigt eine Verringerung der Energienachfrage um etwa 40 % im Vergleich zum derzeitigen Niveau. Verglichen mit den anderen Fällen ist der Input an allen regenerativen Energiequellen niedriger (mit Ausnahme von Biomasse, bei der der Input genauso hoch ist wie in Szenario II).

Für alle drei Szenarien mit verringerten CO_2-Emissionen ist eine hohe Wachstumsrate der Nutzung erneuerbarer Energien charakteristisch, was den erforderlichen Umschwung deutlich macht. Die hierzu notwendigen Wachstumsraten sind in Tabelle 5.6 aufgeführt. Die Schwierigkeiten, die damit verbunden sind, solche Wachstumsraten über einen Zeitraum von 50 Jahren aufrechtzuerhalten, dürfen nicht ignoriert werden. Zweifellos bedarf es anhaltender Anstrengungen in den Bereichen Erfindungen/Innovationen und Diffusion neuer Technologien, um ein solch ambitioniertes Ziel zu erreichen. Eine Zusammenfassung der verschiedenen Erfordernisse bietet Tabelle 5.7.

Tabelle 5.6. Erforderliche jährliche Wachstumsraten der Nutzung verschiedener Energiequellen in den Szenarien I bis III mit verringerten CO_2-Emissionen im Zeitraum von 2000 (oder 1999 bzw. 1998, wenn neuere Daten nicht verfügbar waren) bis 2050

Energiequelle	I	II	III
Wasserkraft	1%	1%	0%
Biomasse	4%	3%	3%
Windenergie	7%	7%	6%
Solarwärme	11%	11%	11%
Solarphotovoltaik	13%	18%	13%

Tabelle 5.7. Überblick über die für den Übergang zu einem nachhaltigen Energiesystem erforderlichen Maßnahmen in den Bereichen Erfindung/Innovation und Diffusion

	Sektor	Erfindung/Innovation	Diffusion
Energienachfragesektoren	Industrie	Entwicklung verschiedener Prozessinnovationen (siehe beispielsweise Tabelle 1)	Ausreichende Rate der Einführung neuer Prozesse (beispielsweise durch Normen)
		Verstärkung der Weiterentwicklung von Erfindungen zu Innovationen	Entwicklung von Methoden zur Einführung aktueller Technologie in energieintensive Sektoren
		Entwicklung industrieller Prozesse	
		Entwicklung einiger übergreifender Technologien (Hochtemperatur-Wärmepumpen, Wärmetauscher, Membranen)	Verbreitete Einführung ambitionierter Energiemanagementsysteme
	Gebäude	Entwicklung besserer Gebäudehüllenkomponenten (auch für bestehende Gebäude)	Umfassende Nachrüstung des vorhandenen Gebäudebestands
		Entwicklung kostenwirksamer Wärmepumpen und Brennstoffzellen	Kontinuierliche Verschärfung der Energieeffizienznormen für neue Gebäude und neue Geräte
		Systemansatz zur Entwicklung energieeffizienter Wohngebäude	
		Entwicklung energieeffizienter Elektrogeräte (Ansatz der besten verfügbaren Technologie für eine breite Palette von Geräten)	
	Transportwesen	Entwicklung effizienter Kfz mit geringem Gewicht und Hybrid- oder Brennstoffzellenantrieb	Entwicklung und Einführung neuer Kraftstoffinfrastruktur
		Höhere Priorität für andere effiziente Transportsysteme (effiziente Lkw, Straßen- und Stadtbahnen)	
Energieversorgung	Nutzung fossiler Energie		Prinzip „Keine Wärme ohne Strom" zur Förderung der KWK
			Einführung von Kraftwerken mit der besten verfügbaren Technologie
	Erneuerbare Energie	Entwicklung fortschrittlicher photovoltaischer Solarzellen und ihre Integration in Gebäude und Energiesysteme	Langfristige Investitionen (z. T. nicht gewinnbringend) in alle regenerativen Energiequellen, um Fortschritte zu erzwingen
		Entwicklung fortschrittlicher Biomasse-Wandler (Vergasung, enzymatische Hydrolyse)	Einrichtung eines Marktes und Verabschiedung von Vorschriften für Biomasse-Energierohstoffe
		Entwicklung von Offshore-Windenergie-Wandlern	Änderung der physikalischen Infrastruktur und der Organisation der Stromerzeugung, sodass die großflächige Integration der Erzeugung in kleinem Maßstab möglich wird
		Entwicklung von Hochleistungs-Wärmespeichersystemen	

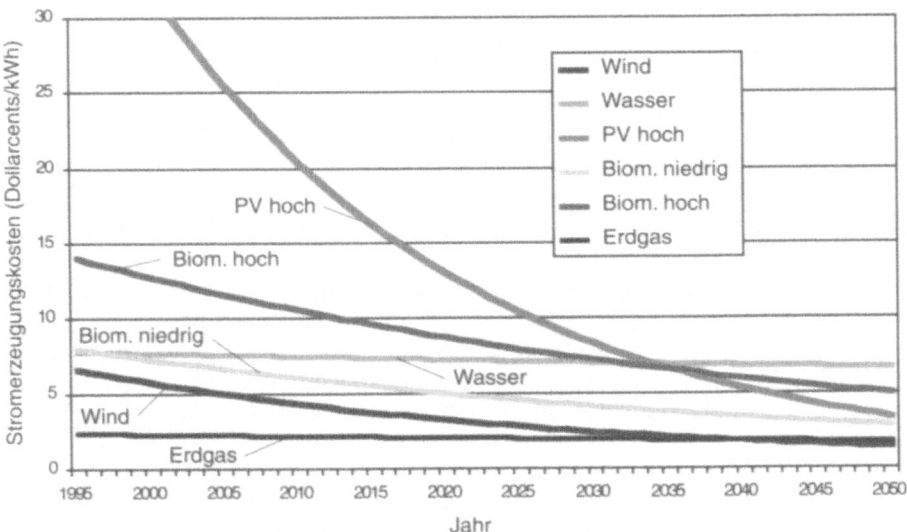

Abb. 5.6. Entwicklung der Stromerzeugungskosten im Laufe der Zeit für verschiedene regenerative Ressourcen unter der Annahme des für Szenario I erforderlichen Wachstums (es wird von festen Wachstumsraten ausgegangen). Die Kosten sind in Dollarcents pro kWh angegeben. Die folgenden Fortschrittsraten werden angenommen: Wind 81%, Photovoltaik 82%, Biomasse 70%, KWK mit Erdgas 90% (IEA 1998). Eine Fortschrittsrate von 90% bedeutet, dass die Kosten bei jeder Verdopplung der kumulativen Erzeugungskapazität um 10% sinken.

In allen dargestellten Szenarien wird Erdgas zum wichtigsten fossilen Brennstoff. Dennoch ist die Nachfrage nach Erdgas (7,5 bis 12 EJ) etwas geringer als die aktuelle Nachfrage in der Europäischen Union (13 EJ) und ebenfalls geringer als in einem Referenzszenario. Diese Nachfrage würde wahrscheinlich kein Angebotsproblem verursachen. Erstens verfügt Westeuropa (einschließlich Norwegens) noch über beträchtliche Reserven. Die nachgewiesenen Reserven sind relativ klein (etwa 200 EJ), aber die gesamten herkömmlichen Erdgasvorkommen werden auf etwa 1000 EJ und die nicht herkömmlichen Vorkommen auf 1200 EJ geschätzt (ohne die große Menge an Methanhydraten) (Rogner 1997). Die westeuropäischen Erdgasvorkommen machen 4 bis 5% der weltweiten Vorkommen aus (siehe Kapitel 4, Abbildung 4.3). Die größten Erdgasvorkommen befinden sich in der Sowjetunion und im Nahen Osten. Höhere Importe aus Russland über Pipelines und aus anderen Gebieten nach Verflüssigung können das Angebot an Erdgas in der Europäischen Union erweitern.

Ein wichtiger Aspekt ist die Kostenentwicklung bei den verschiedenen sekundären Energieträgern. Für die Schätzungen der Kosten der Stromerzeugung werden als Ausgangspunkt die derzeitigen Erzeugungskosten verwendet, und es wird die Vorstellung von technologischem Lernen zugrunde gelegt. Eine bekannte Faustregel besagt, dass die Kosten von Produkten jedes Mal um einen festen Teil sinken, wenn sich die kumulative Produktion verdoppelt (siehe Kapitel 2.3.3). Die in Abbildung 5.6 wiedergegebenen Ergebnisse zeigen, dass Lernen ein relativ langsamer Prozess ist und es daher mehrere Jahrzehnte dauern wird, bevor die Kosten regenerativer Ressourcen auf ein Niveau sinken, das mit den billigsten herkömmlichen Alternativen vergleichbar ist.

Abschließend wird in Tabelle 5.8 eine vorläufige Analyse jeder der drei Szenarien in Bezug auf die drei Aspekte von Nachhaltigkeit präsentiert. Obwohl alle Szenarien eine deutliche Verringerung der Treibhausgas-Emissionen zeigen, genügt nur Szenario III dem in Kapitel 4 genannten Kriterium von 2000 Watt pro Kopf. Die anderen Szenarien entsprechen einem Pro-Kopf-Energieverbrauch von etwa 3600 Watt, was immer noch beträchtlich weniger ist als bei einer Entwicklung, wie sie das Referenzszenario 0 repräsentiert.

Der deutsche Leser mag an dieser Stelle fragen, wie in diesem Zusammenhang der Energiebericht 2001 des Bundesministeriums für Wirtschaft und Technologie zu beurteilen ist, der konstatiert, dass eine Reduktion von CO_2-Emissionen um 40 % bis 2020 zu Kosten führt, die das Wirtschaftswachstum negativ beeinflussen.

Der Fokus dieses Berichtes auf Effizienzsteigerungen im Gebäude- und Verkehrsbereich ist zu eng gewählt. Um das gewählte Ziel zu erreichen, ist ein deutlich breiter angelegter Ansatz notwendig, wie er etwa in dieser Studie vorgestellt wird. Die substantiellen Bemühungen um regenerative Energietechniken in Deutschland müssen durch ein ebenso starkes Engagement im Bereich der Energieeffizienz ergänzt werden. Darüber hinaus ist ein weit größeres Engagement in Forschung und Entwicklung notwendig, um eine kontinuierliche Entwicklung neuer Techniken zu gewährleisten. Die in Deutschland ohnehin niedrigen Ausgaben in diesem Bereich müssten deutlich gesteigert werden. Dies wird in der vorliegenden Studie gefordert.

5.5
Umsetzungsperspektiven

Nachhaltige Energietechnologien in der Innovationsfalle

Bei der Frage, inwieweit die (technischen) Effizienzpotenziale der Energieversorgung und Energieanwendung ausgeschöpft und neue (regenerative) Energietechnologien in den Markt eingeführt werden, sind die spezifischen Bedingungen und Hemmnisse zu identifizieren, denen sich Umwelttechnologien, wozu auch neue Energietechnologien gehören, ausgesetzt sehen. Neben den in Kapitel 2 ausführlich dargestellten fördernden oder hemmenden Innovationsbedingungen sehen sich speziell Umwelttechnologien oft in einer „Innovationsfalle" (ausführlicher Steger 1998).

Erstens sollte in Rechnung gestellt werden, dass Energie in den meisten Sektoren kein wichtiger Kostenfaktor ist. Es gibt einige wenige Schwerindustriesektoren, in denen die Energiekosten bis zu etwa 10 % der gesamten Produktionskosten erreichen können. Bei der überwiegenden Mehrheit der industriellen Sektoren betragen die Energiekosten jedoch gemeinhin etwa 1 % der gesamten Produktionskosten oder weniger (siehe Abbildung 5.7). Dies gilt auch für den Dienstleistungs- und den Agrarsektor. Bei den Haushalten betragen die Energieausgaben gemeinhin einige Prozent ihrer Gesamtausgaben. Dies bedeutet, dass für die meisten Entscheidungsträger Energie kein bedeutender Faktor bei Entscheidungen über Investitionen, Einkäufe und Betriebsabläufe ist. Die Aufmerksamkeit

5.5 Umsetzungsperspektiven

Tabelle 5.8. Vorläufiger Vergleich der vier Zukunftsszenarien in Bezug auf die drei Nachhaltigkeitskriterien

Szenario	0	I	II	III
Pro-Kopf-Energieverbrauch	5500 W	3600 W	3600 W	2000 W
Ökonomisch	Die Kosten des Energiesystems werden nach und nach weiter sinken. Risiken von Verzerrungen des Energieangebots.	Szenario mit niedrigen Investitionen	Die Kosten liegen über denen in Szenario I. Hohe Kosten einschließlich hoher Transaktionskosten.	Hohe Vorabinvestitionen in Forschung und Technologieentwicklung erforderlich
Sozial		\multicolumn{3}{Es können beträchtliche Transaktionskosten auftreten.}	
Sozial		Effekt auf die europäische Landwirtschaft auf Grund der Umstellung auf Kulturpflanzen zur Biomasse-Erzeugung		Beträchtliche Anstrengungen zur Verbesserung der Energieeffizienz in allen Sektoren erforderlich (wahrscheinlich kleiner Effekt)
		Umfassende Strukturveränderungen mit zugehörigen Arbeitsmarkteffekten. Der Nettogesamteffekt auf den Arbeitsmarkt ist schwierig zu prognostizieren, aber in einigen Sektoren – insbesondere der Kohle- und Ölindustrie – wird es zu einem beträchtlichen Abbau von Arbeitsplätzen kommen.		
Ökologisch	Entspricht nicht den Klimawandelkriterien (CO$_2$-Emissionen höher als heute). Andere unerwünschte Wirkungen der Energieerzeugung und -nutzung bestehen fort (Landschaftseffekte des Braunkohlebergbaus, Auswirkungen auf die Luftqualität), während bestimmte Effekte, wie Säureablagerung, möglicherweise mit finanziellem Aufwand wesentlich verringert werden können.	Entsprechen wahrscheinlich den Klimawandelkriterien. Beträchtliche Flächen an Grund und Boden erforderlich.		Dieses Szenario ist wahrscheinlich unter ökologischen Gesichtspunkten am attraktivsten (verringerte Energie- und Materialflüsse).

für Energiefragen und das Interesse für damit zusammenhängende Kostensenkungen bleiben dadurch gering.

Zweitens, wenn überhaupt Energie als Kostenfaktor in Betracht gezogen wird, wird marktlich ihr positives Potenzial unterschätzt, weil die positiven externen Effekte von Maßnahmen (z. b. geringere CO_2-Emission) je nach Stand der (gesetzlich festgelegten) Normen nicht oder nicht vollständig bewertet werden. Zwar bringen z. b. effizientere Energietechnologien oft auch monetäre Kostenersparnisse durch geringeren Ressourcenverbrauch, aber wenn Energie subventioniert wird (wie z. b. in der Landwirtschaft oder im Flugverkehr) oder wenn Emissionsgrenzwerte auch mit konventionellen Technologien erreicht werden können, kommt der Nutzen von umwelt- und ressourcensparenden Technologien im betrieblichen Investitionskalkül nicht zum Tragen, was den Alternativenvergleich zugunsten der konventionellen Technologien verzerrt.

Drittens sind neue Technologien noch ganz „oben" auf der Lernkurve. Sie sind längst nicht so ausgereift wie die konventionellen Technologien, die teilweise bereits seit Jahrzehnten einem kontinuierlichen Verbesserungsprozess unterworfen wurden. Die kleinen Stückzahlen verursachen (zunächst noch) hohe Kosten gegenüber konventionellen Alternativen. Der „Viertakt-Verbrennungsmotor" im Auto ist ein gutes Beispiel für die Stabilität eines Technologiepfades („trajectory"), der von Massenfertigung und kontinuierlicher Verbesserung getragen wird. Zwar weist diese Variante von Antriebsenergie spezifische Nachteile bei Emissionen und Energieverbrauch auf, aber bislang ist es noch keiner potentiellen Alternative gelungen, die dominante Stellung des Verbrennungsmotors im Verkehr anzutasten. Es bleibt abzuwarten, inwieweit die Brennstoffzelle hier wirklich Veränderungen jenseits eines Nischen-Daseins für emissionsbegrenzte Gebiete – wie Großstädte in Kalifornien – bringen wird.

Für regenerative wie dezentrale Energietechnologien ist das Verharren am oberen Ende der Lernkurve besonders fatal. Bei diesen Technologien handelt es sich in der Regel um „manufactured technologies" im Gegensatz zu den konventionellen „on-site-technologies" (z.B. Kraftwerke oder Raffinerien, die an einer bestimmten Stelle als Unikat erstellt werden). Für die Wettbewerbsfähigkeit von „manufactured" gegenüber „on-site-technologies" ist also die schnellstmögliche Realisierung von Massenproduktionsvorteilen strategisch wichtig.

Viertens werden Energietechnologien selten „allein" genutzt. Sie sind oft in Netze oder Leitungen eingebunden, müssen zur Kompatibilität in der Kette eng definierte Standards einhalten (z.B. Benzinmotoren) oder sie sind auf sehr spezifische Nutzungen von Abnehmern zugeschnitten. Um diese Technologien und dazugehörende Infrastrukturen herum haben sich Dienstleistungen, Ausbildungsstätten etc. gebildet, die auf diese konventionellen Technologien ausgerichtet sind. Für eine effizientere oder regenerative Energietechnologie fehlen diese unterstützenden Strukturen weitgehend, obwohl sie doch zentral für deren effiziente Nutzung sind. Oft passen die Leistungen neuer Techniken auch nicht in die Standards und komplementären Infrastrukturen, die dazu ebenfalls neu aufgebaut werden müssen. Der Aufbau komplemetärer Infrastrukturen, welche in vielen Fällen für einen Erfolg neuer Techniken Voraussetzung ist (man denke an die Brennstoffzelle und das dafür nötige neue Versorgunsnetz von Wasserstoff oder Methanol) stellt oft eine fast unüberwindbare Barriere dar.

5.5 Umsetzungsperspektiven

Und *fünftens* stellt sich im kapitalintensiven Energiesektor (vgl. Kapitel 4 und 7) das Problem von „sunk costs" besonders scharf. Ist eine Anlage (z. B. Kraftwerk, Raffinerie) erst einmal errichtet, ist das dafür aufgebrachte Kapital „versenkt". Gegenüber der vorzeitigen Stillegung (mit hohen Sozialplan- und Demontagekosten) ist jeder (Weiter-)Betrieb, der über die variablen Kosten hinaus noch Deckungsbeiträge bringt, ökonomisch rational; im Energiesektor müssen also neue Technologien mit Anlagen konkurrieren, die entweder schon abgeschrieben sind (wie z. B. Kernkraftwerke nach ca. 17 Jahren, bei Restnutzungsdauern von bis zu 35 Jahren) oder die auf volle Kostendeckung verzichten können. Das Phänomen der „sunk costs" erklärt auch, warum in kapitalintensiven Industrien unrentable Überkapazitäten lange aufrechterhalten bleiben. Ein Neuinvestor kann aber durch das Risiko, in einen Preiskrieg verwickelt zu werden, vom Markteintritt abgeschreckt werden. Die Chance für neue Energietechnologien liegen gerade in nur langsam wachsenden Märkten dann in dem – u. U. sehr eng begrenzten – Zeitfenster, wenn am Ende der wirtschaftlichen Lebensdauer über die Neuinvestition entschieden wird.

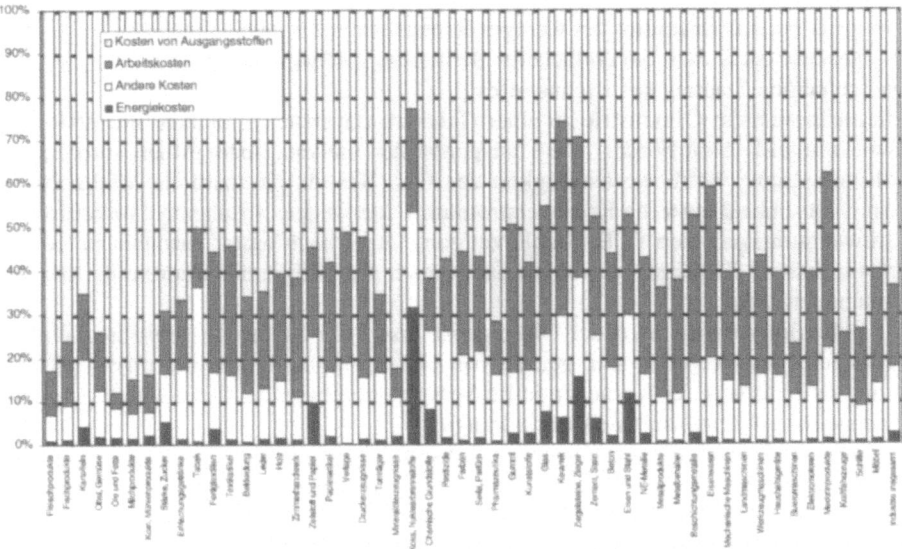

Abb. 5.7. Anteil der Energiekosten und anderer Kostenkomponenten an den Gesamtkosten der Unternehmen in verschiedenen Branchen der niederländischen Volkswirtschaft. (Daten, zusammengestellt von Andrea Ramirez, Universität Utrecht)

Substitution von Energieträgern

Die Substitution von Energieträgern ist in der Geschichte der industriellen Entwicklung nicht neu. Während die Steinkohle als Energieträger der industriellen Revolution die Begrenzung der bis dahin vorherrschenden regenerativen Energiequellen zunächst durchbrach und sie dann auch ersetzte, wurde die Steinkohle seit Beginn des 20. Jahrhunderts selbst zunehmend durch das Öl ersetzt. Dabei verlief die Entwicklung nicht gleichmäßig: In den USA, wo es – im Vergleich mit Europa – nur wenige große Kohleförderregionen gab und die Industriestruktur der damals auf Kohle basierenden „Teer-Chemie" noch nicht so verfestigt war, gelang es dem Öl leichter, schon um die Jahrhundertwende Marktanteile zu erobern. In Europa tat sich das Öl schwerer, gegen die Kohle zu konkurrieren. Erst der erste Weltkrieg und dann Churchills strategische (also nicht-ökonomische) Entscheidung, die britische Flotte auf Öl umzurüsten, um damit Reichweite wie Geschwindigkeit der Schiffe zu erhöhen, brachten für das Öl den Durchbruch zu gesicherten Marktsegmenten, vor allem im Kraftstoffbereich. Aber dort, wo Öl direkt gegen die Kohle konkurrieren musste, z. B. in der Schifffahrt, dauerte der Substitutionsprozess Jahrzehnte. Vor dem ersten Weltkrieg gab es nur 500 ölgefeuerte Handelsschiffe, mit der Entwicklung des Dieselmotors und effektiveren Ölkesseln stieg der Anteil bis 1939 auf 54 % an (davon 24 % mit Dieselmotoren). Nach dem zweiten Weltkrieg, der erneut einen Schub für das Öl brachte, verlief der Trend schneller: 1957 waren nur noch 8 % der Handelsschiffe kohlebetrieben, 1970 waren sie faktisch verschwunden.

Dabei waren die Vorteile des Öls gegenüber der Kohle bei Schiffen (und nicht nur dort) eindeutig:
– größerer Aktionsradius bei weniger Bunkerplatz (d. h. mehr Fracht),
– größere Sicherheit bei einfacherer Bedienung mit weniger Personal,
– schnellere Ladung des Brennstoffes.

Je mehr sich die Ölindustrie zu einer (faktisch der ersten) globalen Industrie entwickelte und damit Förder- wie Transportkosten sanken, umso größer wurde auch die preisliche Wettbewerbsfähigkeit des Öls. Nur durch staatliche Maßnahmen (in Deutschland etwa die Kohleverstromung) oder in spezifischen technologischen Anwendungsgebieten (z. B. Stahlerzeugung) lässt sich heute europäische Kohle noch nutzen. Gleichzeitig werden damit auch der billigeren Importkohle Markteinteile erhalten.

Allerdings wurde nach der Ölpreiskrise von 1973/74 das Öl selbst auch Opfer von Substitutionsprozessen, gerade von Gas im industriellen und privaten Heizungsbereich und der Kernenergie im Verstromungsbereich, die in vielen Ländern Schweröl aus dem Kraftwerkspark drängte.

Überblickt man die verschiedenen Substitutionen von Energieträgern, so lassen sich eine Reihe von gemeinsamen Faktoren identifizieren, die nötig waren, um eine erfolgreiche Energieträgersubstitution zu bewirken:
– Der neue Energieträger musste nicht nur ökonomische Vorteile bieten, sondern auch noch einen Zusatznutzen (Öl: sauberer und einfacher zu bedienen als Kohle).
– Fast nie war der Prozess politikfrei. Dabei wurde sowohl zugunsten der neuen wie der alten Energieträger eingegriffen (oft in der Folge: erst Förderung der neuen, dann Schutz der alten Energieträger, wenn die Konkurrenz zu erfolgreich war).
– Die Diffusion lief schneller zugunsten des neuen Energieträgers, wenn dieser erst einmal eine „kritische Masse" überschritten hatte.
– Die wirtschaftliche Lebensdauer der zum Brennstoff komplementären Energieinfrastruktur bestimmt die Diffusionsgeschwindigkeit (dabei können dann natürlich große Differenzen in den Brennstoffkosten oder geringere Umrüst-Kosten die wirtschaftliche Lebenszeit von Anlagen verändern).

Diese Faktoren werden auch die Substitution der fossilen Energieträger durch regenerative Quellen dominieren.

Die bisherigen Ausführungen haben gezeigt, dass es ein beträchtliches Potenzial von Energieeffizienzinnovationen gibt, die zu einer erheblichen Verminderung der CO_2-Emissionen führen können, ohne dass gravierende ökonomische Kosten oder Strukturbrüche befürchtet werden müssen. Das Minderungspotenzial dieser Innovationen lässt sich quantitativ für einen solchen Zeitraum schwer schätzen, weil wenig über die Geschwindigkeit des Diffusionsprozesses bekannt ist, mit der diese Energieeffizienzinnovationen den Markt penetrieren werden. Und diese Diffusionsgeschwindigkeit ist nicht „gegeben", sondern hängt von den Akteuren – einschließlich der staatlichen Politik – ab. Aber als wichtiger Punkt für die Handlungsempfehlungen bleibt *erstens* festzuhalten, dass die Beschleunigung der Diffusion von Energieeffizienzinnovationen ein wichtiger Hebel sein kann, um das Energiesystem nachhaltiger zu gestalten.

Zweitens ist klar geworden, dass die bestehenden Ziele für regenerative Energiequellen (z. B. das Ziel, 22 % der Elektrizität in Europa in 2010 aus regenerativen Quellen zu erzeugen) verfehlt werden, wenn nicht massiv ihre Förderung weiter betrieben wird (wobei wir sehen werden, dass, selbst wenn das „Ob" überzeugend ist, das „Wie" keineswegs eine triviale Frage ist). Dies gilt erst recht für den langfristigen Übergang auf ein solar gestütztes Energiesystem.

Drittens ist der Zusammenhang zwischen Energieeffizienz und regenerativen Energiequellen klar geworden: Selbst unter optimistischen Annahmen über die Entwicklung regenerativer Energiequellen ist es nicht möglich, hinreichende Anteile der Energieversorgung regenerativ anzubieten, wenn der hohe Energieverbrauch in den entwickelten Ländern weiter wächst. Nur wenn die Energieeffizienzpotenziale tatsächlich ausgeschöpft werden, und so der Energieverbrauch abgesenkt wird, können die regenerativen Quellen einen Anteil von ca. 50 % im Jahr 2050 erreichen.

Und *viertens* legen die explorativen Überlegungen zu früheren Substitutionen von Energieträgern nahe, dass offensichtlich die Substitution schneller verläuft, wenn erst einmal eine „kritische Masse" erreicht ist.

Die Analyse der „Innovationsfalle" zeigt dabei noch einmal deutlich, dass sich die Innovationspotenziale bei Energieeffizienz und regenerativen Quellen nicht quasi „automatisch" oder im Trend realisieren lassen. Es ist also Handlungsbedarf offensichtlich, der aber nur – wie die folgende Analyse zeigt – sehr unzureichend wahrgenommen wird. Wir untersuchen die Gründe dafür, bevor wir unsere eigenen Handlungsempfehlungen entwickeln.

6 Die Realität der Nachhaltigkeit: Zielkonflikte in der Instrumentenwahl

Die politische Diskussion neigt sehr oft dazu, weniger die Ziele als vielmehr die Maßnahmen, also die einzusetzenden Instrumente, zu diskutieren. Die Ökosteuer-Diskussion in vielen europäischen Ländern ist nur ein Beispiel von vielen. Dabei bewirkt unter den jeweiligen (modellhaften) Annahmen der Befürworter oder Gegner das propagierte Instrument entweder Wunder oder Katastrophen.

Für die Zielsetzung dieser Studie führt eine solche abstrakte oder politische Instrumentendiskussion nicht weiter. Nach unserer Analyse kann ein Instrument nur hinreichend beurteilt werden, wenn a) das Ziel klar definiert ist, wofür es eingesetzt werden soll, b) der Kontext bekannt ist (dazu gehören z.B. die Marktbedingungen, bereits andere eingesetzte Instrumente, kulturelle Attitüden etc.) und c) auch die Verteilungswirkungen abschätzbar sind, denn hier liegt häufig der Grund, warum sich Opposition gegen ein Instrument formiert.

Aus diesem Grund möchten wir einerseits das Problem grundsätzlicher angehen, indem wir generell die Zielkonflikte transparent machen, die sich bei der Verwirklichung der Nachhaltigkeit ergeben. Denn die Integration von ökonomischen, ökologischen und sozialen Kriterien zu fordern, bedeutet noch nicht, dass dies in der Praxis widerspruchsfrei möglich ist. Daher werden in diesem Kapitel relevante Zielkonflikte aufgezeigt, wobei der „Umweltaspekt" und hier vor allem die Verminderung energiebezogener CO_2-Emissionen den Bezugspunkt darstellt. Die konkrete Instrumentenanalyse erfolgt dann, soweit erforderlich, bei den Handlungsempfehlungen (Kapitel 7).

6.1
Stand der theoretischen Diskussion

Als Zweck politischen und wirtschaftspolitischen Handelns wird oft die Erhöhung der „Wohlfahrt" oder des „Gemeinwohls" genannt. Bei konkreten wirtschaftspolitischen Maßnahmen ist sehr oft unklar, was man darunter zu verstehen hat. Dies liegt daran, dass bestimmte Maßnahmen in mancher Hinsicht vorteilhaft erscheinen, aber andererseits meist auch Nachteile verursachen. Diese Nachteile können darin liegen, dass die Kosten und Nutzen einer Maßnahme ungleich verteilt sind oder darin, dass die Beseitigung eines Problems ein neues hervorruft.

Ein bekanntes Beispiel ist das magische Viereck in der makroökonomischen Wirtschaftspolitik: Nach dem Stabilitäts- und Wachstumsgesetz sind ein hohes Beschäftigungsniveau, niedrige Inflation, außenwirtschaftliches Gleichgewicht und angemessenes Wachstum anzustreben. Faktisch verfolgt die Politik aber auch noch zusätzlich das Ziel einer gerechten Verteilung. Dies sind fünf *wirtschaftspolitische*

Ziele, mit der Folge, dass Maßnahmen zum verbesserten Erreichen eines Zieles leicht die Realisierung eines oder mehrerer anderer Ziele verschlechtern können. Wenn zum Beispiel eine Beschäftigungssteigerung erreicht wird, kann das Risiko einer Erhöhung der Inflation und der Importe entstehen, so dass möglicherweise sogar zwei Ziele weniger gut erreicht werden, nämlich „geringe Inflation" und „außenwirtschaftliches Gleichgewicht". Wenn man die Verteilung durch Lohnerhöhungen gerechter gestalten will, kann das zu weniger Beschäftigung und Wachstum führen. Wiederum werden zwei Ziele möglicherweise weniger gut erreicht, wenn man ein anderes fördert. Wir haben es also mit *Zielkonflikten* zu tun.

Die Diskussion um solche Zielkonflikte ist in vielen Bereichen, insbesondere den Wirtschaftswissenschaften, mit zunehmender Akribie geführt worden (vgl. Wagner 1989 für den Makrobereich und Bhagwati und Srinivasan 1983 für die allgemeine Gleichgewichtstheorie mit Verzerrungen). Man versucht dabei, Möglichkeiten zur Verbesserung der gesellschaftlichen Situation für manche Individuen zu finden, ohne andere schlechter zu stellen. Solche Verbesserungen werden *Pareto-Verbesserungen* genannt, und die Zustände die daraus eventuell resultieren – wenn keine solchen Verbesserungen mehr möglich sind – heißen *Pareto-Optima* (Kapitel 3.2). Um solche Optima zu erreichen und Abweichungen davon identifizieren zu können, muss man gesellschaftliche Unvollkommenheiten und die geeigneten, zugehörigen Maßnahmen finden. Wenn es sich um Unvollkommenheiten des Marktmechanismus handelt, sprechen wir von *Marktunvollkommenheiten.* Die Maßnahmen zu ihrer Beseitigung und zur Erreichung des Pareto-Optimums heißen *wirtschaftspolitische Instrumente.*

Mögliche Ziele, die angestrebt werden, sind sowohl die Reduktion von Marktunvollkommenheiten als auch Verteilungssituationen. Modelle, in denen keine Marktunvollkommenheiten auftreten, werden auch pareto-optimal genannt. Modelle, in denen x Marktunvollkommenheiten auftreten, heißen auch bei optimalem Einsatz von Politikinstrumenten x-beste Gleichgewichte. Der optimale Einsatz von Politikinstrumenten sucht dann den besten Zwischenweg in der Reduktion einer Marktunvollkommenheit und der Erhöhung einer anderen. Zielkonflikte bleiben auch beim Einsatz von einer Anzahl von Politikinstrumenten bestehen, die in der Höhe der Anzahl der Marktunvollkommenheiten gleichen. Wenn Individuen verschiedene Präferenzen haben und zum Beispiel Umweltproblemen und anderen Zielen unterschiedliche Gewichte zuerkennen, werden sie sich unterschiedliche Werte des Einsatzes von Politikinstrumenten wünschen und damit unterschiedliche Positionen im Rahmen gegebener „trade offs" zwischen Zielen wählen. Mit den Zielkonflikten gehen dann Verteilungsprobleme auf der Nutzenebene einher, weil zum Beispiel jemand mit einseitig ‚grünen' Präferenzen einen höheren Nutzen erzielt, wenn die Umwelt auf Kosten der Beschäftigung geschützt wird, während jemand mit starken Präferenzen für hohe Beschäftigung einen höheren Nutzen erzielt, wenn die Beschäftigung auf Kosten des Umweltziels erhöht wird. Da nur *eine* der aus der Perspektive der verschiedenen Präferenzen idealen Lösungen durchgesetzt werden kann, verbleibt nur eine der vielen möglichen Nutzenverteilungen und nur eine der vielen möglichen Allokationen der Produktionsfaktoren und damit nur eine der vielen möglichen Positionen auf den diversen „trade offs" zwischen den Zielen.

Bei Vorliegen von Zielkonflikten besteht die Schwierigkeit der Identifizierung geeigneter Maßnahmen darin, dass man wissen müsste, welche Unvollkommenheiten, die zu Zielkonflikten führen, störender sind. Im obigen Beispiel stellt sich z. B. die Frage, welches Ausmaß der Unterbeschäftigung so groß ist, dass man mehr Umweltverschmutzung zulassen sollte. Aber auch dies wird von Individuen mit verschiedenen Präferenzen unterschiedlich beurteilt werden. Welche Präferenzen sich durchsetzen, ist eine politische Machtfrage. Die jeweilige Regierung bzw. die parlamentarische Mehrheit in demokratischen Systemen entscheidet darüber, welche Ziele ein größeres Gewicht erhalten; häufig kommt es zur Blockade, weil kein mehrheitsfähiger Kompromiss gefunden wird.

Der Zweck dieses Kapitels besteht darin, die Zielkonflikte zwischen Umweltzielen und anderen Zielen deutlich zu machen, soweit diese auf Marktunvollkommenheiten und Verteilungsproblemen beruhen. Solange Zielkonflikte bestehen, können sie verhindern, dass politische Entscheidungen getroffen werden. Dies liegt daran, dass Individuen, insbesondere Politiker und Lobbyisten, sich darin unterscheiden können, wie wichtig sie verschiedene Ziele einschätzen. Sie können sich insbesondere auch darin unterscheiden, dass sie an die Existenz eines Problems (überhaupt nicht) glauben oder sein Ausmaß unterschiedlich einschätzen oder subjektiv bewerten. Es kann sehr teuer werden, wenn bei unvollkommener Information keine Maßnahmen ergriffen werden, obwohl ein relevantes Problem tatsächlich sehr bedeutend ist, oder wenn Entscheidungen für Maßnahmen getroffen werden, die sich im nachhinein als unnötig erweisen. Wenn zum Beispiel keine CO_2-Politik betrieben wird, obwohl die Kosten der globalen Erwärmung faktisch sehr hoch sein können, werden Treibhausgase in der Atmosphäre weiter kumulieren und eine Politik in Richtung einer nachhaltigen Entwicklung wird dadurch später teurer oder ganz unmöglich, da die kumulierten Gase nicht abgebaut werden können. Wegen dieser drohenden Kosten von Zielkonflikten erscheint ein Nachdenken darüber, wie die Konflikte aussehen und ob und wie sie entschärft werden können, sinnvoll. Dies wird in den folgenden Abschnitten versucht.

6.2
Umweltschutz versus ökonomische und soziale Ziele

Umweltemissionen werden als Marktunvollkommenheit angesehen, weil der Empfänger der Emission hierfür nicht über den Markt eine Nachfrage signalisiert hat. Im Gegenteil, er erhält die Emission vielfach gegen seinen Willen und wäre eventuell sogar bereit, für die Minderung oder Abschaffung der Emission zu zahlen. Üblicherweise wird davon ausgegangen, dass der Verursacher für die Verschmutzung zahlen sollte und dass diese so vermindert werden kann. Eine mögliche Alternative besteht darin, den Geschädigten für die Reduktion der Verschmutzung zahlen zu lassen. Diese Überlegung wird im Folgenden auch einer kritischen Betrachtung unterzogen, weil insbesondere bei den CO_2-Emissionen nahezu jeder Verursacher ist.

6.2.1
Umwelt versus Beschäftigung

Auf der Basis des Verursacherprinzips wird zur Reduktion von Umweltemissionen häufig eine Zertifikatspflicht für oder eine Steuer auf CO_2-Emissionen oder auch eine Energiesteuer vorgeschlagen, damit die Kosten der Umweltbelastung in das Kalkül des Verschmutzers einbezogen werden. Der Verursacher hätte dadurch einen Anreiz zur Emissionsvermeidung. Diesem an sich positiven Wohlfahrtseffekt steht wahrscheinlich ein negativer Beschäftigungseffekt gegenüber. Eine solche Steuer oder die Kosten für Zertifikate erhöhen nämlich auch die durchschnittlichen und die zusätzlichen Kosten einer Produktionseinheit. Die dadurch bewirkte Preissteigerung von Gütern reduziert nun nicht nur die Nachfrage nach diesen Gütern im In- und Ausland, die Produktion und die Emissionen, sondern auch die Nachfrage nach Arbeit und damit die Beschäftigung. Dieser Effekt ist umso stärker, wenn im Ausland keine entsprechende Preiserhöhung stattfindet. Darum hat die EU Anfang der 90er Jahre einen Alleingang mit einer CO_2- oder Energiesteuer ausgeschlossen. Umfrageergebnisse haben ergeben, dass ebenfalls seit Anfang der 90er Jahre die Arbeitslosigkeit als ein wichtigeres Problem gesehen wird als der Umweltschutz (siehe Böhringer und Vogt 2001, S. 5, Abb.1). Schlegelmilch (2000) gibt eine Darstellung der Probleme bei der Beschaffung von Mehrheiten für eine Energiesteuerharmonisierung auf hohem Niveau. Die Probleme entstehen in seiner Darstellung *wegen* der Besorgnis der Regierungen hinsichtlich Konkurrenzfähigkeit und Beschäftigung.

Dieses Ergebnis lässt sich auch in allgemeinen Gleichgewichtsmodellen ableiten.[1] Schneider (1997) zeigt dies für ein Modell bei vollkommener Konkurrenz, in dem sowohl ein höherer Lohn als auch eine höhere Arbeitslosenquote die Anstrengung der Arbeitnehmer steigern. Ziesemer (2000) demonstriert dasselbe für ein Modell monopolistischer Konkurrenz, in dem Arbeitslosigkeit entsteht, weil bei freien Stellen Arbeitgebern und Arbeitslosen Suchkosten anfallen. Der Zielkonflikt ist damit deutlich: Eine Umweltsteuer oder eine Zertifikatlösung reduzieren eventuell die Umweltemissionen, aber sie erhöhen möglicherweise auch die Arbeitslosigkeit.

In der Debatte um die so genannte „doppelte Dividende" (*double dividend*) ist vorgeschlagen worden, den Zielkonflikt dadurch zu entschärfen, dass man die Steuereinnahmen zur Reduktion der Lohnnebenkosten verwendet und dadurch die Beschäftigung eventuell sogar erhöht (siehe Strand 1996, Schneider 1997, Bovenberg und van der Ploeg 1998, Koskela und Schöb 1999). Wenn dies gelänge, hätte man anstelle eines Zielkonflikts zwei Probleme gleichzeitig in die richtige Richtung verändert, wenn auch nicht vollständig gelöst. Diese Modelle leiten bestimmte Bedingungen ab, unter denen die Arbeitslosigkeit nicht zunimmt. Es ist jedoch empirisch ungeklärt – und eventuell auch nicht zu klären –, ob diese Bedingungen erfüllt sind. Das grundlegende Problem hierbei ist, dass ein niedriger Energie-

---

[1] Die folgenden Ausführungen sind eventuell nur professionellen Ökonomen zugänglich. Der an theoretischen und empirischen Details weniger interessierte Leser kann zum letzten Absatz von Kapitel 6.2.1 springen.

input die Nachfrage nach Arbeit reduziert, weil Arbeit dann weniger produktiv ist. Eine Erhöhung des Energiepreises hingegen erhöht die Arbeitsnachfrage über den Substitutionseffekt. Bei horizontaler Arbeitsangebotskurve und Besteuerung der Arbeitskosten ist die Bedingung, dass der Substitutionseffekt größer als der Kostenniveau- und Preiseffekt ist, allein entscheidend, weil dann nur die Nachfrageveränderung das Resultat bestimmt.

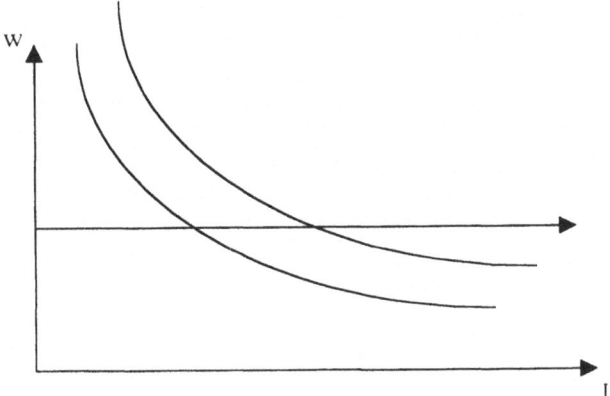

Abb. 6.1. Bei horizontaler Arbeitsangebotskurve verschiebt eine Senkung der Steuern auf Arbeitskosten und ein Steigen des Preises für Energie die fallende Arbeitsnachfragekurve nach rechts oben zu höheren Löhnen (w). Ein geringerer Input an Energie bewirkt das Gegenteil. Wenn ersteres überwiegt, kann eine Ökosteuer in diesem Fall die Beschäftigung (L) erhöhen.

Die Arbeitsangebotskurve muss jedoch nicht horizontal sein, vielmehr ist nach empirischen Untersuchungen das Arbeitsangebot eine steigende Funktion des Lohnsatzes. Wie letztere Funktion aussieht, wird von der jeweiligen Theorie der Arbeitslosigkeit bestimmt. Der Zusammenhang der Verschiebung von Arbeitsangebots- und Nachfragekurve hängt auch vom Staatsbudget ab, da die Reduktion eines Steuersatzes durch die Erhöhung eines anderen Satzes gedeckt werden muss, während sich auch die Bemessungsgrundlage von beiden verändert. Im Effizienzlohnmodell von Schneider (1997) würden Unternehmer bei steigender Beschäftigung und sinkendem Steuersatz selbst den Lohn heraufsetzen, um die Anstrengung der Arbeitnehmer hoch zu halten. Dieser Effekt erfordert einen hohen Lohnsatz und erhöht (senkt) letztlich die Arbeitslosigkeit, wenn die Arbeitsangebotskurve hinreichend steil (flach) ist (siehe Anhang 2). Lediglich wenn die Elastizität der Lohnsetzung hinreichend niedrig und der Zusammenhang zwischen Lohnsteuern und Staatausgaben daher auch negativ ist, sinkt die Arbeitslosigkeit bei einem Rückgang des Energieverbrauches (siehe Scholz 1998 und Anhang 2). Über die Größe dieser Elastizitäten weiß man aber sehr wenig. Wenn Unternehmer fürchten, dass die erstgenannte Elastizität nicht hinreichend klein oder die letztgenannte nicht negativ ist, dann werden sie eine Steuerreform ablehnen, die sie zwingt, hohe Löhne zu setzen und Arbeitslosigkeit zu erzeugen oder letztlich die Emissionen zu erhöhen. Politiker werden befürchten, dass sie selber diese Erhöhung der Arbeitslosigkeit verursachen, und daher auch eher Gegner als Förderer einer umweltorientierten Steuerreform sein.

In Modellen, in denen die Löhne durch Verhandlungen zwischen Gewerkschaften und Arbeitgebern anders bestimmt werden als auf einem Markt dezentraler Anbieter und Nachfrager, erhält man dann anstelle der Arbeitsangebotskurve eine Verhandlungskurve von Löhnen und Arbeitslosenquote. Deren Lage hängt davon ab, welche Einkommen und negative Nutzen von Nicht-Arbeitszeit die Arbeitslosen und Schwarzarbeiter haben. Man bekommt – im Modell mit *Sucharbeitslosigkeit* von Bovenberg und van der Ploeg (1998) – mit einer umweltorientierten Steuerreform nur dann eine Erhöhung der Beschäftigung, wenn die Reduzierung der Lohnsteuer den Beschäftigten eine Verbesserung einbringt, den Arbeitslosen und Schwarzarbeitern aber nicht (tax-shifting). Diese Verschiebung der Steuerlast gelingt nur dann, wenn anfänglich die Einkommen aus Schwarzarbeit oder Arbeitslosigkeit hinreichend hoch sind und die Energiesteuer hinreichend niedrig. Der Arbeitsmarkt ist unbeeinflusst, wenn bei niedriger Energiesteuer keine Schwarzarbeit existiert oder die Schwarzarbeitslöhne nicht an die Marktlöhne gekoppelt werden, denn dann ist die Energiesteuer ein perfektes Substitut für die Lohnsteuer. Wenn die Energiesteuer hinreichend hoch ist, wird die gesamte Steuerlast erhöht, die Arbeitsproduktivität wird niedriger (Grenzkosten höher) und dieser Niveaueffekt dominiert den „shift-effect". Koskela und Schöb (1999) erhalten ähnliche Resultate, wie die hier beschriebenen, mit einem einfacheren Modell ohne Sucharbeitslosigkeit. Allerdings gelingt dies zum Teil auch dadurch, dass Kapital und Energie nicht als Produktionsfaktoren im Modell erscheinen.

Nielsen et al. (1995) betrachten den Grenzfall eines Verhandlungsmodells, in dem Unternehmer keine Macht haben und in jeder Branche Gewerkschaften mit Monopolmacht existieren. Sie fixieren einen Lohnsatz, so dass man wiederum den Fall einer horizontalen Angebotskurve betrachtet. In einem „steadystate"-Wachstumsmodell vom Typ Rebelo/Barro, in dem Staatsausgaben für Bildung und Emissionsminderung produktiv sind, wird ein Optimum mit fünf Marktunvollkommenheiten betrachtet. Wenn die Präferenzen – die von Umweltverschmutzung negativ betroffen sind – „grüner" werden, ist die Umweltsteuer höher und das optimale Wachstum niedriger. Daher sind auch die Emissionen niedriger und die Ausgaben zu ihrer Reduktion ebenfalls. Dadurch können die Steuern auf Arbeit gesenkt werden. Die Gewerkschaften setzen dann einen niedrigeren Lohn, sofern die Arbeitslosengelder nicht auch besteuert werden. Demzufolge nimmt die Nachfrage nach Arbeit zu, und die Beschäftigung steigt durch diese Erhöhung der Nachfrage bei horizontaler Angebotskurve.

Aus den drei zuletzt zitierten Verhandlungsmodellen kann man schließen, dass eine ökologische Steuerreform nur dadurch gelingt, dass die Alternativen zur Beschäftigung relativ verschlechtert, die zu verhandelnden Renten kleiner und das Tarifergebnis für die Gewerkschaften ungünstiger werden. Auch diese könnten daher den Preis für eine Steuerreform als zu hoch erachten. Wenn ein Sektor nichthandelbarer Güter zu einem Verhandlungsmodell hinzugefügt wird, treten zusätzliche Elastizitätsprobleme auf (siehe Anhang 2 zum Modell von Holmlund und Kolm 2000).

Eine kritische Frage ist allerdings auch bei Verhandlungsmodellen, *ob* die Renten steigen oder nicht. Bei Koskela und Schöb ist der Output nur vom Arbeitseinsatz abhängig und dieser unterliegt abnehmenden Skalenerträgen. Das Durchschnittsprodukt (Output pro Arbeitseinheit) ist dann größer als das Grenzprodukt (Output pro *zusätzliche* Arbeitseinheit). Der Unterschied zwischen dem Durchschnittsprodukt und dem Grenzprodukt ist eine Rente, die dem Unternehmen zufällt. Wenn der Arbeitseinsatz durch eine „grüne Steuerreform" bei Abwesenheit von Marktzutritt zunimmt, nähert sich das Grenzprodukt dem Durchschnittsprodukt, die Renten fallen und die Gewerkschaften erzielen im Verhandlungsprozess nur niedrigere Löhne, was die Beschäftigung hoch hält. Dadurch gibt es hier im Gegensatz zum Effizienzlohnmodell von Schneider keine den Lohn erhöhende Gegenreaktion entlang einer Lohn- oder Verhandlungskurve. In der Untersuchung von Bach et al. (2001) zeigt sich dies dann auch wieder im teils empirischen, teils simulationstechnischen Durchrechnen der Effekte einer Ökosteuer. Wenn die Löhne auf die Erhöhung der Beschäftigung nicht reagieren – wiederum also eine horizontale Arbeitsangebotskurve – hat man einen positiven Beschäftigungseffekt der Ökosteuer. Je höher die Elastizität der Löhne bezüglich der Beschäftigung, desto geringer ist der Beschäftigungseffekt, weil die Löhne dann durch eine Ökosteuer erhöht werden. Die Möglichkeit einer horizontalen Arbeitsangebotskurve wird mit einer Schätzung für den Straßenfahrzeugbau begründet, in der die Arbeitslosenquote insignifikant war. Die Lohnführerschaft des Straßenfahrzeugbaus in der Metallindustrie wird dann als Begründung verwendet, um die Annahme einer horizontalen Arbeitsangebotskurve auf die gesamte Wirtschaft zu übertragen. Diese Begründung erscheint unzureichend, da Lohnführerschaft nicht zu identischen Arbeitsangebotskurven führen muss. Im ökonometrischen allgemeinen (und daher multi-sektoralen) Gleichgewichtsmodell von Carraro et al. (1996) gibt es Gewinne aus unvollkommener Konkurrenz. Eine „grüne Steuerreform" erhöht durch Senkung der Lohnsteuer bei Unternehmen kurzfristig die Beschäftigung und die Gewinne. Die Gewinnerhöhung führt jedoch dazu, dass die Gewerkschaften in den Verhandlungen höhere Löhne aushandeln und die Beschäftigung daher nicht zunimmt. Die den Lohn erhöhende Gegenreaktion entlang der Verhandlungskurve kann die Beschäftigungswirkung zunichte machen, und gemäss den Schätzungen und Simulationen der Autoren geschieht dies auch. Emissionen sinken kurzfristig, aber langfristig steigen sie auf das alte Niveau. Es hilft hinsichtlich der Emissionen allerdings in ihrem Modell auch nichts, schwächere Gewerkschaften zu haben. Das Problem stellt sich folgendermaßen dar: Wenn Gewerkschaften stark sind, holen sie aufgrund einer Öko-Steuerreform höhere Nettolöhne heraus, die über den Einkommenseffekt für eine höhere Energienachfrage sorgen. Die Emissionen nehmen in diesem Modell daher langfristig zu. Sind die Gewerkschaften schwächer, die Löhne geringer und die Beschäftigung höher, dann nimmt über den zunehmenden Energieverbrauch der Produktion die Emission noch mehr zu als über den höheren Konsum, wenn die Löhne steigen. Langfristig gibt es in ihrem Modell einen positiven Zusammenhang zwischen Beschäftigung und Emissionen. Nur kurzfristig, solange die Lohnverhandlungen noch nicht reagiert haben, erhöht sich die Beschäftigung und sinken die Emissionen.

Der Formulierung des Arbeitsmarktes kommt hier deutlich sichtbar eine entscheidende Bedeutung zu. Ein Überblick von 139 Simulationen aus 56 Studien bestätigt dies (siehe Bosquet 2000). Eine Verbesserung von Umwelt und Beschäftigung kommt nur unter einer Reihe von Bedingungen zustande: (i) Die Preiserhöhung bei Energie muss die Arbeitsnachfrage stärker erhöhen als eine Reduktion des Energieeinsatzes sie verringert; (ii) die Einnahmen müssen für die Reduktion von Arbeitskosten eingesetzt werden, um sicherzustellen, dass die Arbeitsnachfrage steigt; (iii) die Arbeitsangebotskurve darf nicht nahezu steil sein, weil sonst die eventuelle Erhöhung der Arbeitsnachfrage nur die Löhne erhöht; (iv) die Substitution von Energie und Kapital, die komplementär zueinander sind, durch Arbeit führt langfristig zu weniger Investitionen, dieser Effekt muss schwach sein, weil sonst die Beschäftigung langfristig abnimmt; (v) die eventuell auftretende Erhöhung der Beschäftigung darf nicht stark sein, weil sonst die Emissionen steigen.

Jene Politiker, die nicht in makroökonomischen Kategorien, sondern branchenbezogen denken, befürchten, dass die energieintensiven Sektoren auf Kosten der anderen Sektoren schrumpfen werden. Dies führt erwartungsgemäß zu Entlassungen in den energieintensiven Sektoren und erst später über die Marktmechanismen zu neuen Arbeitsplätzen. Mit anderen Worten: Die direkten Effekte der Politik zerstören Arbeitsplätze und die indirekten Effekte der Marktmechanismen schaffen Arbeitsplätze. Dies bewirkt wohl zumindest vorübergehend eine höhere Arbeitslosigkeit. Beim gegenwärtigen hohen Niveau der Arbeitslosigkeit in Europa sind Politiker nicht sehr geneigt, solche Risiken einzugehen. In Kapitel 7.2 wird daher argumentiert werden, dass dieser Zielkonflikt wahrscheinlich auch über Subventionen für energiesparende Technologien vermieden werden kann. Dann führen die direkten Effekte zu mehr Beschäftigung und nur die indirekten zur Verminderung von Beschäftigung. Letzteres wird auch Politik mit positiven Anreizen genannt (Vermeend und van der Vaart 1997).

6.2.2
Umwelt versus Reduktion von Monopolmacht

Auf den Zielkonflikt zwischen Umwelt und Monopolmacht hat schon Buchanan (1969) aufmerksam gemacht. Ein Gewinn maximierender Monopolist setzt einen hohen Preis, und die Konsumenten fragen darum eine geringere als die optimale Menge nach. Wenn es mehr Anbieter gäbe, wäre die Konkurrenz größer, der Preis niedriger und die verkaufte Menge, welche die Konsumenten nachfragen, größer. Sofern man diese monopolistische Marktunvollkommenheit für sich allein betrachtet, sieht man, dass die Wirtschaftspolitik entweder einen Zustand mit vielen Anbietern anstreben sollte – zum Beispiel, falls nötig, durch Organisieren eines freien Marktzuganges – oder dass sie den Monopolisten so regulieren sollte, dass er seine Preisforderung auf das Niveau der Durchschnittskosten beschränkt. Die Konsumenten erhalten in beiden Fällen eine größere Menge zu einem niedrigeren Preis als vom reinen Monopolisten. Die größere Menge kann nun allerdings auch zu einer höheren Umweltverschmutzung führen. Ende der 90er Jahre zeigt sich dies im Energiesektor selbst. Die Deregulierung (vgl. Kapitel oben 4.2.3) führt – zusammen mit bereits bestehenden Überkapazitäten – zu einer Senkung der Strompreise, einer Erhöhung der Stromnachfrage und daher, c.p., auch zu mehr Emissionen (zur Originalliteratur über kurz- und langfristiger Preiselastizitäten siehe Ziesemer 2000). Damit liegt wiederum ein Zielkonflikt vor. Die Wettbewerbspolitik sollte in diesem Falle eines Monopols wegen der Umweltexternalität weniger drastisch sein, weil eine Reduktion der Produktionsmenge durch unvollkommene Konkurrenz Umweltvorteile bringt. Umgekehrt sollte eine Umweltpolitik auch weniger drastisch sein, da ja die Mengenreduktion des Monopolisten schon per se zu einer Entlastung der Umwelt führt. Bei genauerer Analyse stellt man aber fest, dass das Problem darin besteht, diejenige optimale Menge zu finden, die den besten Mittelweg zwischen diesen beiden Problemen darstellt. Wenn der Monopolist bei Abwesenheit jeder Politik eine niedrigere als die optimale Menge produziert, ist die Einführung einer Umweltpolitik sogar schädlich. Wenn der Monopolist bei Abwesenheit jeder Politik eine höhere als die optimale Menge produziert, ist die Einführung einer Anti-Monopolpolitik schädlich und Umweltpolitik nützlich. In diesem Fall erfordert eine Deregulierung von Monopolen stärkere Maßnahmen zur Internalisierung von Umweltproblemen. Wo die optimale Menge exakt liegt, hängt stark davon ab, wie die Konsumenten von Gütern und Umwelt die jeweiligen Reduktionen des Konsums oder der Umweltqualität subjektiv bewerten. Soete und Ziesemer (1997) zeigen in einem allgemeinen Gleichgewichtsmodell, wie und warum sich die Preise von Umweltzertifikaten von den optimalen Umweltsteuern unterscheiden, wenn andere wirtschaftspolitische Instrumente abwesend sind. Es wird angenommen, i) dass Wettbewerbspolitik nicht eingreift, wenn bei monopolistischer Konkurrenz die Bedingung der Gewinnlosigkeit erfüllt ist und ii) dass Externalitäten durch Variantenreichtum des Güterangebots keinen Anlass für wirtschaftspolitische Eingriffe darstellen. Die Preise sind dann so hoch wie die subjektive Bewertung des Umweltzustandes und berücksichtigen nicht die anderen Marktunvollkommenheiten. Optimale Umweltsteuern berücksichtigen auch die anderen Marktunvollkommenheiten. Sie können im Modell negativ wirken, wenn die Konsumenten viel Wert auf Güter und wenig Wert auf Umwelt legen. Von dem hier beschriebenen Problem geht auch die Studie von Radgen und Jochem (1999) aus. Soete und Ziesemer (1997) betrachten monopolistische Konkurrenz mit *differenzierten* Produkten und freiem Marktzugang. Die Literatur zu homogenen Produkten und Cournot- und Bertrand-Modellen mit gegebener Anzahl Firmen wird von Althammer und Buchholz (1999) besprochen und verallgemeinert. Hierbei spielt insbesondere der Aspekt des Profit-Shifting in der Literatur der strategischen Handelspolitik eine Rolle. Dieser Aspekt ist dann wichtig, wenn es sich um Sektoren mit außergewöhnlichen Gewinnen handelt. Ob diese empirisch relevant sind, ist umstritten.

6.2.3
Umwelt versus Handelsliberalisierung

Vorteile aus dem internationalen Handel und seiner Liberalisierung beruhen darauf, dass
- die Konsumenten in denjenigen Ländern einkaufen können, die am günstigsten produzieren;
- die Länder sich aufgrund dieser Nachfrageerhöhung auf diejenigen Güter spezialisieren, in denen sie Kostenvorteile haben;
- diese Spezialisierung sinkende Stückkosten mit sich bringt;
- man aus verschiedenen Ländern andere und mehr Gütervarianten erhält, die man im Inland nicht erzeugt.

Die ersten drei Argumente gelten sowohl für Theorie des inter-sektoralen Handels als auch für die Theorie des intra-sektoralen Handels. Für die Umwelt hat die Ausweitung des internationalen Handels allerdings den Nachteil, dass die mit dem Handel verbundenen größeren internationalen Transportabstände auch zu mehr Luftverschmutzung insbesondere mit Treibhausgasen führen. Dies sollte nun allerdings nicht zu Beschränkungen des internationalen Handels, sondern entsprechend der Regeln von GATT/WTO und der dahinterliegenden Theorie (siehe GATT 1992, Esty 1998) zu einer (international koordinierten) Umweltpolitik führen, die allerdings auch den internationalen Transportsektor umfassen muss. Wenn Transport durch Berücksichtigung der Umweltkosten teurer wird, werden die Konsumenten aller Länder Güter mit höheren Umwelt- und Transportkosten weniger kaufen (siehe Soete und Ziesemer 1997). Das bedeutet, dass sie mehr Konsumgüter im eigenen Land und weniger im Ausland kaufen werden. Umweltpolitik reduziert damit nicht nur den Transport, die Verschmutzung und die damit verbundene Minderung der Handelsgewinne, sondern als Nebenwirkung auch die üblichen oben beschriebenen Handelsgewinne, wenn die Verschmutzung nicht ohne Kostenerhöhung vermindert werden kann. Die Nutznießer dieser Handelsgewinne sind daher häufig von den Vorteilen von Umweltsteuern und Zertifikatsansätzen und der Einbeziehung des Transportsektors in WTO-konforme Konzepte nur schwer zu überzeugen.

6.2.4
Umwelt versus Kapitalströme

Ein weiteres Problem, dessen Bedeutung umstritten ist, betrifft die Induzierung von Faktorbewegungen: Wenn für jeden Sektor in allen Ländern die gleiche Technologie verwendet würde, könnte man unter zusätzlichen Annahmen erwarten, dass freier internationaler Handel die Faktorpreise verschiedener Länder angleicht. Wenn nationale Umweltsteuern oder -zertifikate Sektoren in unterschiedlichem Ausmaß treffen, so wirkt dies allerdings genauso wie technologische Unterschiede, und man kann dann keinen Faktorpreisausgleich mehr erwarten. Sind Produktionsfaktoren international mobil, so wird theoretisch Kapital in Länder mit höherem Ertrag bewegt werden, und Arbeit wird in Länder mit höherem Lohn wandern. McGuire (1982) hat gezeigt, dass dieser Prozess im Rahmen eines Modells mit den drei Faktoren Arbeit, Kapital- und Umweltnutzung erst dann stoppt, wenn der stärker regulierte Sektor ins Ausland abgewandert ist. Wenn die *Umweltverschmutzung nur national und nicht grenzüberschreitend ist*, hat man eine Verbesserung des Umweltzustandes erzielt, aber zu gewissen Kosten, weil Sektoren und damit Arbeitsnachfrage verschwunden sind (McGuire 1982). Markusen et al. (1993) zeigen, dass die Kosten – im Rahmen von Modellen, in denen Unternehmen einen großen Einfluss auf die Preise haben und die Zugangskosten zu groß sind, um Gewinne weg-konkurrieren zu lassen – nicht unbedingt hoch sind, wenn die Profite trotz Umweltpolitik im Falle von Produktion im Inland (mit zusätzlichen Transportkosten für den Export) höher sind als bei Produktion im Ausland (wobei feste Kosten der Gründung von Filialen anfallen) und Sektoren daher nicht notwendigerweise verschwinden. Falls allerdings bei hohen Umweltpreisen große Unternehmensteile ins Ausland gehen, sind die Kosten umso höher.

6.2 Umweltschutz versus ökonomische und soziale Ziele

Wenn die *Umweltverschmutzung grenzüberschreitend* ist, hat die Umweltpolitik nur den Effekt, das Kapital oder Unternehmensteile ins Ausland zu vertreiben. Die Umweltverschmutzung kommt dann von der anderen Seite der Grenze ins Inland zurück (McGuire 1982, Merrifield 1988). Empirische Untersuchungen – die sich übrigens nicht auf Energieemissionen konzentrieren, sondern auf Umweltkosten im Allgemeinen – zeigen keine starken Kapitalbewegungen als Reaktion auf Umweltpolitik, weil die entstehenden Kosten als Prozentsatz der Gesamtkosten klein sind und weil ungefähr die gleichen Maßnahmen zur selben Zeit in den Industrieländern eingeführt wurden (Cropper and Oates 1992). Die Effekte auf die Konkurrenzfähigkeit sind also eventuell vor allem deswegen schwach, weil immer auf die Konkurrenzfähigkeit geachtet wurde. Wenn die Umweltpolitik in der Zukunft möglicherweise stärker eingreift und die umweltbezogenen Kosten steigen, dann könnten auch die Kapitalbewegungen stärker werden. Hinzu kommt, dass es nicht nur die Umweltpolitik gibt, die Kosten durch Steuern erhöht, sondern auch andere Politikbereiche. Wenn viele Politiken die Kosten ein wenig und insgesamt merklich erhöhen, wandert Kapital möglicherweise bereits ab. Umweltpolitik sollte nicht nur rein quantitativ beurteilt werden, sondern auch vorbildlich für andere wirtschaftspolitische Entscheidungen sein. Für eine empirisch unerforschte Zukunft, kann die Wirtschaftstheorie – wie oben geschehen – durchaus die Risiken einer verschärften Umweltpolitik für andere Ziele aufzeigen.

Die Frage der internationalen Konkurrenzfähigkeit ist eng mit derjenigen der Kapitalbewegungen verbunden. Der Einfluss von Umweltmaßnahmen ist in mehreren Untersuchungen durchaus vorhanden, wird aber hinsichtlich seiner Größe und Relevanz von den Autoren subjektiv unterschiedlich eingeschätzt (Xu 1999, Letchumanan und Kodama 2000). Neuere Untersuchungen zum Faktorgehalt der Netto-Exporte zeigen überwiegend nur geringe Effekte der Umweltkosten an den Stückkosten. Die einzige Ausnahme ist Ozeanien, wo der Anteil der bezahlten Umweltkosten am Netto-Export zu anderen asiatischen Ländern (Korea, Hongkong, Singapur, Taiwan und ASEAN Länder) stark angestiegen ist (Xu und Song 2000). Allerdings ist ungewiß, ob dies geschehen ist, weil Umweltpreise etabliert wurden, oder weil schmutzige Industrien sich wegen eines niedrigen, aber positiven Preises der Umwelt dorthin begeben haben und von da in die Partnerländer zurückexportieren. Die folgenden Ergebnisse sind mit größter Vorsicht zu verwenden, weil für alle Länder die Matrix der Input-Output-Koeffizienten der USA benutzt wurde – auch für Umweltfaktoren. Für „environmentally sensitive goods" deuten die Ergebnisse von Xu (1999) sogar darauf hin, dass mit Ausnahme von China, Japan und Norwegen alle Länder beim Großteil des Handelsvolumens dieser Güter *ihren* komparativen Vorteil gesteigert haben.

Betrachtet wird der RCA (revealed comparative advantage)-Index. Beim größten Teil des Handelsvolumens ergibt sich keine Veränderung des RCA im Hinblick auf den kritischen Wert eins. Der Prozentsatz des Handelsvolumens dieser Güter, der zwischen 1965 und 1995 von Nicht-Spezialisierung zu Spezialisierung übergegangen ist, beträgt in Belgien/Luxemburg 32 %, Brasilien 46,8 %, Indonesien 49,8 %, Irland 46,8 %, Korea 42 %, Neuseeland 45,2 %, Spanien 40 %, Taiwan 37,7 %, Großbritannien 31,6 %, Venezuela 67,7 %. Die betrachteten Güter müssen eine Steigerung der Umweltkosten aufweisen, die geringer ist als die anderer Kostenbestandteile, wenn man dies mit den Kostensteigerungen der Handelspartner vergleicht. Dies bedeutet, dass lediglich für China, Japan und Norwegen wesentliche Nachteile durch Umweltpolitik vermutet werden können. Insgesamt erhält man den Eindruck, dass die Veränderung der komparativen Vorteile in den meisten Ländern nicht durch eine Zunahme, sondern durch eine Verminderung der Anteile für Umweltkosten dominiert ist.

6.2.5
Umwelt versus Entwicklungspolitik

Das Spannungsfeld von Umwelt- und Entwicklungspolitik besteht aus zwei Problemkreisen: die Folgewirkungen des *„Clean Development Mechanism"* (CDM) und der Tausch von Schulden gegen Umwelttechnologien bzw. die Glaubwürdigkeit von Umweltabkommen.

Der „Clean Development Mechanism"

Der Grundgedanke des CDM besteht darin, einen gegebenen Umwelteffekt in anderen Ländern billiger als im eigenen Land durchführen zu können. Dies ist im Prinzip ein Gewinn an Effizienz. Allerdings kann er mit Verteilungswirkungen zusammengehen, die eventuell mit der Entwicklungspolitik im Konflikt stehen. Wenn Entwicklungshilfe keine verkappte Handelsförderung ist, sondern ihr Zweck in der Bekämpfung der Armut besteht, dann ist die Frage, was die Implikationen des CDM für die Bekämpfung der Armut sind. Einer von mehreren Vorschlägen im Rahmen des CDM besteht darin, in den Entwicklungsländern Aufforstungsprogramme zu betreiben (UNFCCC 2001, S. 9–11). Wenn diese die Nachfrage nach Boden erhöhen, kann es zu Steigerungen der Bodenpreise kommen. Dies wiederum erhöht die Kosten von Bauern, welche die lokale Bevölkerung mit Lebensmitteln versorgen. Die logische Konsequenz ist eine Steigerung der Lebensmittelpreise. Dadurch nimmt die Armut zu, und diese CDM-Maßnahme steht damit im Widerspruch zum Ziel der Entwicklungspolitik, wenn die negativen Effekte überwiegen (siehe auch Imboden 1993, S. 332 zu diesem Punkt.). Andererseits gibt es möglicherweise auch positive Nebeneffekte wie Reduzierung der Erosion. Diese Möglichkeit wurde allerdings in den letzten Verhandlungen eingeschränkt.

Es wird kaum bezweifelt, dass vielfach die Umweltprobleme von Entwicklungsländern durch die Armut selbst verursacht sind. Allerdings kann auch die Umweltpolitik die Armut verstärken. Der vorige Absatz gibt an, wie dies aufgrund des CDM geschehen könnte. Damit soll auch der CDM-Mechanismus nicht insgesamt als negativ dargestellt werden, aber seine Bewertung hängt eben sehr davon ab, ob eventuell durch den CDM zunehmende Armut bei bestimmten Gruppen kompensiert oder vermieden wird. Ist dies nicht der Fall, dann hängt die Bewertung des CDM im wesentlichen davon ab, wie man die Zunahme der Armut gewichtet.

Die Kompensation für die Konsumenten oder armen Bauern könnte aus einer Bodenertragssteuer kommen, weil die Bodenbesitzer – oftmals – Großgrundbesitzer sind, die von der Preiserhöhung beim Faktor Boden profitieren. Diese Mittel könnten zur Senkung von eventuell vorhandenen Steuern auf Lebensmittel oder auch zur Kompensation von armen Bauern benutzt werden, wenn diese die Erhöhung der Bodenrenten nicht auf die Lebensmittelpreise überwälzen können.

Transfer sauberer Technologien statt Umweltschulden souveräner Staaten

Ein weiteres Problem bei der Einbeziehung von Entwicklungsländern ist institutioneller Art: Können Länder, die chronisch Schwierigkeiten haben, rechtsstaatliche Grundsätze und Steuerzahlungen durchzusetzen, garantieren, dass sie sich an internationale Umweltabkommen halten? Werden sie wirklich CO_2 nur in dem Maße emittieren, wie dies aufgrund von gekauften Zertifikaten gemäß den internationalen Abkommen erlaubt ist? Angesichts dieser ungelösten Kontroll-, Sanktions- und Souveränitätsprobleme (siehe Böhringer und Vogt 2001, S.8), stellt sich die Frage, ob es nicht besser wäre, anstelle des Strebens nach internationalen Abkommen, deren logische Konsistenz bisher nicht einmal formuliert werden konnte (siehe Böhringer und Vogt 2001, S.3/4), auf nationaler Ebene die Entwicklung von Technologien in eine energiesparende Richtung zu lenken. Da Entwicklungsländer ohnehin die Technologien aus OECD-Ländern importieren – und dies auf absehbare Zeit auch weiterhin tun, mit Ausnahme der Länder, die Mitglied der OECD wurden und werden – wird in der Technologieentwicklung der OECD auch über die Energienachfrage dieser Länder mitentschieden. Eine zentrale Voraussetzung für die Reduktion der technologischen Abhängigkeit ist die Entwicklung von Humankapital, das moderne Technologien beherrschen kann. Selbst die ärmeren OECD Länder sind dazu bisher nicht in der Lage gewesen und haben starke komparative Nachteile im Bereich Maschinen (SITC 7) (siehe auch Kapitel 9).

6.2.6
Umwelt versus Innovationsförderung

Technischer Fortschritt bei Produktionsprozessen wird üblicherweise als Erhöhung der Produktivität von Produktionsprozessen von gegebenen Mengen von Kapital und Arbeitseinsatz definiert. In der Umweltökonomie wird häufig angenommen, dass die Produktivität von Kapital und Arbeit höher ist, je mehr Umweltemissionen zugelassen werden (Pethig 1976). Eine Reduktion von Umweltemissionen ist damit unter diesen Annahmen eine Kostenerhöhung, während technischer Fortschritt im Prinzip für eine Kostensenkung sorgt (McGuire 1982). Wenn Umweltsteuern oder Zertifikatkosten eine Zunahme des Grenzproduktes der Emissionen erzwingen, ist dies das genaue Gegenteil dessen, was durch Förderung von Prozessinnovationen versucht wird, nämlich eine Erhöhung der Faktorproduktivität zu erreichen.

Um aus diesem Dilemma herauszukommen, kann man sich zwei Wege vorstellen. Erstens, die Erhöhung der Arbeitsproduktivität könnte stärker sein als die Senkung der Produktivität durch Umweltregulierung. Angesichts der Tatsache, dass die Erhöhung der Produktivität noch kaum jemals für längere Zeit höher war als 2% vom Bruttoinlandsprodukt pro Arbeitsstunde, kann man daran zweifeln, dass dieser Weg aussichtsreich ist. Zweitens könnte versucht werden, die Richtung des technischen Fortschritts so zu verändern, dass er *relativ* weniger arbeitssparend wird und mehr Energie, Umwelt oder Emissionen sparend (z.B. Newell et al. 1999). Ein essentieller Aspekt hierbei ist, dass man nicht in erster Linie davon ausgeht, dass Umweltkosten in die Kalküle aufgenommen werden müssen, sondern dass bei vielen umweltfreundlichen Technologien keine Erträge eigens dafür anfallen, dass sie umweltfreundlich sind. Der Markt selber honoriert die Umweltfreundlichkeit als solche nicht. Technologieförderung, die Umweltaspekte honoriert, könnte hingegen schon mit positiven Anreizen zur Internalisierung positiver oder weniger negativer externer Effekte beitragen. Mit anderen Worten gibt es zwei wesentliche Externalitäten: negative externe Effekte von Produktion, Transport und Konsum, die Umweltkosten verursachen und positive externe Effekte von umweltfreundlichen Technologien, die Umweltkosten vermeiden. Die negativen Externalitäten erfordern im (first-best) Prinzip Umweltsteuern oder Zertifikatlösungen, die aber beide auf vielfältigen Widerstand stoßen, weil sie mit anderen Marktunvollkommenheiten in ungünstiger Weise zusammenwirken. Daher sind sie politisch unpopulär. Ob dies zurecht so ist, ist eine Frage der Bewertung sowohl der Umwelt- als auch der anderen Marktunvollkommenheiten. Die positiven Externalitäten umweltfreundlicher Technologien hingegen erfordern Subventionen, die mit den genannten Marktunvollkommenheiten in günstiger Weise zusammenwirken.

Allerdings gibt es bei der beschleunigten Einführung von neuen Technologien – relativ zur „natürlichen" marktlichen Diffusion – noch das spezifische Problem der „stranded assets". Wie am „Bauwerk Schweiz" in Kapitel 4 deutlich wurde, haben Gebäude und Anlagen eine technisch-wirtschaftlich bestimmte Lebensdauer. Diese zeitliche Nutzung war die Basis der früheren Investitionsentscheidung. Oft ist es sogar wirtschaftlich attraktiver, abgeschriebene Anlagen über diesen Zeitpunkt hinaus zu betreiben, da dann keine Kapitalkosten (Abschreibung und Verzinsung des gebundenen Kapitals) mehr anfallen. Der Streit um die Restnutzungsdauer der deutschen Kernkraftwerke zeigte dies beispielhaft. Eine beschleunigte Innovation lässt die alten Anlagen früher wirtschaftlich obsolet werden, so dass sie verschrottet werden müssen. Je nach Aufbau und Alter des Kapitalstocks können diese „stranded assets" beträchtliche Vermögenswerte repräsentieren und oft ergibt sich der Widerstand gegen politisch geförderte Innovationen aus den Vermögenswerten, die damit früher entwertet werden. Natürlich gilt dies generell für den „Prozess der schöpferischen Zerstörung", wie Schumpeter den Innovationsprozess treffend beschrieb, und führte stets zu dem Versuch, durch protektionistischen Schutz diesen Prozess zumindest zu verzögern. Allerdings lässt sich gegen Marktkräfte schwerer Widerstand organisieren als gegen politische Entscheidungen.

6.3
Abwägungsnormen für Zielkonflikte aus dem europäischen Recht

Entscheidungsträger versuchen, Zielkonflikte einmal dadurch zu lösen, dass mehrere Instrumente eingesetzt werden. Denn nach der „Tinbergen"-Regel steigen die (unerwünschten) Nebenwirkungen eines Instrumentes mit der Stärke der „Dosis", und ein Instrumentenmix kann die unerwünschten (Verteilungs-) Wirkungen wenn nicht aufheben, so doch erheblich mindern. Zum anderen werden Abwägungsregeln in Rechtsnormen „gegossen", die Leitlinien, Kriterien und Methodiken definieren, wie eine Abwägungen zwischen verschieden Zielen vorzunehmen sind. Die für diese Studie relevanten Abwägungen aus dem europäischen Recht werden im Folgenden erörtert, da sie bei den Strategieempfehlungen zu berücksichtigen sind.

Die Europäische Gemeinschaft ist auch längst zu einer Umweltgemeinschaft geworden. Diese Entwicklung wurde mit dem Amsterdamer Vertrag insbesondere dadurch erheblich verstärkt, dass die umweltrechtliche Querschnittsklausel mit Art. 6 EG und der Umweltschutz als solcher mit Art. 2 EG in die Grundlagenbestimmungen aufgenommen wurden (ausführlich: Frenz/Unnerstall 1999, S. 175–180). In der Aufgabenbestimmung des Art. 2 EG ist aber der Umweltschutz neben der wirtschaftlichen Entwicklung genannt und dergestalt mit dieser verbunden, dass diese Entwicklung nachhaltig zu erfolgen hat. Damit zeigt sich schon im Grundlagenteil der Zielkonflikt zwischen Wirtschaft und Umwelt. Im folgenden sollen beispielhaft an einigen für die Studie besonders relevanten Themen gezeigt werden, welche Abwägungen nach welchen Kriterien im Recht vorgenommen werden, um solche Zielkonflikte zu entscheiden.

6.3.1
Warenverkehrsfreiheit

Die wirtschaftliche Entwicklung im europäischen Wirtschaftsraum beruht wesentlich auf der Verwirklichung der vier ökonomischen Grundfreiheiten: der Freiheit des Güter-, Personen-, Dienstleistungs- und Kapitalverkehrs. Im Energiesektor ist mittlerweile die Warenverkehrsfreiheit dominant. Weil Energie ein geldwertes und handelsfähiges sowie zugleich standardisiertes und zum Verbrauch bestimmtes Gut darstellt, handelt es sich um eine Ware.[2] Art. 28 EG verbietet über den Begriff der Maßnahmen gleicher Wirkung wie mengenmäßige Einfuhrbeschränkungen vor allem Handelsregelungen der Mitgliedstaaten, die geeignet sind, den innergemeinschaftlichen Handel unmittelbar oder mittelbar, tatsächlich oder potenziell zu behindern.[3] Eines spezifisch handelspolitischen Zwecks der Maßnahme bedarf es nicht; es genügt, wenn die Maßnahme objektiv auf den Warenverkehr einwirkt,[4] bzw. diesen zu behindern geeignet ist. Damit ist auch der Fall relevant, dass von staatlichen Regulierungen faktisch eine behindernde Wirkung für den grenzüberschreitenden Warenverkehr ausgeht. Kann etwa Elektrizität aus anderen EU-Mitgliedstaaten nicht schon dann zur Erfüllung einer Quote zugunsten regenerativer Energien beitragen, wenn sie den dort bestehenden nationalen Anforderungen entspricht, werden die betroffenen ausländischen Stromanbieter in ihren Exporten nach Deutschland behindert. Kann der eingeführte Strom wegen einer abweichenden Gesetzgebung im Herkunftsland nicht mehr auf die Quote angerechnet werden, erfüllen Importe für deutsche Energieversorgungsunternehmen nicht mehr den verfolgten Zweck und werden daher unterbleiben. Damit wird nicht nur gegen den Grundsatz der Warenverkehrsfreiheit verstoßen, dass Waren in allen Mitgliedstaaten vertrieben werden können müssen, wenn sie den Qualitätsanforderungen in einem Mitgliedstaat genügen.[5] Solche diskriminierenden Behandlungen, die nicht spezifisch eingeführte Erzeugnisse begünstigen oder zumindest neutral behandeln, behindern zweifellos den innergemeinschaftlichen Handel.

---

2 EuGH, Slg. 1994, I-1477 (1516) – Almelo.
3 EuGH, Slg. 1974, 837 (852) – Dassonville; Slg. 1995, I-1923 (1940) – Mars.
4 Etwa EuGH, Slg. 1978, 1935 (1954) – Eggers.
5 S. bereits EuGH, Slg. 1979, 649 (662) – Rewe.

Eine Quotenregelung führt generell dazu, dass sich auch Erzeuger aus anderen EU-Mitgliedstaaten, wollen sie weiterhin ihre Ware in Deutschland absetzen, daran orientieren müssen. Für die Anbieter stellt allerdings Deutschland regelmäßig nicht den Hauptmarkt dar. Damit müssen sie eigens für einen „Nebenmarkt" Anstrengungen unternehmen, die auf anderen Märkten nicht notwendig sind. Für deutsche Erzeuger ist hingegen regelmäßig der nationale Markt das Hauptabsatzfeld. Damit müssen sie zwar insgesamt größere Anstrengungen unternehmen. Diese Belastung ist als solche aber unbeachtlich, da inländische Unternehmen belastet werden dürfen, ohne dass infolge des Inlandsbezugs gemeinschaftsrechtliche Schranken greifen. Gemeinschaftsrechtlich relevant ist hingegen, dass sich die Anstrengungen nationaler Unternehmen auf eine größere Absatzmenge beziehen und damit rentabler anzustellen sind als durch Anbieter aus anderen EU-Mitgliedstaaten. Letztlich können sie damit den Strom doch günstiger anbieten. Dadurch erlangen deutsche Unternehmen auf Grund einer staatlichen Regelung einen Wettbewerbsvorteil. Dieser ist geeignet, die Marktchancen anderer Stromerzeuger und damit zugleich deren Absatz herabzusetzen (näher Frenz 1997 und 2002).

6.3.2
Problematik des EEG

§§ 3 ff. EEG[6] legen eine Abnahme- und Vergütungspflicht der Netzbetreiber zugunsten von Anlagen zur Erzeugung regenerativen Stroms fest. Der gesamte angebotene Strom aus diesen Anlagen ist vorrangig abzunehmen und der so eingespeiste Strom nach festgelegten Mindestsätzen zu vergüten. In den Genuss dieser Regelung kommt aber gem. § 2 EEG nur der in Deutschland erzeugte Strom. Damit können die deutschen Stromerzeuger nicht einen Teil ihres Bedarfs bei in anderen EU-Mitgliedstaaten ansässigen Lieferanten decken. Deren Exportmöglichkeiten nach Deutschland werden daher praktisch ausgeschlossen, und der freie Warenverkehr wird beeinträchtigt. Der EuGH bejahte indes eine Rechtfertigung aus Umweltschutzgründen u.a. mit dem Hinweis auf die Verpflichtungen der Gemeinschaft und der Mitgliedstaaten im Rahmen des Kyoto-Protokolls,[7] aber ohne nähere Diskussion von Handlungsalternativen.[8]

6.3.3
Rechtfertigung von Beschränkungen aus Umweltschutzgründen

Soll die vermehrte Stromerzeugung durch regenerative Energien dazu beitragen, den Ausstoß von Kohlendioxid zu drosseln, damit die Bundesrepublik Deutschland das zur Wahrung der Kyoto-Verpflichtung erforderliche Klimaschutzziel erreichen oder auch nur generell zur Verbesserung der Luft bzw. des Klimas beitragen kann, dann ist geeigneter Rechtfertigungsgrund der Umweltschutz, der nicht aus Art. 30

---

[6] Gesetz für den Vorrang Erneuerbarer Energien (Erneuerbare-Energien-Gesetz – EEG) vom 29.3.2000, BGBl. I S.305.
[7] EuGH, NVwZ 2001, 665 (666) – PreußenElektra.
[8] Daher krit. Frenz 2002.

6.3 Abwägungsnormen für Zielkonflikte

EG folgt, aber als immanente Schranke in Erweiterung der Cassis-Rechtsprechung[9] seit dem Urteil ADBHU aus dem Jahre 1985 fest anerkannt ist.[10] Erforderlich ist aber – jedenfalls nach bisheriger Rechtsprechung – eine nicht diskriminierende und verhältnismäßige Regelung. Eine Förderung regenerativer Energien ist dann diskriminierend, wenn sie eine Vorschrift aufnimmt, die Sonderbestimmungen für ausländischen Strom enthält, die sich von den Anforderungen für deutschen Strom unterscheiden. Ein solcher Unterschied liegt dann vor, wenn eine dem deutschen Recht vergleichbare Regelung gefordert wird. Denn eine solche benachteiligt spezifisch eine Ware aus anderen EU-Mitgliedstaaten. Solche diskriminierenden Maßnahmen sah der Europäische Gerichtshof (EuGH) bislang nur dann gerechtfertigt, wenn die Diskriminierung auf Erfordernisse des Umweltschutzes zurückzuführen war. Ein solches *Erfordernis* bildete das Ursprungsprinzip nach Art. 174 Abs. 2 S. 2 EG, nach dem Umweltbeeinträchtigungen dort zu bekämpfen sind, wo sie auftreten.[11]

Dieses Prinzip passt aber nicht auf Energie, die an einem bestimmten Ort erzeugt, dann eingespeist und anschließend notwendig zum Abnehmer weitergeleitet wird; sie ist daher in ihren Auswirkungen nicht einem konkreten Ort zuzuordnen. Indes hat der EuGH im Urteil zum Stromeinspeisungsgesetz[12] eine Rechtfertigung diskriminierender Maßnahmen aus Umweltschutzgründen auch ohne die bisherige Bedingung akzeptiert, dass Erfordernisse des Umweltschutzes zu der Diskriminierung führen müssen. Dadurch wurden die Möglichkeiten der Förderung einheimischer regenerativer Energien unter Benachteiligung ausländischer Stromlieferanten erheblich erweitert, jedenfalls solange man nicht gleichzeitig eine (verbotene) Beihilfe unterstellt oder gar einführt.

Eine den Warenverkehr beschränkende Regelung muss in jedem Fall notwendig sein.[13] Die Notwendigkeit kann sich daraus ergeben, dass sich die Bundesrepublik Deutschland im Rahmen der Umsetzung des Kyoto-Protokolls dazu verpflichtet hat, ihren Anteil am CO_2-Ausstoß gegenüber dem Referenzjahr 1990 um 21 % zu senken. Die Verhältnismäßigkeit prüft der EuGH trotz des den Mitgliedstaaten zustehenden Einschätzungsspielraums sehr gründlich und verlangt hier auch substanziierte, sachlich vertretbare Darlegungen.[14]

Auf einer ersten Stufe prüft er die Legitimität der Zielsetzung. Umweltaspekte dürfen nicht der Kaschierung rein wirtschaftlicher Erwägungen dienen. Diese allein können eine Beschränkung des elementaren Grundsatzes des freien Warenverkehrs nicht rechtfertigen.[15] Reine Rentabilitätsgesichtspunkte genügen also nicht, auch

---

[9] EuGH, Slg. 1979, 649 (662) – Rewe („Cassis de Dijon").
[10] EuGH, Slg. 1985, 531 (549) – ADBHU (Association de défense des bruleurs d'huiles usagées); Slg. 1988, 4607 (4630) – Dänische Pfandflaschen; Slg. 1992, I-4431 (4480) – Wallonische Abfälle.
[11] Darauf abhebend insbes. EuGH, Slg. 1992, I-4431 (4480) – Wallonische Abfälle.
[12] EuGH, NVwZ 2001, 665ff. – PreussenElektra.
[13] Allgemein zu diesen Anforderungen EuGH, Slg. 1981, 1625 (1638); Slg. 1982, 3961.
[14] S. EuGH, Slg. 1998, I-4075 (4127f., 4132) – Dusseldorp.
[15] EuGH, Slg. 1998, I-1831 (1884) – Decker. Insoweit ohne nähere Prüfung noch EuGH, Slg. 1988, 4607 (4630f.) – Dänische Pfandflaschen.

wenn formal Umweltgesichtspunkte geltend gemacht werden.[16] Sie können nur dann eine Rolle spielen, wenn sie mit Umweltschutzzielen notwendig verbunden sind. Aber auch dann müssen Defizite im Umweltbereich bestehen. Indes ging die deutsche Wirtschaft bereits eine Selbstverpflichtung zum Klimaschutz ein. Darin hat sie auf freiwilliger Basis bereit erklärt, besondere Anstrengungen zu unternehmen, ihre CO_2-Emissionen bzw. den Energieverbrauch bis zum Jahr 2005 auf der Basis des Jahres 1990 um 28 % und bis 2012 um 35 % zu verringern. Das geht über den Wert der deutschen Verpflichtung zur Umsetzung des Kyoto-Protokolls hinaus. Von daher ist bereits eine Maßnahme zur Zielerreichung vorhanden, deren Erfolg nicht durch zusätzliche Handlungsformen, möglicherweise mit anderweitiger Anreizwirkung gefährdet werden darf. Dass bereits erhebliche eigene Anstrengungen der Wirtschaft zur Reduzierung des Kohlendioxidausstoßes vorhanden sind, lässt vor allem die Erforderlichkeit staatlicher Regelungen zweifelhaft erscheinen, die ohnehin im Vordergrund der Prüfung durch den EuGH steht. Sie setzt voraus, dass kein milderes Mittel existiert, das den angestrebten Zweck genauso effektiv erreichen kann. Zwangssysteme wie Mindestquoten als solche werden zwar vom EuGH nicht von vornherein als nicht erforderlich angesehen, aber gerade im Zusammenhang mit der Warenverkehrsfreiheit sehr sorgfältig geprüft.

Eine Erforderlichkeit wurde etwa für ein Abfallannahmesystem verneint, das Abfallerzeugern – ggf. unter Einschaltung von Zwischenhändlern – jegliche Verbringung ins EU-Ausland unmöglich macht.[17] Nationale Quotenregelungen führen zum umgekehrten Fall, dass nämlich Importe aus dem EU-Ausland erschwert und bei entsprechend hohen Marktzutrittsschranken unmöglich gemacht werden. Ein grundsätzlich zulässiges Beispiel ist die Errichtung eines Pfand- und Rücknahmesystems für Leergut.[18] Aber auch dabei kommt es auf die Ausgestaltung im einzelnen an. So sah der EuGH ein Gebot als unverhältnismäßig an, im Rahmen eines solchen Pfand- und Rücknahmesystems für Leergut nur Verpackungen zu verwenden, welche die nationalen Behörden genehmigt haben, sofern diese die Zulassung selbst dann versagen können, wenn die Hersteller bereit sind, für die Wiederverwendung der zurückgenommenen Verpackungen zu sorgen.[19] Hier schimmert durch, dass eine freiwillige Maßnahme der Wirtschaft staatlichen Zwang entbehrlich machen kann. Dies wird durch den Nachhaltigkeitsgedanken gestützt. Dessen intergenerationelle Komponente zeigt, dass eine nachhaltige Entwicklung notwendig zukunftsgerichtet ist. Der Staat muss daher bestrebt sein, dauerhafte Ergebnisse zu erzielen. Nur so wird den Bedürfnissen künftiger Generationen adäquat Rechnung getragen, deren Fähigkeiten, ihre eigenen Bedürfnisse zu befriedigen, nicht durch heutiges Handeln beeinträchtigt werden dürfen.

Der Energiepolitik kommt dabei eine Schlüsselrolle zu.[20] Eine dauerhafte Verhaltensänderung von Wirtschaftssubjekten lässt sich vor allem dann erreichen,

---

[16] EuGH, Slg. 1998, I-4075 (4126f.) – Düsseldorf.
[17] EuGH, Slg. 2000, S. I-3777 (3793f.) – Sydhavnens Sten & Grus.
[18] EuGH, Slg. 1988, 4607 – Dänische Pfandflaschen.
[19] EuGH, Slg. 1988, 4607 (4631ff.) – Dänische Pfandflaschen.
[20] So bereits an der Entschließung über ein Gemeinschaftsprogramm für Umweltpolitik und Maßnahmen im Hinblick auf eine dauerhafte und umweltgerechte Entwicklung, ABl. 1993 C 138, S. 31.

wenn sie verlässlich und aus eigenem Antrieb heraus ihre Verhaltensweisen modifizieren, also aus Überzeugung handeln, und sei es auch nur, weil ein Abweichen mit sozialer Missachtung bestraft wird. Gerade unter dem Gesichtspunkt langfristiger Zielsetzungen und einer nachhaltigen Verhaltensänderung wird auf Gemeinschaftsebene namentlich auch für den Energiebereich betont, die Wirtschaft solle nicht nur Adressat staatlicher Regelungen sein, sondern an der Lösung von Problemen aktiv mitwirken.[21] Eine mögliche Konsequenz daraus ist die Bevorzugung eines Dialoges mit der Industrie und freiwilliger Vereinbarungen sowie anderer Formen der Selbstkontrolle mit dem Ziel, so auf ordnungsrechtliche Eingriffe verzichten zu können.[22] Erforderlich sind aber zumindest gleichwertige Effekte freiwilliger Maßnahmen.

Neben der EU-Kommission sehen verschiedene Untersuchungen wie auch ein jüngster Bericht des Umweltbundesamtes Selbstverpflichtungen von der Wirkungsweise her ordnungsrechtlichen Instrumenten gegenüber als überlegen an (Knebel et al. 1999). Die Argumentation ist aber ebenso differenziert und hebt auch die Überlegenheit von Zertifikaten hervor. Jedenfalls müssen Selbstverpflichtungen Erfolge zeigen. Dann ist es auch entbehrlich, dass die Selbstverpflichtungen, wie von der Kommission gefordert, hinreichend verbindlich sind. Sofern sie ohne übermäßigen staatlichen Druck zustande kommen, sind sie vom Ansatz her Ausdruck der Selbstgestaltungskräfte der Wirtschaft. Dann entschärfen sie den Zielkonflikt zwischen Umwelt und Wirtschaft, der seinerseits durch den Grundsatz der nachhaltigen Entwicklung überwölbt wird.

6.3.4
Beihilfen und ihre Rechtfertigung

Bestandteil des europäischen Wettbewerbsrechts ist auch das gemeinschaftliche Beihilfenverbot (näher Frenz 1999). Auch systemwidrige Ausklammerungen einer bestimmten Gruppe aus einem normativen Gesamtanspruchssystem wie die Entlastung energieintensiver Branchen von der Energiesteuer können eine Beihilfe bilden.[23] Weitere Spielräume als bislang kann hier in begrenztem Umfang der neue Gemeinschaftsrahmen für staatliche Umweltschutzbeihilfen[24] schaffen. Er hält alle neu als Betriebsbeihilfen gewährten Steuernachlässe und -befreiungen mit signifikantem Beitrag zum Umweltschutz (Tz. 50) zehn Jahre und ohne Degression für genehmigungsfähig, sofern trotz Herabsetzung der nationalen Steuer ein wesentlicher Teil der durch sie begründeten Abgabenlast bezahlt wird (Tz. 51 Ziff. 1b 2. Spiegelstrich). Bei einer durch eine Gemeinschaftsrichtlinie geregelten Steuer muss

---

[21] Entschließung 93/C/138/0 des Rates und der im Rat vereinigten Vertreter der Regierungen der Mitgliedstaaten vom 1.2.1993 über ein Gemeinschaftsprogramm für Umweltpolitik und Maßnahmen im Hinblick auf eine dauerhafte und umweltgerechte Entwicklung, ABl. Nr. C 138, Tz 11.
[22] Schon das 5. Aktionsprogramm der Kommission, KOM (92) 23 vom 3.4.1992, Tz 31. Ausführlich Europäische Kommission 1996 Tz 3ff. Speziell für den Energiebereich *Frenz* 1999, S. 27ff.
[23] Allgemein EuGH, Slg. 1974, 709 (719).
[24] ABl. EG 2001, C 37, S. 3.

der effektiv gezahlte Betrag über dem gemeinschaftlichen Mindestbetrag liegen (Tz. 51 Ziff. 1b 1. Spiegelstrich). Ohne diese Einschränkungen können solche Steuererleichterungen gegeben werden, wenn sich im Gegenzug die begünstigen Unternehmen in genau kontrollierten und sanktionsbewehrten Vereinbarungen zur Erreichung der angestrebten Umweltziele verpflichten bzw. entsprechenden gleichermaßen wirksamen Bedingungen unterwerfen (Tz. 51 Ziff. 1a). Bei bestehenden, gleichbleibenden Steuern muss eine beachtliche positive Wirkung für den Umweltschutz bestehen und die Ausnahme von vornherein feststehen oder aufgrund einer wesentlichen Verschlechterung der Wettbewerbsbedingungen für die entsprechenden Unternehmen notwendig werden (Tz. 51 Ziff. 2) (Bei Heraufsetzungen gelten die Regeln für neue Steuern, Tz. 52). Zur Effizienzsteigerung können auch herkömmliche Energiequellen wie Gas gefördert werden (Tz. 51 Ziff. 3). Eine nationale Unterschreitung des gemeinschaftlich festgelegten Steuersatzes verlangt eine Ausnahmevorschrift in der Richtlinie (Tz. 49 lit. b). Beihilfen für erneuerbare Energien gelten nach Tz. 54 im allgemeinen als Beihilfen für den Umweltschutz und unterliegen erleichterten Voraussetzungen für drei explizit aufgeführte Optionen: Beihilfen zum Ausgleich des Unterschiedes zwischen den Erzeugungskosten für erneuerbare Energien und den Marktpreisen; Unterstützung durch Zertifikate und Ausschreibungen; Betriebsbeihilfen für neue Anlagen auf der Grundlage verschiedener externer Kosten. Eine diesen Rahmen übersteigende Entbindung vom Beihilfenverbot würde auch dem Verursacherprinzip widersprechen, auf das gerade auch der Gemeinschaftsrahmen für staatliche Umweltschutzbeihilfen aus dem Jahre 2001 (Tz. 17f.) rekurriert und dass er als grundsätzlich gegen die Gewährung von Beihilfen sprechend anführt; diese sollen nur als vorübergehende Ersatzlösung oder als Anreiz in Betracht kommen.

6.3.5
Gestaltungsmöglichkeit nach dem EuGH-Urteil zum Stromeinspeisungsgesetz

Eine weitere Möglichkeit, mit dem Beihilfenregime nicht in Konflikt zu geraten, kann in der Gestaltung liegen. Am 13.03.2001 entschied der EuGH in der Rechtssache PreussenElektra AG gegen Schleswag AG, dass die Regelungen des deutschen Stromeinspeisungsgesetzes in der Fassung vom 24.04.1998 (StrEG 1998)[25], in Kraft seit 29.04.1998, in dem eine Abnahme- und Vergütungspflicht für Strom aus erneuerbaren Energien (EE-Strom) festgelegt ist, nach dem gegenwärtigen Stand des Gemeinschaftsrechts auf dem Gebiet des Elektrizitätsmarktes nicht gegen Art. 28 EG verstoßen. Ziel des StrEG 1998 ist es, den Anteil des Einsatzes regenerativer Energiequellen an der Gesamtelektrizitätserzeugung deutlich zu er-

---

[25] Gesetz über die Einspeisung von Strom aus erneuerbaren Energien in das öffentliche Netz (Stromeinspeisungsgesetz) v. 7.12.1990, BGBl. I S. 2633; geändert durch Art. 5 des Gesetzes zur Sicherung des Einsatzes von Steinkohle in der Verstromung und zur Änderung des Atomgesetzes und des Stromeinspeisungsgesetzes v. 19.7.1994, BGBl. I S. 1618; zuletzt geändert durch Art. 3 des Gesetzes zur Neuregelung des Energiewirtschaftsrechts v. 24.4.1998, BGBl. I S. 734.

höhen[26]. Das StrEG 1998 ist inzwischen außer Kraft getreten und wurde durch das Gesetz für den Vorrang Erneuerbarer Energien vom 29.03.2000 (EEG 2000)[27], in Kraft seit 01.04.2000, ersetzt. Die vorstehenden vom EuGH untersuchten Vorschriften des ehemaligen StrEG 1998 wurden jedoch vom Grundsatz her unverändert in das neue Gesetz übernommen, so dass keine Differenzen bei der europarechtlichen Beurteilung der nationalen Regelungen zu Stromabnahme- und Mindestvergütungspflicht bestehen[28].

Die Überlegungen des EuGH sind zudem wegweisend für andere Maßnahmen umweltorientierter Energiepolitik. Im EE-Strom-Urteil hat der EuGH das Vorliegen einer staatlichen Beihilferegelung i.S.v. Art. 87f. EG deshalb verneint, weil die Verpflichtung privater Elektrizitätsversorgungsunternehmen zur Abnahme von Strom aus erneuerbaren Energiequellen zu festgelegten Mindestpreisen, die über dem tatsächlichen Wert des Stroms liegen, sowie die Aufteilung der für die privaten Elektrizitätsversorgungsunternehmen aus der Abnahmepflicht resultierenden finanziellen Belastungen zwischen diesen und privaten Betreibern der vorgelagerten Stromnetze nicht zu einer unmittelbaren oder mittelbaren Übertragung staatlicher Mittel auf die Unternehmen führen, die diesen Strom erzeugen[29]. Die Unterscheidung zwischen „unmittelbar" und „mittelbar" dient nur dazu, über die unmittelbar vom Staat gewährten Vorteile hinaus solche einzubeziehen, die über eine vom Staat benannte oder errichtete öffentliche oder private Einrichtung gewährt werden. Weiterhin führe der Umstand, dass die Abnahmepflicht auf einem Gesetz beruhe und bestimmten Unternehmen unbestreitbare Vorteile gewähre, genauso wenig zum Vorliegen einer staatlichen Beihilferegelung wie der Umstand, dass sich die finanzielle Belastung durch die Abnahmepflicht zu Mindestpreisen negativ auf das wirtschaftliche Ergebnis der dieser Pflicht unterliegenden Unternehmen auswirken könne und sich dadurch die Steuereinnahmen des Staates verringern[30].

6.3.6
Wettbewerb und Umweltschutz

Auch im Rahmen von Selbstverpflichtungen können sich, wie überhaupt bei jeder Zusammenarbeit von Unternehmen zur Verbesserung der Umweltqualität der hergestellten Erzeugnisse, Konflikte zwischen freiem Wettbewerb als Grundlage des ungehinderten Leistungsaustausches der Wirtschaftsteilnehmer einerseits und

---

[26] *Salje*, Kommentar zum Stromeinspeisungsgesetz, 1. Aufl. 1999, § 1 Rn. 1.
[27] BGBl. I S. 305.
[28] Ausführlich zu den Änderungen des StrEG 1998 durch das EEG 2000 siehe *Büdenbender*, Die Entwicklung des Energierechts seit In-Kraft-Treten der Energierechtsreform von 1998, DVBl. 2001, S. 952ff.; auch *Markard/Timpe*, Ist Ökostrom ein Auslaufmodell? – Die Auswirkungen des EEG auf den Markt für Grünen Strom, ZfE 2000, S. 201/202f.
[29] EuGH, NVwZ 2001, 665/666 – PreussenElektra AG/Schleswag AG unter Verweis auf st. Rspr. nach EuGH, Slg. 1978, 25/40f. – Van Tiggele; Slg. 1993, I-887/933f. – Sloman Neptun (Zweitregister); Slg. 1993, I-6185/6220 – Kirsammer-Hack; Slg. 1998, I-2629/2641 – Viscido u.a.; Slg. 1998, I-7907/7936f. – Ecotrade; Slg. 1999, I-3735 – Piaggio.
[30] EuGH, NVwZ 2001, 665/666 – PreussenElektra AG/Schleswag Ag. Für eine Erweiterung demgegenüber *Frenz*, Quoten, Zertifikate und Gemeinschaftsrecht, DVBl. 2001, 673/681.

dem Umweltschutz andererseits ergeben. Einseitige Selbstverpflichtungen der Wirtschaft sowie Umweltvereinbarungen können in vielerlei Hinsicht zu wettbewerbsrechtlichen Problemen führen. Zum einen stellen sie, insoweit sie als Unternehmen beteiligt sind, bereits selbst eine Vereinbarung i.S.v. Art. 81 Abs. 1 EG dar. Ein Beschluss einer Unternehmensvereinigung i.S.v. Art. 81 Abs. 1 EG liegt vor, wenn Unternehmensverbände eine Entschließung zum Eingehen einer Selbstverpflichtung bzw. einer Umweltschutzvereinbarung fassen, die im Einklang mit ihrer Satzung steht.[31] Zum anderen gehen mit diesen Instrumenten vielfach Kooperationen von Unternehmen einher, um die festgelegten Ziele in gemeinsamer Anstrengung zu erreichen, so dass jedenfalls eine aufeinander abgestimmte Verhaltensweise i.S.v. Art. 81 Abs. 1 EG vorliegt. Nicht in die Selbstverpflichtung einbezogene Unternehmen sind von diesen gemeinsamen Aktivitäten ausgeschlossen. Dadurch haben sie es ungleich schwerer, die in der Selbstverpflichtung gesetzten Standards zu erreichen. Da die Verbraucher solche Standards erwarten, erleiden nicht beteiligte Unternehmen Wettbewerbsnachteile, so dass der Handel zwischen Mitgliedstaaten zumindest potentiell beeinträchtigt und eine Verfälschung des Wettbewerbs innerhalb des gemeinsamen Marktes bewirkt wird.[32]

Diese Folgen treten auch und insbesondere dann auf, wenn eine Selbstverpflichtung aller europäischen Unternehmen (einer bestimmten Branche) vorliegt, die nichteuropäische Anbieter außen vorlässt. Die EU-Wettbewerbsregeln beziehen sich auf alle Wettbewerbsbeschränkungen, die sich innerhalb ihres räumlichen Geltungsbereichs auswirken, unabhängig von der Herkunft ihres Urhebers.[33] Daher wird der Wettbewerb innerhalb des Gemeinsamen Marktes auch durch Anbieter aus Nicht-EU-Mitgliedstaaten geprägt. EU-weite Absprachen sollen nach Auffassung der Kommission schon „ihrem Wesen nach" geeignet sein, den zwischenstaatlichen Handel zu beeinträchtigen,[34] ebenso nach der Rechtsprechung des Europäischen Gerichtshofes Absprachen, die sich auf das gesamte Gebiet eines Mitgliedstaates erstrecken und schon daher die im EG gewollte gegenseitige Durchdringung der Märkte verhindern und die inländische Produktion schützen.[35] Insbesondere die zweite Konstellation wird bei Selbstverpflichtungen häufig auftreten.

Hat ein staatliches Organ das Zustandekommen von Selbstverpflichtungen beeinflusst, so hat allerdings auch dieses eine Ursache dafür gesetzt, dass durch die Selbstverpflichtung selbst, ihr vorausgehende oder nachfolgende Verhaltensweisen der Wettbewerb beeinträchtigt wird. Von daher stellt sich die Frage, ob dann das

---

[31] „Beschluss" i.S.v. Art. 81 Abs. 1 EG ist jede satzungsmäßig vorgesehene und im Einklang mit den Vorschriften der Satzung zustande gekommene Willensäußerung, Kommission, ABl. 1985 L 35, S. 20 (24) – Feuerversicherung.
[32] Zu diesen beiden Voraussetzungen etwa EuGH, Slg. 1980, 2511 (2536f.) – Lancome; Slg. 1980, 3775 (3791f.) – L´Oreal.
[33] EuGH, Slg. 1971, 949 (959f.) – Beguelin; Nicht auf das Auswirkungsprinzip, sondern auf den Ort der Verwirklichung der Handlung abstellend etwa EuGH, Slg. 1972, 787 (838) – Ciba Geigy; Slg. 1973, 215 (242f.) – Continental Can.
[34] Kommission, ABl. 1983 L 376, S. 41 (47) – SABA II; ABl. 1985 L 19, S. 17 (21); ABl. 1985 L 20, S. 38 (42) – Ideal Standard.
[35] EuGH, Slg. 1975, 1491 (1515) – Belgische Tapetenhersteller; auch etwa Slg. 1989, 2117 (2190) – Belasco.

so veranlasste unternehmerische Verhalten unter Art. 81 Abs. 1, 82 EG fällt oder ob ausschließlich das dahinterstehende staatliche Verhalten den maßgeblichen Anknüpfungspunkt für die Prüfung der Gemeinschaftskonformität bildet. Art. 81, 82 EG haben zum Ziel, Verzerrungen des Wettbewerbs zu verhindern. Daher kommt es auf die Erfassung von tatsächlichen Verursachungsbeiträgen an. Allein das staatliche Einwirken auf das Zustandekommen einer freiwilligen Selbstverpflichtung kann also die wettbewerbsrechtliche Beachtlichkeit des unternehmerischen Verhaltens nicht generell ausschließen, es sei denn, es überlagert die Ursächlichkeit des privaten Verhaltens. Auch hypothetische Kausalitäten etwa deshalb, weil Wettbewerbsbeeinträchtigungen ohnehin vorliegen oder staatliche Regulierung überhaupt keinen Wettbewerb mehr ermöglicht, können daher keine Rolle spielen (so auch Ehle 1996). Der Verweis auf die Folgen und die Beurteilung staatlicher Maßnahmen ist auch wegen der grundsätzlichen Unterschiedlichkeit von privatem und öffentlichem Recht irrelevant.

Einseitige Selbstverpflichtungen sowie Umweltvereinbarungen zur Reduzierung des Energieverbrauchs gehen regelmäßig mit Neuerungen oder anderen Veränderungen in den Produktionsverfahren einher. Somit tragen sie zur Förderung des technischen oder wirtschaftlichen Fortschritts gemäß Art. 81 Abs. 3 EG bei. Der Nutzen für die Umwelt ist dabei aufgrund der Prägung des Wettbewerbsrechts durch die Vorgaben des Art. 2 EG als allgemeine Aufgabennorm eine solche Förderung. Aus demselben Grund ist ein angemessener Vorteil für den Verbraucher auch eine Verringerung von Umwelteinwirkungen, sofern er die sich aus der Wettbewerbsbeschränkung ergebenden Nachteile übertrifft.[36]

Da die Kostensteigerungen durch Maßnahmen zur Energiereduzierung im Vergleich zu den dadurch erzielten Fortschritten bei der Reduktion der CO_2-Emissionen und damit für den Klimaschutz regelmäßig gering ausfallen dürften, wird dieses Kriterium erfüllt sein. Ein Zusammenwirken der Unternehmen beim Eingehen und zur Erfüllung von Verpflichtungen zur Reduzierung des Energieverbrauchs ist regelmäßig unbedingt erforderlich, da eine Minderung nur so koordiniert und damit unter Nutzung von Synergieeffekten und gemeinsamen Potentialen ein solches Einzelunternehmen und auch einzelne Branchen übersteigendes Ziel erreichen können. Beschränkt sich die Zusammenarbeit auf den Energiebereich, ist die Zusammenarbeit insgesamt nicht so intensiv, dass auch qualitativ eine Ausschaltung des Wettbewerbs für einen wesentlichen Teil der betroffenen Waren vorliegt, mögen auch sämtliche Unternehmen einer bestimmten Branche europaweit zusammenwirken. Damit liegen für einseitige Selbstverpflichtungen der Wirtschaft beziehungsweise Umweltvereinbarungen die Voraussetzungen des Art. 81 Abs. 3 EG vor, um die Bestimmungen des Art. 81 Abs. 1 EG für nicht anwendbar erklären zu können.

---

[36] Siehe Kommission, ABl. 1971 L 10, S. 15 (22) – Wand- und Bodenfliesen.

6.4
Energierelevante Forschungs- und Technologiepolitik der Europäischen Union

Bevor im nachfolgenden Kapitel 7 Handlungsempfehlungen adressiert werden, möchte dieser Abschnitt eine knappe Übersicht der aktuellen energierelevanten Innovationspolitiken auf europäischer Ebene liefern (ausführlicher hierzu Anhang 3).

Wie in Kapitel 6.3 gezeigt, wird an zentralen Stellen offizieller EU-Dokumente vermehrt eine Integration der Umweltpolitik im Sinne einer nachhaltigen Entwicklung als Querschnittsaufgabe in andere EU-Politikbereiche gefordert. Den umweltpolitischen Rahmen gibt das 6. Umweltaktionsprogramm (KOM 2001, 31) vor, in dem der Schwerpunkt auf die vier Aktionsbereiche Klimaschutz, Gesundheit und Umwelt, Natur und biologische Vielfalt sowie Nutzung natürlicher Ressourcen gelegt wird. Wenn auch mit unterschiedlicher Gewichtung, so stellt der Energiebereich einen zentralen Politikbereich zur Problemlösung in jedem der genannten Aktionsbereiche dar.

Der Lösungsweg hat sich dabei innerhalb des energiepolitischen Zielkanons (Wirtschaftlichkeit, Versorgungssicherheit und Umweltverträglichkeit) zu bewegen. Um diese strategischen Ziele zu erreichen, sind gleichgewichtige Initiativen zur Verwirklichung eines Energiebinnenmarktes, zur Diversifizierung der Energiequellen sowie zur Minimierung/Internalisierung der negativen Umwelteffekte der Umwandlung und Nutzung von Energie erforderlich. Vor dem Hintergrund ehemals monopolistisch strukturierter Energiemärkte, aktuell etwa 50%iger und tendenziell steigender Bedarfsdeckung aus politisch sensiblen Einfuhrregionen und der Unterzeichnung des Kyoto-Protokolls mit entsprechenden CO_2-Reduktionserfordernissen wird der dringende politische Handlungsbedarf deutlich.

Mit der rechtzeitigen Entwicklung neuer Technologien und Verfahren zur Energieeinsparung und Steigerung der Energieeffizienz, der verstärkten Nutzung erneuerbarer Energien und neuer Antriebstechnologien hat vor allem die Förderung der Forschung und technologischen Entwicklung (FTE) in diesem Bereich strategische Bedeutung.

Die energierelevanten FTE-Programme der Europäischen Union lassen sich in fünf Kategorien unterteilen, wobei im Weiteren (und ausführlich in Anhang 3) auf die erste drei fokussiert wird:
1. Energie-Rahmenprogramm (1998–2002) mit den sechs spezifischen Programmen
    – ALTENER (Specific Actions for Greater Penetration of Renewable Energy Sources),
    – SAVE (Specific Actions for Vigorous Energy Efficiency): Energieeffizienz/ -sparen,
    – ETAP (Studien, Analysen, Prognosen zu Energiemärkten),
    – SYNERGY (Internationale Zusammenarbeit im Bereich Energiepolitik),
    – CARNOT (saubere Technologien für feste Brennstoffe),
    – SURE (Sicherheit, Transport, Zusammenarbeit im Bereich der Kernenergie);

6.4 Energierelevante Forschungs- und Technologiepolitik

2. Das Europäische Programm zur Klimaänderung (ECCP; KOM (2000) 88);
3. 6. Rahmenprogramm für Forschung, technologische Entwicklung und Demonstration (2002–2006);
4. Drittstaatenprogramme: INCO, PHARE, TACIS;
5. Teil der Strukturprogramme: z. B. INTERREG, RECHAR.

Rahmenprogramm für Maßnahmen im Energiebereich (1998–2002), hier: ALTENER/SAVE

Um die genannten strategischen energiepolitischen Ziele zu erreichen, wurden im „Rahmenprogramm für Maßnahmen im Energiebereich (1998–2002)" gemeinschaftliche Initiativen zur Optimierung der Transparenz, Kohärenz und Koordination sämtlicher gemeinschaftlicher Maßnahmen im Energiebereich formuliert.

Die Programme ALTERNER und SAVE sind nicht-technisch ausgerichtet und sollen die rechtlichen, administrativen und institutionellen Hemmnisse für eine beschleunigte Marktdurchdringung bereits existierender innovativer Technologien identifizieren und anschließend politisch beseitigen. ALTENER und SAVE bieten damit eine Ergänzung zu den technologiespezifischen EU-Programmen, wobei sich das SAVE-Programm annäherungsweise auf die Nachfrage- und ALTERNER tendenziell auf die Energieangebotsseite bezieht. Sie setzen dort an, wo in der Regel die Technologieförderungsprogramme nicht mehr greifen, nämlich bei der Ausarbeitung und Bewertung von Maßnahmen zum Abbau jener Hemmnisse, welche die Marktdurchdringung technisch erprobter sauberer und effizienter Technologien behindern.

Das Europäische Programm zur Klimaänderung (ECCP)

Das ECCP ist zur Einbeziehung aller wichtigen Interessengruppen bei den Vorarbeiten für gemeinsame und koordinierte Politiken und Maßnahmen zur Erfüllung der Emissionsreduktionserfordernisse aus dem Kyoto-Protokoll (KOM (2000) 88) konzipiert worden. Das ECCP konzentriert sich auf Maßnahmen in den Bereichen Übergreifende Themen, Energie, Verkehr und Industrie, wobei der vorgeschlagene Maßnahmenkatalog die Integrationsbemühungen von Umweltbelangen in anderen Politikbereichen berücksichtigt, fördert und ergänzt. „Das ECCP bestätigt auch die Notwendigkeit, die Forschungsarbeiten in den Bereichen Klimaschutz, technologische Entwicklung und Innovation fortzusetzen" (KOM (2001) 580). So wird nachdrücklich empfohlen, von der bestehenden IPPC-Richtlinie (Integrated Pollution Prevention and Controll Directive 96/61/EC) und dem dort in technologischen Referenzdokumenten[37] idealtypisch stets aktualisierten, gleichsam die IPPC-Energieeinsparungsverpflichtungen darstellenden Stand der Technik besser Gebrauch zu machen und auch für den Bereich generischer Energieeinspartechniken weiterzuentwickeln. Darüber hinaus werden Fragen des Energieverbrauchs in Haushalten und der Industrie (Mindesteffizienzanforderungen, Energienachfragemanagement, Förderung von KWK) sowie eine Reihe von Maßnahmen im Einklang mit dem Weißbuch über eine Europäische Verkehrspolitik behandelt (KOM (2001) 370).

---

[37] BREF's (BAT Reference Dokuments).

150   6 Die Realität der Nachhaltigkeit: Zielkonflikte in der Instrumentenwahl

Sechstes Rahmenprogramm im Bereich der Forschung,
technologischen Entwicklung und Demonstration (2002–2006)
Grundlage und Ausgangspunkt für das 6. FTE-Rahmenprogramm (2002–2006) ist in Abgrenzung und Weiterentwicklung des 5. Rahmenprogramms (1998–2002) das Konzept des europäischen Forschungsraums (EFR) (KOM (2000) 6).

In der jetzigen Situation gibt es „15 plus 1 Forschungspolitiken" – neben denen der Mitgliedstaaten die der Europäischen Kommission, die oft parallel agieren und wenig abgestimmt sind. Der EG-Vertrag enthält mit Art. 165 hingegen ausdrücklich die Möglichkeit zur „Koordination der FTE-Aktivitäten der Mitgliedstaaten und der Gemeinschaft, um die Kohärenz der einzelstaatlichen Politiken und der Politik der Gemeinschaft sicherzustellen". Dies wurde aber bis jetzt praktisch nicht umgesetzt (EVA 2001).

Das neue Rahmenprogramm orientiert sich an folgenden Grundprinzipien:
1. Konzentration auf eine begrenzte Zahl vorrangiger Forschungsbereiche, in denen ein unionsweites Vorgehen den größten europäischen Mehrwert bieten kann;
2. Konzipierung der verschiedenen Maßnahmen im Hinblick darauf, dass sie dank einer engeren Verbindung mit den nationalen und regionalen wie auch den sonstigen europäischen Initiativen eine stärker strukturierende Wirkung auf die Forschungsarbeiten in Europa haben;
3. Vereinfachung und Straffung der Durchführungsbestimmungen durch die neu festgelegten Förderformen und die geplanten dezentralisierten Verwaltungsverfahren.

Um diese Ziele erreichen zu können, folgt das EG-Rahmenprogramm (Globalbudget etwa 16,270 Mrd. Euro) in seinem Aufbau drei Schwerpunkten:
- Bündelung der Forschung (etwa 13,285 Mrd. Euro),
- Ausgestaltung des Europäischen Forschungsraums (etwa 2,655 Mrd. Euro),
- Stärkung der Grundpfeiler des Europäischen Forschungsraums (etwa 330 Mio. Euro).

Vor allem scheint der Schwerpunkt „Bündelung der Forschung" relevant, welcher die Forschungsanstrengungen und -tätigkeiten in sieben vorrangigen Themenbereichen zusammenführt und damit praktisch vorstrukturiert. Der energiebezogenen Forschung und Entwicklung soll dabei ein „angemessener Prioritätsgrad" eingeräumt werden. Im Aufbau der Themenbereiche enthält daher der sechste Bereich „Nachhaltige Entwicklung, globale Veränderung und Ökosysteme" (Budget 2,120 Mrd. Euro) die Subprogramme „Nachhaltige Energiesysteme" (etwa 810 Mio. Euro) und „Nachhaltiger Land- und Seeverkehr" (etwa 610 Mio. Euro). In Verbindung mit einer weiterentwickelten Instrumentierung wird der Schlüsselrolle des Energiesystems für eine nachhaltige Entwicklung inhaltlich Rechnung getragen, gleichzeitig aber die Mittelausstattung gegenüber den Vorgängerprogrammen deutlich reduziert: Gegenüber einem „Energieanteil" von 7,8 bzw. 7,0 % an dem Gesamtbudget im 4. bzw. 5. Rahmenprogramm, sieht der gemeinsame Standpunkt des Rates (2001/0053 (COD) vom 30.1.2002) lediglich einen Anteil von 4,6 % vor (ausführlicher in Anhang 3).

Kurzfristiges Ziel des 6. FTE-Rahmenprogramms ist es,
- die verbesserten Technologien für erneuerbare Energien zur Marktreife zu führen und in Netze und Versorgungsketten zu integrieren,

6.4 Energierelevante Forschungs- und Technologiepolitik

- die Verbesserung der Energieeinsparungen und der Energieeffizienz, hauptsächlich in Städten und insbesondere in Gebäuden zu befördern sowie
- die Integration alternativer Motorkraftstoffe in das Verkehrssystem voran zu treiben.

Mittel- und langfristig sind die zentralen Bereiche
- die Weiterentwicklung der Brennstoffzellen einschließlich ihrer Anwendungen;
- die Entwicklung neuer Technologien für Energieträger/-verteilung und Energiespeicherung, insbesondere Wasserstoff;
- neue und fortgeschrittene Konzepte für Technologien im Bereich erneuerbarer Energien (vor allem Photovoltaik und Biomasse);
- die Sammlung und Bindung von CO_2 sowie umweltfreundlichere Anlagen für fossile Brennstoffe.

Abschließende Bemerkungen

Die im Vertrag von Amsterdam definierte „Aufgabe der Gemeinschaft ist es, (...) eine harmonische, ausgewogene und nachhaltige Entwicklung des Wirtschaftslebens innerhalb der Gemeinschaft (...) zu fördern". Die im Sinne einer nachhaltigen Entwicklung anzustrebende sowie im Energierecht geforderte gleichgewichtige Berücksichtigung ökonomischer, sozialer und ökologischer Belange erweist sich dabei hingegen als partieller Zielkonflikt, wobei ökonomische Kurzfristinteressen nachhaltige Langzeiterfordernisse dominieren. So steht der formellen Einbeziehung nachhaltiger Elemente in die Energiepolitik ein unzureichender finanzieller background gegenüber. Beispielhaft für das Ungleichgewicht zwischen inhaltlicher und faktischer Wirksamkeit wurde das 6. FTE-Rahmenprogramm betrachtet. Ein konzeptionell in die richtige Richtung weisendes Programm verliert aufgrund unzureichender Mittelausstattung seine Wirksamkeit und damit wertvolle Zeit auf einem Pfad hin zu einer nachhaltigen Energieversorgung/-erzeugung.

In diesem Kapitel wurden vor allem die Zielkonflikte zwischen einer Verbesserung der Umwelt und der Lösung anderer ökonomischer Probleme, die daraus resultierenden juristischen Abwägungen beispielhaft diskutiert sowie die energierelevanten EU-FTE-Politiken vorgestellt. Im folgenden Kapitel wird unter anderem darauf eingegangen, wie die Zielkonflikte durch geschickte Wahl von wirtschaftspolitischen Instrumenten verträglich behandelt und zum Teil vermieden werden können.

7 Strategien zur Beschleunigung nachhaltiger Energieinnovationen

7.1
Energie jetzt wieder als strategische Priorität positionieren

Nach den beiden Ölkrisen von 1973/74 und 1979/80 gab es in allen westlichen Industrienationen eine sehr grundsätzliche Debatte über Energiepolitik. „Energie" war damals das Äquivalent zu der Frage: „Wie wollen wir zukünftig leben?" Am Beispiel der Kernenergie wurde über die prägenden Auswirkungen von Energietechnologien auf Gesellschaft und Wirtschaft debattiert. Energie und Umweltschutz waren auch ein gängiges Konfliktthema. Das „Recycling" der Petro-Dollars war *das* Thema für die sich globalisierenden Finanzmärkte. Die Frage nach dem Autarkiegrad in der Energieversorgung führte zur Stabilisierung der Kohle in Deutschland und zu hohen Investitionen für die Erschließung von Öl- und Gasquellen außerhalb der OPEC. Die „Öl-Schocks" lösten weitreichende Veränderungen aus – gerade und obwohl sie rückblickend eher psychologischer Natur waren und die induzierten Preisschübe sich z.T. wieder zurückbildeten. Eine vergleichbare politische und ökonomische Priorität für Energie lässt sich heute nicht erkennen, obwohl die Risiken fundamentaler geworden sind. Schon die Kuwait-Krise 1991 wurde global mehr oder weniger ignoriert. Die Abhängigkeit vom Nahostöl steigt in den letzten Jahren wieder (siehe Kapitel 4.2), obwohl diese Region nach dem Scheitern des Osloer Friedensprozesses instabiler denn je ist und obwohl die Erschöpfung von Nicht-OPEC-Ressourcen den jetzigen „Überhang" an Förderkapazitäten eliminieren wird – mit der wahrscheinlicheren Folge von krisenhaften Risiken und eskalierenden Preisen. Die Bevölkerungs- und Wirtschaftsentwicklung wird uns mit hoher Wahrscheinlichkeit nicht nur über die bestehenden Fördermöglichkeiten fossiler Energieressourcen, sondern auch über die ökologischen Grenzen hinaus katapultieren (siehe Kapitel 4). Zugleich ist die Hoffnung auf eine Lösung der Energieprobleme durch Kernenergie geschwunden.

Aber die Energiepolitik bleibt im technokratischen ‚business as usual' befangen. Das EU-Grünbuch zur Versorgungssicherheit – als „Weckruf" für die wieder steigenden Importrisiken – „schmort" ohne erkennbare Konsequenzen in einer Gremiensitzung nach der anderen, wie andere vergleichbare Dokumente auch. Zwar erregten die Benzinpreiserhöhungen im Sommer 2001 in Europa viel Aufsehen und Empörung, sie waren aber eher eine populistische Gelegenheit für neue Energiesubventionen (z.B. in der Landwirtschaft) und protektionistische Forderungen (z.B. im Transportgewerbe). Der Zusammenhang von Ölpreis- und Wechselkursvolatilität interessierte offenbar niemanden, genauso wenig wie das Konzept der Internalisierung externer Effekte, das den „Ökosteuern" zugrunde lag.

7 Strategien zur Beschleunigung nachhaltiger Energieinnovationen

Die umfassende Anwendung von Energie in allen Facetten der Wirtschaft und Lebensbereichen macht einen prophylaktischen Fokus auf Energie offensichtlich schwierig. In den allermeisten Branchen liegt deren Anteil mittlerweile unter 1 % der Wertschöpfung, und die Haushalte haben sich an die Energiekosten gewöhnt – einkommens- und inflationsbereinigt liegt der Anteil der Energiekosten am Haushaltsbudget nicht höher als vor 30 Jahren. Die Gesamtausgaben für Energie haben sich hingegen leicht erhöht. Ursache ist der stark gestiegene Motorisierungsgrad (EU-weit mehr als eine Verdoppelung der Pkws pro 1000 Einwohner seit 1970). Die Risiken des Nahost-Öls begleiten Europa (und die USA) offenbar schon zu lange, um noch Besorgnisdruck auszulösen. Bislang wurde noch jede Krise in jedem Jahrzehnt gelöst, und jedes Regime möchte Öl verkaufen – so wird man das gegenwärtige Verhalten wohl interpretieren müssen. Und die Klimafragen sind zeitlich zu entfernt und in ihren Auswirkungen zu ungewiss, um mobilisierenden Druck auf den Energieverbrauch auszuüben. So ist denn auch die EU-Kommission zu Recht besorgt, ob die für 2012 gesteckten klimapolitischen Ziele tatsächlich erreicht werden können (siehe KOM (2001) 226 endg.). In diesem ‚business as usual'-Trend wäre auch noch in 20–30 Jahren der Energieträgermix ähnlich wie heute, nämlich dominant basierend auf fossilen Brennstoffen (mit etwa 8 % regenerativen Energiequellen; heute sind es 6 %).

Wegen mangelnder Aufmerksamkeit werden wahrscheinlich auch mögliche Synergien nicht genutzt. So enthält zum Beispiel die Integrated Pollution Prevention and Control (IPPC)-Directive der EU die Grundannahme, dass es einen ständigen Trend (genauer: Druck) zur Nutzung von ‚best available technologies' (BAT) in umweltbelastenden Industrien geben muss, die in umfangreichen technischen Regelwerken beschrieben werden. Diese Vorschrift ließe sich auch leicht für die Effizienz in energieintensiven Branchen anwenden, wenn genügend Beachtung auf diesen Aspekt der Umweltbelastung gelegt und die Vorschrift administrativ konsequent umgesetzt würde.

In dieser Situation ist es *die zentrale politische Führungsaufgabe*, Energie wieder als strategische Priorität auf die Tagesordnung von Wirtschaft, Bürgern und Politik zu bringen. Diese Aufgabe hat zwei maßgebliche Dimensionen: eine inhaltliche (Kapitel 7) und eine prozedurale (Kapitel 8). Die erste Dimension wird durch die Frage bestimmt: *Was* ist zu tun?, die zweite durch die Frage: *Wie* setze ich es durch, d.h. wie überwinde die in Kapitel 6 diskutierten Zielkonflikte, und wie setze ich es dann operativ im Detail um (was angesichts der Ausrichtung der Studie auf eine weitere Zukunft nicht weiter debattiert wird, sondern spezialisierten Einzelstudien vorbehalten bleiben muss.).

Das „was" hängt von der Analyse und den Zielen ab. Im Kapitel 4 wurde – anhand der zuvor entwickelten Kriterien der Nachhaltigkeit – als Ergebnis festgehalten, dass die gegenwärtige Höhe des Energieverbrauchs und seiner Zusammensetzung (Anteil an fossilen Brennstoffen, Anteil des Nahen Ostens) nicht nachhaltig ist. Als Orientierung wurde ein „2000 Watt-Benchmark" angeboten, der Nachhaltigkeitskriterien besser entspricht, insbesondere wenn man die langfristige Wirtschafts- und Bevölkerungsentwicklung weltweit betrachtet. Andere Studien kommen zu ähnlichen Ergebnissen, insbesondere wenn sie – wie z.B. das Europäische Programm zur Klimaänderung – auf dem „moderaten" IPCC-Szenario S450 basieren. Praktisch bedeutet dies eine 4 %ige jährliche Reduktion der CO_2-

7.1 Energie jetzt wieder als strategische Priorität positionieren

Intensität (siehe Kapitel 4.3.1). Eine grobe Abschätzung mittels des Konzepts der „Zeit sicherer Praxis" zeigt, dass (noch) genügend Vorlauf für den langfristig anzulegenden Umbau des Energiesystems zu bestehen scheint, dass jedoch mit Nachdruck daran gearbeitet werden sollte. Denn die vorhandenen Potentiale realisieren sich – wie Kapitel 5 gezeigt hat – nicht einfach von selber. Nicht nur Technologien, sondern auch Märkte müssen *jetzt* geschaffen werden, um diese Potentiale *zukünftig* auszuschöpfen.

Dazu sind aber langfristige Ziele klar und plausibel zu formulieren. Gegenwärtig ist die Politik noch sehr stark auf den „Kyoto-Zeitraum" 2008–2012 fixiert. Dies ist notwendig, aber nicht hinreichend. Gerade weil die europäische wie die internationale Konsensbildung zeitintensiv sind, müssen jetzt die Ziele bis 2020 und 2050 klarer formuliert und kommuniziert werden. Dabei scheint es geboten, diese auf plausible Größen „umzurechnen", die ständig überprüft werden müssen (z.B. die vorgeschlagene Reduktion der CO_2-Intensität um 4% p.a.).

Der zweite strategische Hebel – neben den Zielen – ist der Fokus auf Innovationen. Gerade wegen der zahlreichen politischen und administrativen Blockaden ist dieser als relativ „schmerzfrei" angesehene Hebel so wichtig. Während die alternativen Zuteilungen von Ressourcen leicht als „Null-Summenspiel" betrachtet und entsprechend harte Verteilungskämpfe geführt werden, erlauben Innovationen neue Kompromissstrategien, weil nur „relative" Verluste entstehen. Dies liegt daran, dass Innovation per definitionem (siehe Kapitel 2.3) bisherigen Technologien im Preis-Leistungs-Verhältnis überlegen sind, d.h. sie liegen auf der Bandbreite zwischen den „Extremen" gleicher Preis bei höherer Energieeffizienz und damit weniger Emissionen oder bei gleicher Energieeffizienz niedrigeren Kosten. Die Wettbewerbsfähigkeit von Photovoltaik (vgl. Kapitel 5) kann nur durch Innovationen gesteigert werden, die zu höheren Wirkungsgraden führen. Im Zuge von Markteinführung und Diffusion können dann jene „economies of scale" erzielt werden, die gerade den Wettbewerbsvorteil von dezentralen ‚manufactured technologies' gegenüber den konventionellen, „on-site" hergestellten zentralen Erzeugungseinheiten begründen (siehe unten Kapitel 7.3).

Die Priorität für Innovationen kann aber – jenseits der rhetorischen Ebene – in der Praxis nicht generell unterstellt werden, wie beispielhaft das Schicksal der „campaign for take-off" zeigt, mit der die EU-Kommission bis 2010 Kapazitäten für je 10 GW Wind und Biomasse, 1 GW Photovoltaik und 1,5 GW für solitäre Siedlungen (Gemeinden, die eine vollständige Versorgung aus erneuerbaren Energiequellen anstreben) fördern wollte. Statt einen dringend benötigten „technology push" zu erzeugen, scheiterte das Projekt an der Finanzierung (d.h. andere Aufgaben als die Innovationsförderung regenerativer Energiequellen setzten sich im politischen Prozess als vorrangig durch). Die Zielsetzung der EU-Kommission, bis 2010 den Anteil der regenerativen Energiequellen von 6 auf 12% zu steigern (Strom: von 14% auf 22%), ist damit gefährdet, und auch die Zielsetzung, in 2050 etwa 50% des „2000 Watt-Benchmarks" mit regenerativen Energiequellen zu erzeugen, wird damit unrealistischer, da sich die Technologieentwicklung und -diffusion nicht *beliebig* beschleunigen lassen.

Unter diesen Gesichtspunkten sind die im folgenden entwickelten Handlungsempfehlungen zu sehen. Auch wenn die verschiedenen Handlungsfelder sich nicht immer klar voneinander trennen lassen oder Innovationsphasen praktisch ineinander übergehen, so ist es doch zum Verständnis besser, wenn sie in der vorgenommenen Weise abgegrenzt werden.

Gemäß der Zielsetzung unserer Studie konzentrieren wir uns hier auf Energieinnovationen, wohl wissend, dass der Gesamteffekt nur durch eine breit angelegte Nachhaltigkeitspolitik erzielt werden kann, die notwendige Veränderungen in vielen Bereichen auslöst.

Für die Energieinnovationen gibt es dabei drei strategische Handlungsfelder, auf die dann folgende Maßnahmen gerichtet sind.
- Die Rahmenbedingungen müssen insgesamt für Energieinnovation förderlicher gestaltet werden.
- Die Angebots- und Nachfragebedingungen für energieeffizientere Innovationen müssen so gestaltet werden, dass das in Kapitel 5 ermittelte Potential, sich schneller durchsetzt als unter „status quo"-Bedingungen.
- Die regenerativen Energiequellen müssen rascher entwickelt und zur Marktreife gebracht werden; der Strukturwandel von fossilen zu regenerativen Energiequellen muss beschleunigt werden.

Insgesamt soll das technologische Innovationspotential voll ausgeschöpft werden, um den „2000 Watt-Benchmark" zu erreichen. Dies erfordert einen auf die einzelnen Phasen des Innovationszyklus zugeschnittenen Instrumenten-Mix, der die Anwendungsbereiche – Haushalte, Industrie, Verkehr – spezifisch berücksichtigt.

Aufgrund der Vielzahl von Einflussfaktoren und hoher Unsicherheiten im Innovationsprozess sind wir nicht in der Lage, die Wirkungen der dazu vorgeschlagenen Maßnahmen zu quantifizieren; mit einem derartigen Versuch würden wir damit nur die strategischen Fehler früherer Energieprognosen wiederholen. Entscheidend ist – wie im Kapitel 2 ausführlich begründet –, dass der Lern-, Experimentier- und Umsetzungsprozess für nachhaltige Energieinnovationen beschleunigt wird.

7.2
Verbesserung der Rahmenbedingungen

7.2.1
Grenzen der Nutzung natürlicher Ressourcen definieren

Innovationen setzen Visionen oder doch zumindest Herausforderungen voraus. Die Weltraumforschung – insbesondere die Idee, einen Menschen auf dem Mond landen zu lassen – ist ein Beispiel dafür, wie bestimmte Visionen für lange Zeit den Innovationsprozess antreiben und inspirieren können. Damit Klimaschutz und Knappheit der fossilen Ressourcen als Herausforderung für alle gesellschaftlichen Akteure erkennbar werden, gilt es zunächst, diese Knappheiten durch die verbindliche Formulierung von Nutzungsgrenzen sichtbar zu machen. Wenn diese „Leitplanken" für die sozial-ökonomische Entwicklung feststehen, nimmt auch der Innovationsprozess eine neue Richtung. Als Antwort auf die Notwendigkeit, den Einsatz fossiler Energieträger zu reduzieren, können dann Visionen wie etwa das „Zeitalter des solaren Wasserstoffs" entstehen.

Die Formulierung von Orientierungsgrößen wie des „2000 Watt-Benchmarks" ist daher von grundlegender Bedeutung für nachhaltige Innovationen. Damit ist ein

– wissenschaftlich plausibler – Ausgangspunkt für die gesellschaftliche Diskussion über die Gestaltung des Energiesystems gegeben. Sobald in diesem Prozess neue Prioritäten erkennbar werden und sich verbindliche Ziele abzeichnen, wird sich die Richtung der Innovationsaktivität verändern. Solche Veränderungen in den Rahmenbedingungen haben Einfluss auf die Erwartungsbildung der Unternehmen. Diese reagieren in ihrer strategischen Planung auch auf „weiche" Signale, lange bevor sie sich tatsächlich in Marktpreisen niederschlagen. Gerade innovative Unternehmen handeln pro-aktiv, nicht erst, wenn neue Chancen-Risiken-Konstellationen für alle offensichtlich sind. Energieeffizienzlösungen und Substitute für fossile Energieträger werden als neue Felder für „außerordentliche Gewinne" wahrgenommen. Insofern erweisen sich (ökologische) Restriktionen zugleich als Chancen.

Für die Richtungsänderung im Innovationsprozess genügt es, zunächst eine innovative Elite zu gewinnen. Wird diese durch erste Erfolge – begünstigt durch verbesserte Rahmenbedingungen – bestätigt, dann folgt die Masse der Imitatoren. Die langfristig angelegte Innovationspolitik muss sich daher vor allem diesen Pionieren widmen, die auch in der Lage sind, neue Leitbilder zu prägen. Ein Vorschlag zur Aktivierung dieser Pioniere/Eliten wird in Kapitel 8 unterbreitet.

7.2.2
Den Markt nutzen:
Knappheitssignale induzieren nachhaltige Innovationen

Die Rolle des Staates erschöpft sich nicht in der Moderation und Institutionalisierung des Zielbildungsprozesses. Staatliches Handeln ist vor allem gefordert, wenn es darum geht, die weichen Signale des Zielbildungsprozesses in harte Marktsignale zu übersetzen. Dies kann auf unterschiedliche Weise geschehen. Stets zu beachten sind dabei die im letzten Kapitel erörterten wirtschaftspolitischen Zielkonflikte.

Naheliegend und ökologisch am wirksamsten erscheint es, an den verbleibenden Restnutzungsmengen (z. B. den als zulässig erachteten THGE, bzw. CO_2-Emissionen) anzusetzen. Diese können nach verschiedenen Verfahren den Nutzern/ Verschmutzern als Eigentumsrechte zugeteilt werden (kostenlose Erstzuteilung an bisherige Nutzer – „Grandfathering" – oder Auktion). Durch schrittweise Abwertung der Eigentumsrechte (Zertifikate, Lizenzen) – bei gleichzeitig weiterem Wirtschaftswachstum – entsteht Innovationsdruck. Unternehmen, die keine innovative Antwort finden, zahlen einen hohen (Zertifikats-)Preis. Dieser wiederum wirkt als monetärer Innovationsanreiz. Das Zertifikatsmodell ist allerdings nicht immer praktikabel, z. B. wenn eine große Zahl diffuser Quellen bzw. Verschmutzer auftritt (CO_2 aus Mobilität). Darüber hinaus ist die Bestimmung von Restnutzungsmengen, wie in den einleitenden Kapiteln gezeigt, keineswegs trivial.

Als Alternative kommen daher Abgabenlösungen („Öko-Steuern") in Betracht, die über die Festlegung eines Preis(erhöhungs)pfades den Rückgang der Umweltbelastung (CO_2) sicherstellen. Öko-Steuern haben allerdings eine geringere ökologische Effektivität, aber den Vorteil zusätzlicher staatlicher Einnahmen, die zur Senkung anderer (effizienzmindernder) Abgaben verwendet werden können. Die Innovationsanreizwirkung bleibt jedoch erhalten. Jede Innovation, die eine Verschmutzungseinheit einspart, bringt eine Kostenentlastung (von der Öko-Steuer). Denkbar sind auch Kombinationen von Zertifikatslösung (für große Emissionsquellen) und Abgabenlösungen (z.B. für fossile Treibstoffe). Die Wirkungen hängen jedoch stark von den spezifischen Bedingungen und der Ausgestaltung ab (vgl. Kapitel 6.2) und die Widerstände sind beträchtlich.

Im Gegensatz zu diesen Marktlösungen hat ein ordnungsrechtliches Vorgehens eher bescheidene langfristige Innovationseffekte. Kurzfristig erscheint der Beschleunigungseffekt verlockend, der sich durch die vorgeschriebene Einführung einer neuen Technologie ergibt (wenn die ‚best available technology' zum „Stand der Technik" erklärt wird). Diesem Beschleunigungseffekt steht allerdings erfahrungsgemäß die Bremswirkung gegenüber, die einerseits aus der damit verbundenen Diskriminierung alternativer Problemlösungen (z.B. Feuerungstechnik statt Rauchgasentschwefelungs-Anlagen) und andererseits aus der Beharrungstendenz eines (überholten) Stands der Technik resultiert. Ein geeignetes Anwendungsfeld könnten z.B. Vorgaben für die Stand-by-Verluste von Haushaltungsgeräten sein, weil hier bereits verschiedene effiziente technische Lösungen existieren, denen damit die Markteinführung gesichert würde.

Welche Instrumente auch immer eingesetzt werden, langfristig entscheidend ist letztlich die Korrektur der relativen Preise (vgl. dazu Kapitel 2.3.2, Ziff. 2). Durch Veränderungen der relativen Preise werden die Suchanstrengungen im unendlichen Pool der Erfindungen und Ideen neu fokussiert. Bei steigenden Energiepreisen schwinden das Interesse an und die Realisierungschancen von energieintensiven Projekten; die Aufmerksamkeit der Investoren wendet sich Energieeffizienzlösungen und Substitutionsmöglichkeiten zu. Dies setzt allerdings voraus, dass die Änderung in den Preisrelationen als dauerhaft (und nicht nur transitorisch) wahrgenommen wird. Dazu müssen das Nachhaltigkeitsziel (und auch das letztlich gewählte Instrumentarium) auf einem breiten (von Regierungswechseln unabhängigen) und belastbaren (von kurzfristig negativen Effekten unbeeindruckten) Konsens beruhen. Veränderungen der relativen Preise und dadurch induzierte Innovationen werden zu ökologischem Strukturwandel führen und damit auch Marktpositionen und Besitzstände zerstören. Anpassungsprobleme entstehen insbesondere bei Unternehmen aufgrund einer gegebenen, kurzfristig nicht veränderbaren Technologie, bei privaten Haushalten wegen eines unelastischen, tradierten Verbraucherverhaltens. Damit es nicht zu erheblicher Kapitalentwertung jenseits des üblichen Investitionszyklus bzw. zu negativen Verteilungseffekten kommt, muss bei der Reduzierung der CO_2 auf Stetigkeit und Planbarkeit geachtet werden.

Als Teil einer Korrektur der relativen Preise muss auch die Subventionspolitik überprüft werden, insbesondere diejenigen Subventionen, die nicht-nachhaltige Entwicklung begünstigen (vgl. dazu auch SRU 1996, S. 331, 398f.). Noch immer wird der Energieverbrauch vielfältig entweder direkt (z.B. im Flugverkehr) oder indirekt (z.B. über Heizkostenzuschüsse) subventioniert. Soweit Subventionen von Energieträgern ohne Prüfung der effizienten Energienutzung und der Umweltwirkungen erfolgen, schafft der Abbau solcher Zuwendungen zugleich Finanzmasse, um nachhaltige Energieinnovationen zu fördern. Die preisinduzierte Refokussierung der Suchanstrengungen wird aber nur dann Konsequenzen haben, wenn sich im Pool der Erfindungen und Ideen tatsächlich interessante Projekte mit Nachhaltigkeitspotenzial befinden. Die Veränderung der relativen Preise ist insofern noch keine hinreichende Bedingung für eine Änderung der Innovationsrichtung. Wie lässt sich also der Pool der Erfindungen und Ideen beeinflussen? Darauf wird im folgenden Abschnitt eingegangen.

7.2.3
Nachhaltigkeitsorientierte Infrastrukturvorsorge und Kompetenzbildung („technology push")

Langfristig angelegte Innovationspolitik muss auch auf die Schwerpunkte der Forschung und die im Bildungssystem vermittelten Kompetenzen Einfluss nehmen. Diese (infra-)strukturellen Bedingungen der Innovationsaktivität verändern sich nur langsam, bestimmen aber wesentlich, was im Innovationsprozess tatsächlich machbar ist. Staatlich finanzierter Kapazitätsaufbau (bei Humankapital, Wissenskapital und zugehöriger „Hardware" wie Bildungs- und Forschungseinrichtungen, Kommunikationsnetze) als Angebotspolitik kann hier im vorwettbewerblichen Bereich wesentliche Weichenstellungen vornehmen. Ein bestimmtes Angebot an Ideen und Kompetenzen schafft entsprechende neue Problemlösungen und Märkte: Eine Nation oder Region, die über ein reichliches Angebot an IuK-/EDV-/Informatikspezialisten verfügt, wird einen Innovationsschub in dieser Branche (vor allem durch Existenzgründer) erleben. Entsprechendes gilt für Biotechnologie (zur empirischen Evidenz vgl. Staudt et al. 2001). Insofern haben staatliche Vorleistungen im Bereich der Grundlagenforschung und der Bildungspolitik einen ähnlich hohen Stellenwert für nachhaltige Innovation wie die Veränderung der relativen Preise.

Wenn diese Überlegungen richtig sind, ist im nächsten Schritt zu fragen, welche Reformen in der Forschungs- und Bildungspolitik notwendig und vordringlich sind, um nachhaltige Innovationen speziell im Energiebereich vorzubereiten.

– *Forschungspolitik:* Entsprechend ihrer strategischen Bedeutung sollten die Mittel für Grundlagenforschung im (nicht-nuklearen) Energiebereich deutlich erhöht werden (vgl. auch SRU 2000, S. 541). Ein Aufbruchssignal wäre eine Verdoppelung dieser Mittel innerhalb der nächsten 4 Jahre. Erhöht werden sollten die staatlichen Forschungsmittel auch für Projekte z. B. aus der industriellen Prozesstechnik und der Materialforschung, die unter anderem auch auf eine signifikante Erhöhung der Energieeffizienz abzielen.

– *Bildungspolitik:* Welche Kompetenzen sind für nachhaltige Innovation wichtig? Welche Disziplinen sind vor allem gefordert, ihre Ausbildungsinhalte zu verändern? Sicherlich ist für den Innovationsprozess im Energiebereich eine Stärkung des Energieeffizienz-Denkens besonders in der Management- und Ingenieursausbildung notwendig. Aber auch in der Handwerker- und Architektenausbildung liegen ungenutzte Potentiale. Wenn hier einschlägiges Problembewusstsein und Problemlösungskompetenz vermittelt werden, hat dies weitreichende Wirkungen. Mit zunehmender Hochschulautonomie nehmen allerdings die unmittelbaren staatlichen Gestaltungsmöglichkeiten ab. An Bedeutung gewinnen dagegen die Forschungsmittel (Drittmittel), die auch auf den Lehrbetrieb ausstrahlen.

Investitionen in die hier angesprochenen Formen des Volksvermögens sind auch insofern wichtig, weil sonst künftigen Generationen nicht nur erschöpfte natürliche

Ressourcen, sondern auch eine „erschöpfte" Wissensbasis hinterlassen werden. Zusätzlich gilt es in die Modernisierung der (Hardware-)Infrastruktur der Volkswirtschaft zu investieren, z.B. in ein effizientes Verkehrssystem. Neben dem Verkehrswegenetz gehören dazu auch elektronische Verkehrsleitsysteme (in Verbindung mit ökonomischen Anreizen, z.B. in Form des „Road Pricing") oder ein attraktiverer ÖPNV (vgl. dazu Kapitel 7.7).

7.3
Handlungsfeld Energieeffizienz in der Industrie: Beschleunigte Markteinführung durch Subventionen

In Kapitel 6 sind die Zielkonflikte erläutert, die sowohl zwischen den verschiedenen Zieldimensionen der Nachhaltigkeit (ökonomisch, ökologisch, sozial) und damit zwischen den entsprechenden Politikfeldern auftreten können. Um in diesem Spannungsfeld die für eine nachhaltige Innovationspolitik notwendige Änderung der relativen Preise herbeizuführen, sind (Öko-)Steuern nur ein mögliches Instrument und man sollte verstärkt auf positive Anreize setzen. Daher hat die Bereitschaft auch auf der politischen Ebene zugenommen, statt des „Verursacherprinzips", das mit Belastungen gleichgesetzt wird – auf eine Politik der positiven Anreize zu setzen (KOM (2001) 68 endg.).

Im folgenden werden die Effekte einer solchen Anreizpolitik durch Subventionen für energiesparende Innovation untersucht. Ein niederländisches Modell dient dabei als Referenzpunkt für eine EU-weite Empfehlung.

Es geht hier vornehmlich um energieeffiziente Technologien, die in der Phase der Markteinführung sind, d.h. es existieren Pilotprojekte und Demonstrationsvorhaben, aber es ist jetzt notwendig, die „early adapter" zu gewinnen und industrielle Produktions- und Servicestrukturen durch größere Stückzahlen zu entwickeln.

Diese Subventionen sind in der Mehrzahl der Fälle Anschubfinanzierungen. Es lässt sich nämlich zeigen (Steger 1998, S. 216), dass in der Mehrzahl der Fälle die Kosten der saubereren Technik langfristig nicht über denen der alten Technik liegen. Dieses Ergebnis kann anhand der Abbildung 7.1 nachvollzogen werden. Es sind drei typische Kostenverläufe aufgeführt:

- Die Kosten der neuen Technologie sind immer teurer, weil sie höhere Kapital- und Betriebskosten aufweist (Kurve A1). Daher werden sie – wenn überhaupt – nur unter sehr spezifischen Anwendungsbedingungen angewandt (etwa Elektroautos in Kurgebieten), spielen aber als Standardtechnologie keine Rolle (es sei denn, eine technologische Innovation verändert drastisch das Preis-Leistungsverhältnis; im Falle des elektrischen Autos etwa eine Revolution in der Speichertechnik). Die staatliche Förderung sollte sich in solchen Fällen auf die Offenhaltung der Optionen durch Grundlagenforschung und einzelne Pilotprojekte beschränken, wenn die Technologie signifikante positive „externe Effekte" aufweist.
- Die Kostenkurve der neuen Technik ist in etwa deckungsgleich mit der Standardtechnologie, wenn einmal bestimmte Größendegressionseffekte überschritten sind, in späteren Phasen des Lebenszyklus kann sogar die Kostenkurve unter

7.3 Handlungsfeld Energieeffizienz in der Industrie: Subventionen

die der Standardtechnologie sinken (Kurve A2). Diese Konstellation dürfte typisch für viele Umwelt- und Energietechnologien sein, die gegenwärtig noch in der „Innovationsfalle" stecken (vgl. oben Kapitel 5). Typischerweise sind bei energieeffizienten Technologien die Kapitalkosen höher und die Betriebskosten niedriger als bei konventionellen Technologien (z. B. Wärmepumpe gegenüber Gasheizung). Die ‚economies of scale' sind daher vor allem bei den Anlagekosten strategisch für die Markteinführung. Hier sorgt die staatliche Subventionierung der Markteinführung dafür, dass diese Barrieren rascher überwunden werden und die neue Technologie die Standardtechnologie verdrängt. Sobald die Schwelle der Wirtschaftlichkeit erreicht wird, muss die Subventionierung beendet werden.
– Die neue Technologie unterschreitet die Kostenkurve der Standardtechnologie schon kurz nach der Markteinführung (A3). Hier besteht kein staatlicher Handlungsbedarf, da die Unternehmen die anfänglichen Marktinvestitionen selbst aufbringen (z. B. Gasturbine vs. Kohlekraftwerk). Allerdings beruhen solche Technologien oft auf – staatlich finanzierten – Arbeiten in der Grundlagenforschung (etwa der Werkstoff- und Materialtechnologie).

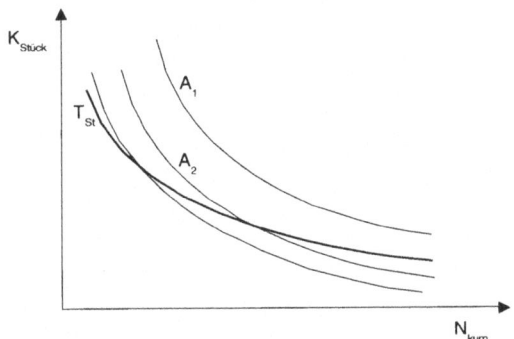

Abb. 7.1. Lernkurven energieeffizienter Techniken im Vergleich zur Standardtechnik (T_{St}).

7.3.1
Das niederländische Modell

Eine Politik der Förderung energieeffizienter Technologien muss einige *Bedingungen* erfüllen. Zunächst einmal muss deutlich sein, welche Technologien gefördert werden. Um eine Liste der geförderten Technologien aufzustellen, bedarf es nicht unbedingt einer Analyse der technologischen Optionen (Ashford 2000). Eine solche Analyse findet man aber bei Blok et al. (1995) für noch zu entwickelnde Technologien. In den Niederlanden stehen die schon existierenden Technologien von Firmen auf der sogenannten *Energieliste* der Programme EIA und EINP[1]

---

[1] Energie-Investitions-Abzug und Energie-Investionsabzugsregelung im Non-Profit Bereich. Dem letzteren wird auch die Landwirtschaft zugerechnet.

(Economische Zaken 1997, 2001a, 2001b). Wortmann (2000) gibt die Liste der Möglichkeiten zu subventionierten Energieeinsparungen für Haushalte in Dänemark und Großbritannien an und schlägt ähnliche Maßnahmen für Deutschland vor.

Bei der Erstellung der Liste der zu fördernden Technologien wird in den Wirtschaftswissenschaften üblicherweise die Frage gestellt, wie denn der Staat wissen kann, welche Technologien auf diese Liste gehören? Das in den Niederlanden gebräuchliche Verfahren besteht darin, dass der Staat das Datum der Erstellung der Liste bekannt gibt, und Firmen ihre Technologien vorschlagen. Es ist dann Sache staatlicher Institutionen zu beweisen, dass eine Technologie nicht auf die Liste gehört. Diese Aufgabe ist technisch-juristischer Natur. Eine technische Organisation überprüft, ob die vorgeschlagene Technologie unter Umweltaspekten besser ist als die gebräuchliche Technologie – dies muss der Unternehmer bei seinem Vorschlag der Technologie schon begründen. Die technische Organisation muss also nur die Begründung prüfen, und es muss formal eine juristische Prüfung stattfinden, die die Technologie als den gesetzlichen Anforderungen gerecht werdend akzeptiert oder verwirft. Kurzum, das Verfahren ist so, dass der Staat selber gar nicht wissen muss, wie die Liste aussehen sollte. Er muss lediglich ein Verfahren wählen, dass den Unternehmen einen Anreiz gibt, ihre Information freiwillig heraus zu geben, um selber einen Vorteil zu erlangen, nämlich die Subventionen als Honorar (für die geringeren Externalitäten der umweltfreundlicheren Technologien im Vergleich zur gängigen Technologie). Außerdem muss es eine unabhängig prüfende Institution geben.

Da die Listen jährlich überarbeitet werden, fallen Technologien die nicht mehr besonders umweltfreundlich sind heraus. Damit ist die Förderung automatisch auf die Zeit begrenzt, in der eine Technologie besonders umweltfreundlich ist. Wenn die Lernkurven bei neueren Technologien steiler verlaufen als bei alten Technologien, könnte eine Förderung sich auf den Zeitraum beschränken, in dem die Kostenunterschiede noch unzumutbar im Sinne des Ordnungsrechts sind.

Bürokratieprobleme sind bei Subventionen, die im Steuerabzugsverfahren gezahlt werden, nicht größer als bei Steuerzahlungen.

Tabelle 7.1. Verfügbare Mittel für Subventionen von energiesparenden Investitionen in den Niederlanden (in Mio. Euro). (Quelle: www.ez.nl/subs; Staatscourant; Effectiviteit Energiesubsidies 2000.)

Jahr	EIA	EINP	Total
1997	61	1,14	62,14
1998	82	12,27	94,27
1999	105	16,36	121,36
2000	150	22	172
2001	186	25	211

EIA: Energieinvestitionsabzug (EnergieInvesteringsAftrek)
EINP: Energieinvestitionsabzug im Non-Profit Sektor.

Die oben erwähnten niederländischen Programme EIA und EINP stellen die folgenden Summen an Mitteln bereit (siehe Tabelle 7.1), um bei den Energiespar-

7.3 Handlungsfeld Energieeffizienz in der Industrie: Subventionen

potentialen (siehe insbesondere Kapitel 5) über ein ‚business as usual'-Szenario hinaus zu kommen.

Die Belastung für die Haushalte durch die niederländische Energiesteuer kann man sich anhand der Energierechnung eines Haushaltes vor Augen führen. Diese Belastung ist in Tabelle 7.2 für Gas und in Tabelle 7.3 für Strom zusammengefasst. Heizung und Kochinstallationen werden bei diesem Haushalt mit Gas betrieben. Dies ist typisch für die Niederlande, aber nicht für andere Länder. Der betrachtete Haushalt ist nur eingeschränkt repräsentativ, da das Haushaltseinkommen etwas über dem Durchschnitt liegt, aber andererseits drei Kinder vorhanden sind. Das Beispiel soll nur die Größenordnung der Belastung der Haushalte und des Staatsbudgets durch dieses Energiesparmodell aufzeigen.

Tabelle 7.2. Gasverbrauch (m^3) und Energiebesteuerung (EURO) eines Haushalts in den Niederlanden

(1) Jahr	(2) Gas (m^3)	(3) Besteuerte m^3	(4) Steuern/m^3 (Cent)	(5) Steuern (EURO[a])	(6) Gasenergiesteuern/Pers.[b]
1996	3594	1860	1,47	27,39	5,48
1997	3420	2620	2,37	62,05	12,41
1998	2965	2179	2,03	83,88	16,78
1999	3135	2343	6,10	142,87	28,57
2000	3011	n.s.	n.s.	190,50	38,10

a Produkt von Spalte (4) und (3).
b Spalte (5) geteilt durch fünf Personen
n.s. nicht spezifiziert

Tabelle 7.3. Stromverbrauch und Energiebesteuerung eines Haushalts in den Niederlanden

Jahr	Strom (kWh)	Besteuerte (kWh)	Steuern/kWh (Cent)	Steuern (EURO)	Stromsteuern /Person
1996	2464	1355	1,34	18,17	3,64
1997	2424	1624	1,34	21,78	4,35
1998	2421	1634	1,34	21,91,	4,38
1999	2540	1748	2,07	36,20	7,24
2000	3069	n.s.	n.s.	76,96	15,39

n.s. nicht spezifiziert

Die Politik der Erhebung einer Energiesteuer ist 1996 begonnen worden. Spalte 2 der Tabellen zeigt, dass der Gas– und Stromverbrauch des Haushalts schwankend ist. Die Zahl der besteuerten Kubikmeter schwankt ebenfalls. Die restlichen Kubikmeter werden als unvermeidlicher Verbrauch anerkannt. Die Steuern pro Verbrauchseinheit gemäss Spalte 4 beginnen mit niedrigen Werten und werden dann im Laufe der Zeit erhöht. Bei Strom fand diese Erhöhung erst ab 1999 statt.

Diese Aufschläge führen zu einer Erhöhung der Energiesteuerzahlungen des betrachteten Haushalts, welche in Spalte 5 abzulesen sind. Da es sich um einen Haushalt mit fünf Personen handelt, wird dieser Steuerbetrag durch fünf geteilt und in Spalte 6 wiedergegeben. Daraus ergeben sich die Resultate von Tabelle 7.4.

Tabelle 7.4. Kennzahlen des Niederländischen Modells der Ökosteuer

Energiesteuerrechnung	
– pro Person im Jahr 2000:	38,10 + 15,39 = 53,49 €
– pro Person im Jahr 2000 inkl. MWST:	62,85 €
Energiesteuereinnahmen	
– für 17 Mio. Einwohner im Jahr 2000:	1068,48 Mio. €
– als Prozentsatz am Staatsbudget:	0,6%
Ausgaben für Subventionen:	172 Mio. €
Reduktion der Einkommenssteuern:	1068 – 172 = 896 Mio. €
Verbrauchsreduktion[a] durch Ökosteuer	
– bei Gas 1996–1999:	1,4%
– bei Elektrizität 1996–1999:	4,4%
Kosteneffektivität der EIA Subventionen[b]:	9–19 kg CO_2/€
Reduktionen durch EIA Subventionen[b]:	599–1206 kton CO_2

[a] Siehe http://www.ez.nl/Persberichten/persberichten2001/2001113.htm 9/27/01.
[b] Für 13 ausgewählte Techniken ohne Mitnahmeeffekte; gemäss Effektivität Energiesubsidies 2000, S.60.

Der Wert der Subventionen für das Jahr 2000 entspricht ungefähr 0,1% des Staatsbudgets und weniger als 0,05% des Bruttoinlandsprodukts, ohne dass der Rahmen der verfügbaren Mittel ausgeschöpft worden wäre; er wird angepasst, wenn der ursprüngliche Rahmen nicht ausreichend ist. Dies ist damit auch die Größenordnung der *möglichen* Steuererhöhung, die der Energiepolitik zuzuschreiben ist. Um deutlich zu machen, warum die Beträge als Anteil am Staatsbudget oder am BIP so niedrig sind, muss man sich die folgenden Zusammenhänge vor Augen halten: Die Kosten des Energieverbrauchs als Anteil am BIP sind ohnehin nur ein kleiner Prozentsatz. Bei den Investitionen wiederum dürfen nur diejenigen Mehrkosten durch Subventionen gedeckt werden, die durch die Umweltfreundlichkeit entstehen. Insgesamt darf dies gemäß der Vereinbarung im Rahmen der WTO nicht mehr als zwanzig Prozent des Wertes der Investitionen betragen. In der niederländischen Regelung sind es ungefähr fünfzehn Prozent der Investitionen, aber nicht mehr als die angeführten Mehrkosten. Da die Bruttoinvestitionen ungefähr zwanzig Prozent des BIP sind, kann es sich um maximal drei Prozent handeln (15% von 20%). Faktisch ist es jedoch nur die Hälfte, da die Mehrkosten oft über den fünfzehn Prozent liegen oder oft auch keine besseren Technologien verfügbar sind. Aus beiden Gründen wird dann keine Subvention nachgefragt.

In dem Maße, wie man Energie spart, kann man die Energiesteuerzahlungen vermeiden, aber trotzdem an der Einkommensteuerermäßigung teilhaben. Trotz der Verbrauchsreduktion durch die Ökosteuer führen steigende Einkommen aber über eine größere Zahl elektrischer Apparate zu einem höheren Gesamtverbrauch bei Elektrizität. Sinkende Preise bei den Energiefunktionen Licht, Wärme und Kraft

7.3 Handlungsfeld Energieeffizienz in der Industrie: Subventionen

verstärken diesen Effekt. In den Niederlanden sind diese Funktionen zwischen 1982 und 1997 zwanzig Prozent billiger geworden (siehe Bleijenberg und van Swigchem 2001).

Es gibt in den Niederlanden derzeit folgende neue Programme des Wirtschaftsministeriums: Am 12. Februar 2001 wurde das Programm ‚Energieeinsparung durch Innovation' gestartet. Hierbei werden € 16,36 Mio. für Projekte im Ideenstadium bis zur Phase der Markteinführung, für Investitionen und innovative Anwendungen von bestehenden Technologien bereitgestellt.[2] Zusätzlich wurde wegen großen Interesses von der Wirtschaft eine Million extra für ‚Feasibility studies' und Wissensübertragung ausgewiesen.[3] Für Investitionskosten, die zu einer Verminderung von Treibhausgasen beitragen und über die gängige Praxis hinausgehen, werden € 30,91 Mio. bereitgestellt. Projekte, die mehr Reduktion pro EURO Subvention erbringen, werden vorrangig behandelt.[4]

Die niederländischen Regelungen (siehe Economische Zaken 1997, 2001a, 2001b) schreiben vor, dass die Subventionen für die Mehrkosten solcher Technologien, die über den Stand der Technik hinausgehen und auf den sogenannten Energielisten stehen, auf dem Wege des Steuerabzugs über das Finanzamt bezahlt werden. So entsteht eine vierfache Kontrolle: Die Rechnungsprüfer müssen den Firmen bestätigen, dass sie alles ordnungsgemäß abgerechnet haben. Das Finanzamt prüft diese Rechnungslegung und eventuell die Firma selbst. Konkurrenten können bei der EU und bei der WTO auf Wettbewerbsverzerrung bzw. Protektionismus klagen. Natürlich ist auf all diesen Gebieten ‚good governance' eine Voraussetzung von Subventionspolitik. Trotz aller Probleme im Zusammenhang mit bestimmten Subventionen entsteht hier eine vierfache Kontrolle, die wohl ausreichen dürfte, um einen ordnungsgemäßen Ablauf zu garantieren. Die Missbrauchsanfälligkeit dieses Modells ist daher gering.

Darüber hinaus haben das Finanz- und das Wirtschaftsministerium eine gemeinsame und das letztere noch eine eigenverantwortliche Evaluierung der Regelungen vorgenommen (siehe Tweede Kamer 2001). Daraus hat sich ergeben, das die Mitnahmeeffekte – definiert als Investitionen, die auch ohne die Subventionen stattgefunden hätten – sich auf 50 % der Geldbeträge belaufen. Dies liegt daran, dass auf den Energielisten zu viele Standardtechnologien stehen, d.h. Technologien, die sowieso, auch ohne Subventionen, angewendet würden. Daher werden in Zukunft die Anforderungen an Technologien, die auf die Liste kommen, bezüglich der Umweltverbesserungen höher geschraubt, und damit werden die Energielisten um Standardtechnologien reduziert. Wenn nur noch umweltfreundlichere Technologien auf die Liste kommen, kann es Mitnahmeeffekte oder Nachfragerenten nur noch in dem Maße geben, wie die Käufer auch zu einer niedrigeren Subvention gekauft hätten. Wenn aber die Subvention auf die Mehrkosten beschränkt werden, bleiben im Prinzip keine Renten mehr übrig. Allerdings ist es zur Zeit so, dass die Mehrkosten für eine bestimmte Selektion der Techniken (siehe Effektivität Energie-

---

[2] Siehe http://www.ez.nl/beleid/home_ond/energiebesp/firstlevel_index.html, 27.09.01.
[3] Siehe http://www.senter.nl/energiebesparing/pb17092001.htm, 27.09.01.
[4] Siehe http://www.ez.nl/Persberichten/persberichten2001/2001128.htm, 27.09.01.

subsidies 2000, Tabelle S. 59) nur zu 22 % durch die EIA-Subventionen gedeckt werden. Wenn die Standardtechnologien von der Liste verschwunden sind, sollten daher die Subventionen für die verbleibenden Technologien relativ erhöht werden, um einen größeren Teil der Mehrkosten zu decken. Nur im dem Maße, wie es noch Schwierigkeiten gibt, Standard- und umweltfreundliche Technologien zu unterscheiden oder die Mehrkosten genau zu bestimmen, kann es dann noch Mitnahmeeffekte geben. Das Problem festzustellen, welche Technologien schon Standardtechnologien sind, besteht darin, dass ohne Subventionen einige Investoren umweltfreundliche Technologien wählen, während andere dies nicht tun. Dies kann daran liegen, dass die erstgenannten die Einführung einer Ökosteuer oder von Zertifikatsystemen wahrscheinlicher oder teurer finden als die anderen. Wenn diese erwarteten Kosten eingerechnet werden, sind umweltfreundliche Technologien teilweise schon vor der Einführung einer Umweltpolitik rentabel und damit *schon* Standardtechnologien, während die weniger umweltfreundlichen Technologien bei Unternehmern, die keine Umweltpolitik erwarten, *noch* Standardtechnologien sind. Kurzum, bei heterogenen Erwartungen kann es schwierig sein, die Standardtechnologien zu identifizieren.

Die im Rahmen der EU bestehenden Regelungen wurden von Blok et al. (1996) zusammengefasst. In Österreich werden 12 % der Einnahmen aus einer 1996 eingeführten Energiesteuer auf Gas und Strom den Bundesländern für die Umsetzung von Energiespar- und Umweltschutzmassnahmen zur Verfügung gestellt (siehe EVA 2000). In anderen Europäischen Ländern, insbesondere in Deutschland, wird von solchen Subventionen bisher wenig Gebrauch gemacht, obwohl saubere Technologien positive oder zumindest weniger negative Externalitäten produzieren.

7.3.2
Generelle Überlegungen

Subventionen erfreuen sich weder in der Öffentlichkeit noch in der wissenschaftlichen Diskussion großer Beliebtheit. Dies liegt wahrscheinlich daran, dass sie weniger mit sinnvollen Subventionen für Forschung, Infrastruktur und Umwelt, sondern weitgehend mit Erhaltungssubventionen identifiziert werden. Die bekannte Tatsache, dass Subventionen überwiegend Erhaltungssubventionen sind, ist aber Ergebnis von politischen Prozessen und kann nicht dem „Instrument als solchem" angelastet werden, denn ähnliches gilt auch für Steuererleichterungen oder (sehr oft protektionistischen) Regulierungen der Wirtschaft. Dies hat vielmehr etwas mit der Tatsache zu tun, dass Verlierer im Strukturwandel sich immer besser organisieren als potenzielle Gewinner. Erstere sind direkt und von Beginn an in ihrem ökonomischen „Besitzstand" getroffen, während Gewinner vielleicht noch gar nicht bekannt sind und auch die Gewinne erst später anfallen. Ähnlich sind „Produzenten" (einschließlich der Gewerkschaften) immer besser zu organisieren als Verbraucher. Erstere erzielen ihr Einkommen in der Regel in einem Bereich, als Verbraucher geben sie es in der Regel in vielen Segmenten aus. Es ist daher (ökonomisch) rational, sich als Konsument auf die Verbesserung der Einkommenssituation zu konzentrieren.

In Kapitel 8 erörtern wir Strategien, wie Politik innovationsorientierter gestaltet werden könnte. Das vorliegende Kapitel konzentriert sich auf Subventionen für

7.3 Handlungsfeld Energieeffizienz in der Industrie: Subventionen

energiesparende Technologien, die sich von Standardtechnologien in dem Sinne unterscheiden, dass sie ohne Subventionen nicht angeschafft werden.

Subventionen für energiesparende Investitionen reduzieren die festen Kosten der Firmen. Sie bieten einen Anreiz, die Energieinputkoeffizienten zu senken, so dass sie relativ weniger arbeits- als vielmehr energiesparend wirken. Das führt zu einer Erhöhung der Faktorproduktivitäten und damit zu einer Vereinbarkeit von Innovations- und Umweltpolitik (vgl. Kapitel 6.2.6). Durch die entsprechende Reduktion der Grenzkosten gibt es Senkungen von Monopolpreisen, so dass der Konflikt zwischen Wettbewerbs- und Umweltpolitik entschärft wird (vgl. Kapitel 6.2.2). Da niedrigere Grenzkosten zu einer höheren Produktionsmenge der Firmen führen, wird der umweltfreundliche Effekt der Technologiewahl jedoch zum Teil zunichte gemacht.

Senkungen von Grenzkosten und Preisen führen im Verhandlungsprozess mit Gewerkschaften tendenziell zu höheren Reallöhnen, mehr freien Stellen, einem stärker angespannten Arbeitsmarkt und einer geringfügigen Verminderung der Arbeitslosenrate. Damit wird der Konflikt zwischen Umwelt- und Beschäftigungspolitik entschärft (vgl. Kapitel 6.2.1). Eine höhere Beschäftigung führt an sich aber auch wieder zu mehr Umweltverschmutzung, so dass auch hier der Effekt aus der Wahl einer energiesparenden Technologie zum Teil kompensiert wird. (Ziesemer (2000) enthält eine detaillierte Erklärung dieser Effekte). Allerdings ist in allen Fällen nicht mit einer Kompensation oder gar Überkompensation der zur Erreichung des „2000 Watt-Benchmarks" nötigen Effizienzsteigerungen von 4 % p.a. zu rechnen.

Das gilt gleichermaßen für das Risiko der Abwesenheit einer ‚double dividend', das durch Subventionen von der Arbeitslosigkeit zurück zur Umweltverschmutzung verschoben wird, weil bei einer Erhöhung der Beschäftigung die Produktion steigt und mit der dadurch ausgelösten Emissionssteigerung dem Effekt einer Reduktion der Energieinputkoeffizienten entgegengewirkt wird. Insofern als die energiesparenden Investitionen bei den internationalen Transporten stattfinden, wird der internationale Handel sauberer und der Konflikt zwischen Umweltpolitik und Handelsliberalisierung entschärft. Wenn der Transport dadurch attraktiver wird, fällt allerdings wiederum ein Teil der energiesparenden Umweltvorteile weg. Auch in diesem Fall ist mit einer Überkompensation unter den hier angenommenen Bedingungen nicht zu rechnen.

Da Firmen Fördermittel erhalten und ihre Wahlmöglichkeiten nicht eingeschränkt werden, gibt es keinen Grund, wegen dieser Politik ins Ausland zu gehen. Da diese Maßnahme auf Technologieadoption im Inland beruht, gibt es auch keinen Konflikt mit der Entwicklungspolitik, da der Transport nicht teurer wird und technischer Fortschritt in der Regel auch den Konsumenten beider Länder zugute kommt. Für die Unternehmen entstehen sogar Wettbewerbsvorteile, weil Preissenkungen im Inland zu Substitutions- und Einkommenseffekten führen, die die Nachfrage vom Ausland ins Inland umlenken. – So entsteht für ausländische Regierungen ein Anreiz, eine gleichartige Umweltpolitik zu praktizieren.

Durch die zusätzliche Nachfrage nach energiesparenden Technologien entsteht auch ein zusätzlicher Anreiz zur Forschung in diesem Bereich. Ein Erfinder kann sich von vornherein ausrechnen, dass er in der Zukunft gefördert wird, wenn seine Technologie im Vergleich zu anderen Techniken besonders energiesparend ist.

Wenn neue Technologien noch nicht vollständig bekannt sind, kann eine Subventionsregelung helfen, eine Technologie bekannt zu machen. In dem unten vorgestellten Beispiel der niederländischen Subventionsregelung EIA haben minimal 3 % aller subventionierten Investoren erst über die Subvention von der Technologie erfahren, die dann später adoptiert wurde (siehe Effectiviteit Energiesubsidies 2000). Subventionen haben neben ökonomischen Effekten auch psychologische Effekte auf Manager, die unsicher sind, welche Investitionsentscheidung sie treffen sollen. Die Existenz von Subventionen signalisiert ihnen, dass andere Individuen und Institutionen bestimmte Technologien sinnvoll finden und davon ausgehen, dass eine Subventionsregelung bestimmte Investitionen fördert (siehe Interdisciplinary Analysis 1998).

Ein häufig geäußerter Einwand besteht darin, Subventionen hätten nur geringe Wirkungen. Subventionen sind Preisveränderungen mit den entsprechenden Effekten. Der Einwand ist dann identisch mit der Behauptung, dass Preiseffekte gering sind. Dies kann in der Tat der Fall sein, wenn die Preiselastizitäten nicht sehr hoch sind. Wenn allerdings die marktwirtschaftliche Ordnung der Wirtschaft im Prinzip die beste aller praktizierten oder sogar vorstellbaren Ordnungen ist, dann ist der Preismechanismus anscheinend doch der beste verfügbare Mechanismus zur Lenkung der Wirtschaft – trotz aller Marktunvollkommenheiten. Dann sollte man allerdings auch an Subventionen keine höheren Anforderungen als an Preisveränderungen generell stellen. Sogenannten Mitnahmeeffekten bei Subventionen entsprechen Konsumentenrenten bei Preisen. Mit anderen Worten, die Kritik, dass Subventionen zu wenig bewirken, beruht auf zu hohen Erwartungen darüber, wie groß die Wirkungen von Preisveränderungen sind. Der Irrtum liegt bei der Erwartungsbildung der Kritiker, es sei denn, dass es Probleme bei der Umsetzung und der administrativen Abwicklung gibt.

Es ist die Aufgabe der Welthandelsorganisation (WTO), Subventionen daraufhin zu überprüfen, ob es sich um Maßnahmen handelt, die dem Protektionismus dienen, insbesondere dem Ersatz von Zöllen durch nichttarifäre Handelshemmnisse. Subventionen für Infrastruktur, Forschung und Entwicklung sowie Umweltverbesserungen fallen allerdings nicht unter den Protektionismusverdacht (siehe GATT 1992). Wie bereits erwähnt, betrachtet die WTO 20 % der Kosten der Industrie, die im Zuge der Anpassung von Ausrüstungen an neue Umweltgesetzgebung entstehen als nicht handelungsbedürftig (‚non-actionable') (WTO 2000).

Auch auf europäischer Ebene sind bei der Gewährung von Subventionen Umweltgesichtspunkte zu berücksichtigen, jedenfalls, wenn sie sich in technischen Entwicklungen niederschlagen (vgl. Kapitel 6.3.3).

Eine Alternative oder auch eine mögliche Ergänzung zu Subventionen und Steuern besteht im Instrument handelbarer Zertifikate. Für den Verkäufer eines Zertifikats ergibt sich eine Kostensenkung ähnlich wie bei einer Subvention, wenn die Erlöse aus dem Verkauf von Zertifikaten die Kosten der Reduktion von Emissionen übersteigen. Für den Käufer handelbarer Zertifikate ergibt sich eine Kostenerhöhung ähnlich wie bei einer Steuer. Wenn weniger Zertifikate ausgegeben werden als es vorher Emissionen gab, müssen Firmen netto die Kosten erhöhen, um Emissionssenkungen zu erreichen oder Zertifikate zuzukaufen. Die Konflikte, die oben diskutiert wurden, sind daher in ähnlicher Weise wirksam wie bei einer Umweltsteuer. Dies ist ein schwerer Nachteil bei der Anwendung im Inland. Beim

7.3 Handlungsfeld Energieeffizienz in der Industrie: Subventionen

reinen ‚grandfathering' von Zertifikaten kommt hinzu, dass neue Firmen auch dann kein Recht auf die Zuteilung von Zertifikaten haben, wenn sie die gleichen, modernen Technologien gebrauchen, wie die Empfänger der Zertifikate (vgl. hierzu Nielsen et al. 1995). Dies ist eine (strategische) Wettbewerbsverzerrung, die erklären kann, warum einige Firmen einer aktiven Umweltpolitik durchaus positiv gegenüber stehen können: Sie erwarten, dass Konkurrenten mehr unter der Umweltpolitik zu leiden haben als sie selbst (raising the rival's cost).

Die Festlegung der Anzahl der gehandelten Zertifikate ist allerdings das einzige Mittel, um ein internationales Emissionslimit festzulegen, das auch nicht durch andere steuerliche Maßnahmen unterlaufen werden kann (Eizenstat 1998). Der Einsatz von Zertifikaten im internationalen Maßstab und der von Subventionen im Inland sind allerdings komplementäre Maßnahmen. Damit zeichnet sich potentiell ein dreistufiges System ab: (i) Auf einem internationalen Markt für handelbare Zertifikate kaufen und verkaufen Regierungen und eventuell Firmen; (ii) im Inland gibt es freiwillige Selbstverpflichtungen, die (iii) Subventionsregelungen einschließen, wie sie oben erläutert wurden. Die Subventionen und der eventuelle Zukauf von Zertifikaten auf dem Weltmarkt durch die Regierung können durch Steuern auf die verschmutzenden Haushalte (Verursacher) finanziert werden (siehe Kapitel 7.3.3). Solche Steuern werden zum Beispiel in Deutschland und den Niederlanden erhoben. Die genannten nationalen Regelungen können auch eingesetzt werden, falls ein internationales System nicht zustande kommt, weil etwa die Entwicklungsländer und daher auch die Vereinigten Staaten nicht mitmachen. Selbst in der reinen, vereinfachenden Theorie gibt es das Problem, dass Koalitionsmodelle zu dem Ergebnis kommen: „Wann immer die Kooperation souveräner Staaten dringend vonnöten wäre, kann nicht mit ihr gerechnet werden" (Böhringer und Vogt 2001, S.4). Wenn dies richtig ist, dann wird es die für Steuer- und Zertifikatlösungen nötigen internationalen Abkommen nicht geben.[5] Der hier vorgelegte Vorschlag, mit Subventionen einen Schritt weiter zu kommen, ist davon aber nicht betroffen.

Falls irgendwann eine Mischung aus Zertifikat- und Steuerlösung eingeführt wird, sind Subventionen komplementäre Instrumente. Zertifikatkosten und Steuern werden pro verbrauchte Energieeinheit erhoben und erhöhen daher die Grenzkosten. Subventionen senken die festen Kosten, und Investitionen in energiesparende Maßnahmen verringern die variablen Kosten. Falls eine derartige Politik zu wenig Effekte erzielt, wäre es theoretisch sogar denkbar, dass zusätzlich eine Steuer auf den Energieverbrauch oder die Emissionen erhoben wird.

Es sollte aber auch deutlich geworden sein, dass dies Instrumentarium nicht kostenlos eingesetzt wird, sondern dass es eine gleichmäßigere Verteilung der Kosten der Umweltpolitik über alle Haushalte und damit über alle Nutznießer der Umweltpolitik mit sich bringt. Die Nutzer können in den Rahmen freiwilliger Vereinbarungen integriert werden. So ist beispielsweise 65 % des subventionierten

---

[5] Auch nach den Klimakonferenzen von Bonn und Marakesch bleibt es dabei, dass die USA vorläufig nicht mitmachen, weil sich die Entwicklungsländer nicht beteiligen wollen. Sanktionen und Anfangsausstattungen von Zertifikaten sind noch nicht geregelt. Erst wenn dies der Fall ist, wird die Ratifizierung darüber entschieden, ob es ein internationales Abkommen gibt.

Investitionsbetrages der niederländischen EIA Regelung an Betriebe vergeben worden, die eine freiwillige Vereinbarung mittragen (siehe Effectviteit Energiesubsidies 2000). Diesen Betrachtungen liegt implizit der Gedanke zu Grunde, dass der zentrale Punkt der Nachhaltigkeit in der Umweltpolitik das Energiesparen ist. Dies liegt daran, dass die erneuerbaren Energien die fossilen nur in begrenztem Masse ersetzen können. Zu dieser Sichtweise gibt es einen wesentlichen Einwand (Sinclair 1992): Wenn die Länder der OPEC aufgrund von verringerter Energienachfrage eine Preissenkung oder eine Abschwächung des Wachstumspfades der Rohstoffe erwarten, könnte es eine optimale Strategie sein, der Preissenkung mit einem erhöhten Angebot zuvor zu kommen. Dies würde den Treibhauseffekt verstärken. Dagegen ist allerdings einzuwenden, dass ein erhöhtes Angebot auf eine unelastische Nachfrage trifft und damit die Preise zumindest kurzfristig stark senkt. Ob die OPEC diese kurzfristigen Mindereinnahmen in Kauf nimmt, ist eine Frage der Zeitpräferenz. Sinclair zeigt, dass bei Gebrauch der Hotelling-Regel[6] die Extraktionsrate steigt und damit der Treibhauseffekt zunimmt, wenn es keine Extraktionskosten gibt. Wenn man Extraktionskosten mit Hilfe einer Produktionsfunktion modelliert, fallen in einem steady state mit konstanter Abbaurate und Zinsen die Preise mit der Rate des technischen Fortschritts in der Extraktion. Die Umweltpolitik hat dann bei exogenem technischem Fortschritt keinen Einfluss mehr auf die Preisveränderungsraten. Ob Sinclairs Resultat dann noch gilt, muss die zukünftige Forschung zeigen.

Es ist im Interesse arabischer Staaten, das Problem durch Preiserhöhungen angehen zu dürfen, so wie es in den Ölkrisen geschehen ist. Dies generiert einen Druck auf Steuererhöhungen, obwohl diese nur in bescheidenem Maße stattgefunden haben. Damit ist der Anreiz zurück zum Sparen von Energie verschoben, allerdings auf eine Art und Weise, die, was die oben betrachteten Ziele betrifft, einer Steuererhöhung gleich kommt. Die Einnahmen gehen dann allerdings ins Ausland und stehen für eine Förderung von Technologien im Inland nicht zur Verfügung. Daher wird dem Wunsch der Ölfirmen vielleicht nicht entsprochen – es sei denn dass die Interessen arabischer und amerikanischer Ölfirmen übereinstimmen und (eventuell ausschlaggebende) Unterstützung bei der amerikanischen Regierung finden. Diese Verteilungsauseinandersetzung und das Problem von Sinclair müssten wahrscheinlich in einem Differentialspiel simultan behandelt werden.

Ein weiterer möglicher Einwand gegen den Vorschlag, Subventionen zur Entschärfung von Zielkonflikten zu verwenden, könnte darin bestehen, dass man Strukturwandel und Konsumverzicht für unerlässlich hält, um die nötigen Energieeinsparungen zu erreichen: Wenn die Maßnahmen sich tatsächlich als zu schwach herausstellen, könnte es notwendig sein, mit Umweltsteuern Strukturwandel und Konsumverzicht herbeizuführen. Dazu wäre es allerdings erforderlich, dass sich

---

[6] Die Regel von Hotelling besagt, dass bei Abwesenheit von Extraktionskosten die Preise der Ressourcen eine Wachstumsrate haben müssen, die dem Zinssatz gleicht. Wenn der Zinssatz höher ist, als diese Wachstumsrate, wird sofort vollständig extrahiert, um die Einnahmen am Kapitalmarkt anzulegen; wenn er niedriger ist wird nicht extrahiert, weil die steigenden Preise später mehr einbringen.

die Kräfteverhältnisse in den oben diskutierten Konflikten verändern. Dies könnte geschehen, wenn die Entwicklung der Umweltprobleme zu einer verschärften Wahrnehmung ihrer Relevanz führt. Jedenfalls bleibt es prinzipiell jederzeit möglich, unseren Vorschlag, positive Externalitäten zu subventionieren, durch Steuern oder Zertifikatshandel zu ergänzen.

7.3.3
Zur Finanzierung von Subventionen für energiesparende Maßnahmen

Es wäre naheliegend, die Finanzierung der hier vorgeschlagenen Subventionspolitik für energiesparende Technologien während der Phase, in der die Kosten unzumutbar höher liegen als die der Standardtechniken (vgl. den Anfang von Kapitel 7.3), durch *Reduktion von Erhaltungssubventionen* zu bestreiten. Das Problem dabei liegt darin, dass eigentlich jeder weiß, dass Erhaltungssubventionen ineffizient sind, dass sie aber aus verteilungspolitischen Gründen bisher nicht abgeschafft wurden. Daher kann man zwar fordern, sie abzubauen, aber man kann kaum hoffen, dass dies als realistisch einzuschätzen ist. Das gleiche gilt für alle Vorschläge zum Abbau anderer Ineffizienzen im Steuersystem. Unsere Strategie stützt sich daher nicht auf diese Ansätze.

Eine eher realistische, aber wissenschaftlich wenig beliebte Methode ist die *‚Rasenmähermethode'*. Sie besteht darin, dass bei jedem politischen Beschluss festgestellt wird, welchen Prozentsatz vom relevanten Budget man benötigt, um den Beschluss durchzuführen. Jedes Ministerium muss dann diesen Prozentsatz einsparen. Der Vorteil dieser Methode besteht darin, das er die Ministerien zwingt, ständig ihre Budgets zu überprüfen, Einsparungen vorzunehmen und so die Prioritäten festzulegen. Der Nachteil dieser Methode ist, dass völlig unklar bleibt, ob man sich einer optimalen Besteuerung nähert oder sich von ihr entfernt. Daher ist diese Methode nicht unbedingt empfehlenswert, aber sie ist durchaus eine praktisch mögliche Antwort.

Eine *empfehlenswerte Methode* muss bestimmte Eigenschaften haben: i) Sie sollte selbst effizient sein. ii) Sie sollte dafür sorgen, dass möglichst viele Leute *tatsächlich* besser gestellt werden und nicht nur besser gestellt werden *könnten*. Nur wenn hinreichend viele Leute besser gestellt werden, kann man die nötigen Mehrheiten in den politischen Gremien finden. Ein wesentliches Problem der Einführung einer Energiesteuer und damit des Verursacherprinzips ist ja gerade, dass alle Bürger von einer verbesserten Umwelt profitieren, aber nur die Verursacher zahlen – die Firmen direkt, die Arbeitnehmer indirekt durch eine sinkende Nachfrage nach ihren Qualifikationen, und die Politiker eventuell durch Stimmenverluste. Verglichen mit dem Status quo werden die Verursacher dann wahrscheinlich schlechter gestellt und widersetzen sich einer Energiesteuer oder ähnlichen Maßnahmen.

Wenn man hingegen die Haushalte als Mitverursacher und Opfer der Umweltprobleme für die Verbesserungen der Umwelt bezahlen lässt, kann man dafür sorgen, dass die neuen Lasten die Nutzenverbesserung für eine große Anzahl Leute nicht übersteigen. Die Verursacher haben dann keinen Grund mehr, gegen eine Umweltpolitik zu sein. Die Frage ist, wieviel Steuern man für wie viel Umweltpolitik zu zahlen bereit ist. Böhringer und Vogt (2001) interpretieren Umfrageergebnisse dahingehend, dass die Zahlungsbereitschaft nicht sehr hoch ist. Die in Tabelle 7.1 ihres Aufsatzes wiedergegebenen Umfrageergebnisse lassen jedoch viel Interpretationsspielraum. In welche Steuersätze sich solche Ergebnisse übersetzen lassen, ist völlig offen. Es ist gerade eine Stärke des Prinzips, die Nutznießer zahlen zu lassen, dass sie nicht mehr Umweltverbesserung erhalten als sie auch tatsächlich bezahlen wollen. Trittbrettfahrer-Verhalten wird dadurch ausgeschlossen. Eine Umweltsteuer auf den Energieverbrauch oder die damit verbundenen Emissionen *für alle verursachenden Haushalte* wäre in dem Sinne beschränkt effizient, dass eine negative Externalität dadurch internalisiert würde. Außerdem würde die Internalisierung alle treffen, die von einer Verbesserung der Umwelt profitieren. Dieser Mechanismus entspricht dem der modernen Mikroökonomie: eine positive Externalität oder die Reduktion einer negativen – hier: saubere Technologie wird subventioniert, eine negative Externalität – hier: Emissionen von Haushalten – wird besteuert, um die Subventionen zu finanzieren. Daher empfehlen wir diese Methode. Da Haushalte Opfer und Verursacher zugleich sind, bedeutet dies, dass das Verursacherprinzip für Haushalte durchaus wirksam ist. Dass diese Methode die Arbeitslosigkeit reduziert, wurde theoretisch in Ziesemer (2000) gezeigt. Für Unternehmen hingegen wird wegen der oben diskutierten Marktunvollkommenheiten das Verursacherprinzip nicht angewandt.

Die Frage der intergenerativen Verteilung, die in Kapitel 3.2.3 angesprochen wurde, kann hier nicht abschließend beantwortet werden. Wenn der Treibhauseffekt vermieden wird, tragen alle gegenwärtigen und zukünftigen Generationen alle Kosten, und sie sind ja auch tatsächlich Verursacher. Dies wäre ein verteilungsneutraler Zustand. Wenn man nichts tut, tragen die zukünftigen Generationen Lasten, die durch sie selbst, aber auch durch heutige Generationen verursacht werden. Da der Treibhauseffekt nur gemildert, aber nicht vermieden wird, und da zukünftige Generationen wohl die heute unsicheren verbleibenden Lasten des Klimaproblems tragen werden und die gegenwärtigen Generationen die derzeit noch niedrigen Vermeidungskosten, wird die Verteilung deutlich: Die heutige und frühere Generationen vermeiden weniger als sie verursacht haben und geben daher einen Teil der verursachten Externalitäten weiter. Daher ist jede zusätzliche Steuerbelastung der Haushalte im Rahmen unseres oben entwickelten Vorschlages nur eine Verminderung ihres Verteilungsgewinns, den sie auf Kosten späterer Generationen erzielen. Nur wenn man die Option des „Nichtstuns" als Maßstab wählt, verlieren heutige Generationen durch unseren Vorschlag. Dieser Maßstab dürfte sich allerdings kaum begründen lassen – sicher nicht mit dem Verursacherprinzip, von dem wir nur abgehen, wenn Zielkonflikte dies politisch unvermeidlich erscheinen lassen.

Bei diesem Vorschlag – der dem niederländischen Modell durchaus ähnlich ist – muss es sich um gesetzlich verbindliche Zahlungen handeln, die mit den oben behandelten rechtlichen Anforderungen übereinstimmen müssen. Wenn man nicht bereit ist, diese Subventionen über den Abbau von Erhaltungssubventionen zu finanzieren, könnte eine Erhöhung der Staatsquote eventuell unvermeidlich sein. Diese ist jedoch konzeptionell gerechtfertigt, weil die Internalisierung von Externalitäten durch Steuern und Subventionen ja gerade durch die Wirtschaftswissenschaften empfohlen wird. Die Staatsquote muss aber durch Senkung der Staatsausgaben an anderer Stelle gleich bleiben. In Ländern, in denen die Staatsquote als zu hoch angesehen wird, muss man dann auch diejenigen Ausgaben und Einnahmen im Budget aufspüren, die ökonomisch nicht gerechtfertigt sind, anstatt eine sowohl für die Umwelt als auch für die Wohlfahrt ineffiziente Politik zu betreiben. Eine Ausnahme bildet die Etablierung von Märkten mit handelbaren Zertifikaten, in denen der Staat haushaltsmäßig nicht involviert ist. Die Nachteile des Zertifikatshandels haben wir jedoch bereits durch den Nachweis aufgezeigt, dass auf der Seite der Käufer alle in diesem Kapitel diskutierten Zielkonflikte existieren, die auch bei Umweltsteuern auftreten, wenngleich dies bei ‚grandfathering' in geringerem Maß der Fall ist.

7.4 Handlungsfeld Energieeffizienz in der Industrie: Selbstverpflichtungen als Mittel zur raschen Diffusion der „Best Available Technology"

7.4.1 Generelle Überlegungen

Während Subventionen spezifisch für die beschleunigte Markteinführung empfohlen werden, sind Selbstverpflichtungen für andere Phasen besser geeignet, wie die folgenden Überlegungen zeigen.

In einigen europäischen Ländern gehören (einseitige und mehrseitige) Selbstverpflichtungen, zu denen auch die sogenannten Vereinbarungs- und Verhandlungslösungen zählen, mittlerweile zu den etablierten Instrumenten der Umweltpolitik. Selbstverpflichtungen gibt es in den meisten Ländern der Europäischen Union. Die meisten – etwa 100 – existieren in Deutschland und in den Niederlanden. Aber auch in mehreren anderen Ländern, wie Österreich, Dänemark, Frankreich, Italien und Schweden, gibt es nach einer Übersicht von 1999 10–20 Selbstverpflichtungen. (siehe OECD 1999). Man spricht international von ‚voluntary' oder ‚negotiated agreements'. Bei den meisten Selbstverpflichtungen geht es um Abfall- oder Klimaprobleme. Ihre Wirksamkeit wird allerdings kontrovers eingeschätzt: Die Industrie nennt als Vorteile die Flexibilität, die geringere Kosten in der Umsetzung ermöglicht, die Schnelligkeit (keine Gesetzgebung) und die Möglichkeit der dynamischen Weiterentwicklung bei veränderten Bedingungen oder neuen Zielen. Die Umweltverbände hingegen befürchten, dass die Ziele zu anspruchslos sind und die Einhaltung nicht hinreichend überwacht werden kann. Die Ordnungspolitiker sehen Gefahren für den Wettbewerb durch die industrieweite Kooperation mit dem Staat.

Die Politik greift oft auf dieses Instrument zurück, wenn gesetzliche Regelungen schwierig sind (etwa weil z.B. ein Verbot eines Stoffes EU-weit erfolgen müsste); die Industrie muss ebenfalls ein Interesse haben, z.B. eine (spätere) teurere gesetzliche Regelung zu vermeiden, um eine solche Verpflichtung einzugehen.

Unabhängig von der konkreten Motivationslage der Beteiligten haben europäische Untersuchungen zunächst darauf hingewiesen, dass man unterschiedliche

Typen solcher Selbstverpflichtungen unterscheiden sollte (z. B. Rennings et al. 1997):

i) Selbstverpflichtungen, in denen lediglich das ‚business as usual'-Szenario der Wirtschaft fortgeschrieben wird. Hierbei handelt es sich um eine faktische Abwesenheit von Umweltpolitik in dem Sinne, dass nur ohnehin vorhanden Pläne aufgestellt werden.
ii) Selbstverpflichtungen mit umweltpolitischer Zielsetzung, die keine Kosten verursachen. Der Verzicht auf FCKW ist ein Beispiel für einen Ersatzstoff, der nicht teurer ist.
iii) Selbstverpflichtungen mit Steuer- und Subventionsinstrumenten. Hierfür nennen Rennings et al. kein Beispiel in ihrer Untersuchung der Abkommen in Deutschland. Ihrer Meinung nach ist dies die wünschenswerteste Form, wenn die Handlungsoptionen mit niedrigen Kosten erschöpft sind – ein Zustand, von dem derzeit allgemein ausgegangen wird. Derartige Selbstverpflichtungen sind offensichtlich komplementär zu unserem Subventionsvorschlag. In Dänemark und den Niederlanden gibt es solche Vereinbarungen mit Subventionen und Befreiungen von der Energiesteuer (siehe Blok et al. 2001b).
iv) Selbstverpflichtungen, die vertraglich so gestaltet werden, dass eine sanktionsbewehrte Verpflichtung zur Einhaltung besteht (von Rennings et al. nicht explizit berücksichtigt). Ein interessantes Beispiel dafür ist das Schweizer Bundesgesetz über die Reduktion der CO_2-Emissionen vom Oktober 1999. Danach können Großverbraucher und energieintensive Branchen, die in ihrer internationalen Wettbewerbsfähigkeit bedroht sind, von der CO_2-Abgabe befreit werden, wenn sie sich dem Bund gegenüber verpflichten, die CO_2-Emissionen zu begrenzen. Dazu muss ein Maßnahmenplan bis 2010 vorgelegt und die Maßnahmen müssen in ihren Wirkungen überprüft werden. Außerdem hat eine regelmäßige Berichterstattung zu erfolgen. Verfehlt das Unternehmen oder die Branche die eingegangenen Verpflichtungen, ist die CO_2-Abgabe samt Zinsen nachzuzahlen.

Die letzten zwei Beispiel zeigen, dass es bei Selbstverpflichtungen sehr auf den Kontext, insbesondere die komplementären Instrumenten, ankommt. Darüber hinaus lassen sich aus europäischen Studien (Lautenbach et al. 1992, Rennings et al. 1996, ELNI 1998, Knebel et al. 1999, Frenz 2001, von Flotow und Schmidt 2001) folgende Voraussetzungen für den Erfolg einer freiwilligen Vereinbarung identifizieren:
– Klarheit und Zielsetzung, einschließlich Definition und Abgrenzung des zugrundeliegenden Problems, sowie mess- und operationalisierbare Größen für die Unternehmen zur Umsetzung;
– wahrgenommene ökonomische Konsequenzen für die Unternehmen, die sich nur in seltenen Fällen präzise ermitteln lassen (zumal oft die Kosten der Alternative unklar sind), so dass der Einschätzung der Betroffenen entscheidende Bedeutung zukommt: je größer die vermuteten Kosten, je geringer wird die Bereitschaft zu freiwilligen Maßnahmen bzw. umso größer müssen die Anreize sein;
– Heterogenität und Anzahl der betroffenen Unternehmen, Wertschöpfungskette und Marktstruktur: je fragmentierter die Interessenlagen und je größer die Zahl der Beteiligten, um so schwieriger ist die Verhandlung und Durchführung einer Selbstverpflichtung;
– Transparenz und Monitoring, meistens durch einen neutralen Dritten (sowohl gegenüber externen Anspruchsgruppen wie den Beteiligten), um die Zielerreichung zu messen und zu dokumentieren;
– Verhandlungsmacht, Überzeugungskraft und Umsetzungskapazitäten des jeweiligen Verbandes gegenüber seinen Mitgliedern, in deren Namen ja die Vereinbarung abgeschlossen wird.

7.4 Handlungsfeld Energieeffizienz in der Industrie: Selbstverpflichtung 175

Diese generellen Überlegungen sollen anhand einer energiepolitisch bedeutsamen Vereinbarung konkretisiert werden, um daraus Schlussfolgerungen für die beschleunigte Diffusion der besten verfügbaren Technologien abzuleiten.

7.4.2
Selbstverpflichtungen für die CO_2-Reduktion

Neben dem eben erwähnten Schweizer Beispiel gibt es eine Reihe weiterer Beispiele für Selbstverpflichtungen, die direkt auf die Verminderung von CO_2-Emissionen abzielen. Zu nennen ist hier etwa die Vereinbarung zwischen dem Dachverband der europäischen Automobilproduzenten ACEA und der EU-Kommission. Dabei sollen die CO_2-Emission neu zugelassener Kfz im Jahr 2008 durchschnittlich 140 g CO_2/km nicht überschreiten (was eine Reduktion von 25 % gegenüber 1995 bedeutet). 2003 soll eine Zwischenmessung vorgenommen werden. Weiter gibt es auf EU-Ebene auch ‚voluntary agreements' zwischen der Europäischen Kommission und Herstellern von Elektrogeräten. So haben die Hersteller von Fernsehern und Videorekordern versprochen, dass ihre Geräte im Durchschnitt nicht mehr als 6 W als Standby-Verluste haben. Für die meisten Bereiche, zum Beispiel den industriellen Energieverbrauch, werden Verabredungen auf EU-Ebene aber als zu komplex betrachtet.

Dagegen gibt es Verabredungen über die Effizienz des industriellen Energieverbrauchs in mehreren Ländern. Die älteste langfristige Übereinkunft besteht in den Niederlanden, wo die große Mehrheit der energieintensiven industriellen Unternehmen versprochen hat, den spezifischen Energieverbrauch von 1989 bis 2000 um 20 % zu senken. Im Durchschnitt haben die Unternehmen dies in die Tat umgesetzt. Aber der Erfolg ist hauptsächlich auf den großen Anteil des Energieverbrauchs der chemischen Industrie am gesamten industriellen Energieverbrauch zurückzuführen. Weitere Untersuchungen haben gezeigt, dass etwa ein Drittel der Senkung des spezifischen Energieverbrauch die Folge dieser Selbstverpflichtung ist. Die niederländischen Beispiele zeichnen sich durch intensive Bemühungen des Staates aus (Kommunikation, Subventionen usw.). Eine gesonderte Art von Selbstverpflichtungen findet man in Dänemark: Dort gibt es eine auch für Unternehmen geltende Kohlendioxidsteuer. Wenn die Unternehmen die Selbstverpflichtung eingehen, werden sie – ähnlich wie in der Schweiz – von dieser Steuer befreit.

In Deutschland gibt es die zunächst 1995 vereinbarte und 2000 erneuerte Selbstverpflichtung des Bundesverbandes der Deutschen Industrie, die nunmehr eine CO_2-Reduzierung von 28 % bis 2005 sowie die Verringerung aller sechs sog. Kyotogase (CO_2, CH_4, N_2O, SF_6, HFKW und FKW) um insgesamt 35 % bis 2012 im Vergleich zum Referenzjahr 1990 vorsieht. Um eine Quotenregelung abzuwenden, wurde im Jahr 2001 die Vereinbarung um zusätzliche Maßnahmen zur Förderung der Kraft-Wärme-Kopplung ergänzt. Gegenwärtig prüft die EU-Kommission, ob diese Zusagen die Ausnahmeregelungen für die Industrie bei der Öko-Steuer rechtfertigen. Dabei ist die Verbindlichkeit der Zusage ein kritischer Beurteilungsmaßstab.

Die Ergebnisse der ersten Phase (bis 2000) wurden kürzlich für die chemische Industrie detailliert untersucht (von Flotow und Schmidt 2001). Interessant ist dabei, dass die für 2005 angegebenen Ziele, den CO_2-Ausstoß um 30 % gegenüber

1990 zu verringern, faktisch schon 2000 erreicht wurden. Die Resultate wurden vom Rheinisch-Westfälischen Institut für Wirtschaftsforschung (RWI) evaluiert. Bei den beobachteten Maßnahmen handelt es sich weitgehend um eine raschere Einführung moderner, aber bekannter Energietechnologien (wobei die Integration in eine komplexe chemische Verbundproduktion durchaus eine Innovation sein kann). Typisch waren hier der Einsatz von Gas- und Dampfturbinenanlagen (statt Kohlefeuerung), Bau von Restwasserturbinen, Kraftwärme-Kopplungsanlagen statt normaler Heizkessel u. a. m. Ermöglicht wurde dies – je nach Unternehmen in unterschiedlicher Weise – durch längere pay-back-Perioden (was die Substitution von variablen Brennstoffkosten durch Kapitaleinsatz fördert), die vorrangige Aufnahme in Investitionsbudgets und generell die größere Wahrnehmung von klimapolitischen Auswirkungen bei Investitionsentscheidungen, die u. a. durch CO_2-Berichtspflichten (etwa im Umweltbericht) gefördert wurde. Neben den „harten" Technologieentscheidungen hatte die Selbstverpflichtung auch einen Lern- und Informationseffekt, der – wenn auch schwer im einzelnen nachweisbar – zu einer veränderten Managementpraxis führte. Erleichtert wurde dies Ergebnis dadurch, dass der relevante Kreis der betroffenen Unternehmen relativ klein war und im Energieausschuss des VCI über eine Plattform für Erfahrungsaustausch, Information und Benchmarking verfügte.

Bei entsprechender Ausgestaltung können Selbstverpflichtungen die Anwendung von ‚best available' Technologien beschleunigen, um die verhandelten Ziele zu erreichen, aber auch auf Grund der damit verbundenen Aufmerksamkeit und Lerneffekte. Dies ist aus zwei Gründen ein besseres Ergebnis als ein ‚business as usual'-Szenario. Zum einen können die Umweltbehörden von Unternehmen in vielen europäischen Ländern rechtlich nur die Nachrüstung nach dem Stand der Technik verlangen (und dies oft unter sehr eingeschränkten Bedingungen). Beste verfügbare Technik geht in ihrer Leistung für die Umwelt oftmals signifikant darüber hinaus. Zum anderen läuft die Erneuerung durch die so angestoßenen Diffusionsprozesse offenbar rascher als der normale Ersatz, der durch den wirtschaftlichen Verschleiß des Kapitalstockes bestimmt wird.

Für unsere Überlegungen heißt das, dass freiwillige Selbstverpflichtungen unter Innovationsgesichtspunkten dann besonders die Diffusion nachhaltiger Energietechnologien beschleunigen, wenn neue Effizienzstandards von den ‚early adaptors' getestet (vgl. Kapitel 7.3 oben) und dann rasch zum „mainstream" der Branche werden sollen.

7.5
Technology Procurement

Während der (End-)Verbraucher seine Kaufentscheidungen mit begrenzter Information und meist intuitiv trifft, haben Organisationen für ihre Einkaufsentscheidungen einen (mehr oder weniger) klar definierten Prozess und entscheiden nach dem Preis-Leistungs-Verhältnis. Während private Organisationen spezifische Anreize (oder Belastungen) brauchen, um von den marktgegebenen Relationen abzuweichen, können – wie bereits erwähnt – staatliche Organisationen sich bei ihren Einkaufskriterien auch von anderen staatlichen Zielen leiten lassen (solange

7.5 Technology Procurement

dies nicht wettbewerbsverzerrend ist). Durch die staatliche (oder auch private) Beschaffungspolitik könnte also auch ein Nachfragesog für nachhaltige Energieinnovationen erzeugt werden. Sind die Marktstandards einmal im staatlichen Bereich etabliert, gelten sie auch im privaten Sektor (etwa in der Bauwirtschaft). Bürokratische Haushaltsvorschriften und generelle Risikoaversion verhindern jedoch bislang die Ausschöpfung dieses Potentials. Auch Großunternehmen sind davon nicht frei. Es gab immer wieder Ansätze, staatliche Beschaffungspolitik für innovations- oder umweltschutzfördernde Zwecke zu nutzen. Da dieser Punkt in den EU-Programmen immer wieder auftaucht, scheint er praktisch noch nicht sehr weit gediehen zu sein.

Einzelne Länder haben sog. „Effizienzfonds" aufgelegt, um innovative Beschaffungen im Energie – und Umweltbereich zu induzieren. Kernproblem ist, dass energieeffiziente Geräte oft in der Anschaffung zunächst teurer, allerdings dann in den Betriebskosten günstiger sind, sich also insgesamt „rechnen" – aber damit gegen traditionelle Beschaffungsgrundsätze verstoßen. Offenbar können ohne die Umstellung der öffentlichen Haushalte von der Kameralistik auf eine „kaufmännische Buchführung" solche Prozesse nur schwer gemanagt werden. Vorerst ist davon auszugehen, dass es spezifischer Maßnahmen bedarf, um diese Barriere zu überwinden.

Eine Möglichkeit dazu sind Kooperationen von verschiedenen Beteiligten, um größere Transparenz, Anforderungsgenauigkeit und Kaufsicherheit zu erhalten. Eine solche Zusammenarbeit, wie von den Umweltorganisationen initiiert, wird neuerdings von Energieagenturen organisiert. Um die Entwicklung und Markteinführung energieeffizienter Produkte zu fördern, wird das Konzept des Technology Procurement angewandt. Marktrelevante Käufer werden zu einer Gruppe zusammengeführt und erarbeiten gemeinsam mit Experten gewünschte Anforderungen an das Produkt, beispielsweise hinsichtlich Energieeffizienz, Preis und Geräuschemission. Die von den Herstellern daraufhin entwickelten Prototypen werden in einem Wettbewerb beurteilt. Dem Produzenten des Siegerprodukts winkt als Prämie eine von der Käufergruppe garantierte Mindestabnahme sowie eine öffentliche Herausstellung durch die Agenturen.

Im Rahmen einer Pilotaktion, unterstützt durch die Europäische Union, wird von europäischen Energieagenturen gegenwärtig das Projekt „energy+" für Kühl- und Gefrierkombinationen durchgeführt. Mehr als 100 Organisationen, darunter Umwelt- und Verbraucherverbände, Händler und Großabnehmer, die 15.000 Einzelhandelsfilialen und über 1 Million europäische Haushalte repräsentieren, sind hieran beteiligt (vgl. Ritter und Amann 2001).

Die Hersteller wurden mit Produktanforderungen besonders hinsichtlich der Energieeffizienz konfrontiert; es waren maximal 42 % des durchschnittlichen europäischen Energieverbrauchs (d.h. etwa ¾ der Klasse „A") vergleichbarer Geräte zugelassen. Innerhalb von zwei Jahren erfüllten 16 Kühl- und Gefrierkombinationen von vier Produzenten diese Anforderungen (siehe hierzu: www.energyplus.org). Die besten Geräte sind noch effizienter, sie benötigen nur noch 33 % bzw. 35 % des Stroms und liegen damit weit unter den Kriterien für die höchste europäische Effizienzklasse.

Gerade bei anderen Energieinnovationen bietet sich auch eine solche Vorgehensweise an: Solaranlagen zur Stromerzeugung (dazu siehe Kapitel 7.8) oder Mikro-turbinen und Brennstoffzellen für kombinierte Heizung und Stromversorgung staatlicher Einrichtungen (auch Krankenhäuser, Kasernen etc.) wären Beispiele, an denen solche Projekt-Kooperationen für Technology Purchasing genutzt werden könnten.

Insgesamt kann also Technology Procurement eine größere Rolle spielen, um nachhaltige Energieinnovationen in den Markt zu bringen, denn Märkte entstehen nicht spontan, sondern müssen entwickelt werden.

7.6
Handlungsfeld Energieeffizienz Haushalte

7.6.1
Nachhaltige Energieversorgung und Konsumentensouveränität

Es ist noch auf einen Zielkonflikt im Bereich des Konsumentenverhaltens hinzuweisen: Die Vorstellung, „König Kunde" steuere in einer Marktwirtschaft durch seine Nachfrage die Wirtschaft, ist dabei analytisch viel zu simpel (dies gilt ebenso für das Gegenmodell: der Konsument als willenloses Objekt der „geheimen Verführer"). Durch (Produkt- oder Dienstleistungs-) Innovation, meinungs- und verhaltensbeeinflussendes Marketing, Ausnutzen von sozialen Trends etc. können Anbieter Wünsche wecken und Entscheidungen beeinflussen. Aber sie tun dies im Wettbewerb miteinander, so dass sich die Anstrengungen z.T. neutralisieren, da ja bekanntlich der Verbraucher den Euro nur einmal ausgeben kann. Und: Der Verbraucher lernt aus Erfahrungen und einem breiten Informationsangebot, kommuniziert diese mit anderen und kann Angebote akzeptieren oder ablehnen. So scheitern etwa 9 von 10 neuen Produkten oder Dienstleistungsangeboten.

Aber der Befund ist eindeutig (siehe z.B. Leittschuh-Fecht 2001): Per saldo sind die Umweltauswirkungen des privaten Konsums („ökologischer Rucksack") heute größer als je zuvor. Effizienzgewinne beim Energieverbrauch und Emissionsreduktionen wurden durch Wachstum oder Komfortzunahme überkompensiert. Zuvor ist die Zunahme in den verschiedenen Bereichen unterschiedlich, aber dies ändert wenig am Gesamtbild. Hinzu kommt, dass insbesondere der Energieverbrauch im Haushaltsbereich besonders ineffizient ist (Knoop und Steger 1998). Dies liegt z.T. an den immanenten „Trägheiten" von Gebäuden und Ausstattungen (vgl. Kapitel 4.2), die einen sofortigen Einsatz der jeweils effizientesten Technik nicht zulassen, z.T. an Informationsmängeln, zum größeren Teil aber auch daran, dass sich der Verbraucher in der konkreten Kaufentscheidung über Umweltgesichtspunkte hinweg setzt und nach Prestige, Lebensstil, Bequemlichkeit oder rein nach dem Preis entscheidet (trotz des artikulierten Umweltbewusstseins in Meinungsumfragen).

Erklärt wird dies mit einer Reihe von Argumenten, die meistens darauf hinauslaufen, dass der Verbraucher die Auswirkungen seiner Entscheidung nicht kennt und dass – selbst wenn dies der Fall ist – seine Einzelentscheidung nur marginale Verbesserungen bringen kann, solange es alle anderen nicht auch tun. Da er nicht davon ausgehen kann, dass andere sich auch umweltbewusst verhalten, nimmt er auch keine Nachteile dafür in Kauf (Trittbrettfahrer-Dilemma). Umweltschutz ist daher nur dann für ihn ein relevantes Entscheidungskriterium, wenn er „individualisierter" ist (was z. B. für rückstandsfreie Lebensmittel zutrifft, nicht aber für die Klimaproblematik oder die Beschaffungssicherheit, die Kollektivgüter sind: Einmal produziert, kann sie jeder nutzen, unabhängig ob er zu der Erzeugung beigetragen hat oder nicht).

Begünstigt wird umweltbelastendes Verhalten dadurch, dass die Regulierungen im Bereich des Endverbrauchers verglichen mit dem Produktionsbereich gering sind. Eine analoge Regelung wie IPPC (Directive 96/61/EC über „Integrated Pollution Prevention and Control") könnte die Anwendung von ‚best available technology' gerade im Energiebereich erheblich beschleunigen und „Energieverschwender" aus dem Markt drängen (Knoop und Steger 1998). Das Problem liegt zunächst darin, dass ein Haushalt (als Entscheider und Ort des Verbrauchs) nicht so reguliert werden kann wie ein Betrieb. Aber grundlegender ist das Problem, dass die Politik – insbesondere bei öffentlichem Druck – gegenüber einzelnen Industrien konfliktfähiger ist als gegenüber dem Verbraucher, der ja in Summe nahezu gleich den Wählern ist. Die Industrie hat wenig Interesse, bei den Verbrauchern auch nur „kognitive Dissonanz" zu erzeugen und das Thema Umweltbelastungen und Ressourcenverbrauch ihrer Produkte und Dienstleistungen zu thematisieren, bis auf die Ausnahmen, wo die – wie auch immer definierte – Umweltfreundlichkeit als positives Differenzierungsmerkmal direkt für den Kunden relevant ist. Selbst die Umweltverbände adressieren ihre Forderungen selten an den Verbraucher. So erscheint der Verbraucher als ein großes Hemmnis auf dem Weg zu einem nachhaltigen (d. h. niedrigen) Energieverbrauch, und es gibt offenbar keinen praktikablen oder akzeptablen Mechanismus, dass er seiner Verantwortung besser gerecht wird.

Aus diesem Dilemma gibt es keinen einfachen Ausweg, aber sicher einige pragmatische Ansätze, um die Situation zu verbessern. Im Grunde laufen die folgenden Instrumente darauf hinaus, Informations- und Entscheidungsgrundlagen für den Verbraucher zu verbessern und seine Wahlmöglichkeiten zu erhöhen. Mit einer veränderten Praxis werden sich dann auch – interaktiv – die Leitbilder verändern, an denen sich Konsumenten meist orientieren und die sich dann auch in Werbung, Life-Style-Jounalen etc. wiederspiegeln; ähnlich wie kein Leinwandheld mehr raucht, wird dann niemand mehr ein „Energieverschwender" sein wollen.

7.6.2
Greenpricing von Ökostrom

Erst die Liberalisierung des Strommarktes eröffnete den Konsumenten die Wahlmöglichkeit zwischen verschiedenen Anbietern, die das homogene Gut Elektrizität nun differenzieren. Es hat sich ein Nischenmarktsegment für qualitativ hochwertigen und hochpreisigen „grünen" Strom entwickelt, auf dem auch neue Wettbewerber aktiv sind, von denen sich einige auf den Absatz von umweltverträglich hergestellter Elektrizität spezialisiert haben. Im Frühjahr 1999 gab es in Deutschland 63 solcher Angebote, ein Jahr später waren es bereits 153 (Wietschel et al. 2001).

Diesem vielfältigen Angebot steht jedoch keine entsprechende Absatzsteigerung gegenüber, obwohl die Mehrzahl der Konsumenten positiv zu grünen Angeboten eingestellt ist und die Bereitschaft signalisiert, für umweltverträglich produzierten Strom einen höheren Preis zu akzeptieren. Verschiedene Erhebungen aus den USA, den Niederlanden und Deutschland belegen, dass zwischen 50 % und 70 % der Kunden dazu bereit wären (vgl. Langniß 2000, Bloemers et al. 2001).

Trotz der dynamischen Entwicklung, der hohen Akzeptanz und Zahlungsbereitschaft von Konsumenten führen die grünen Angebote europaweit mit einem Absatz meist unter 1 % noch ein Nischendasein. Bislang konnte nur ein Teil des harten Kerns der umweltaktiven Konsumenten, aber nicht der Massenmarkt erreicht werden. Dies ist auch plausibel, weil die große Mehrheit der Verbraucher solchem Strom keinen zusätzlichen Nutzen zuschreibt: Während nur die Abnehmer „grünen Stroms" mehr zahlen, haben alle den Vorteil einer verbesserten Umwelt.

Als Determinanten für eine erfolgreiche Vermarktung „grünen" Stroms werden die vier Faktoren Glaubwürdigkeit, Transparenz, offensive Kommunikationspolitik und Preisgestaltung angesehen. Die meisten Verbraucher misstrauen noch den neuen Angeboten etablierter Elektrizitätsversorger. Zuerst müssen die Konsumenten davon überzeugt werden, dass die Produkte faktisch umweltverträglich hergestellt sind und einen ökologischen Nutzen erbringen. Zur Überwindung dieses Hemmnisses empfiehlt McKinsey (Bloemers et al. 2001) vertrauensbildende Maßnahmen in Form von Allianzen mit unabhängigen, bei den Konsumenten anerkannten Institutionen, beispielsweise Umweltorganisationen, die sicherstellen, dass es sich auch um neue Kapazitäten handelt (und dass nicht, wie oft vermutet, der verbleibende Strom „schmutziger" wird).

Die ökologische Glaubwürdigkeit kann auch durch die freiwillige Zertifizierung und Kennzeichnung des Produktes vermittelt werden. Dadurch erhalten Verbraucher die Gewissheit, für den höheren Preis tatsächlich einen Umweltnutzen zu erhalten. Das Labeling bewirkt gleichzeitig mehr Markttransparenz, da das wachsende vielfältige Angebot der „green pricing" Produkte für den Konsumenten kaum noch überschaubar ist. Ein Gütesiegel, verliehen durch unabhängige Institutionen, ist als ein notwendiger Baustein für den Marktdurchbruch anzusehen, obwohl die bisherigen Erfahrungen mit „labeling" gemischt sind (vgl. Kapitel 7.6.3).

Das grüne Angebot einiger etablierter Elektrizitätsversorger kann als überwiegend defensive Marktabsicherungsstrategie mit entsprechend niedrigem Aufwand angesehen werden (vgl. Wüstenhagen 2000). Bessere Chancen werden Ökostromprodukten eingeräumt, wenn ein eigenständiges Marketingkonzept entwickelt wird. Für stark umweltorientierte Kunden mag der Hinweis auf den ökologischen Vorteil hinreichend sein; um weitere Kreise zu erreichen, muss die Individualisierung des Sozialnutzens vermittelt werden. Für Potentiale jenseits der Nische reicht es nicht, reine Sachinformationen zu kommunizieren, eine mehr emotionale Kundenansprache wird notwendig sein. Das Ziel sollte der Aufbau einer starken eigenständigen Marke sein, was nur mit einem entsprechend hohen Marketingaufwands möglich sein wird.

Der entscheidende Durchbruch des Öko-Stroms wird jedoch nicht in niedrigeren Preisdifferenzen, sondern in Verbindung mit zusätzlichen Dienstleistungsangeboten gesehen, die ein „hazzle free"-Energiemanagement des gesamten Haushaltes via Internet garantieren. Elemente sind automatische Messung und Rechnungsstellung, Beratung über Nutzungs- und Verbesserungsmöglichkeiten und 24 Stunden Notfalldienst. Es kann um weitere Dienstleistungspakete erweitert werden. Dieser „convenience" Ansatz in Verbindung mit neuen Technologien erscheint erfolgversprechender als Versuche, die Preisspanne zu verringern oder nur auf die „Öko"-Argumentation zu setzen.

Insgesamt kann ein solches Angebot an spezifischem Ökostrom die Umstrukturierung der Angebotsseite in Richtung regenerative fördern, aber nur begrenzt treiben. Dazu sind die Barrieren zu hoch und die entscheidende Zahlungsbereitschaft zu gering.

7.6.3 „Diskriminierende" Kennzeichnungen

Kaufentscheidungen für energieintensive Geräte werden hauptsächlich von Kosten- und Markengesichtspunkten dominiert. Vielfach liegt das Haupthindernis, energiesparende Geräte auswählen zu können, im Fehlen der dafür notwendigen Information oder in dem hohen Aufwand, der mit der Informationsbeschaffung verbunden sein kann. Insofern bieten sowohl freiwillige als auch verbindliche Labels den Konsumenten die Möglichkeit, auf einfache Art und Weise eine informierte Entscheidung über den Energieverbrauch zu treffen, und damit auch Anreize für Energieeffizienzinnovationen auszulösen sowie die Markteinführung zu beschleunigen.

Die Internationale Energieagentur geht davon aus, dass Labels, Mindeststandards und freiwillige Vereinbarungen, wenn sie sorgfältig geplant und „richtig" ausgestaltet sind (eine stufenweise Anleitung gibt OECD/IEA 2000a), Anreize zur Innovation und Markttransformation setzen. Um den Absatz energieeffizienter Geräte und Einrichtungsgegenständen für Haushalt und Büro zu steigern, sind weltweit in mehr als 30 Ländern solche Instrumente implementiert. Auf EU-Ebene existieren gegenwärtig:
– Labels und Mindesteffizienzstandards für: Kühl- und Gefrierschränke;
– ausschließlich Labels für: Waschmaschinen, Wäschetrockner, Spülmaschinen und Lampen;
– Mindesteffizienzstandards für: elektrische Wasserboiler;
– freiwillige Vereinbarungen für: Waschmaschinen, Fernseher, Videorekorder und Audiogeräte.

Haushaltsgeräte

Als erste europaweite Kennzeichnungsvorschrift wurde 1994 das Label für Kühlgeräte im Haushaltsbereich eingeführt. Nach ihrem Stromverbrauch werden die Geräte in Energieeffizienzklassen (absteigend vom besten Gerät mit der Kennzeichnung „A") eingeteilt. Den Erfolg dieser Maßnahme seit ihrer Einführung in Dänemark beschreiben Jänicke et al. (1998). So stieg der Anteil der dort verkauften Kühlschränke der Klassen A, B und C 1997 gegenüber 1994 von etwa 40% auf ca. 90%. Die Verbrauchskennzeichnung wurde hier durch einen zusätzlichen Instrumenten-Mix unterstützt, z.B. die Weiterbildung des Verkaufspersonals, eine Energiesteuer, gekoppelt mit einer CO_2-Abgabe, Energiesparkampagnen und eine Verschrottungsprämie.

Überdurchschnittliche Anteile an energieeffizienten Haushaltsgroßgeräten weisen in den letzten Jahren gleichfalls Deutschland, die Niederlande, Österreich und Belgien auf. Seit der Einführung des Labels konstatieren die Hersteller einen starken Druck des Handels in Richtung höherer Effizienzklassen (vgl. AEG 2001 und Waide 1999).

Die Europäische Kommission (KOM (2000) 247 endg.) bemängelt die noch nicht optimale Umsetzung ihrer Richtlinie. Im Jahr 1998 wurde nur eine geringe Verbreitung des Energieetiketts festgestellt, allerdings hatte es dort, wo es angebracht war, eine beträchtliche Wirkung. Die europaweite Verringerung des Stromverbrauchs von Kühlgeräten um 27 % gegenüber 1992 wird von der Kommission (KOM (2000) 769 endg.) sowohl auf die gesetzliche Kennzeichnungspflicht als auch auf die Mindestanforderungen an die Energieeffizienz zurückgeführt.

Ein entscheidender Kritikpunkt ist, dass das Label nicht kontinuierlich dem technischen Fortschritt angepasst wird; es beruht auf dem Stand von 1994 (vgl. Schlomann et al. 2001). Innerhalb der besten Klasse gibt es allmählich eine breite Spanne, die für die Konsumenten nicht mehr erkennbar ist. Damit entfallen Anreize zur weiteren Effizienzsteigerung, und die beste Klasse wird quasi automatisch *wachsen*. Hier muss ein „top-runner"-Ansatz dafür sorgen, dass die Klassifizierung regelmäßig den neuesten technischen Entwicklungen angepasst wird.

Braune Ware

Die Verbrauchskennzeichnung wurde mittlerweile auf die gesamte „weiße Ware" wie Waschmaschinen, Wäschetrockner und Geschirrspülmaschinen ausgeweitet. Ein Einbezug der „braunen Ware", die Bezeichnung steht für die Büro-, Kommunikations- und Unterhaltungselektronik, steht noch aus. Da der Ausstattungsgrad der Haushalte kontinuierlich zunimmt, ist dieser Anteil am Stromverbrauch in den letzten Jahren stetig steigend. Es besteht Handlungsbedarf, vor allen Dingen im Hinblick auf die zum Teil erheblichen Stand-by-Verluste. Die EU bemüht sich z.Zt. um Vereinbarungen mit den Herstellern (zu einem Überblick, KOM (2000) 247 endg.).

Pkws

Europaweit wurde 1999 die Etikettierung von neuen Personenkraftfahrzeugen, die 2001 in nationales Recht umzusetzen war, verwirklicht (Richtlinie 1999/94/EG des Europäischen Parlaments und des Rates). Über den Kraftstoffverbrauch und die CO_2-Emissionen ist sowohl im Verkaufsraum als auch beim Marketing zu informieren. Um den Kunden einen Vergleich verschiedener Modelle zu ermöglichen, sind die Verbrauchswerte aller auf dem Neuwagenmarkt angebotenen Typen in Listen zu veröffentlichen. Die mögliche Ausgestaltung und die Einsparpotentiale wurden im Auftrag der EU-Kommission von der österreichischen Energieverwertungsagentur (siehe Fickl und Raimund 1999) im Vorfeld untersucht. Besonders wirkungsvoll ist ein leicht verständliches Label auf der Grundlage des relativen Treibstoffverbrauchs für Neuwagen, welches den Kraftstoffverbrauch eines Autos mit dem derselben Klasse vergleicht. Die Energieverwertungsagentur schätzt, dass mit diesem Instrument bis zum Jahr 2010 der Treibstoffverbrauch der gesamten Pkw-Flotte um mehr als 4 % reduziert werden könnte. Aufgrund der wachsenden Verkehrsnachfrage wird die erwartete Effizienzsteigerung durch Mengeneffekte überkompensiert. Deshalb werden möglicherweise allein technische Innovationen nicht hinreichend sein, um eine signifikante Verringerung der Treibhausgasemissionen des Verkehrssektors zu erzielen. Es ist darüber hinaus also über soziale und organisatorische Innovationen nachzudenken (vgl. Kapitel 7.7).

Gebäude

Wohn- und Dienstleistungsgebäude verbrauchen gegenwärtig mehr als ein Drittel des gesamten europäischen Energiebedarfs. Das größte Einsparpotential liegt in einer Verbesserung der Effizienz bei der Beheizung von Gebäuden. Die Umsetzung technologischer Innovationen ist langwierig, da die Erneuerungsrate von Gebäuden etwa 50 bis 100 Jahre beträgt. Ein weiteres Hemmnis für Verbrauchsverringerungen sind die unterschiedlichen Interessen von Investoren und Nutzern. Da der Mieter üblicherweise die Energiekosten zahlt, ist die Motivation des Eigentümers gering, energiesparende Investitionen zu tätigen. Bislang verfügen weder potentielle Mieter noch Käufer über standardisierte Informationen zum Energieverbrauch und können diesen somit nicht in ihre Entscheidung einbeziehen. Die Ausweisung von Kennwerten kann hier Transparenz bringen und Anreize setzen, den Energieverbrauch zu reduzieren. Eine europaweite Einführung bzw. Harmonisierung eines solchen Instrumentes wurde von der Kommission (KOM (2001) 226 endg.) befürwortet. In Deutschland wird zukünftig durch die Energieeinsparverordnung ein Energiebedarfsausweis für Neubauten vorgeschrieben. Für den Bestand ist dieser Ausweis nur bei wesentlichen Änderungen am Gebäude vorgesehen. Die Europäische Kommission empfiehlt hingegen, diese Informationen grundsätzlich bei Neubau, Verkauf oder Vermietung auszuweisen.

Gerade wegen der großen Trägheit des Gebäudebestandes im Hinblick auf Erneuerung (vgl. Kapitel 4, Tabelle 4.4) sind Versäumnisse in diesem Bereich besonders folgenschwer. Ein stärker auf Energieeffizienz hin gestaltetes Regelwerk für den Bausektor (Energieeinsparverordnung, VOB usw.) kann daher langfristig von großer Bedeutung für die Erreichung der hier verhandelten Ziele sein und sollte daher vorbei an denjenigen Interessen ansetzen, die ein stärker am status quo orientiertes Vorgehen bevorzugen.

Insgesamt sind die Erfahrungen mit „Labeling" also gemischt, insbesondere weil die Industrie kein Interesse daran hat, dass diese Kennzeichnungen wirklich „diskriminierend" in dem Sinne sind, dass zwischen „nachhaltig" und „nicht nachhaltig" unterschieden wird. Aber nur dann hätte dies eine positive Wirkung auf (Energie-)Innovationen. Allerdings muss auch konstatiert werden, dass die Frage nach dem Unterscheidungskriterium nicht gerade einfach zu beantworten ist. Dies war bei den „einfachen" Umweltkennzeichen schon so, und das wird mit jeder zusätzlichen Dimension von Nachhaltigkeit immer komplizierter. Zudem verwirrte die Vielzahl von unterschiedlichen, staatlichen und privaten Kennzeichnungen (mit und ohne Segen der Umweltverbände) den Verbraucher mehr als dass er daraus Orientierung zog.

Um Labeling für nachhaltige Energieinnovation überhaupt interessant zu machen, bedarf es zweier Voraussetzungen:
– erstens, wenn Klassifizierungen des Energieverbrauchs als realistische Alternative zu Labels eingeführt werden, dann müssen die Standards dynamisch sein, damit nicht immer größere Marktsegmente quasi automatisch zu Top-Performern werden und

– zweitens muss diese Kennzeichnung massiv in den Markt eingeführt werden, damit sie auch überall in den Kaufentscheidungen eine Rolle spielt. Diese -- an sich triviale – Voraussetzung war oft nicht erfüllt. Dies ist auch vermutlich der Grund dafür, dass die EU-Kommission oft diese Standards als Selbstverpflichtung der Gerätehersteller zu etablieren sucht (was durchaus in deren protektionistischen Interesse sein kann, da in Europa wegen der höheren Energiepreise auch die Energieeffizienz der hier hergestellten Geräte oft höher ist als die der Importe aus USA oder Niedriglohnländern). Parallel dazu müssen die Möglichkeiten ausgeschöpft werden, irreführende Labels zu unterbinden.

7.6.4
„Public Private Partnership" und unkonventionelle Marketingkampagnen

Der eben dargestellte sehr begrenzte Instrumentenkasten, Haushalte in Richtung nachhaltiger Energieverbrauchsmuster zu beeinflussen, hat zu neuen Überlegungen geführt, zumal die klassischen Informationskampagnen zum Energiesparen als nicht sehr erfolgreich betrachtet wurden.

Der eine Ansatz – gerade in angelsächsischen Ländern – läuft unter dem Stichwort „public-private-partnership". Hier arbeiten öffentliche Institutionen und Unternehmen zusammen, um gemeinsam ein Ziel zu erreichen. Ein für die vorliegende Studie relevantes Beispiel sind die in Großbritannien entwickelten Energiesparfonds.

Sie bieten Möglichkeiten, durch Schwerpunktsetzungen zielgerichtet Effizienzpotentiale im privaten und öffentlichen Bereich zu erschließen. Finanziert werden sie durch einen Aufschlag auf die Stromrechnung und Zuschüsse. Die Energieunternehmen sind verpflichtet, im Tarifkundenbereich eine festgelegte Menge an Energieeinsparungen zu realisieren. Welche einzelnen Maßnahmen die Versorger hierzu ergreifen, bleibt ihnen überlassen. Hauptsächlich waren dies in England/Wales bislang finanzielle Förderungen von Energiesparlampen, effizienten Haushaltsgeräten und Hausdämmungen. Die Höhe der Einsparungen belief sich in den Jahren 1998 bis 2000 auf 2713 GWh (vgl. Wortmann 2000). Ähnliche Programme existieren auch in Dänemark. Die Mittel für den Energiesparfonds werden über die Stromsteuer aufgebracht. Angestrebt wird eine jährliche Verminderung des Verbrauchs in Höhe von 75–80 GWh mittels Maßnahmen zur Umstellung von Elektroheizungen auf Fernwärme und Gas sowie zur Erhöhung des Anteils von Geräten mit der EU-Effizienzklasse „A" in privaten Haushalten und im öffentlichen Sektor.

Im Grunde beruhen solche Konzepte auf der Überlegung, dass die „Energieversorger" weniger Interesse daran haben sollen, immer mehr Energie zu verkaufen. Das neue Geschäftsmodell als „Energiedienstleister" soll durch zusätzliche Wertschöpfung aus energieeffizienten Dienstleistungen den Volumenverlust kompensieren (und damit auch profitabler sein).

Einige Unternehmen, die spezifisches Interesse am Absatz energieinnovativer Güter haben, versuchen, dies auch dem Kunden via Internet und den damit verbundenen intensiven Kommunikationsmöglichkeiten nahe zu bringen (Shreeve und von Flotow 2001). So beschreibt z. B. Elektrolux auf seiner Website einfach zu behandelnde Kalkulationsmodelle, wie sich die „energieeffizienten" Haushaltsgeräte rechnen und was das Unternehmen an „Energie-Lösungen" bietet. Dies ist durchaus im kommerziellen Interesse des schwedischen Unternehmens, weil die z.T. extrem sparsamen, innovativen Geräte einen Anreiz bieten, sich rascher von alten, aber noch technisch funktionsfähigen Geräten zu trennen. Zudem dürften die technisch hochwertigen Geräte auch eine größere Deckungsleistung bringen.

Aber nicht nur Pionierunternehmen versuchen, den Kunden zu erreichen, auch Umweltverbände gehen dazu über, mit neuen Kampagnen neue Maßstäbe zu setzen. Mit Unterstützung des WWF gelang es beispielsweise der lokalen Umweltgruppe BioRegional Development Groups, in dem Londoner Bezirk Beddington ein großes „Null-Energie" Entwicklungsgebiet zu realisieren, in dem nicht nur die Häuser, sondern auch das gesamte Wohnumfeld (einschließlich energetischer Bio-Abfallverwertung) nachhaltig gestaltet sind. Dafür wurde nicht nur die Gemeindeverwaltung und eine große Wohnungsgesellschaft, sondern auch noch einer der führenden Architekten des Landes gewonnen. Daher konnte sich die Gruppe gegen Konkurrenten durchsetzen, die bereit waren, für das Gelände einen höheren Preis zu zahlen. Solche Beispiele (ausführlicher Kong et al. 2002) gehen bis in den Bereich der nachhaltigen Lebensmittelzubereitung (schonendes und energiesparendes Kochen).

Einen dagegen eher etwas konfrontativen Ansatz (wenn auch öffentlich gefördert) verfolgt das Öko-Institut mit seinem mehrjährigen Projekt „Top10 Innovationen" für einen nachhaltigen Konsum. Basierend auf seinen Ökobilanzen will das Institut hochwertige, aber bezahlbare, „selbstverständlich ökologische" Produkte im Massenmarkt platzieren. Vornehmlich handelt es sich dabei um energieintensive Mobilitäts- und Hausgeräte. Dabei sollen große Nachfrage- und Bestellaktionen in Zusammenarbeit mit Verbraucherorganisationen auf das öffentliche und private Beschaffungswesen einwirken und auch für eine große Medienaufmerksamkeit sorgen. Nach dem Launch in Deutschland ist die Ausweitung auf andere EU-Länder geplant. (o.V. 2000).

Wie immer man die einzelnen Maßnahmen beurteilt, interessant ist dabei, dass sie die konventionellen Pfade (und Fronten) verlassen und technische Innovationen durch soziale Innovationen und Experimente zu fördern versuchen. Der dadurch induzierte Lerneffekt in einer Gesellschaft ist vermutlich höher zu bewerten als die direkt erzielten ökologischen Aspekte des Versuches. Denn Nachhaltigkeit – um eine zentrale Botschaft dieser Studie zu wiederholen – ist gerade in einem so „trägen" und fest strukturierten Bereich wie der Energie ein Prozess von Versuch und Irrtum, in dem die Gesellschaft und ihre Mitglieder lernen, nachhaltige Prozesse zu etablieren.

7.7
Handlungsfeld Verkehr:
Nur „Pakete" schaffen Innovationen

Wie in Kapitel 4 erläutert, wachsen im Verkehrsbereich die CO_2-Emmissionen und damit die Energieverbräuche am schnellsten. Zudem ist dieser Bereich fast völlig vom Öl abhängig. Die Hoffnungen auf eine künftige Reduktion sind begrenzt, weil die individuellen, aber energieintensiven Verkehrsträger Pkw und Lkw umso mehr dominieren, je „feinteiliger" Logistik und Mobilität werden. Zwar gibt es innovative Modellprojekte vornehmlich in Klein- und Mittelstädten (anschaulich geschildert bei Leitschuh-Fecht 2002), um die Dominanz von Pkw und Lkw zurückzudrängen, aber es sind (noch) „Nischen in der Nische". Einzelne technische Maßnahmen bei weniger energieintensiven Verkehrsträgern – wie der Bahn – helfen wenig, um den vielseitigen Wettbewerbsvorteil von Pkw und Lkw abzubauen.

Vielmehr bedarf es ganzer „Pakete" von sich wechselseitig unterstützenden Maßnahmen, um in einer Kombination von technischen, organisatorischen und sozialen Innovationen die Energieintensität des Verkehrssektors zu reduzieren. Einige knapp skizzierte Beispiele sollen hier genügen.

„Paket Brennstoffzelle"

Die bedeutendste technische Innovation ist wohl die Möglichkeit, dass der über 100 Jahre alte Verbrennungsmotor durch die (von der Erfindung her noch ältere) Brennstoffzelle sukzessive abgelöst wird. Eine Reihe von technologischen Durchbrüchen – insbesondere beim Katalysator und in der Membrantechnik – machen die Brennstoffzelle heute schon stationär, bald auch mobil konkurrenzfähig. Auch wenn frühere Euphorien inzwischen verflogen sind, so werden doch bis 2005 kommerzielle Busse und bis 2010 seriengefertigte Pkw mit Brennstoffzellen zur Verfügung stehen. Unter nachhaltigen Energiekriterien bedeutet dies aber nur dann Fortschritt, wenn der benötigte elektrolytisch gewonnene Wasserstoff mit regenerativen Quellen hergestellt werden kann. Andernfalls würde – je nach gewählter Option der Brennstoffherstellung – sogar der Gesamtenergieverbrauch erhöht werden (siehe dazu ausführlicher von Flotow und Steger 2000).

Gegenwärtig gibt es aber noch keine Verbindungen von Brennstoffzellen-Einsatz und regenerativen Energiequellen. Diese können aber auf vielfältige Weise hergestellt werden: etwa durch Verwendung von Biogas (siehe Kapitel 7.8.2) oder von zusätzlichen Windenergiekapazitäten (da der Wasserstoff gespeichert werden kann, würde dies das Problem der Unterbrechbarkeit in der Stromerzeugung lösen). Industriepolitisch liefe es darauf hinaus, die Position der Kraftstoffindustrie zu unterstützen: sie plädiert mehr für den direkten Einsatz von Wasserstoff, um nicht zweimal die Kosten der Umrüstung der Tankstellen aufwenden zu müssen (die zusätzliche Wasserstoff-Nachrüstung einer Tankstelle kostet ca. 400.000 Euro). Hingegen ist die Autoindustrie wegen der raschen Verfügbarkeit daran interessiert, Wasserstoff aus Gas oder Benzin zu gewinnen.

„Paket Stadtverkehr"

Der klassische öffentliche Personennahverkehr kann immer weniger die zeitlich variablen und vielfältigen Mobilitätsbedürfnisse befriedigen. Daher bedarf es eines „städtischen Mobilitätspakets", dass gestützt auf mobile Internet-Informationen, die flexible Auswahl von vorhandenen Transportmöglichkeiten erlaubt (ausführlicher Projektgruppe Mobilität 2001). Dabei geht es nicht nur um Internetmodalität zwischen den verschiedenen (öffentlichen) Verkehrsträgern (etwa Bahn und ÖPNV), sondern auch die selektive Autonutzung, Parkmöglichkeiten am Stadtrand, Fahrgemeinschaften usw. sowie Fahrrad-Verleih („Call-a-bike"). Dabei müssen sich die öffentlichen Verkehrsträger wohl oft von Großraumfahrzeugen auf vernetzte und vertaktete Kleinbusse umstellen („Individualisierung des Kollektivverkehrs, Kollektivierung des Individualverkehrs"). Wichtig ist dabei die problemlose Abrufung der benötigten Informationen, um sein „Verkehrsmenü" zusammenzustellen und die Dienstleistungen „smart" zu bezahlen (und den Druck, auch wirklich das Auto zu Hause stehen zu lassen). Die Innovationen, die zu einem nachhaltigen Energieverbrauch (relativ zum Auto) führen, liegen hier nicht primär in der Antriebstechnik, sondern in den durch IuK-Techniken, insbesondere dem mobilen Zugriff auf das Internet, ermöglichten „individualisierten" Verknüpfungen von Verkehrsträgern und Dienstleistungen. Dass ein stimmiges „Paket Stadtverkehr" zum Verzicht auf das eigene Auto führen kann, ohne diesen als Komforteinbuße zu betrachten, zeigt ein Projekt des schweizerischen Nationalen Forschungsprogramms „Verkehr und Umwelt" (NFP 41): Während insgesamt jeder vierte Haushalt in der Schweiz autofrei ist, liegt der Anteil in großen Städten bei 40%. Mehr als 80% empfinden den Verzicht auf das eigene Auto als positiv.

„Paket Intermobilität Bahn"

Schnelle Fernverkehrszüge sind mittlerweile europaweit akzeptierte Alternativen zum Auto- und Flugverkehr (bis zu einer Entfernung von ca. 500 km). Allerdings wird die Nutzung für Geschäfts- wie Urlaubsreisen durch den Fokus auf Hauptverkehrsorte eingeschränkt. Hier bedarf es ähnlich wie im Stadtverkehr der intermodularen Verknüpfung, angereichert mit Dienstleistungen (vom Gepäckservice bis zum „Infotainment" im Zug) und mit transparenten Informationszugriffen. Die zögerlichen Versuche, Züge stärker nach Bestimmungsorten zu segmentieren und am Bahnhof mehr Verknüpfungspunkte für Anschlussoptionen zu schaffen, sollten massiv ausgebaut werden. Technologisch sind die meisten Projekte schon jetzt machbar, Internet-Zugänge in der Bahn sind heute höchstens noch ein preisliches Problem. Jedoch sind die Dienstleistungspakete noch immer unzureichend, der Engpass ist die Organisation.

„Paket Intermodalität Logistik"

Ein ähnliches Problem stellt sich in der Güterlogistik. Da Ganzzüge mit Massengütern immer seltener werden und die zeitgenaue Anlieferung von Kleinsendungen immer wichtiger wird, ist die Bahn ebenfalls auf Intermodalität angewiesen. Auch hier setzen die für den Lkw entwickelten Logistikkonzepte den Standard, obwohl sie ressourcenintensiver sind. Umschlagsdauer und -kosten sind bei der Bahn aber immer noch viel zu hoch. Notwendige Voraussetzungen wie automatische Kupplungen, Einzelantriebe und mannlose Steuerung von Güterzügen bzw. -waggons sind erstaunlicherweise noch immer technische Demonstrationsprojekte, nicht Standard. Gleiches gilt für die vorauslaufenden und begleitenden Informationen zu den Sendungen. Es bedarf also massiver Investitionen in die dezentralere Struktur der Güterlogistik und die komplementären Informations- und Steuerungstechnologien. Ähnliches gilt für die Binnen- und die See-Schifffahrt.

Für die europäische Verkehrs- und Technologiepolitik heißt dies, sich weniger auf die Förderung einzelner Komponenten zu konzentrieren, sondern im Rahmen von groß angelegten Modellversuchen für die „Pakete" die Interaktion der einzelnen Komponenten zu erproben und zu verbessern. Für die technische Seite können dabei die Verfahren des Technology Procurement angewandt werden (siehe Kapitel 7.5). Die eigentliche Herausforderung liegt aber in dem Design und der Organisation der „Pakete" als Pilotversuche und Demonstrationsvorhaben. Dies ist nicht nur eine Frage von Fördermitteln, sondern auch des Angebots von Plattformen für Lern- und Innovationsprozesse höchst unterschiedlicher Akteure mit zum Teil divergierenden Interessen, die zu einer Zusammenarbeit gebracht werden müssen.

Gerade der Verkehrsbereich zeigt also die notwendige enge Verknüpfung von organisatorischen und verschiedenen technologischen Innovationen, um die Mobilität von Gütern und Personen mit einem Standard sicherzustellen, der dem des Auto oder Lkw entspricht, aber weniger energieintensiv ist. Diese Schlussfolgerung beruht auf der Annahme, dass zwar regionale Wirtschaftskreisläufe und Verkehrsvermeidung wichtige Zielsetzung der Verkehrspolitik bleiben, sie jedoch die Trends zur (weltweiten) Arbeitsteilung und individuellen Mobilität etwas abschwächen, aber keinesfalls umkehren können.

7.8
Handlungsfeld regenerative Energiequellen

7.8.1
Generelle Überlegungen

Die regenerativen Energiequellen umfassen ein breites Spektrum, von traditionell kommerziell genutzten Technologien, wie etwa große Wasserkraftwerke, bis zu neuen Ansätzen, wie etwa die Dünnschichtzellen der zweiten Generation in der Photovoltaik, die sich noch im Stadium der Grundlagenforschung befinden. Andere haben eine rasante technologische Entwicklung hinter sich – wie etwa die Windenergie – und stehen in naher Zukunft an der Schwelle der Wirtschaftlichkeit; daher können die in Kapitel 7.2 angestellten Überlegungen für die Förderung angewandt werden. Wir konzentrieren uns hier auf jenes breite Spektrum von regenerativen Energiequellen (wie in Kapitel 5.3 beschrieben), die sich im Stadium von Pilot- oder ersten Demonstrationsprojekten befinden. Dazu gehören weite Bereiche, wie Biomasse und dezentrale Wasserkraft sowie vor allem die Photovoltaik.

Hier geht es um „Lernen durch Ausprobieren". Neben der Technologieentwicklung selbst muss auch die sinnvolle Kombination von Techniken sowie die Einbettung in bestehende Netz- und Infrastruktur getestet werden. Ein Beispiel für die Kombination ist die biogasgetriebene (Mikro-)Turbine, die besonders für Entwicklungsländer relevant ist. Ein Beispiel für die Integration ist das Ausmaß, in dem ein Netz sich auf „unterbrechbare" regenerative Quellen (z. B. Sonne, Wind) stützen kann. Während man in Europa hier die Grenze bei etwa 10 % sah, zeigen Modellrechnungen für Kalifornien schon Anteile bis 30 % (Williams 1994), wenn das Netz „intelligent" gemanagt wird.

Die europäische Zielsetzung, bis 2010 etwa 12 % des Gesamtverbrauches und 22 % des Stroms aus regenerativen Energiequellen zu erzeugen, ist ehrgeizig, wird aber gleichwohl gegenwärtig nicht durch entsprechende Maßnahmen und Programme auf europäischer Ebene unterstützt. Schon gar nicht ist ein Trend von 50 % für 2050 absehbar, wie er für den „2000 Watt-Benchmark" benötigt wird. Noch gibt es eine Vielzahl von Einzelmaßnahmen, aber auch gegenläufige Trends. So erhöht z. B. die (notwendige) Deregulierung des Strommarktes den Druck auf die Elektrizitätswirtschaft, nur die günstigsten Bezugs- und Brennstoffquellen zu nutzen (vgl. Kapitel 4.2.3, ausführlicher Gather und Steger 2001).

Aber bei richtiger Ausgestaltung können aus den nationalen Programmen europaweite „Multiplikatoren" werden, wenn genau die Instrumente, die sich für spezifische Energietechnologien in bestimmten Phasen des Innovationszyklus bewährt haben, dann auf europäischer Ebene angewandt werden. Ziel ist es dabei, möglichst rasch einen Reifegrad zu erreichen, der dann die breitere Markteinführung mit economies of scale, dem Aufbau von komplementären Dienstleistungs- und Qualifikationsstrukturen usw. ermöglicht, so dass die in Kapitel 5.5 analysierten Innovationshemmnissen wenigstens ansatzweise überwunden werden.

7.8.2
Technologiespezifische Fördermaßnahmen

Basierend auf der Analyse in Kapitel 5 und 6.4, sowie Anhang 3 empfehlen wir daher die folgenden Fördermaßnahmen in der EU:

Biogas für Stromerzeugung

Gerade angesichts der (Mikro-)Turbinenentwicklung kann Biomasse auch dezentral vergast und der Strom ins Netz eingespeist oder zur Wasserstoffgewinnung einsetzt werden. Diese dezentrale Vergasung mit „Veredelung" vermindert erheblich die sonst mit der Nutzung von (agrarischer) Biomasse verbunden Bedenken: die ökologisch negativen Auswirkungen von Landnutzung. Es kann so gewährleistet werden, dass nur Land in Anspruch genommen wird, das ohnehin im Rahmen der EU-Agrarpolitik aus der Nahrungsproduktion genommen wird. Da es sich um verstreute Flächen handelt, entstehen auch keine neuen Monokulturen.

Dieser Ansatz kann auch für Müll-, Klär-, Deponie- und Grubengas angewandt werden. Weil sich diese Technologie gegenwärtig noch im Stadium von Demonstrationsanlagen und erster Serienfertigung befindet, wird eine begrenzte Förderung empfohlen, für die sich die Einspeisevergütung nach dem deutschen Modell anbietet. Dann können die Vergütungen parallel zur Kostensenkung der Technologie reduziert werden. Die Nutzung dieses Potentials ist besonders für das Technology-Sharing im Rahmen entwicklungspolitischer Maßnahmen relevant (siehe Kapitel 9).

7 Strategien zur Beschleunigung nachhaltiger Energieinnovationen

Dezentrale Wasserkraft

Während große Wasserkraftwerke (ab etwa 10 MW) eine etablierte und kommerziell tragfähige Energietechnologie darstellen, gilt dies nicht für kleine dezentrale Wasserkraftturbinen (bis etwa 5 MW). An dieser Technologie besteht nicht nur ein Interesse wegen des noch nicht ausgeschöpften Potentials in Europa, sondern auch wegen der Einsatzmöglichkeiten in Entwicklungsländern. Interessant sind insbesondere Turbinenkonstruktionen, die ohne Stauräume auskommen. Auch hier bietet sich die – zeitlich gestufte – Anwendung der Einspeisevergütung an.

Biomasse als Treibstoff

Wegen der großen Bedeutung der Biomasse als regenerative Energiequelle (siehe Kapitel 5) wird ihre Nutzung für Strom und Wärme vermutlich nicht ausreichen, um alle dezentral erzeugten Mengen zu absorbieren. Zumindest regionale Überschüsse sind zu erwarten. Ein zusätzlicher Absatzkanal kann daher die Erzeugung von Treibstoff (gasförmig oder flüssig) sein. Sofern eine sehr positive Energie – und Emissionsbilanz nachgewiesen werden kann (wie z.B. bei Abfallholz), sollte die Abnahme als Treibstoff garantiert werden, indem teilweise auf Mineralölsteuer verzichtet wird. Da die Landwirtschaft ohnehin steuerfrei Energie bezieht und sich dort der Absatz des Bio-Treibstoffes anbietet, wäre die Förderung leicht durch Umschichtung der Subventionen zu bewerkstelligen. Die Förderung der Technologie ist ebenfalls für die (tropischen) Entwicklungsländer wichtig.

Photovoltaik

Während die Solarenergie für die Wärmenutzung kaum noch einer Förderung bedarf, nötig sind eher noch Investitionen in die Qualifikation von Installationsbetrieben, steht die Photovoltaik noch ganz am Anfang. Neue Beschichtungsverfahren und Materialien lassen erhebliche Steigerungen des Wirkungsgrades erwarten. Umso wichtiger ist es, dass die Marktnachfrage wächst, um auch komplementäre Infrastrukturen (z.B. für Installation und Wartung) weiter zu entwickeln und die fertigungstechnisch Serienproduktion besser zu beherrschen. Daher sollte die Nachfrage über staatliche Beschaffungsprogramme stimuliert werden, indem z.B. auf jedem dritten staatlichen Gebäude innerhalb der nächsten 5–7 Jahre eine Photovoltaik-Anlage installiert wird (die Zahl wurde größenordnungsmäßig so gewählt, dass in diesem Zeitraum jede Installation einer Solaranlage mit einer größeren Dachreparatur, einem Neubau oder grundlegenden Modernisierung zusammenfällt). Diese Förderung erscheint effektiver als die Einspeisevergütung, die in diesem Technologiestadium extrem hoch ausfallen muss, um wirksam zu sein. Unabhängig davon sollte gerade für die Solarenergie die Grundlagenforschungsmittel erheblich erhöht werden (siehe Kapitel 7.2).

Technologieentwicklung für „unterbrochene" regenerative Energiequellen

Ein zusätzliches Problem von regenerativen Energiequellen ist ihre zeitlich oft schwankende Verfügbarkeit. Dies gilt am stärksten für Wind, aber auch für dezentrale (und damit in den nördlichen Breiten nur saisonal verfügbare) Biomasse, die über Mikro-Turbinen zu Strom veredelt wird. Hier bedarf es intelligenter Systeminnovationen, um diese Schwankungen abzupuffern. Neben direkten Speicheroptionen, die aber gegenwärtig noch mit zu großen Wirkungsgradverlusten verbunden sind (z.B. Batterien, Nachtspeicher), bietet sich vor allem das Netz als „Puffer" an („im Sommer Sonne am Mittelmeer, im Winter Wind in Skandinavien"). Erste Demonstrationsprojekte für ein solches Netzmanagement laufen bereits in Spanien, Schottland und Kalifornien. Aber diese Art von Technologieentwicklung muss auf eine viel breitere Basis gestellt und den regionalen Bedingungen gemäß spezifisch getestet werden.

Ein anderes Problem ist die Integration regenerativer Energiequellen in bestehende Energieverbrauchsprozesse, um dort fossile Energieträger zu ersetzen. Auch hier bestehen eine Vielzahl von (industrie-)spezifischen Anpassungsproblemen (z.B. kann die Wärme nicht auf dem bisher üblichen Niveau geliefert werden), und oft geht es um die optimale Kombination von verschiedenen Energieträgern. Da muss vermieden werden, dass für jeden eine spezifische Investition vorgenommen werden muss (z.B. Nutzung verschiedener Gasqualitäten). Die Technologieentwicklung steht hier noch sehr am Anfang und sollte – auch entsprechend den in Kapitel 7.3.1 angestellten Überlegungen – mit öffentlichen Mitteln gefördert werden. Dabei richtet sich, wie bei allen anderen Vorschlägen auch, die spezifische Förderung nach dem Entwicklungspunkt der Technologie auf der Lernkurve: erste Demonstrations- bewusste Pilotprojekte mit staatlicher F+E-Förderung, Subventionen für die Markteinführung und Selbstverpflichtungen für die rasche Diffusion.

Umsetzung der Grundlagenforschungsergebnisse

Um die Technologieentwicklung dauerhaft voranzubringen, bedarf es einer breiten Grundlagenforschung in der EU (wie in Kapitel 7.2 begründet). Ebenso wichtig ist aber, den Anwendungsbezug rechtzeitig einzubringen, auch um zu entscheiden, welche Technologien weiter verfolgt werden sollen. Denn dies kann oft erst entschieden werden, wenn halbtechnische oder Pilotanlagen bereits betrieben werden. Gerade angesichts der enormen Aufgabe, innerhalb von 50 Jahren etwa 50% der Energieversorgung der EU auf regenerative Quellen umzustellen, darf es keine „Technologiehalden" geben, es muss vielmehr eine nahtlose Innovationskette von der Grundlagenforschung bis zur Marktdurchdringung geschaffen werden.

7.8.3
Exkurs: Kann man zwischen verschiedenen Lernkurven wählen? – Skizze einer Theorie

Einleitung

Lernkurven werden in der Ökonomie und der Betriebswirtschaftslehre seit langem diskutiert. In der Ökonomie werden Matthews (1949/50) im Bereich des internationalen Handels und Arrow (1962) in der Wachstumstheorie am häufigsten zitiert. Bostons „Perspectives on experience" (1972) führte zur allgemeinen Verbreitung des Konzepts; in empirischen Arbeiten ist es geradezu zu einer Gewohnheit geworden, Lernkurven für Produkte und Prozesse anzugeben.

Mit Lernkurven beschreibt man das Verhältnis von kumuliertem Output und Stückkosten bzw. Preisen. Williams (1994) weist darauf hin, dass Lernkurven nicht nur Kostensenkungen auf der Grundlage von Lernprozessen darstellen, sondern auch die Effekte der Einführung neuer Technik, Verbesserungen in der Standardisierung, interne Vorteile aus den Größeneffekten einer Massenproduktion und Änderungen in den Umweltkosten. Ebenso werden Veränderungen hinsichtlich Subventionen sowie veränderte Kapitalkosten in Rezessions- und Depressionsphasen berücksichtigt.

Ist das Produkt bzw. der Prozess der Untersuchung identifiziert, ist das Formulieren einer Lernkurve eine einfache ex post-Analyse. Wenn jedoch Unternehmen entscheiden, welche Produktvariante zukünftig produziert werden bzw. welcher Prozess zur Anwendung kommen soll, treffen sie implizit eine Wahl zwischen Lernkurven. Ein interessantes Beispiel findet sich im Bereich der Windenergie. Deutsche und schwedische Firmen entschieden sich, mit großen Modellen zu beginnen, wohingegen dänische Unternehmen kleine Anlagen bevorzugten. Es scheint also – zumindest auf den ersten Blick – eine Wahl zwischen zwei verschiedenen Lernkurven zu geben – ein Phänomen, das in der ökonomischen Literatur bisher nicht behandelt wurde. Es gibt hingegen Zweifel daran, dass Unternehmen in konkreten Situationen tatsächlich die Wahl haben.

Hier sollen die Argumente beider Sichtweisen dieses scheinbar neuen Problems kurz dargestellt werden.[7]

Die unitaristische Sichtweise

Für das Windkraftbeispiel lässt sich ex post sagen, dass diejenigen, die sich für große Anlagen entschieden hatten, keinen einer Lernkurve entsprechenden Prozess durchgemacht haben. Sie haben nicht gelernt, weil die Prototypen den Konstruktionszielen nicht nahe genug kamen. In einem solchen Fall lassen sich keine Schwächen der Konstruktion beim Betrieb identifizieren. Möglicherweise hätte schon in der Entscheidungsphase, also ex ante bestimmt werden können, dass große Anlagen der falsche Ausgangspunkt sind.

Da im Zusammenhang derartiger Projekte stets Subventionen für Forschung und Entwicklung eine Rolle spielen, gehen die Protagonisten dieser Sichtweise davon aus, dass einige beteiligte Firmen aus strategischen Gründen eine Vorentscheidung für große Anlagen erwirkt haben.

Letztlich gab es also gemäß dieser Ansicht keine Wahl zwischen verschiedenen Lernkurven. Vielmehr bestand nur eine Option: des Anfangs mit kleinen Anlagen, so dass nur eine Lernkurve für Windenergie angenommen werden kann. In diesem Fall führt die Wahl eines anderen (falschen) Ausgangspunktes nicht zu einer anderen Lernkurve, sondern verhindert Lernprozesse.

Für die Gestaltung von subventionsbedürftigen Lernprozessen bedeutete dies, dass zu Beginn ein Wettbewerb verschiedener Ansätze sichergestellt werden muss, aus dem sich der richtige Ansatz herauskristallisiert. Im Beispielfall kam die Konkurrenz jeweils aus anderen Ländern, in denen Unternehmen unterschiedliche Konzepte verfolgten.

---

[7] Wir diskutieren hier nicht den Fall, dass Unternehmen, die mit großen Anlagen starten, zeigen wollen, dass die entsprechende Technik nicht konkurrenzfähig ist.

Die Wahl zwischen Lernkurven

Zur Verteidigung der Ansicht, es gäbe mehrere Lernkurven, zwischen denen gewählt werden kann, könnte vorgebracht werden, dass kleine Unternehmen mit entsprechend kleinen Produktionsstätten (Garage) gezwungen sind, mit kleinen Anlagen zu beginnen. Für große Firmen hingegen seien nur große Anlagen ökonomisch interessant. Sie würden mit den Spezialisten für kleine Anlagen gar nicht konkurrieren. Hieraus folgt, dass kleine Firmen ihre Lernkurven mit niedrigen Kosten je Anlage beginnen, große Firmen mit hohen Kosten je Anlage.

Eine Wahl kann es indes nur geben, wenn beide Wege technisch gangbar sind. Ist dies der Fall, stellt der obige Auswahlprozess sicher, dass große Firmen große Anlagen, kleine hingegen kleine Anlagen wählen und damit implizit die jeweilige Lernkurve. Darüber hinaus sind für den Fall, dass diese technisch zwar machbar, ökonomisch jedoch nicht profitabel sind, u. U. Entwicklungssubventionen notwendig. Entsprechend subventionierten im obigen Beispielfall die Dänen kleine Anlagen, wohingegen in Schweden und Deutschland zunächst die großen Anlagen subventioniert wurden. Die Auswahl durch die Firmen wurde so durch die politische Auswahl ergänzt. Offen ist die Frage, ob die Subventionen auch jeweils für die andere Anlagenkategorie verfügbar waren.

Wenn zwischen zwei oder mehr Lernprozessen gewählt werden kann, stellt sich zuvorderst die Frage, welcher Prozess zu schnellerem oder länger anhaltendem Lernen führt. Jeder Lernprozess kann nämlich aus vielen verschiedenen Gründen gestoppt werden: Finanzierungsprobleme, technische Schwierigkeiten, langsames Lernen oder auch eine pessimistische Einschätzung der weiteren Entwicklung, so dass eine einfache Orientierung der Analyse am Erfolg der Prozesse zu kurz greift und sich die Frage stellt, ob man den Verlauf von Lernkurven besser hätte vorhersagen können.

Fazit

Ob es mehrere Lernkurven geben kann, hängt von der technischen Machbarkeit der zugrundeliegenden Ansätze ab. Damit die entsprechenden Prozesse tatsächlich beobachtet werden können, bedarf es bestimmter ökonomischer Rahmenbedingungen.

Beide dargestellten Sichtweisen können daher in bestimmten Fällen zutreffen, in anderen hingegen nicht. Gibt es Fälle, in denen Unternehmen zwischen Lernkurven wählen können, bedeutet dies einen gänzlich neuen Aspekt im Bereich der Technologiewahl, den es weiter zu untersuchen gilt.

8 Zur politischen Durchsetzbarkeit einer nachhaltigen Innovationsstrategie

8.1 Akteure in der „Nachhaltigkeitsarena"

Mit dem Fokus auf Akteure tragen wir der Realität der modernen, pluralistischen Demokratien in Europa Rechnung. Der Staat ist nicht mehr, abgehoben und losgelöst von Interessen, unparteiischer Wahrer und Hüter des Allgemeinwohls (oder in marxistischer Variante: Vollstrecker von Kapitalverwertungsinteressen), sondern er ist in weiten Bereichen ein „Mitspieler", Moderator, Umsetzer, Vermittler von dem, was sich im „Parallelogramm der gesellschaftlichen Kräfte" als Politik ergeben hat. Ausnahme ist der Bereich des staatlichen Gewaltmonopols (äußere und innere Sicherheit). Wer nicht „mitspielt", ist darauf angewiesen als Wähler „Gesamtpaketen" (Wahlprogrammen und Führungspersonal) zuzustimmen oder abzulehnen, kann aber einzelne Entscheidungen nicht beeinflussen.

Die Akteure (in Ländern mit einer längeren demokratischen Tradition wird unbefangener von „Eliten" gesprochen) zeichnen sich durch bestimmte Möglichkeiten aus, das „Spielergebnis" zu beeinflussen (innerhalb von Regeln, die durch Recht und Kultur gesetzt werden). Verbände können organisierte Wählergruppen mobilisieren, die kritisch für den Wahlausgang sind („swingvotes"), wenn sie ihre Interessen bedroht sehen; als besonders effektiv gelten dafür die Bauernverbände in allen westlichen Demokratien, da zwar die Zahl der Landwirte sinkt, die Subventionen jedoch meist weiter steigen. Andere Akteure beziehen ihre Macht aus dem „Setzen von Themen", wie etwa die Medien, die weniger bestimmen, *was* die Bürger denken, als *worüber* sie denken. Aber auch die Wissenschaft oder NGOs (non-governmental organizations) sind hier zu nennen. Schließlich haben Akteure noch unterschiedliche wirtschaftliche Macht – je offener der Wirtschaftsraum, umso mehr müssen Politiker und Bürokratie fürchten, mobile Produktionsfaktoren zu verlieren (dabei sind Wissen und Kapital viel mobiler als Arbeit).

Im folgenden werden die bedeutenden Akteure für die Umsetzung von nachhaltigen Energieinnovationen analysiert.

8.2
Die Attraktivität von Nachhaltigkeitszielen aus der Sicht ausgewählter Akteursgruppen

Für jede Akteursgruppe wird zunächst nach der direkten ökonomischen Interessenlage gefragt und das Verhalten identifiziert, das sich ergibt, wenn die Akteure ihren eigenen Nutzen erhöhen wollen. Allerdings ergibt sich aus dem Nutzenkalkül für keine Akteursgruppe ein Entscheidungsautomatismus. Vielmehr haben alle Akteure Handlungsspielräume, die sie für mehr oder weniger nachhaltiges Verhalten nutzen können. Sie können sich auch als „homo politicus" (vgl. Petersen et al. 2000) für das Gemeinwohl engagieren bzw. als „politische Unternehmer" an der Veränderung von Rahmenbedingungen mitarbeiten. In allen Akteursgruppen sind solche gemeinwohlorientierte homines politici anzutreffen, allerdings häufig in einer Außenseiterrolle, so dass sie nur bedingt als Partner für Reformkoalitionen dienen können.

Wähler (Staatsbürger): Die ökonomische Theorie des Wählens unterscheidet zwei Motive der Wahlbeteiligung:
– Konsummotiv: Wählen stiftet unabhängig vom Wahlausgang einen Nutzen, z.B. weil man im Einklang mit seinem staatsbürgerlichen Bewusstsein handelt oder weil es Ausdruck eines politischen Engagements ist, das Spaß macht. Die Bedeutung des Konsummotivs hängt wesentlich von Bildungsniveau und Informationsstand ab. Für den konsumorientierten Wähler stehen allerdings nicht die Inhalte (Nachhaltigkeit) im Vordergrund, sondern mehr das „Mitmischen" in einer (intellektuell) reizvollen Auseinandersetzung.
– Investitionsmotiv: Wahlbeteiligung und Wahlentscheidung hängen vom dadurch erzielbaren Nutzen ab (Nutzen-Kosten-Relation). Verbessert sich nun der individuelle Nutzen (Einkommen, Wohlfahrt) durch eine nachhaltigkeitsorientierte Partei?
  – Vorbedingung für die Relevanz dieser Frage ist, ob der Wähler in den Parteiprogrammen Unterschiede bezüglich Nachhaltigkeit festzustellen vermag. Wichtig für die Wahrnehmung solcher Differenzen ist das Bildungsniveau und die Zugänglichkeit des Themas für eine öffentlichkeitswirksame Darstellung („Umweltskandale") – die beim spröden Thema Nachhaltigkeit kaum gegeben ist (nur 10–15 % der deutschen Bevölkerung kennen den Begriff der Nachhaltigkeit).
  – Sodann sind die erwarteten Wirkungen einer Nachhaltigkeitspolitik zu bewerten. Grundsätzlich verbessert Nachhaltigkeitspolitik die Lage zukünftiger Generationen, und sie verlangt in der Regel Einschränkungen (z.B. in der Ressourcennutzung) heute. Nur für einzelne Wähler(gruppen) werden die Vorteile bereits heute überwiegen (z.B. sichere Arbeitsplätze in der Solartechnik). Daher ist die Zustimmung einer Mehrheit der heute lebenden Wähler kaum zu gewinnen.

Selbst wenn innovationsorientierte Nachhaltigkeitspolitik insgesamt nicht mit sozio-ökonomischen Einschränkungen (Opfern) verbunden ist, wird es einzelne Verlierergruppen geben. Durch Kompensationszahlungen kann es gelingen, sie zumindest von aktivem Widerstand abzuhalten und zu einer Tolerierung von Reformen zu veranlassen. Probleme bereiten kann die Überbrückung der zeitlichen Verzögerung, die zwischen der Implementierung von Reformen, der damit ausgelösten Verstärkung und Neuorientierung der Innovationsdynamik und dem Auftreten der gesamtwirtschaftlichen Erträge liegt. Dies erlaubt eine Kompensation der Innovationsverlierer. Eine Möglichkeit wäre die Überbrückung durch (temporär) erhöhte Staatsverschuldung (Vorfinanzierung von Investitionen in die Zukunft) – doch dürfte dies angesichts der bereits erreichten Vorbelastungen nur wenig Wählerzustimmung gewinnen. Um den Investitionsaspekt für Wähler attraktiv zu machen, muss ein Einstieg in die Nachhaltigkeitspolitik gefunden werden, dessen positive Effekte möglichst rasch sichtbar und spürbar und dessen negativen Effekte möglichst unmerklich ausfallen. Diese Bedingung erfüllt z. B. die Einrichtung neuer Institutionen (Nachhaltigkeitsrat, Nachhaltigkeitsberichterstattung), deren Kosten breit diffundieren, die aber große (Öffentlichkeits-)Wirkung entfalten könnten und somit die Nachhaltigkeitsdynamik auslösen bzw. verstärken (Pfadwechsel). Fazit: Durch Investitionen in Information („Popularisierung") und Bildung kann die Zustimmung zu Nachhaltigkeitszielen erhöht werden. „Unmerkliche" institutionelle Reformen werden wenig Widerstand provozieren, können aber wichtige Weichenstellungen sein.

Politiker (Parteien): Politiker versuchen nicht primär, die Präferenzen der Wähler umzusetzen, sondern verfolgen eigene Ziele (Einkommen, Status, Macht, Durchsetzung einer „Ideologie"). Um diese Ziele zu erreichen, müssen Politiker (wieder-)gewählt werden und dazu eine ausreichende Zahl an Wählerstimmen sammeln. Daher denken und handeln Politiker überwiegend an Wahlzyklen orientiert. Somit hat es jede Art von Langzeitpolitik schwer, die Aufmerksamkeit der politischen Verantwortlichen zu gewinnen (aber immerhin ist ein Wahlzyklus länger als ein Quartalsabschluss bei Unternehmen). Nachhaltigkeitsziele sind für Politiker im politischen Wettbewerb wenig attraktiv, weil zukünftige Generationen schwerlich zu ihren Wählern gehören. Langfristig eintretender Nutzen steht vielfach einer merklichen Belastung der Wähler heute gegenüber. Nachhaltigkeit könnte allerdings als Element des Stimmentausches (logrolling) relevant sein, d. h. in Vereinbarungen zwischen verschiedenen Minderheiten zur gemeinsamen Mehrheitsbeschaffung. Hier kann Nachhaltigkeit hohe Attraktivität entfalten, wenn es darum geht, ökonomische, soziale und ökologische Ziele zu integrieren. Dadurch haben auch heutige Minderheitsinteressen (z. B. ökologische Positionen) eine Durchsetzungschance.

Staatliche Bürokratie: Die Verwaltung, die von den Politikern mit der Umsetzung politischer Entscheidungen beauftragt ist, hat aufgrund von asymmetrischen Informationen Entscheidungsspielräume und kann diese zur Verfolgung eigener Interessen nutzen (Prinzipal-Agenten-Problem). Bei fehlendem Arbeitsplatzrisiko und geringen Einkommensanreizen besteht das Eigeninteresse vor allem in der Vergrößerung des verfügbaren Budgets – damit verbunden Mitspracheöglichkeiten (Mitzeichnung) und Statussymbole (Dienstwagen, Bürokapazitäten etc.). Dadurch entstehen Ineffizienzen, etwa zu hohe Kosten der Leistungserstellung sowie Ausdehnung des Leistungsumfangs über die optimale Menge hinaus. Letzteres kann sich – sobald Umweltbehörden etabliert sind – positiv auf nachhaltige Entwicklung auswirken. Begünstigt werden die Eigeninteressen der Bürokratie durch Verflechtungen mit den Politikern (hoher Beamtenanteil in Parlamenten). In einem föderalistischen Staat oder einem Wirtschaftsraum wie der EU sind allerdings der Eigendynamik der Bürokratie durch den Wettbewerb der Gebietskörperschaften Grenzen gesetzt (Möglichkeit der Abwanderung von Unternehmen). In der Ministerialbürokratie kann auch das Einsetzen loyaler politischer „Gefolgsleute" das Prinzipal-Agenten-Problem abschwächen. Dadurch lässt sich auch der eigenständige Einfluss der (Ministerial-)Bürokratie auf das Agenda-Setting eines Ressorts reduzieren. Bei Regulierungsbehörden ist das „Capture-Phänomen" beobachtet worden: Mit zunehmender Regulierungsdauer entwickelt sich allmählich eine friedliche Koexistenz und mutiert die Regulierungsbehörde immer mehr von der Aufsicht zum Anwalt der Branche. Es entsteht ein innovationsfeindliches Milieu. Innovationshemmend wirkt auch die Risikoaversion von Regulierungs- und Genehmigungsbehörden (z. B. bei der Zulassung neuer Anlagen; so brauchte es rund 10 Jahre, bis eine Regelung für Emissionen aus Biogasanlagen, die sich von fossil befeuerten unterscheiden, gefunden worden ist). Es entsteht eine faktische Bevorzugung alter, bekannter Risiken gegenüber neuen (möglicherweise kleineren) Risiken.

Interessengruppen (special interest groups, Non-Governmental Organizations NGOs): Interessengruppen versuchen, Politiker und Bürokraten zu Entscheidungen zugunsten ihrer Mitglieder zu bewegen, d. h. ihnen dadurch zusätzliche Gewinne zu verschaffen (rent seeking). Interessengruppen sind umso leichter organisierbar, je kleiner die Zahl der Gruppenmitglieder und je homogener deren Präferenzen sind. Etablierte Interessen (Verteidigung von „Besitzständen") sind in der Regel besser organisierbar und durchsetzungsfähiger als diejenigen Interessen, die von Innovationen profitieren würden. Häufig sind deren Vorteile breit gestreut, und schlagkräftige Organisationen müssen sich erst noch bilden (asymmetrischer Organisationsgrad). Der Einfluss von Interessengruppen begünstigt daher den Status Quo, er bewirkt zumindest zeitliche Verzögerungen von Innovation und erschwert langzeitorientierte Reformen. Mit gegensätzlichen Ansprüchen von Interessengruppen konfrontiert, sucht der Politiker das politisch-ökonomische Optimum (vgl. Blankart 1998, S. 498 ff.): Er wird z. B. umweltpolitische Maßnahmen soweit vorantreiben bis der Stimmenzugewinn von umweltbewussten Wählern durch die Wählerabwanderung, die (z. B. mit dem Arbeitsplatzargument) von der Emittentenindustrie bewirkt werden kann, gerade kompensiert wird. Neben den Wählerstimmen sind die Parteispenden eine weitere wichtige Determinante des Optimums.

Unter den NGOs spielen *Umweltverbände* eine besondere Rolle, weil sie sich explizit zum Anwalt zukünftiger Generationen und ihres Anspruchs auf die Erhaltung (essentieller) Ressourcen machen. Umweltverbände haben in der Nachhaltigkeitsdebatte eine wichtige Funktion als „Schrittmacher" und als „ethosbildende Kraft" (vgl. Sachverständigenrat für Umweltfragen 1994, Tz. 388). Sie lassen sich auch als transaktionskostensenkende Institution erklären: Da sich die Bürger in umweltpolitischen Fragen nicht auf unmittelbare Wahrnehmung verlassen können und sie der Streit der Experten oft ratlos zurücklässt, sind sie in ihrer Urteilsbildung zunehmend auf intermediäre Institutionen angewiesen, die ein Vertrauenskapital aufgebaut und deren Aussagen deshalb Glaubwürdigkeit haben. Sie können damit zur Diffusion nachhaltiger Innovation beitragen. Diese Möglichkeit wird von Unternehmen teilweise bereits genutzt in Kooperationen, die über Öko-Sponsoring (Imagetransfer) hinausgehen und das Kerngeschäft betreffen. Verstärkt durch die Aufmerksamkeit der Medien, haben NGOs einen Einfluss gewonnen, der weit größer ist als in ihren Budgets oder Mitarbeiterstäben zum Ausdruck kommt und mitunter die Frage nach der Legitimation ihres Handelns aufwirft. Verbandsinterne Konflikte bei der Bewertung von Energieinnovationen (z. B. Windenergie) führen allerdings gelegentlich zur Lähmung der politischen Handlungsfähigkeit dieser Akteursgruppe. Die einschlägigen NGOs sollten im Rahmen ihrer spezifischen Kompetenzen die Umsetzung von Energieinnovationen mitbetreiben und sich verstärkt an Kooperationen beteiligen (vgl. dazu auch Kapitel 8.4).

Konsumenten: Sie können durch ihr Kaufverhalten (bis hin zum Boykott) Lern- und Innovationsprozesse in Unternehmen nachhaltig voranbringen („demand pull") und bestimmen so – unter Wettbewerbsbedingungen – entscheidend die Nachhaltigkeit von Produkten und Prozessen. Allerdings verfolgen Konsumenten zunächst ihre individuelle Nutzenmaximierung und fragen nicht, ob ein billiges Produkt auf Umweltzerstörung oder Kinderarbeit beruht. Wenn ausreichend Information bereitgestellt wird, lässt sich eine gewisse Zahlungsbereitschaft für Nachhaltigkeitsaspekte mobilisieren. Zur Senkung der Informationskosten können (staatliche und private) Labels (Umweltzeichen, bekannt als Blauer Umweltengel/ Bioland usw.) beitragen. Auch Verbraucherschutzverbände, Verbraucherzentralen und unabhängige Warentester können nachhaltige Konsummuster unterstützen und dafür mit staatlichen Mitteln gefördert werden. Erziehung und Bildung prägen Konsummuster, daher kann auch das Schulsystem einen Beitrag zu verändertem Kaufverhalten leisten. Allerdings ergeben sich hier Grenzen grundsätzlicher Art (Paternalismus, Versuch staatlicher Prägung von Präferenzen) und Grenzen praktischer Art (Überfrachtung des Schulsystems mit „Zusatz"-Leistungen aller Art). Insgesamt ist es bislang – jenseits von „Pioniergruppen" – kaum gelungen, die Präferenzen der Konsumenten zugunsten nachhaltiger Produkte zu verändern (weder bei Autos, noch bei Grünem Strom). In der allgemeinen Informationsflut wird „Nachhaltigkeit" kaum wahrgenommen oder von der massiven Werbung für nichtnachhaltigen Konsum weggespült.

Zudem sind Konsumenteninteressen im allgemeinen schwer organisierbar. Nur für einige Teilaspekte haben sich schlagkräftige Organisationen gebildet z. B. Autofahren (ADAC) oder Wohnen (Mieterverbände). Auch als *Sparer* (rund 120 Mrd. € jährlich, Geldvermögen insgesamt netto ca. 7,5 Billionen €) könnten die privaten Haushalte wesentlichen Einfluss auf die Richtung des Wirtschafts- und Innovationsprozesses nehmen. Nachhaltige Geldanlage (Grünes Geld, Ethisches Investment, SRI: Social Responsible Investing) haben zunehmende Bedeutung gewonnen. Ganz überwiegend überlassen die privaten Haushalte aber nach wie vor den Kapitalsammelstellen wie Sparkassen, Lebensversicherungen, Bausparkassen die Entscheidung über Kriterien und Inhalt der Anlageentscheidung. Damit gewinnen die Investmentfonds mit ihren Shareholder-Value-Forderungen immer mehr Einfluss auf die Unternehmen.

Unternehmen: Mit zunehmender Zahlungsbereitschaft der Kunden werden sich die Unternehmen dem Thema Nachhaltigkeit zuwenden, ihre Produktpalette und ihre

Prozesse auf den Prüfstand stellen und entsprechend neu ausrichten. Die Frage ist allerdings, ob sich Unternehmen unter Wettbewerbsbedingungen (vor allem angesichts kurzfristiger Shareholder-Ansprüche) auf diese reaktive Rolle beschränken müssen, oder ob nicht auch sie Freiräume haben für pro-aktives nachhaltiges Handeln (vgl. dazu Kurz 1997). Tatsächlich sprechen einige Beispiele dafür, dass an ökologischer und sozialer Nachhaltigkeit ausgerichtete Unternehmensführung nicht mit ökonomischem Erfolg in Konflikt geraten muss, nachhaltige Unternehmenspolitik also – auch bei gegebenen Rahmenbedingungen – jenseits von Öko-Marktnischen möglich ist. Solche Nachhaltigkeits-Pionierunternehmen erschließen Innovationspotentiale, indem sie

– Einschränkungen bei der (kurzfristigen) Rendite hinnehmen, die sie durch eine verbesserte langfristig-strategische Positionierung wieder auszugleichen hoffen;
– Nischenmärkte durch ökologische und soziale Zusatzleistungen öffnen, für die sie eine gewisse erhöhte Zahlungsbereitschaft finden;
– Kooperationen mit anderen Akteursgruppen (Stakeholdern) eingehen, wie in den Fällen Greenfreeze und Green-TV.

Die Auseinandersetzung mit Nachhaltigkeitsideen wird insoweit zum Indikator für den Modernitätsgrad von Unternehmen. Pionier-/Nischenanbieter spielen als Ausgangspunkt einer breiter angelegten Diffusion eine wichtige Rolle. Da es sich zumeist um KMU handelt, dürfte es für deren Stärkung vor allem auf gründer- und mittelstandsfreundliche Rahmenbedingungen ankommen. Unter Wettbewerbsbedingungen setzt der Markt der ökologischen Pionierrolle eines Unternehmens allerdings Grenzen. Dann ist der „politische Unternehmer" gefragt, der sich für Gesetze einsetzt, die auch seine Konkurrenten zu einem umweltfreundlicheren Verhalten zwingen. „Dies ist vor allem die Verpflichtung der Unternehmensverbände" (Sachverständigenrat für Umweltfragen 1994, Tz. 125). Um die Aufmerksamkeit des Managements verstärkt auf Nachhaltigkeitsfragen zu lenken, können den Unternehmen bestimmte Berichtspflichten auferlegt werden (Energiebilanzen, Nachhaltigkeitsbericht usw.; vgl. auch das Instrument des Öko-Audits (ISO 14000 und EMAS). In vielen Unternehmen verschwinden die Energiekosten noch immer in den Gemeinkosten und sind damit der Management-Aufmerksamkeit entzogen. Hier mehr Transparenz zu schaffen und auch in Dienstleistungsunternehmen Energiesparziele zu setzen, würde jenen Druck erzeugen, der für Innovationsideen sensibilisiert.

Vor allem im globalen Maßstab werden Großunternehmen z.T. als die einzig wirklich handlungsfähigen Akteure angesehen. Diese Unternehmen geraten damit aber auch unter einen verstärkten Rechtfertigungsdruck; Profit allein ist da keine ausreichende Legitimation mehr. Es wird ihnen im regionalen Kontext Verantwortung abverlangt wie etwa die Respektierung von kulturellen Identitäten; dies gilt entlang der gesamten Wertschöpfungskette. Sie sind insofern leicht verwundbar und auf Absicherung durch Netzwerke (vor allem auf Stakeholder-Kooperation) angewiesen. Es liegt also in ihrem Eigeninteresse, sich am Nachhaltigkeitsdiskurs zu beteiligen. Die Akteursgruppe „Unternehmen" ist allerdings äußerst heterogen: Es ergeben sich stark divergierende Interessenlagen je nach Branche (Verschmutzerbranche vs. Umweltschutzindustrie/-dienstleistungen) und Unternehmensgröße (KMU vs. Global Players).

Auch das Energiesystem zerfällt in verschiedene Segmente (Mobilität, Wärme,

8.2 Die Attraktivität von Nachhaltigkeitszielen

Strom) mit z.T. unterschiedlicher Interessenlage (Substitutionskonkurrenz), aber auch mit erheblichen Verflechtungen. In der *Stromwirtschaft* hat sich die Interessenlage durch die Deregulierung (in Deutschland seit 1998) grundlegend verändert. Unter Regulierungsbedingungen konnten die Energieversorgungsunternehmen Umweltschutzauflagen und z.T. auch proaktives Handeln (Energiesparberatung, Verschenken von Energiesparlampen) problemlos über den Strompreis auf die Kunden abwälzen, und es musste deshalb kein allzu heftiger Widerstand gegen Einsparforderungen geleistet werden. Unter Wettbewerbsbedingungen wird die Überwälzung schwieriger, und daher ist mit wachsendem Widerstand zu rechnen. Die zunehmende Unsicherheit des Marktes erhöht das Interesse an flexiblen Anlagen mit kürzeren Amortisationszeiten. Insofern könnte längerfristig – wenn sich das Problem der „stranded investments" entschärft hat – der Widerstand gegen eine dezentralere Struktur mit kleineren Einheiten schwinden. Zu beachten ist auch die veränderte Rolle des Anlagenbaus (Kraftwerke, KWK-Anlagen), von dem technology-push-Wirkungen ausgehen können. Die Deregulierung hat Produktinnovationen zum Durchbruch verholfen. Aus dem homogenen Gut Strom sind differenzierte Stromqualitäten entstanden, die auch Nachhaltigkeitsoptionen (Naturstrom, Solarstrom usw.) bieten. Diese Differenzierung in der Branche schafft gleichfalls Ansatzpunkte für neue (innovative) Akteurskoalitionen (Greenpeace, BUND als Stromanbieter) (siehe Kapitel 7.6.2). Hemmend auf den Innovationsprozess könnten sich zunehmende Monopolisierungstendenzen in der Branche auswirken. Der WBGU (2001, S. 9) fordert: „Als große, finanzstarke Akteure müssen die EVU als Partner eingebunden und gleichzeitig verbindliche Rahmenbedingungen für ihr Handeln vereinbart werden." Der Umdenkungsprozess hin zu effizienten Energiedienstleistungen – Thomas Edisons alter Traum: Beleuchtung zu vermarkten, nicht Elektronen – vollzieht sich nur langsam (und in den USA noch schleppender als in Europa). Gerade bei den Ex-Monopolisten der leitungsgebundenen Energien ist die Sicherheit der etablierten Technologie noch immer verbreiteter als eine wettbewerbsadäquate Innovationsorientierung (z.B. durch Einspar-Contracting).

Arbeitnehmer und Gewerkschaften: Arbeitnehmer und Gewerkschaften sind zunächst an der Sicherung des Einkommens(zuwachses) interessiert. Grundlage dafür ist der Erhalt der Arbeitsplätze. Vielfach wird dies verstanden als Erhalt konkret bestehender Arbeitsplätze (im Kohlebergbau, in der Bauwirtschaft usw.) – nicht nur als gesamtwirtschaftliche Beschäftigung. Daraus ergibt sich Widerstand gegen sektoralen Strukturwandel, mit dem erhöhte Anforderungen an regionale und berufliche Mobilität verbunden wären. Um die Zustimmung von Arbeitnehmern und Gewerkschaften zu Innovation und Langzeitpolitik zu gewinnen, ist vor allem eine ausreichende Absicherung der Verlierer des Strukturwandels und Weiterbildung zum Verlassen der Verliererposition nötig. Viele Beispiele belegen, dass die Interessenlagen der Einzelgewerkschaften durchaus differieren und auch Gewerkschaften ein starkes Interesse an Nachhaltigkeit entwickeln können. Die Gewerkschaften hatten zunächst die Verantwortung für die verschiedenen Aspekte nachhaltiger Entwicklung (Wirtschaftswachstum/Beschäftigung, soziale Sicherung, ökologische Gefahrenabwehr) primär dem Staat zugewiesen, begreifen sich aber – verbunden mit dem Stichwort „ökologische Modernisierung" – zunehmend als eine Akteursgruppe, die gesamtwirtschaftlich und in den Unternehmen mitgestaltet und kooperiert und so auch mitverantwortlich ist (vgl. Hildebrandt und Schmidt 1997, S. 186).

Wissenschaft: Besondere Hoffnungen sind immer wieder auf eine Führungsrolle der Wissenschaft gesetzt worden. Die Wissenschaft kann solche Erwartungen aus verschiedenen Gründen schwerlich erfüllen: Die streng disziplinäre Organisation des Wissenschaftsbetriebs steht der Bearbeitung nur interdisziplinär bearbeitbarer Themen oftmals entgegen. Zum anderen ist erneut auf die große Unsicherheit unseres Wissens in den hier relevanten Fragen zu verweisen (vgl. Kapitel 3.1). Schließlich kann die Wissenschaft nicht über die Ziele entscheiden, die Staaten oder Organisationen verfolgen sollen, sondern sie kann nur – wichtig genug – über alternative Ziel-Mittel-Relationen Transparenz schaffen. Staatliche Politik kann das Interesse des Wissenschaftssystems an Nachhaltigkeit durch Entfaltung von Nachfrage (Vergabe von Forschungsmitteln) steigern. Sie bestimmt damit, was Gegenstand der Forschung wird und kann so Gegengewichte zu dem an rascher Verwertbarkeit orientierten Interesse der Wirtschaft setzen. Die Dominanz einzelner Paradigmen (und deren interessenorientierte Ausbeutung) kann abgeschwächt werden durch Pluralität in wissenschaftlichen Beratungs- und Entscheidungsgremien.

Fazit

Insgesamt erzeugt das skizzierte institutionelle Arrangement nicht genügend Anreize zugunsten nachhaltiger Energieinnovationen. Für alle Akteursgruppen gilt aber: Es gibt Handlungsspielräume, die für nachhaltige(re)s Verhalten genutzt werden können. Wenn dies geschieht, kann ein sich selbst verstärkender Reformprozess entstehen. In diesem Prozess ist hoheitliches Handeln nach wie vor unverzichtbar, wird aber entlastet. Nachhaltigkeit verlangt und erlaubt es, dass Bürger in unterschiedlichen Akteursgruppen am Reformprozess teilnehmen. Zu fragen ist, wie Selbstorganisation und Lernprozesse verstärkt werden können. Die Stärke einer innovationsorientierten Nachhaltigkeitspolitik liegt in der Aussicht auf „win-win"-Konstellationen, d.h. mehr ökologische Nachhaltigkeit ist möglich ohne Einschränkungen bei sozio-ökonomischen Zielen. Dies gilt allerdings nur längerfristig und per saldo – kurzfristig fallen keine (gesellschaftlichen) Erträge an; es geht um Langzeitpolitik, die den zeitlichen Abstand zwischen Kosten und Erträgen überwinden kann. Zunächst sind Umschichtungen in den öffentlichen Haushalten, vor allem neue Förder-Prioritäten, und Reformen der Rahmenbedingungen erforderlich, damit nicht einzelne Akteursgruppen schlechter gestellt werden und deshalb organisierten Widerstand leisten, indem sie z.B. Widerstandskoalitionen bilden. Für Politiker werden Innovationen unter Wählergesichtspunkten erst dann interessant, wenn die öffentliche Meinung sie deutlich fordert, und wenn mehr oder weniger „fertige" Problemlösungen erkennbar werden, die lediglich auf ihre breite Anwendung durch Diffusion warten. Dagegen sind „Vorleistungen" zur Verbesserung der Bedingungen für Basisinnovationen weit schwerer durchsetzbar.

8.3
Instrumente und ihre Attraktivität
aus der Sicht ausgewählter Akteursgruppen

Die Instrumentenwahl ist kein rein „technokratischer", objektiv wissenschaftlich determinierter Schritt, sie enthält vielmehr Werturteile und Verteilungsprobleme. Jedes Instrument hat spezifische Nebenwirkungen. Daher ist Instrumentenwahl stets auch Entscheidung über Lastenverteilung und damit werturteilsbehaftet. Dies begrenzt die Möglichkeiten der Wissenschaft zu „objektiven", d. h. für jedermann nachvollziehbaren Aussagen, und es mobilisiert zugleich die Aktivität von Interessengruppen. Diese sind nicht nur aktiv, wenn es um die Festlegung der politischen Ziele geht, sondern sie versuchen (wegen der Verteilungseffekte) auch Einfluss auf die Instrumentenwahl auszuüben. Dies gilt ebenso für eine nachhaltigkeitsorientierte Innovationspolitik. Wir betrachten dazu die Wirkungen von Innovationsförderung und verschiedener umweltpolitischer Instrumente.

Innovationsförderung: Die Logik des politischen Prozesses hat prägenden Einfluss auf die Wahl der Instrumente einer innovationsorientierten Nachhaltigkeitspolitik. Generell gilt:
– Wählerstimmen sind eher mit strukturerhaltenden Maßnahmen zu gewinnen als mit einer Innovationspolitik, deren Erträge erst in der Zukunft und breit gestreut auftreten.
– Politiker sind an raschen Erfolgen „ihrer" Politik interessiert (innerhalb der laufenden Wahlperiode), Innovationspolitik muss aber langfristig angelegt sein.

Dies führt zu einer generellen Unterinvestition des Staates in Innovationspolitik verglichen mit strukturerhaltenden Maßnahmen. Tatsächlich bestehen aber auch im politischen System erhebliche Anreize für Innovationspolitik, zumindest für bestimmte Varianten:
– Durch F&E-Subventionen kann die Zustimmung von (geförderten) Unternehmen und Arbeitnehmern erkauft werden. Die Belastung für den allgemeinen Steuerzahler hält sich in Grenzen. Dieses Instrument entspricht auch den Interessen der Bürokratie, der sich damit das weite Feld der Mittelvergabe und Projektüberwachung erschließt.
– Besonders gut sichtbar und daher für Politiker attraktiv ist die (groß-)projektbezogene Förderung. Allerdings müssen – wegen der großen (Stimmen-)Zahl – auch dem Mittelstand Fördermittel zufließen. Freilich entwickeln bestehende Institutionen und Verfahren (Forschungsbürokratie) Beharrungsvermögen und Eigendynamik.
– Grundlagenforschung wird – insbesondere in naturwissenschaftlich-technischen Bereichen – auch auf Drängen der Unternehmen staatlich finanziert, weil diese damit kostenlose Vorleistungen und qualifiziertes wissenschaftliches Personal erhalten.

Aufgrund dieser Mechanismen ist sichergestellt, dass staatliche Innovationspolitik und -förderung nicht von der politischen Agenda verdrängt wird. Wenn Haushaltskürzungen erforderlich sind, ist Innovationspolitik allerdings besonders bedroht, weil sie (von den direkten Effekten der Mittelverausgabung abgesehen) erst langfristig positive Wirkungen entfaltet.

Nicht sichergestellt ist aufgrund der skizzierten Interessenlage, dass eine effiziente Innovationspolitik implementiert wird. Die Gewährung von Subventionen ist politisch wesentlich attraktiver als ein Engagement für ordnungspolitische Reformen (z. B. des Steuer- oder des Wettbewerbsrechts). Allerdings hat die Zurückhaltung der Politik in diesem Bereich auch damit zu tun, dass vielfach noch nicht genügend gesicherte Erkenntnisse über notwendige ordnungspolitische Reformen vorliegen, auf die man zurückgreifen könnte.

Heilsame Wirkung kann der internationale Standortwettbewerb entfalten; das gilt sowohl für den Stellenwert der Innovationspolitik als auch für ihre Effizienz. Dies verhilft den Benachteiligten des Status Quo zu einem glaubwürdigeren Drohpotential (Abwanderung) und damit zu einer stärkeren Verhandlungsmacht. Dies kann Reformen der Rahmenbedingungen voranbringen, es kann allerdings auch zu einem Subventionswettlauf und Mittelverschwendung im globalen Maßstab führen. Diese unerwünschte Wirkung kann verhindert werden durch internationale Kooperation, die Grenzen für Beihilfen festlegt (z. B. im Rahmen von EU oder WTO).

Umweltpolitische Instrumente: Ein wichtiger Bestimmungsfaktor nachhaltiger Innovationsaktivität ist die Art des umweltpolitischen Instrumentariums. Im Folgenden wird dargestellt, welche innovationshemmenden Verzerrungen im politischen Prozess zu erwarten sind.

(1) Ordnungsrecht:
- Politiker sind vor allem bei drohender und akuter Gefahr an Instrumenten mit hoher Wahrnehmbarkeit interessiert, damit die Wähler ihre Aktivität zur Kenntnis nehmen. Diese Anforderung erfüllt das Ordnungsrecht (z. B. durch Verbote).
- Das Ordnungsrecht eröffnet der Verwaltung (Ermessens-)Spielräume im Vollzug. Es kommt damit dem Bestreben der Bürokratie nach Ausdehnung ihrer Aktivität (und damit ihres Budgets) entgegen.
- Auch für Unternehmen ist das Ordnungsrecht nicht ganz unattraktiv. Ihnen verbleiben Verhandlungsspielräume mit den Genehmigungs- und Aufsichtsbehörden, und ihre Innovationskraft ist aufgrund der „konservativen" Schlagseite des Ordnungsrechts wenig gefordert: Der geforderte „Stand der Technik" hat lange Bestand – auch weil die Industrie dann keinen Anreiz für dessen Verbesserung hat („Schweigekartell der Oberingenieure").

(2) Ökosteuern: Bei Ökosteuern entsteht das Problem, dass den Politikern eher deren offensichtliche Kosten (Steuererhebung) als deren Nutzen (ökologische und fiskalische Entlastungen) zugerechnet werden. Sowohl die Lenkungswirkung (ökologisches Ziel) als auch das Mittelaufkommen (fiskalisches Ziel) sind schwer kalkulierbar – und daher selbst sympathisierenden Wählerschichten schwer zu vermitteln. Wenn die Lenkungswirkung eintritt, werden einzelne Branchen schrumpfen (wahrnehmbare negative Beschäftigungseffekte) und sich dort Widerstandskoalitionen aus Unternehmern und Gewerkschaften bilden. Tendenziell regressive Verteilungswirkungen treffen die breite Masse der Wähler.

(3) Zertifikatslösungen: Zertifikatslösungen sind schwer kommunizierbar, und die Verbindung von positiven Wirkungen mit dem politischen Initiator ist kaum wahrnehmbar. Die ökologische Effektivität müsste das Instrument vor allem für Umweltverbände attraktiv erscheinen lassen; tatsächlich lehnen diese den „(Aus-)Verkauf der Umwelt" oftmals vehement ab und betonen die Kontrollprobleme. Unternehmen fürchten einen strikten Reduktionspfad und die unkalkulierbaren Zertifikatspreise. Ausnahmen sind hier vor allem: öko-innovative und schrumpfende Unternehmen. Auf Akzeptanz trifft dieses Instrument am ehesten dort, wo es der Flexibilisierung eines ordnungsrechtlichen Rahmens dient (Glockenkonzepte, Joint Implementation).
(4) Subventionen (direkte Staatsausgaben und Einnahmeverzichte durch Steuervergünstigungen): Mit Subventionen kann dieselbe Lenkungs-(Allokations-)Wirkung erreicht werden wie mit Steuern – allerdings ergeben sich andere Beschäftigungs- und Distributionswirkungen (vgl. dazu oben Kapitel 7.2.2). Im Hinblick auf die Durchsetzungschancen sind zwei Fälle zu unterscheiden:
 – Fall 1: (Nachhaltigkeitsfördernde) Subventionen werden aus allgemeinen Haushaltsmitteln finanziert, also von der Gesamtheit der Steuerzahler getragen (mit der Folge einer steigenden Staats- und Abgabenquote): hierbei sind Unternehmen von Verursacher-/Verschmutzerbranchen sowie deren Beschäftigte und Kunden gegenüber Ökosteuerlösungen besser gestellt und daher eher zustimmungsbereit. Umweltschützer sind zufrieden, weil ihr ökologisches Anliegen erreicht wird. Widerstand gegen die höhere Steuerbelastung könnte von den Steuerzahlern kommen, doch ist für sie eine direkte Zurechnung kaum möglich bzw. wahrnehmbar.
 – Fall 2: (Nachhaltigkeitsfördernde) Subventionen werden durch Kürzung bzw. Streichung anderer (nicht-nachhaltiger) Subventionen finanziert mit dem Ziel einer konstanten Staats- und Abgabenquote.
Generell sind die Durchsetzungschancen für Fall 1 günstiger einzuschätzen. Der verschärfte internationale Steuerwettbewerb setzt allerdings auch dem Einsatz dieses politisch „optimalen" Ansatzes zunehmend Grenzen. Schuldenfinanzierte Nachhaltigkeits-Subventionen werden – auch wenn sie faktisch der Vorfinanzierung von Investitionen in die Zukunft gleichkommen – unter den Bedingungen hoher Staatsverschuldung bis auf weiteres kaum Akzeptanz finden; zudem muss in der EU der Stabilitätspakt mit einer Defizitobergrenze von 3 % des BIP beachtet werden.
(5) Selbstverpflichtungen: Selbstverpflichtungen sind für Politiker interessant, vor allem wenn ausgeprägte Informationsdefizite, z.B. Informationsasymmetrien, bestehen und damit eine ordnungsrechtliche Regelung erhebliche Schwierigkeiten durch hohe Transaktionskosten, lange Gesetzgebungsverfahren oder die Notwendigkeit der europäischen oder internationalen Harmonisierung bereiten würde. Regierung und Verwaltung sind daran interessiert, weil die direkte Aushandlung ohne Einbeziehung des Parlaments einen Kompetenzzuwachs bedeutet. Die Verwaltung erhält z.B. durch Monitoring zusätzliche Aufgaben und Mittel. Die Unternehmen sind interessiert, weil Selbstverpflichtungsabkommen in der Regel mit Abstrichen bei den Zielen und mit geringem Verbindlichkeitsgrad einhergehen. Schwer organisierbar sind Interessen, die sich gegen eine Flut von Selbstverpflichtungen wenden, denn dadurch

werden (nur) öffentliche Güter geschädigt: Umweltqualität (Verzögerungen bei der Erreichung von Umweltschutzzielen) und freiheitlich-demokratische Ordnung (Gefahr des Korporatismus, die allerdings durch erforderliche Parlamentszustimmung eingedämmt werden kann).

(6) Informationsinstrumente (Reduzierung der Informationskosten der Verbraucher, Erhöhung der Markttransparenz, aufgeklärte Präferenzen): Von besonderer Bedeutung sind hier verschiedene Arten von Kennzeichen und Labels (vgl. Kapitel 7.6.3). Private Labels entwickeln sich (als „interne Institutionen") aus dem Marktprozess und unterliegen lediglich einer gewissen staatlichen (Missbrauchs-)Aufsicht (z. B. nach UWG). Solche (Öko-, Sozial-, Nachhaltigkeits-)Labels erfreuen sich allerdings als Marketing-Instrument so großer Beliebtheit bei den Unternehmen, dass sie kaum noch zu einer Erhöhung der Markttransparenz beitragen. Unter dieser Inflationierung leidet auch die Wirksamkeit hoheitlicher Labels („Blauer Engel" u.ä.). Für die Durchsetzbarkeit gilt allgemein: Je geringer das Anspruchsniveau, um so eher kann die Zustimmung von betroffenen Unternehmen/Branchen gewonnen werden, umso eher werden sich Umwelt- und Verbraucherschützern wegen Verwässerung und Irreführung dagegen wenden. Mit zunehmendem Anspruchsniveau und damit diskriminierender Wirkung wächst der Widerstand der Unternehmen und die Zustimmung von Umwelt-/Verbraucherschutzorganisationen.

(7) Zwischenergebnis: Im politischen Prozess haben Instrumente wie Labels, Selbstverpflichtungen und Subventionen am ehesten Durchsetzungschancen. Weit schwerer durchzusetzen sind Gebote/Verbote und vor allem Instrumente wie Öko-Steuern und Zertifikatslösungen. Für jedes Instrument lassen sich Durchsetzungschancen bzw. Akzeptanz durch Modifikationen (Ausnahmeregelungen, Kompensation etc.) verbessern, die allerdings in der Regel auf Kosten der Effizienz oder der Effektivität gehen. Wenn durch die Ausgestaltung des Instrumentariums letztlich die Glaubwürdigkeit des Ziels in Frage gestellt wird, schwächt dies die Innovationswirkung, weil dann die Veränderung von Erwartungen und damit die grundlegende Neuausrichtung von Such- und Entdeckungsprozessen im Bereich der Basisinnovation nicht gelingt. Die Interessenlagen der relevanten Akteursgruppen begünstigen die Implementierung von Instrumenten, die vor allem geeignet sind, die rasche(re) Diffusion von Innovationen zu unterstützen.

Das im letzten Kapitel vorgestellte Maßnahmenpaket hat also im Vergleich zu anderen Optionen vor dem Hintergrund der bestehenden Konstellation von Akteursgruppen gute Durchsetzungschancen. Dennoch sieht die Gruppe Möglichkeiten, die Umsetzung noch weiter zu verbessern und langfristig bessere Rahmenbedingungen für nachhaltige Energieinnovationen zu schaffen.

8.4 Ansatzpunkte zur Verbesserung der Durchsetzungschancen

Wenn staatlicher Politik nicht die alleinige Verantwortung für die Änderung der Rahmenbedingungen zugetraut und zugeschrieben wird, so ist zu fragen, was sie immerhin tun kann, um die gesellschaftlichen Selbststeuerungspotentiale zu aktivieren. Diese können hoheitliche Entscheidungen nicht ersetzen, sie aber initiieren, ihnen den Weg bereiten – und damit ihre Akzeptanz verbessern.

(1) *Zielformulierung und Commitment:* Visionen und verbindliche Ziele haben eine Motivations- und eine Kontrollfunktion. Ihre Mobilisierungswirkung kann genutzt werden, um den pragmatischen Prozess schrittweiser Reformen (piecemeal social engineering) in Gang zu halten. Ziele sind auch ein unverzichtbares Element eines kontinuierlichen Verbesserungsprozesses. Nachhaltigkeitsziele können in Lokale Agenda 21-Prozessen ebenso wie in Nationalen Nachhaltigkeitsplänen formuliert werden. Beachtliche Wirkung hat das CO_2-Reduktionsziel der Bundesregierung (minus 25% von 1990 bis 2005) entfaltet. Auch die EU-Kommission versucht mit verschiedenen Zielformulierungen ein Commitment zu erreichen, z.B. die Erhöhung des Anteils regenerativer Energieträger am Gesamtenergieverbrauch von 6 auf 12% (1997 bis 2010), bei der Stromproduktion von 13,9% auf 22,1%.

(2) *Kooperation:* Kooperation ist neben Markt (Vertrag) und Hierarchie (Anweisung) die dritte Form zur Koordination individueller Pläne. Sie kann die hohen Transaktionskosten marktlicher Koordination vermeiden, ebenso die innovationshemmende Wirkung der Hierarchie, sofern eine gewisse Vertrauensbasis besteht oder entsteht. Kooperationsbereitschaft und -fähigkeit sind Teil des sozialen Kapitals einer Gesellschaft. Deren Erhaltung und Verbesserung sind daher nicht nur Mittel, sondern auch Ziel einer Nachhaltigkeitspolitik. Eine solche Kooperation kann sich als Ergebnis von Lernprozessen einstellen oder aus der Notwendigkeit entstehen, mit den Inhabern von „Veto-Positionen" eine gemeinsame Lösung zu finden. Sie kann aber auch exogen durch hoheitliches Handeln, durch staatliche Förderung von Kooperation oder die Drohung mit ordnungsrechtlichen Ersatzmaßnahmen begünstigt werden. Ein Hemmnis für Kooperation zwischen Unternehmen kann das Kartellrecht sein: Absprachen können die Durchsetzung einer Innovation begünstigen, sie sind aber immer auch eine partielle Ausschaltung des Innovationswettbewerbs. Unter diesem Druck drohender staatlicher Regelungen kommen dann Absprachen wie das Duale System Deutschland (DSD) zustande, das ebenfalls Monopolcharakter aufweist. Gesetzliche Regelungen zum Altauto-Recycling haben Autohersteller, Lieferanten und Entsorger zu neuen Formen der Kooperation veranlasst. Ziel ist dabei „weitgehende Wettbewerbsneutralität im Entsorgungsprozess" (Krcal 2000, S. 5), aber auch dadurch wird eine mögliche Form des Wettbewerbs um den Kunden – im Bereich innovativer Entsorgungsbedingungen – ausgeschaltet.

(3) *Capacity building:* Durch den Aufbau und die (organisatorische, finanzielle und kommunikative) Verankerung neuer Kapazitäten in Politik (z.B. durch Bundestagsausschüsse und Enquete-Kommissionen), Verwaltung (in Ministerien und Behörden), Wissenschaft (z.B. Forschungsinstitute und neue Studiengänge) usw. können die Durchsetzungschancen nachhaltiger Innovationen strukturell verbessert werden. Es muss dann nicht ständig neu über bestimmte Entscheidungen, Verfahren und Ressourcen verhandelt werden. Durch die Vernetzung bestehender Institutionen und Schaffung neuer Institutionen werden Akteure in neuen Kontexten platziert und neue Akteure etabliert, die das Ziel verfolgen, nachhaltige Energieinnovationen durchzusetzen und dabei für Kontinuität zu sorgen.

Zur Überwindung der „Kurzsichtigkeit" demokratischer Politik gibt es eine Vielzahl von Vorschlägen zur Schaffung ergänzender Institutionen, die durch Unabhängigkeit von der Regierung und/oder lange Amtsperioden von den Zwängen der Tagespolitik frei sein sollen. Es könnte etwa eine Institution „Nachhaltigkeitszentrale" geschaffen werden, die vom Parlament mit den notwendigen Instrumenten zur Verwirklichung konkreter Nachhaltigkeitsziele ausgestattet wird und die diese dann nach eigenem Ermessen anwendet.

In der Bundesrepublik liegen zwar überwiegend positive Erfahrungen mit weitgehend unabhängigen Institutionen wie der Deutschen Bundesbank, dem Bundeskartellamt oder auch den Rechnungshöfen vor. Alle diese Institutionen sind jedoch auf ein klar definiertes Aufgabenfeld bezogen und ihre Wirksamkeit kann anhand (quantitativer) Erfolgsmaßstäbe (z.B. Preisstabilität, Konzentrationsmaße für Märkte) geprüft werden. Sie handeln auf der Basis gesetzlicher Regelungen, die jederzeit durch eine Parlamentsmehrheit geändert werden (können). Die Nachhaltigkeit berührt dagegen fast alle Politikfelder und Lebensbereiche. Daher muss sich die Kompetenzbildung – will man sie nicht über ‚Räte' dem demokratischen Prozess entziehen – auf spezifische Bereiche konzentrieren.

Statt alle Aspekte der Nachhaltigkeit in allen Bereichen für ein Institutionendesign berücksichtigen zu wollen, sollte man sich – dem in Kapitel 2 vorgestellten terminologischen Ansatz analog – auf einzelne wohldefinierte Bereiche beschränken. Den Fokus der Studie auf nachhaltige Energieinnovationen kann man entsprechend auf den institutionellen Rahmen spiegeln. Das klar definierte Aufgabenfeld wäre so der Energiebereich im Hinblick auf nachhaltige Innovationen. Eine klare Orientierungsmarke ist durch die in dieser Studie als robuste Annahme unterstellte jährliche Verringerung der CO_2-Intensität um 4% gegeben. Insofern wäre z.B. die Gründung einer Institution wie der Energie-Effizienz-Agentur (EEA) bedenkenswert, welche die Effizienzrevolution popularisiert, über deren Fortschritt berichtet (Monitoringfunktion) und Innovationsbarrieren identifiziert. Um zustimmungsfähig zu sein, dürfte eine solche Institution zunächst keine weiterreichenden Kompetenzen haben. In Deutschland könnte sie durch den Ausbau der Deutschen Energieagentur (dena) entstehen.

Bevor man jedoch neue Institutionen schafft, sollte man zunächst bestehende Potentiale daraufhin untersuchen, ob sie für die identifizierten Ziele nutzbar gemacht werden können. Wenn es keine Institution gibt, die die entsprechende Aufgabe allein übernehmen kann, sollte man versuchen, durch eine Vernetzung von bestehenden Institutionen zum Ziel zu kommen. Im Politikberatungsbereich wären zunächst bestehende Beratungsgremien besser zu vernetzen und zu gemeinsamen

8.4 Ansatzpunkte zur Verbesserung der Durchsetzungschance

Handlungsempfehlungen für konkrete, präzise formulierte Fragestellungen anzuhalten, die wie nachhaltige Energieinnovationen bereichsübergreifendes Arbeiten erfordern (in Deutschland z. B. den Sachverständigenrat zur Begutachtung der gesamtwirtschaftlichen Entwicklung, den Rat von Sachverständigen für Umweltfragen und den Wissenschaftlichen Beirat Globale Umweltveränderungen).

Es ergibt sich so ein zweistufiges Vorgehen: Zunächst muss überprüft werden, welche Aufgaben schon von bestehenden Institutionen erfüllt werden können. In einem zweiten Schritt muss man Lücken identifizieren und Netzwerkstellen oder neue Institutionen schaffen, falls neue Kompetenzen nötig sein sollten. Dieser bottom-up-Ansatz institutioneller Reformen erscheint uns zielführender und effizienter als für die neuen Aufgaben top-down neue Institutionen zu schaffen, die nicht konkret auf bestimmte Aufgaben verpflichtet werden, sondern sich ausschließlich an bereichsübergreifenden Konzeptionen orientieren.

Jenseits des institutionellen Designs hat der Politikbetrieb gerade in den letzten Jahren spontan eine Vielzahl von neuen Institutionen und Formen politischer Willensbildung hervorgebracht: Bürgerinitiativen, Runde Tische, Bürgerforen, Zukunftswerkstätten, sektorale Konsensgespräche, Lokale Agenda 21-Initiativen. Was davon Bestand haben – und möglicherweise hoheitlich institutionalisiert wird, erweist sich erst im gesellschaftlichen Suchprozess. Der wohl wichtigste Beitrag all dieser Gremien und Institutionen ist die Förderung gemeinsamer Lernprozesse und die Lockerung starrer Fronten und Abwehrhaltungen, vor allem gegen Innovationen. Obwohl damit ein erheblicher Aufwand verbunden ist und vieles (scheinbar) ergebnislos bleibt, ist der Beitrag solcher informeller Gruppen zum Aufbau einer neuen Kommunikationskultur nicht zu unterschätzen. Gerade in Nachhaltigkeitsfragen hat sich gezeigt, dass kompetente Auseinandersetzung nicht allein den Experten und Politprofis überlassen werden darf.

(4) Die Durchsetzungschancen innovationsorientierter Nachhaltigkeitspolitik können durch die Gestaltung des *Instrumenten-Mixes* wachsen. Damit lassen sich Widerstände abbauen und Koalitionen formieren. Die Durchsetzungschancen können durch Kompensation(szahlungen) an die Verlierergruppen oder durch machtvolle Gegenkoalitionen (Reformkoalitionen) verbessert werden. Kompensationszahlungen sind nur sehr begrenzt möglich durch soziale Sicherung, Arbeitslosen- und Sozialhilfe, Anpassungssubventionen, Umschulungs- und Mobilitätshilfen, nicht aber als Absatz- und Arbeitsplatzgarantien. Immerhin können auch diese „defensiven" Politikbereiche wesentlich zur Akzeptanz einer Innovationsstrategie beitragen.

Der Strategievorschlag der Gruppe für nachhaltige Energieinnovation zielt auf einen Instrumenten-Mix, der im Hinblick auf die Durchsetzungschancen optimiert ist. Subventionen in der Einführungsphase und Selbstverpflichtungen in der Diffusionsphase sowie Aufklärungsinstrumente als Querschnittsaktivität dürften, anders als etwa eine Ökosteuer, keine massiven Gegenkoalitionen entstehen lassen.

(5) *Internationale Diffusion von institutionellen Innovationen* (vgl. dazu Jänicke 2000): Auch Nationen befinden sich im Wettbewerb, und zwar um attraktive Rahmenbedingungen, genauer: eine attraktive Kombination von Rahmenbedingungen. Erfolgreiche institutionelle Problemlösungen (eine eigenständige Umwelt-

behörde, Abgaben- oder Zertifikatslösungen, Selbstverpflichtungen, Nachhaltigkeitspläne etc.) werden deshalb nachgeahmt und finden so internationale Verbreitung. „Nationale Alleingänge" bzw. „Vorreiterpositionen" werden auf diese Weise erodieren, und damit auch Wettbewerbsnachteile und -vorteile der Unternehmen im Vorreiterland. Allerdings gibt es für den Erfolg einer institutionellen Änderung keine klaren Kriterien; Wählerwirksamkeit, Kosten-Nutzen-Bilanzen, Öko-Bilanzen usw. lassen sich kaum zweifelsfrei ermitteln und daher ist schwer prognostizierbar, was rasch Imitatoren finden wird. Festzuhalten ist jedenfalls, dass nachhaltige Innovationspolitik nicht nur unmittelbar (über Prozess- und Produktinnovationen), sondern auch mittelbar (über die internationale Diffusion institutioneller Innovation) positive Nachhaltigkeitswirkungen erzielen kann.

8.5
Fazit und Perspektiven:
Eine Allianz für nachhaltige Energieinnovationen

Wenn alle Akteursgruppen allein ihrer individuellen Rationalität folgen, sind die Durchsetzungschancen einer innovationsorientierten Nachhaltigkeitspolitik gering:
– Obwohl nachhaltige Entwicklung als Leitbild auf breite Zustimmung stößt, lassen sich für die (verbindliche) Formulierung konkreter Nachhaltigkeitsziele politische Mehrheiten nur schwer organisieren.
– Soweit dies gelingt, führt der politische Prozess dazu, dass zur Erreichung von Nachhaltigkeitszielen nicht die effizientesten Instrumente eingesetzt werden; es kommt also zu Verzerrungen des institutionellen Innovationsprozesses.
– Wie Nachhaltigkeitspolitik ist auch Innovationspolitik Teil der Langzeitpolitik und unterliegt im politischen Prozess denselben „Gesetzmäßigkeiten" wie jede Art der Langzeitpolitik. Sie sieht sich mit der Dominanz von Besitzstandswahrung und der Ausrichtung auf kurzfristige Erfolge konfrontiert. Allerdings besteht ein wesentlicher Unterschied darin, dass Innovationspolitik von durchsetzungsmächtigeren Interessengruppen unterstützt wird. *Innovationsorientierte Nachhaltigkeitspolitik hat daher insgesamt bessere Durchsetzungschancen.* Sie ermöglicht neue Akteurskoalitionen, insbesondere die Einbindung innovationsorientierter Unternehmen.

Das vorhandene institutionelle Design wirkt nicht als unsichtbare Hand, welches eigennutzorientiertes Handeln in Gemeinwohl verwandelt. Statt dessen führt der politische Prozess in ein Gefangenendilemma mit suboptimalen Ergebnissen für alle Akteure. Die Befreiung aus Dilemmasituationen kann gelingen durch
– Veränderungen der Zielstruktur und Interessenlage einzelner Akteure (wenn z. B. vermehrt eine nachhaltigkeitsorientierte Form des homo politicus auftritt);
– kooperatives Verhalten (als Ergebnis von Lernprozessen und wiederholten Spielen).

Auf grundlegende Veränderungen in der Zielstruktur und Interessenlage oder ein Handeln gegen die individuelle bzw. gruppenspezifische Rationalität zu hoffen, wäre unrealistisch und unpolitisch. Für alle Akteure gibt es aber auch bei gegebenen Rahmenbedingungen Verhaltensspielräume, die sie für nachhaltige Innovationen nutzen können. Innerhalb jeder Akteursgruppe gibt es Kräfte, die auf die

8.5 Fazit und Perspektiven

Überwindung von Innovationswiderständen und -blockaden gerichtet sind, z. B. im Unternehmenssektor
- „Revolutionäre" (Nachhaltigkeitspioniere) in jedem Unternehmen (im mittleren Management, unter den Arbeitnehmern etc.);
- die (subversive) Innovationskraft der „Außenseiter" einer Branche (z. B. der Hersteller von erneuerbaren Energien);
- ein „technology push", der von den Anlagenherstellern kommt;
- branchenexterne Substitutionskonkurrenz (z. B. Kommunikationstechnologie, Facility Management).

Diese Kräfte wirken an der Veränderung innovationshemmender hoheitlicher Rahmenbedingungen mit und trachten danach, ein Milieu zu schaffen, in dem sie bessere Ergebnisse erzielen können. Auch für nachhaltige Innovationen gibt es solche Interessen sowie eine gewisse Bereitschaft zur Betätigung als „politischer Unternehmer", d. h. zum Engagement für eine Reform der Rahmenbedingungen. Weil diese Interessen aber schwer organisierbar sind, kann es lange dauern, bis sie sich gegen die etablierten Interessen durchsetzen.

Kooperationslösungen bilden sich spontan in einem Klima grundsätzlicher Offenheit und gemeinsamer Grundüberzeugungen, Visionen und Bedrohungswahrnehmungen. In diesem Prozess kann jede Akteursgruppe, die Initiative ergreifen und eine (temporäre) Führungsrolle übernehmen. Kooperation in wechselnden Akteurskoalitionen ist gefragt. Wie könnten solche Reformkoalitionen für innovationsorientierte Nachhaltigkeit aussehen?
- Konsumenten sind natürliche Verbündete im Innovationsprozess, weil ihr Wunsch nach Differenzierung zumindest Chancen für Nischenmärkte eröffnet. Die Schwierigkeit besteht darin, nachhaltige Problemlösungen in einem nächsten Schritt für den Massenkonsum attraktiv zu machen.
- Umweltverbände können eine treibende Kraft sein. Allerdings ist ihr Einfluss gering und derzeit eher schwindend. Ihre Handlungsfähigkeit wird zudem durch technikkritische Positionen eingeschränkt. Umgekehrt kann die Hoffnung auf „Effizienzrevolution" naive Fortschrittsgläubigkeit in neuem Gewand sein und die forcierte Beschleunigung des Innovationsprozesses kann einer notwendigen Entschleunigung entgegen stehen.
- Wissenschaft: In fast allen Fachdisziplinen hat sich Humankapital aufgebaut, das an der Lösung von Nachhaltigkeitsproblemen durch Innovation arbeitet. Hier besteht ein besonders großes – allerdings nicht sehr durchsetzungsstarkes – Interesse an und Potential für innovationsorientierter Nachhaltigkeitspolitik.
- Unternehmer: Selbst bei den gegebenen ungünstigen Rahmenbedingungen ist es einigen Unternehmen gelungen, nachhaltige Innovationspotentiale zu nutzen. Solche Pionier-Anbieter spielen als Ausgangspunkt einer breiter angelegten Diffusion eine wichtige Rolle: Sie sind an institutionellen Reformen interessiert, aber schwer organisierbar, da sie über alle Branchen verstreut sind. Auf Unternehmensebene gibt es zahlreiche Beispiele von Netzwerkbildung (Stakeholder-Ansatz). Kooperationen auf gesamtwirtschaftlicher Ebene zur Durchsetzung institutioneller Innovation sind dagegen selten (z. B. die Ökosteuerkampagne des BUND mit einigen deutschen Unternehmen 1997).

Die Beseitigung von Kooperationshemmnissen und die explizite Unterstützung von Kooperationslösungen durch staatliche Politik wäre ein ohne große Widerstände durchsetzbarer Ansatz zur Reform des institutionellen Designs. Als Fallbeispiele erfolgreicher staatlicher Kooperationsförderung nennt IFOK (1997, S. 127): die Förderung der Umweltzentren des Handwerks durch die Deutsche Bundesstiftung Umwelt, das Bioregio-Projekt des BMBF, Gütegemeinschaften verschiedener Branchen und das Klimabündnis Heidelberg. Über zunächst relativ unverbindliche Formen der freiwilligen und nicht-hierarchischen Kooperation (Netzwerk) können schrittweise neue Institutionen entstehen –oder sich die Kooperationen wieder auflösen.

Wenn also die Interessenlage aller Akteursgruppen Raum für ein Engagement zugunsten von nachhaltigen Energieinnovationen lässt, ist zu fragen, wie sich dieses Potential politisch wirksam organisieren ließe. Wie lassen sich die fehlende Aufmerksamkeit für das Energieproblem beseitigen, Prioritäten verschieben, Trägheiten und Fragmentierung der Akteure, die ein partielles Interesse an nachhaltiger Energieinnovation haben, überwinden? Dazu wäre eine kraftvolle Initiative erforderlich, eine *Allianz für nachhaltige Energieinnovation*. Ihre Hauptziele müssten sein:
– Erhöhung der öffentlichen Aufmerksamkeit für die Divergenz von Energiebedarf und an das Energiesystem gestellten Anforderungen (vgl. das Zielbündel aus Kapitel 3) und sich für nachhaltige Innovationen einzusetzen (Öffentlichkeitsarbeit durch eigene Veranstaltungen, koordinierte Präsenz auf Messen und Kongressen etc.).
– Identifikation von Hemmnissen (insbesondere Ineffizienzen), die nachhaltigen Energieinnovation im Wege stehen und Etablierung neuer Problemlösungen.
– Praktische Unterstützung nachhaltiger Innovation z.B. durch Information, Dokumentation (best practice), Beratung (insbesondere Einwirken auf Unternehmensvorstände), Vermittlung konkreter problembezogener Kooperationen (Transferstelle).

In einer solchen Allianz würden sich verschiedene Akteure zusammenfinden:
– Unternehmen und ihre Verbände (z.B. für Solarenergie oder umweltorientierte Energiedienstleistungen, ‚traditionelle' Energieunternehmen),
– Umweltverbände mit einem praktischen Umsetzungsinteresse und einem Arbeitsschwerpunkt im Energiebereich,
– wissenschaftliche Institutionen, die nachhaltige Technologien erforschen oder entwickeln,
– Energieagenturen und Technologieförderungsinstitutionen,
– Beratungsunternehmen und Dienstleister mit innovativen Ideen.

Der Erfolg und die Erträge einer solchen Allianz speisen sich aus dem Effizienzpool, dessen Ergiebigkeit sich mit der Zahl der Teilnehmer nicht erschöpft, die vielmehr zunimmt – das typische Netzwerk-Phänomen (also kein Pool, sondern ein „Witwenkrug", der sich immer von neuem füllt).

Ausgangspunkt der Implementierung könnte eine hochrangig besetzte Konferenz sein, die zunächst ein „mission statement" mit folgender Zielrichtung formuliert: Ein akzeptabler Lebensstandard im Hinblick auf die Energieversorgung ist durch die Divergenz von Energieverbrauchstrends und zentralen Umwelt-/Ressourcenschutzanforderungen für die Zukunft nicht gewährleistet. Auf dieser Grundlage könnte eine Stiftung etabliert werden, deren Stiftungskapital von Staat und Privaten gemeinsam aufgebracht wird. Aus den Stiftungserträgen ließe sich die

Infrastruktur finanzieren, die für das Netzwerk einer Allianz für nachhaltige Energieinnovationen erforderlich ist. Die staatliche Beteiligung an der Stiftung darf nicht zu Staatsdominanz führen, sie ist aber wegen der gesellschaftlichen Bedeutung der Problemstellung vertretbar und notwendig. Im Kern kommt es aber auf die Mobilisierung von staatlicher *und* privater zivilgesellschaftlicher Initiative an. Dabei kann der Anspruch sicherlich nicht umfassende Partizipation sein, sondern eher effiziente Organisation zuvor fragmentierter Interessen. Die Allianz darf weder reiner Think-Tank noch unverbindlicher PR-Club (wie ein Faktor-10-Club) sein, sondern sie muss auf Professionalität ausgelegt sein. Es sind zunächst länderspezifische Lösungen denkbar. Anzustreben wäre jedoch mittelfristig eine europaweite Allianz oder zumindest die Vernetzung der nationalen Netzwerke. Es ist hier nicht möglich, die organisatorischen Details einer solchen Allianz auszuarbeiten (wie etwa Organisation in Arbeitsgruppen, Sektionen, ausgerichtet an Wirtschaftssektoren oder Technologien). Die Verantwortung für den ersten Schritt sollte jedoch eindeutig zugeordnet werden: Sie liegt bei bei der staatlichen Politik, die Akteure auf hoher Ebene zusammenzubringen.

9 Verantwortung für den „Energiehunger" der Entwicklungsländer – wie können nachhaltige Energieinnovationen hier helfen?

9.1 Grundsätzliche Überlegungen

Der Rahmen für die Beurteilung der im Rahmen dieser Studie vorgeschlagenen Maßnahmen ist zwar ein globaler, die Maßnahmen selbst konzentrierten sich jedoch weitgehend auf die EU. Ausblickartig soll abschließend die Rolle nachhaltiger Energieinnovationen in den Entwicklungsländern diskutiert werden. Dies war nicht nur geboten, um die Komplexität der Studie zu begrenzen, sondern bot sich auch an, weil auf der EU-Ebene demokratisch legitimierte Nachhaltigkeitsziele im Energiebereich formuliert worden sind, die maßgeblich durch nachhaltige Energieinnovationen erreicht werden können. Unsere Analyse wäre aber trotzdem unvollständig, wenn nicht auch geprüft würde, welche Auswirkungen die hier empfohlene Strategie auf die Länder hätte, die zwar gegenwärtig einen sehr geringen Energieverbrauch aufweisen, in Zukunft jedoch schnell „aufholen" werden. Im Hinblick auf die normative Komponenten des Nachhaltigkeits-Konzeptes berührt dies nicht die *inter*generationelle, sondern die *intra*generationelle Gerechtigkeit. Dass ein einfacher Ausgleich des in Kapitel 4 dokumentierten Gefälles im Energieverbrauch zwischen verschiedenen Ländern durch eine „Aufholjagd" nicht nachhaltig ist, sieht man schon daran, dass so leicht alle Fortschritte in den Industrieländern überkompensiert werden können.

In den Entwicklungsländern leben etwa zwei Milliarden Menschen, die keinen Zugang zu kommerzieller Energie haben. Vielen dieser Menschen fehlt es gleichzeitig an ausreichenden Nahrungsmitteln, an Trinkwasser, lokaler medizinischer Betreuung und Bildung. Sie sind neben tierischen und pflanzlichen Abfällen vor allem auf Holz als Energieträger angewiesen. Diese Art der Energienutzung hat in einigen Regionen schwerwiegende Auswirkungen. Die Folge sind Entwaldung, Bodenerosion und Versteppung. Der tägliche Aufwand für die Brennstoff- und Wasserbeschaffung reduziert die verfügbare Zeit, die den Menschen, insbesondere Frauen und Kindern, ansonsten für andere produktive Tätigkeiten zur Verfügung stünde. Darüber hinaus führt das Kochen und Heizen mit „primitiven" Öfen durch die Rauchentwicklung zu erheblichen Gesundheitsbeeinträchtigungen. Ohne Zugang zu modernen Energieformen ist die Verminderung der Armut durch ökonomischen und sozialen Fortschritt kaum möglich. Insgesamt werden die geringen Chancen, die der unterentwickelte, ländliche Raum den Menschen bietet, als strukturelle Ursache der Landflucht angesehen:

> The greater availability of commercial energy in cities is one of the driving forces behind urban migration. Supplying energy at reasonable prices to rural areas could contribute, along with other factors, to a decline in rates of urbanisation (EC und UNDP 1999, S. 3).

Obgleich die ärmsten Länder dieser Welt nur wenig zur Emission von Treibhausgasen beitragen, werden sie die Hauptbetroffenen des drohenden Klimawandels sein. Der IPCC nennt als Auswirkung der globalen Erwärmung u.a. einen Rückgang möglicher Ernteerträge in den meisten tropischen und subtropischen Regionen, eine Abnahme des verfügbaren Wassers speziell in subtropischen Gebieten und ein steigendes Überschwemmungsrisiko in weiten Teilen der Welt (IPCC 2001b). Entwicklungsländer haben weitaus weniger Möglichkeiten als Industrieländer, die Auswirkungen abzumildern, da von ihnen beispielsweise ein aufwendiger Küstenschutz nicht finanzierbar ist.

Dem Paradigma der Nachhaltigkeit liegen die Prinzipien der intergenerationalen und zugleich der intragenerationalen Gerechtigkeit zu Grunde. In diesem Sinne fordern die Entwicklungsländer gleiche Chancen für ein Wirtschaftswachstum und gleiche Emissionsrechte. Dies ist aber nur zu verwirklichen, wenn die reichen Länder ihre Emissionen erheblich reduzieren und der Ausbau des Energiesystems in armen Ländern so klimaneutral wie möglich gestaltet wird. Ein Teil der Verpflichtung der Industrieländer kann dabei durch Technology Sharing sowie technischen Fortschritt und Innovation geleistet werden (vgl. oben Kapitel 2.4). Allein diese Aufgabe ist gewaltig. Die weltweite Gestaltung nachhaltiger Energiesysteme ist insgesamt eine enorme Herausforderung für die Entwicklungspolitik, der sich alle Beteiligten stellen müssen.

Das in Kapitel 4 beschriebene Grundproblem liegt im Bevölkerungswachstum und der angestrebten wirtschaftlichen Entwicklung, die einen steigenden Energieverbrauch nach sich ziehen werden. Die unterentwickelten Länder haben gleichwohl einen Anspruch auf eine Verbesserung der Lebensqualität. Um die mit der gegenwärtigen Energieversorgung einhergehenden Probleme (Kapitel 4.2) zu vermeiden, darf der fossil-basierte Entwicklungspfad, den die Industrieländer genommen haben, nicht wiederholt werden. Die wohlhabenden Länder müssen allein aus eigenem Interesse den unterentwickelten Regionen helfen, die wirtschaftliche mit der ökologischen Entwicklung zu verknüpfen. Für den Energiesektor bedeutet dies 1. einen intelligenten Umgang mit Energie und 2. eine vermehrte Nutzung solarer Ressourcen (vgl. Kapitel 4.3.2). Es gilt also, den Sprung in die besten, aber an die lokalen Bedürfnisse angepassten „sauberen" Technologien zu bewerkstelligen.

9.2
Neue Ausrichtung der Entwicklungszusammenarbeit im Energiebereich

Angesichts der Aufgabe des Aufbaus von nachhaltigen Strukturen kommt für den Auf- und Umbau von Energiesystemen in Entwicklungsländern nur moderne Energietechnik in Betracht. Es kann hingegen nicht davon ausgegangen werden, dass diese grundsätzlich eins zu eins übertragbar ist. Die High-Tech-Lösungen müssen den Bedürfnisse der Menschen und Bedingungen in den jeweiligen Regionen entsprechen und gegebenenfalls angepasst werden.

Die Entwicklung der Technologien geschieht immer noch vorwiegend in den Industrieländern. Sie sollte nicht nur nach den eigenen Nutzungsmöglichkeiten,

9.2 Neue Ausrichtung der Entwicklungszusammenarbeit

sondern gleichfalls nach denen anderer Ländern beurteilt werden (vgl. Kapitel 5.3 und 7.8). Nur wenn ein breites Energieportfolio selbst genutzt wird, kann eine glaubwürdige Kooperation gelingen.

Es bedarf weiterer F&E-Anstrengungen, um Systeme an unterschiedliche Gegebenheiten anzupassen, aber auch um sie robuster, zuverlässiger, kostengünstiger und mobiler zu gestalten. Gerade der dünn besiedelte ländliche Raum mit infrastrukturellen Defiziten eignet sich besonders für den Einsatz von dezentralen, regenerativen Energiesystemen. Kostenvorteile ergeben sich durch den Verzicht auf den Aufbau von Leitungsnetzen. Ein weiterer – für Entwicklungsländer sehr bedeutsamer – Vorzug liegt in der im Vergleich zu Großkraftwerken wesentlich geringeren Kapitalbindung.

Viele bilaterale und multilaterale Organisationen arbeiten im Bereich der Entwicklungszusammenarbeit. Mehrere internationale Einrichtungen initiieren und unterstützen Aktivitäten zu erneuerbaren Energien und Energieeffizienz: die Weltbank, die Globale Umweltfazilität, das UNDP, die UNIDO, das UNEP, die IEA, die UNESCO, die UN und die FAO.

Im letzten Jahrzehnt erfolgte ein Paradigmenwechsel in der Entwicklungspolitik: Die Schwerpunkte der Zusammenarbeit liegen heute in der Armutsbekämpfung und der nachhaltigen Entwicklung (OECD „Shaping the 21st Century" 1996, World Bank „Comprehensive Development Framework" 1999 sowie IMF/Worldbank „Poverty Reduction Strategy Papers" 1999).

Dies bedeutet, dass die Energiepolitik ebenfalls den Zielen der nachhaltigen Entwicklung und Armutsbekämpfung verpflichtet ist. Gerade der Aufbau umweltverträglicher Energiesysteme kann einen entscheidenden Beitrag zur sozialen, ökologischen und ökonomischen Entwicklung leisten: Erstens wird die Abhängigkeit vom Import fossiler Rohstoffe verringert. Und zweitens trägt der Aufbau einer dezentralen Energieversorgung zur lokalen wirtschaftlichen Entwicklung bei, da er über Investitionen zu Arbeitsplätzen und Einkommen führt. Der Zugang zu moderner Energie muss als Grundvoraussetzung der Armutsbekämpfung betrachtet werden, weil dadurch notwendige Bedingungen für moderne Kommunikations- und Datenverarbeitungssysteme und damit für ein konkurrenzfähiges Bildungssystem geschaffen werden.

Um moderne Energien in die unterentwickelten Regionen zu bringen, müssen die Märkte erschlossen werden. Dafür genügt kein reiner Technologietransfer. Selbst in einem Industrieland bedarf es des Ausbaus von Strukturen, um eine erste Windenergieanlage zu installieren. Betrachtet man allein den Teilaspekt des Wegzugangs, der in Industrieländern in Metern und in Entwicklungsländern in Kilometern gemessen werden muss, so übersteigen die Investitionen in die Struktur leicht die des eigentlichen Projektes. Die heutigen Fehler und Mängel in der Energieversorgung sind also eher auf ökonomische und strukturelle Defizite zurückzuführen als auf technische. Dies bedeutet für die Energieversorgung der Entwicklungsländer, dass ihnen beim Ausbau materieller und immaterieller Infrastrukturen geholfen werden muss. Eine entsprechende Infrastruktur stellt auch für viele andere wirtschaftliche und gesellschaftliche Entwicklungschancen eine Grundvoraussetzung dar. Anders als bei zentralen Großprojekten, wie den entwicklungspolitisch „beliebten" Staudämmen, kann ein Aufbau der Infrastruktur für eine neue, regenerative Energieversorgung flächendeckend und am Bedarf anderer Faktoren orientiert erfolgen.

Der bloße Zugang zu moderner Energietechnik allein reicht den Entwicklungsländern nicht aus, um auf ein hohes Technologieniveau zu gelangen, das diese Länder wünschen und auch brauchen. Der Bau eines schlüsselfertigen Kraftwerks mit Ingenieuren aus dem industriellen Herkunftsland kann das Know-how nicht in die dortige Gesellschaft und Wirtschaft multiplizieren. Ebenso wie eine mit der Technologie geschaffenen Infrastruktur mit erneuerbaren Energien breiter angelegt ist, können auch andere wichtige Kapazitäten in den Sektoren Bildung, Verwaltung, Finanzierung und Gewerbe gebildet werden. Die Entwicklungsländer würden vom Wechsel des „technology transfer" zu einem kooperativen „technology sharing" profitieren.

9.3
Bestehende Initiativen für nachhaltige Energieinnovationen

Weltbank

Die Weltbankgruppe[1] stellt innerhalb der multilateralen Entwicklungszusammenarbeit das wichtigste Beratungs- und Finanzierungsinstrument dar. In der Vergangenheit führte sie zusammen mit dem Internationalen Währungsfonds vorwiegend Strukturanpassungsprogramme durch, deren Ziel die makroökonomische Stabilisierung war. Im Energiesektor waren dies hauptsächlich Großprojekte, die fossile Energiequellen oder Wasserkraft betrafen. Die sozialen Kosten und ökologischen Folgen dieser Maßnahmen blieben weitgehend unberücksichtigt.

1999 wurde gemeinsam von der Umweltabteilung und der Abteilung für Energie, Bergbau und Telekommunikation mit dem Strategiepapier „Fuel for Thought" (World Bank 1999a) eine Neuorientierung der Energiepolitik vorgelegt. Sie unterstreicht die frühzeitige Integration von länderspezifischen, umweltgerechten Energiestrategien in den Planungsprozess. Sechs Unterziele werden verfolgt:
– Förderung des effizienteren Energiegebrauchs und Substitution traditioneller Brennstoffe,
– Reduzierung der Luftbelastung durch Verbrennungsprozesse in Großstädten,
– Unterstützung von umweltverträglicherer Produktion (traditioneller) Energien,
– Reduktion der Treibhausgasemissionen,
– Unterstützen der Partner, um Rahmenbedingungen für Energiemärkte setzen zu können,
– Stärkung der Verantwortlichkeit der Weltbank für die Umweltwirkung von Energieprojekten.

---

[1] Zur Weltbankgruppe gehören die Internationale Bank für Wiederaufbau und Entwicklung (hier mit die Weltbank benannt), die Internationale Entwicklungsorganisation (IDA), die Internationale Finanzkooperation (IFC) und die Multilaterale Investitionsgarantie-Agentur (MIGA).

9.3 Bestehende Initiativen für nachhaltige Energieinnovationen

Ein erstes Fazit ein Jahr nach der Implementierung der Strategie lautete, dass zwar zunehmende Aufmerksamkeit auf eine nachhaltige Gestaltung der Energieprojekte gelenkt wurde, die Ergebnisse jedoch nicht ausreichend seien (World Bank 2000).

Nichtregierungsorganisationen kritisieren, dass die Weltbank zu viele nicht nachhaltige Energievorhaben unterstützt. So flossen beispielsweise seit der Verabschiedung der Klimarahmenkonvention im Jahr 1992 in weit höherem Umfang Mittel in die Förderung fossiler Energieprojekte als in Maßnahmen zur Unterstützung regenerativer Energiequellen und Energieeffizienz (vgl. z.B. Institute for Policy Studies 1997 und Sustainable Energy & Economic Network 2001).

Ähnlich wie in der Politik auf europäischer Ebene muss Energie für die Weltbank strategischer positioniert werden, da diese Frage für die globale Entwicklung zu wichtig ist, um sie auf der Fachebene der Weltbank zu belassen. Dabei sollten sich die Projekte auf regenerative Energiequellen und Energieeffizienzinnovationen konzentrieren. Allerdings sind im allgemeinen energiepolitischen Bereich zahlreiche Maßnahmen des institutionellen Kompetenzaufbaus notwendig, um die großen Ineffizienzen der Energiepolitik in vielen Entwicklungsländern abzubauen (z.B. ausgeprägte Subventionierung von Energie und der Fokus auf Großprojekte).

Globale Umweltfazilität

Die Globale Umweltfazilität (Global Environment Facility – GEF) ist der Finanzmechanismus von zwei internationalen Übereinkommen, der Konvention über biologische Diversität und der Klimarahmenkonvention. Ausführende Stellen der Umweltfazilität sind neben der Weltbankgruppe das UNDP und der UNEP. Die GEF ist die dezentrale Organisation für globale umweltpolitische Maßnahmen. Als multilaterale Finanzeinrichtung unterstützt sie Entwicklungs- und Übergangsländer beim Schutz der Umwelt in vier Feldern, der Biodiversität, dem Klimawandel, den internationalen Gewässern und dem Ozonabbau.

Zur Reduzierung der Treibhausgasemissionen fördert sie öffentliche und private Partner bei strategischen Projektinterventionen, die Investitions-, Management- und Politikentscheidungen auf „klimafreundliche" Lösungen hinlenken sollen. Seit der Gründung im Jahr 1991 hat sie etwa 1 Mrd. US-$ für 240 Projekte bestimmt, die den Klimaschutz betreffen. Hinzu kommt eine Ko-Finanzierung von über 5 Mrd. US-$. Damit ist die GEF die führende multilaterale Organisation für die Förderung effizienter Energienutzung und regenerativer Energiequellen in Entwicklungs- und Schwellenländern. Die Zuschüsse werden zusätzlich zur traditionellen Unterstützung gewährt. Die GEF übernimmt also nur die Kosten, die dadurch entstehen, dass bei der Durchführung von Maßnahmen globale Klimaziele berücksichtigt werden.

Als Strategieelemente wurden zwölf operationale Programme entwickelt, von denen vier den Klimaschutz und die Entwicklung erneuerbarer Energien betreffen.
1. Beseitigung von Barrieren für Energieeffizienz und -sparen,
2. Erhöhung der Marktanteile von (bereits konkurrenzfähigen) Lösungen im Bereich erneuerbare Energien,
3. Kommerzialisierung von Zukunftstechnologien, die mittelfristig Potenziale bieten,

4. Förderung nachhaltiger Lösungen im Transportsektor[2].

Mit Hilfe der Unterstützung sollen globale, nationale und lokale Märkte für energieeffiziente und erneuerbare Technologien entwickelt und eine breite Diffusion bewirkt werden. Um die Marktdurchdringung bereits oder fast wettbewerbsfähiger Technologien zu erreichen, müssen vielfältige Barrieren abgebaut werden. Als hauptsächliche Hindernisse werden Kostengesichtspunkte, Informationsdefizite, unvollkommene Kapitalmärkte, fehlende menschliche und institutionelle Kapazitäten, technologische Risiken, Marktrisiken, Schwierigkeiten bei der Einführung neuer Konzepte und hohe Transaktionskosten[3] genannt (vgl. ausführlicher Martinot und McDoom 2000). Damit noch nicht rentable Systeme eine Chance erhalten, sind Strategien zur Kostensenkung vorrangig. Die GEF will mit ihren Vorhaben den Prozess der Kostendegression durch Lernkurven beschleunigen (ein ähnlicher Ansatz wird in Kapitel 7.6 beschrieben).

Die konkreten Projekte werden in neun Gruppen eingeteilt: solare PV-Haussysteme und ländliche Energieversorgung (z. B. kleine Windturbinen, Aufladen von Batterien mit Sonnenenergie, windbetriebene Wasserpumpen), netzgebundene regenerative Energien, solare Warmwasserversorgung, nicht wettbewerbsfähige regenerative Energietechnologien, energieeffiziente Produktherstellung und Märkte, energieeffiziente Investitionen in der Industrie, energieeffiziente Baustandards, effiziente lokale Wärmeversorgung mittels Biomasse oder Erdwärme und Substitution von Brennstoffen sowie Zurückgewinnung von Energie.

Innerhalb der Vorhaben gibt es unterschiedliche Herangehensweisen. Zu den wichtigsten gehört die Kapazitätsbildung bei menschlichen Ressourcen und Institutionen. Das betrifft sowohl öffentliche Einrichtungen als auch Unternehmen, Organisationen und Konsumenten. Die Menschen vor Ort müssen in der Lage sein, die technischen, finanziellen und organisatorischen Aufgaben zu bewältigen. Firmen benötigen beispielsweise Management- und Fachkompetenz, nicht zuletzt, um Anlagen zu bauen, zu installieren, zu betreiben und zu warten.

Einige der von der GEF durchgeführten Projekte beschäftigen sich mit der Bildung energiepolitischer Rahmenbedingungen. Dazu zählen z. B. das Entwickeln nationaler Energiestrategien, Marktliberalisierung, Reform der Energiepreise, Steueranreize und die Einführung von Gerätestandards. Wie in Industrieländern, kann auch in Entwicklungsländern das Setzen von Marktanreizen den Absatz umweltverträglicher Technologien nachhaltig fördern.

Ein weiterer Ansatz liegt im Aufbau von neuen Institutionen und von Finanzdienstleistungen. Das können beispielsweise Agenturen oder kommunale Institutionen sein, die Programme zur Effizienzsteigerung umsetzen. Die Schaffung neuer Finanzierungsmöglichkeiten z. B. durch Mikro-Kredite ist häufig ein wichtiger Aspekt ländlicher Solarprojekte, um den Bewohnern den Einsatz dieser Techno-

---

[2] Im Gegensatz zu den drei erstgenannten wurde dieses Programm im Dezember 2000 eingeführt und wird deshalb hier nicht weiter ausgeführt.

[3] Zu problematisieren ist, dass häufig „Großprojekte" vorgezogen werden, da bei kleinen Projekten besonders hohe Transaktionskosten anfallen. Dies gilt vor allem im Anfangsstadium der Vorhaben. Auch in diesem Bereich können Lerneffekte dazu beitragen, die Kosten abzusenken.

logie zu ermöglichen. Ferner bietet die GEF Herstellern technische oder finanzielle Unterstützung, z.B. in Form von Technologietransfer oder Marketing, um Märkte für umweltverträgliche Produkte zu entwickeln. Darüber hinaus sind in vielen Projekten Institutionen und Partner, z.B. Hersteller, Händler, Berater und Nichtregierungsorganisationen, eingebunden und beteiligt.

Das Ziel der Maßnahmen ist neben direkten und indirekten Marktveränderungen, langfristig eine nachhaltige Umgestaltung zu initiieren. Die Erfolge dieser Arbeit sind gegenwärtig nicht quantifizierbar, da geeignete Bewertungsmaßstäbe hierfür fehlen. Die Finanzierung von klimafreundlichen Projekten durch die GEF hat trotz der erheblichen Mittel klar erkennbare Grenzen. Sie allein reicht nicht, den notwendigen Wandel einzuleiten, solange von bi- und multilateralen Organisationen Energievorhaben unterstützt werden, die gerade nicht nachhaltig sind. Ein Vorschlag läge in einer Ausweitung der Kompetenzen der GEF. Sie könnte als Programmträger z.B. für alle UN-Organisationen fungieren, die Projekte im Rahmen von nachhaltiger Entwicklung und Innovation im Energiebereich durchführen.

G8 Task Force

Auf dem Gipfeltreffen der G8 in Japan im Jahr 2000 wurde von den Staats- und Regierungschefs die Einrichtung der G8 Renewable Energy Task Force beschlossen. Ziel des Vorhabens war die Identifizierung von Barrieren und die Empfehlung von Maßnahmen, um den Gebrauch von regenerativen Energiequellen in Entwicklungsländern zu fördern. Auf dem folgenden Gipfel in Genua wurden die inzwischen erarbeiteten Vorschläge ebenso abgelehnt wie die Verabschiedung eines konkreten Aktionsplanes.

Die Task Force hält es für möglich, durch gemeinsames Handeln von Industriestaaten, Industrie, NGOs und internationalen Finanzinstituten binnen 10 Jahren eine Milliarde Menschen in Entwicklungsländern mit regenerativer Energie zu versorgen. Obschon in der Anfangszeit im Vergleich zur fossilen Energiebereitstellung etwas höhere Aufwendungen in Kauf genommen werden müssten, wäre ein solcher Weg langfristig kostengünstiger als eine Fortschreibung des „business as usual".

Als eine wichtige Voraussetzung wird die Entwicklung neuer Finanzierungsmöglichkeiten genannt. Diese sind notwendig, um Marktbarrieren abzubauen, adäquate Erträge sicherzustellen und Beiträge zur Risikoabsicherung zu schaffen. Unerlässlich ist gleichfalls ein Umschichten von Subventionen für fossile Energieträger in umweltverträgliche Quellen. Große Fortschritte könnten erzielt werden, wenn Entwicklungsorganisationen und Finanzinstitute durchgängig die nachhaltige Entwicklung des Energiesektors konsequent als Hauptelement in ihre Arbeit einbezögen.

9.4
Was kann die EU tun?

Für den Erfolg ist Glaubwürdigkeit ein gewichtiger Faktor. Wenn von Entwicklungsländern verlangt wird, dass sie einen nachhaltigen Weg einschlagen, so müssen Industrieländer und die EU mit gutem Beispiel vorangehen. Einen Überblick über energierelevante EU-Politik geben Kapitel 6.4 und Anhang 3.

Konkret kann die EU die positiven Ansätze im Rahmen der internationalen Organisationen unterstützen und den nachhaltigen Energieinnovationen größere Priorität geben. Im Rahmen ihrer eigenen Entwicklungspolitik wird die Notwendigkeit einer klimaverträglichen Energiepolitik zur Armutsbekämpfung und der nachhaltigen Entwicklung betont:

> Ein Schlüsselelement bei der Förderung der sozialen und wirtschaftlichen Entwicklung ist der Zugang zu einer nachhaltigen Energieversorgung. Die Energieversorgung, vor allem durch dezentrale Maßnahmen und die Erschließung erneuerbarer Energiequellen, gewinnt immer mehr an Bedeutung (KOM (2000) 212).

Diese Vorgabe hat allerdings keinen direkten Eingang in eine eigenständige Strategie zur nachhaltigen Energieversorgung im Rahmen der Entwicklungspolitik gefunden. Die Ausgaben im Energiebereich beliefen sich 1998 auf 5 % des Gesamtbetrags der EG-Hilfen. Sie werden nicht einzeln aufgeschlüsselt und systematisch evaluiert. Die Förderung geschieht innerhalb unterschiedlichster Programme und umfasst ein breites Spektrum von Maßnahmen. Beispielsweise werden Projekte zum Technologietransfer, zur Steigerung der Energieeffizienz, zur Modernisierung des Energiesektors, zum Demand-Side-Management, zu regenerativen Energien, zu Kraft-Wärme-Kopplung, zur Übertragung und Leitung von Energie, zu Liberalisierung von Energiemärkten, zu Kapazitätsbildung, usw. durchgeführt. In den Jahren 1996 bis 1998 wurde fast die Hälfte der Außenhilfe im Energiesektor für nukleare Sicherheit in den Nachfolgestaaten der ehemaligen Sowjetunion verwandt (Cox und Chapman 1999, S. 43). Auch 2000 sind zu diesem Zweck weiterhin erhebliche Mittel geflossen. Zusätzlich finanzierte die EU Stromkäufe der Ukraine, um den dortigen unmittelbaren Energiebedarf abzudecken.

Die EU sollte in ihrem Entwicklungsprogramm das Thema Energie im Hinblick auf die Bedeutung für Entwicklungsländer prominenter positionieren. Der Bericht der G8 Task Force (siehe Kapitel 9.3 oben) wäre eine Grundlage, mit der diese neue Entwicklungspolitik beginnen könnte. Insbesondere das Ziel, innerhalb einer Dekade eine Milliarde Menschen mit regenerativen Energiequellen zu versorgen, könnte privaten Investitionen wie öffentlichen Fördergeldern den richtigen Fokus geben. Damit die vier Schlüsselbarrieren (Kosten, unzureichende menschliche und institutionelle Infrastrukturen, hohe Investitionskosten und Schwierigkeiten bei der Kapitalmobilisierung sowie schwache Anreize und falsche Politiken) überwunden werden können, empfiehlt die Task Force zu diesen Bereichen jeweils ein ganzes Bündel von Maßnahmen (G8 Force 2001), die sich sowohl an die Entwicklungsländer selbst als auch an die OECD-Länder und internationale Institutionen richten.

Die empfohlene Unterstützung der Marktdiffusion von regenerativen Quellen und Energieeffizienzinnovationen in den Industrieländern wurde, wie beschrieben, von der EU eingeleitet. Hingegen ist die erforderliche Prioritätensetzung hinsichtlich der nachhaltigen Entwicklung von Energiesystemen in der internationalen Zusammenarbeit nicht zu erkennen. Die in Kapitel 7 vorgeschlagenen Maßnahmen für die Industrieländer können aber – wie dort schon angedeutet – leicht in den entwicklungspolitischen Kontext gestellt werden.

Von der Task Force wird die Notwendigkeit gemeinsamer Aktionen der Industrieländer, des privaten Sektors, von Nichtregierungsorganisationen und den internationalen Finanzinstituten betont. Die Adressaten der Empfehlung sind also auch Unternehmen. Unter anderem sollen die G8-Staaten große Unternehmen dazu ermutigen, freiwillige Vereinbarungen zum Bezug regenerativer Energien einzugehen. Des weiteren wird die Bedeutung von Joint Ventures und Technology Sharing hervorgehoben, dafür sollen die Industrieländer Anreize setzen. Wie im folgenden Abschnitt gezeigt wird, könnten Unternehmen solche Kooperationen durchaus im eigenen Interesse eingehen.

9.5
Globale Unternehmen und „Technology Sharing"

Technology Sharing einer nachhaltige Energieversorgung bedeutet für Entwicklungsländer, dass wirtschaftliches Wachstum ermöglicht wird, ohne die energiebedingten CO_2-Emissionen zu steigern oder nicht-finanzierbare Energieimportabhängigkeiten entstehen zu lassen. Erneuerbare Energien haben gegenüber Großkraftwerken den Vorteil der schnelleren Installierung der Energiesysteme sowie leichterer Finanzierungsmöglichkeiten und schnellerer Rentabilität. Die Länder erfahren durch die Unternehmen dabei keinen Protektionismus, sondern Unterstützung und Schaffung von Infrastrukturen und Kompetenzen. Mittelfristig können die Entwicklungsländer ihre Handelsbilanz durch Entlastung von devisenträchtigen Energieimporten verbessern, womit soziale und ökonomische Problemlösungen leichter gefunden werden können.

Die international agierenden Unternehmen haben eine wichtige Funktion bei der Unterstützung der Entwicklungsländer. Und sie haben drei gute Gründe, ihre Unternehmenspolitik auf Technology Sharing einzurichten: Erstens erschließen sie auf diesem Weg Strukturen und Potenziale für neue Märkte, zweitens schaffen und nutzen sie effektive und kostengünstige Kapazitäten und drittens fördern sie konsensfähige Nachhaltigkeitsziele als „good corporate citizen". Public Private Partnership kann seitens der Industrienationen auch in einem öffentlichen Engagement dafür bestehen, dass in Entwicklungsländern Capacity Building betrieben wird. Um natürliche Potenziale für erneuerbare Energien zu erschließen, hilft z.B. im Auftrag der Bundesregierung die Deutsche Entwicklungsgesellschaft (DEG) den Unternehmen bei der Markterschließung in Entwicklungsländern.

Erfolgreiche Beispiele von „Technology Sharing"

Fast alle Länder Südamerikas leiden unter Energiemangel, verfügen aber über ein sehr großes natürliches Potenzial für erneuerbare Energien. Brasilien gilt wegen seiner leistungsstarken Industrie als Tor zu Südamerika, das Beispielfunktion für alle anderen Länder des Kontinents hat. Im Rahmen eines DEG-Projektes wurde der deutsche Marktführer für Windenergieanlagen Enercon beim Bau eines Windparks in Brasilien unterstützt. Parallel wurde über die deutsch-brasilianischen Handelsbeziehungen bilateral eine spezielle Förderung von Windenergie in Brasilien vorangetrieben. Enercon lieferte allerdings keine Windenergieanlagen nach Brasilien, sondern baute in Brasilien eine eigene Produktionsstätte auf und wandte sich den notwendigen Strukturmaßnahmen zu. Die schleppende Auftragslage der ersten Jahre kompensierte das Unternehmen, indem es Technology Sharing betrieb. Erstens wurden brasilianische und deutsche Mitarbeiter wechselseitig in Deutschland und Brasilien ausgebildet, so dass unter anderem alle Führungskräfte in Brasilien aus dem Land kommen. Zweitens konnten mit den Kapazitäten vor Ort netzgeführte Anlagen als einfache und primäre Anwendungen entwickelt und Erfahrungen für den effizienteren Aufbau von Inselsystemen gesammelt werden. Das eigenständige brasilianische Tochterunternehmen konnte drittens vom Boom der Windenergie in Europa profitieren und Anlagen exportieren.

Windenergie kann in Kombination mit Wasserkraft, als Speicher und Regler, die elektrische Energieversorgung optimal ergänzen. Zudem ist sie dezentral stationiert und vermindert Übertragungsverluste in den Netzausläufern. Über 90 % der elektrischen Energie Brasiliens stammt aus Wasserkraft. Der Regenmangel der letzten fünf Jahre lässt nun aber die Wasserspeicher leerlaufen, weshalb seit Juni 2001 drastische Energieeinsparmaßnahmen mit 20 % monatlichem Sparzwang für die Verbraucher verordnet wurden. Dieser Umstand führte aber auch zu einem Auftrag für Windenergieanlagen von vorerst 1000 Megawatt durch das staatliche Energieversorgungsunternehmen Petrobras, wobei die Enercon-Tochter als einziger Produzent vor Ort profitiert.

Von der Biomasse über die Brennstoffzelle bis zur Energieeffizienz arbeiten europäische Unternehmen mit Hochdruck daran, die technischen Potenziale auszuschöpfen. Durch die Wechselwirkungen der erneuerbaren Energien und der Effizienzpotenziale hat sich eine breite und disziplinübergreifende Forschung und Entwicklung herausgebildet, die nicht nur den erneuerbaren Energien, sondern auch anderen Bereichen der Wirtschaft und Gesellschaft zugute kommt. Eine besondere Hebelwirkung kann die Windenergie in Kombination mit anderen Energieträgern entwickeln: „Economics of scale" der Windenergie bescherten der gesamten Branche der erneuerbaren Energien wirtschaftliche Stabilität. Die Motivation zur Entwicklung und Diffusion dieser Technologien wird zudem durch die technische und wirtschaftliche Ankoppelung an die Windenergie gestärkt, denkt man beispielsweise an autarke Wind-Solar-Systeme, die Generierung von Brennstoffzellen durch Windenergie oder schlicht an die Stabilität der Netzausläufer.

Auch jene großen europäischen Energieversorger, die den erneuerbaren Energien öffentlich oft noch kritisch gegenüber stehen, haben schon seit langem Windparks, Solar- und Biomasse-Projekte in Schwellenländern als Praxisversuch laufen. Bei positivem Verlauf sind sie überzeugt, mit den neuen Technologien die schwachen Netze in diesen Ländern zu stabilisieren und gegebenenfalls neue Märkte zu erschließen. Die europäischen Ölkonzerne Shell und BP haben sich inzwischen zu den größten Produzenten von Photovoltaik-Solarpaneelen weltweit entwickelt. Die Unternehmen setzen bei ihren Entwicklungen vielfach auf Kooperationen und Know-how-Transfer mit kleinen fachlich versierten Firmen, die

9.5 Globale Unternehmen und „Technology Sharing" 225

sie in diesem Sog in kürzester Zeit an den Weltmarkt führen und von deren Angebot dann auch Entwicklungsländer profitieren können.

Ein Beispiel für Effizienzsteigerung und Kostensenkung ist das von ABB zusammen mit der Alliance for Global Sustainability geleitete Energietechnikprogramm für China. Es wurde eine Methode entwickelt, mit der die realen Auswirkungen der Stromerzeugung unter Berücksichtigung der verwendeten Energietechnologien und der Umweltauswirkungen vom Anfang bis zum Ende des Energiezyklus durchgängig bewertet werden können. China, das zur Zeit seine neue Infrastruktur zur Stromerzeugung aufbaut, kann von diesem Programm profitieren: ABB hat in China langfristige Interessen und setzt sich nachhaltig für Projekte und Aktivitäten ein, die der chinesischen Wirtschaft und der Bevölkerung zugute kommen.

Mit erneuerbaren und effizienten Energietechnologien bietet sich den Entwicklungsländern Hoch-Technologie an, die ihren Bedürfnissen und der Praktikabilität in der Energieversorgung besonders gerecht wird. Ein Beispiel hierfür sind Inselsysteme, von denen Hunderttausende in den Entwicklungsländern in Form von Dieselnetzen in Betrieb sind. Bisher gab es jedoch keine nennenswerte Erschließung dieses Potenzials durch andere Energieträger oder –systeme. Aufgrund der geographischen Struktur der Philippinen wird das dortige Stromnetz größtenteils durch Dieselmotoren betrieben, die alle zehn bis fünfzehn Jahre erneuert werden müssen. Da Treibstoffe gegen Devisen importiert werden, will die philippinische Regierung nun verstärkt Windenergie und Photovoltaik zum Einsatz bringen. Die Anbieter der bisher eingesetzten Energietechnik kamen aus den USA, doch nun orientiert sich das Land nach Europa. Nach Gesprächen des Energieministers mit Herstellern aus Europa wurde deutlich, dass sich die Erschließung des Landes mit erneuerbaren Energien insbesondere mit der Ansiedlung einer lokalen Herstellerindustrie lohnt, welche die Kapazitäten schafft, einen sukzessiven und flexiblen Ausbau des Energiesystems zu forcieren und zu begleiten.

Sozio-ökonomische Rahmenbedingungen können den Wandel der Wirtschaft und einzelner Unternehmen durch kalkulierbare politische Vorgaben unterstützen: Aus einer fundamentalen Kritik an der WEC und IEA, die zu sehr von den Belangen der atomaren und fossilen Energiewirtschaft geprägt sind, gründete sich der Weltrat für Erneuerbare Energien (World Council for Renewable Energies). Für die Förderung des globalen Technologietransfers im Bereich erneuerbare Energien soll eine Internationale Agentur für Erneuerbare Energien (IRENA) unter dem Dach der UN eingerichtet werden, die in diesem Sektor analog der IEA verschiedene Möglichkeiten aufzeigt, Barrieren zu überwinden und das Tempo der Diffusion zu beschleunigen. Zu diesem Zweck sollen Regierungen, Unternehmen und Stakeholder in Industrie- und Entwicklungsländern an einen Tisch gebracht werden.

Dass man jedoch auch in den bestehenden internationale Organisationen Veränderungen herbeiführen kann, zeigt das Engagement von ABB im WEC, das „One Gigatonne-Goal of GHG Emissions Reduction" zu etablieren. Unter der namensgleichen Zielsetzung werden Projekte dokumentiert, die Unternehmen in verschiedenen Entwicklungs- und Schwellenländern durchführen. Zwar ist das vorgesehene Ziel nicht direkt überprüfbar, dafür gibt das Projekt Aufschluss über Barrieren und Chancen der politischen und wirtschaftlichen Strukturen verschiedenster Länder und offenbart den mittel- und langfristigen Nutzen unternehmerischer Kooperationen mit Entwicklungsländern.

Eine Öffnung der Märkte kann Protektionismus verhindern, Innovationen provozieren und Konkurrenz schaffen, die das Geschäft belebt. Z. B. fördert Indien seit einigen Jahren erneuerbare Energien, um seinen steigenden Energiebedarf decken zu können, mit dem Resultat, dass fast alle Anbieter von Windenergieanlagen heute mit Produktionsstätten in Indien vertreten sind. Die Mitarbeiter dieser Firmen werden vor Ort und in den Mutterbetrieben in Deutschland und Dänemark ausgebildet. Zudem werden die Erfahrungen mit dem Einsatz von Windenergie in dem Entwicklungsland von Wissenschaftlern und Ingenieuren aus Indien, Deutschland und Dänemark begleitet. Das Capacity Building führte nicht nur dazu, dass die meisten dieser Firmen von Indern geleitet werden, sondern dass sich auch rein indische Firmen gründeten, die Komponenten und ganze Windenergieanlagen herstellen. Sie profitieren ebenso wie alle in Indien ansässigen Produktionsbetriebe von der steigenden Nachfrage nach Windenergieanlagen in Fernost. Aber auch in Europa kann man indische Windenergieanlagen erwerben.

9.6
Ausblick und weiterführende Forschungsfragen

Auch ohne dass wir in der Lage waren, die Auswirkungen der beschriebenen Innovationen auf ein nachhaltiger werdendes Energiesystem zu quantifizieren, so hat doch unsere Studie klar ergeben, dass
– das gegenwärtige Energiesystem nicht nachhaltig ist und die derzeitigen Trends nicht in eine Richtung auf mehr Nachhaltigkeit zeigen – eher ist das Gegenteil der Fall. Der Handlungsbedarf dürfte also wenig strittig sein;
– das Potenzial an nachhaltigen Energieinnovationen beachtlich ist, sowohl was Effizienzsteigerungen in der Energienutzung als auch die Entwicklung regenerativer Quellen betrifft, dass es aber unwahrscheinlich ist, dass diese Innovationen sich in der gewünschten Geschwindigkeit und in der notwendigen Breite durchsetzen, um die erforderlichen Effekte (4 % pro Jahr CO_2-Emissionsabsenkung bis 2050) zu induzieren – und das verstärkt unser Argument für den dringenden Handlungsbedarf;
– die bestehenden Zielkonflikte – und die daraus resultierenden Blockaden – durch einen innovationsorientierten, d. h. relativ „schmerzfreien" Instrumenten-Mix überwunden werden können, zumal wir zeigen konnten, dass für diese Handlungsempfehlungen wahrscheinlich eine gewichtige Akteurskoalition gebildet werden kann. Dieser Fokus auf Umsetzbarkeit war geboten, weil die „Schnur" zwischen dem faktischen Trend und dem Notwendigen immer größer zu werden scheint.

Deswegen glauben wir auch, dass für die weiteren Forschungen nicht so sehr weitere „Globalstudien" nötig sind. Gerade weil das Argument für unmittelbaren Handlungsbedarf schon jetzt stark ist – und wohl wissenschaftlich nicht viel weiter gestärkt werden kann –, sollte der Fokus mehr darauf liegen, *wie* ein nachhaltiges Energiesystem denn erreicht werden kann. Zu diesem Handlungswissen kann die Wissenschaft sicher noch erheblich mehr beitragen, als dies gegenwärtig der Fall ist.

Beispielhaft seien genannt:
- Entscheidungsregeln und -kriterien unter grundlegender Ungewissheit (profound uncertainty),
- eine besser empirisch gestützte, ländervergleichende Analyse der Instrumentenwirkungen und des Instrumenten-Mixes für ein nachhaltigeres Energiesystem und Bedingungen für die Überwindung der faktischen Entscheidungsblockaden sowie
- die Übertragbarkeit der in den OECD-Ländern entwickelten Energieinnovationen auf Entwicklungsländer, die technologiespezifisch anhand der bestehenden Erfahrungen ausgeweitet und deren Resultate stärker in die Entwicklungspolitik eingebracht werden müssen.

Aber es ist auch erneut klar geworden, dass auch die überzeugendsten wissenschaftlichen Forschungsergebnisse kein Ersatz dafür sind, dass die politischen wie ökonomischen Entscheidungsträger dieses Wissen nutzen.

Anhang

A1 Das globale Energiesystem

A
Entwicklung der globalen Energienutzung

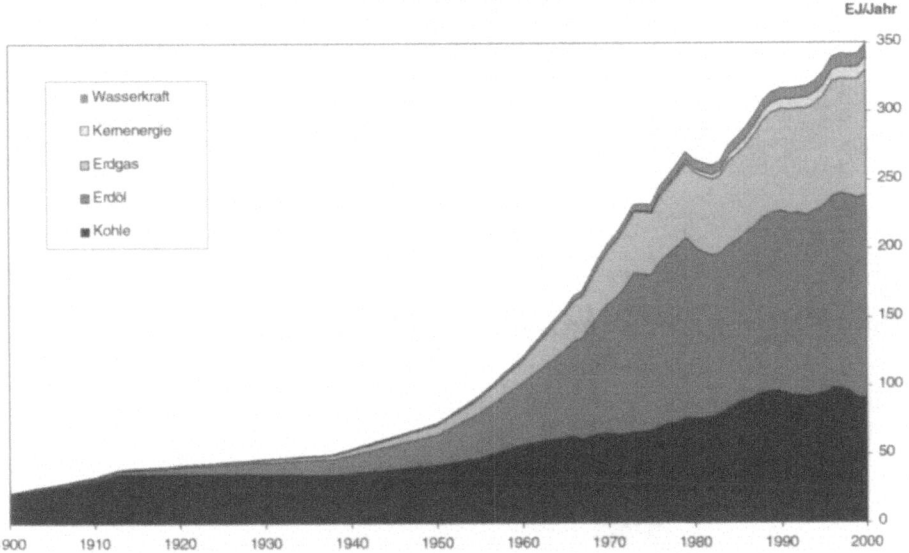

Abb. A.1. Globaler Verbrauch kommerzieller Primärenergie von 1900 bis 2000. Kernenergie und Wasserkraft werden als produzierte Elektrizität berücksichtigt. Es fehlen die neuen erneuerbaren Energieressourcen wie Sonne, Wind und Geothermie. Deren Beitrag liegt jedoch zusammen unter einem Prozent. (Quelle: Etemad et al. 1991, BP 2001)

232 A1 Das globale Energiesystem

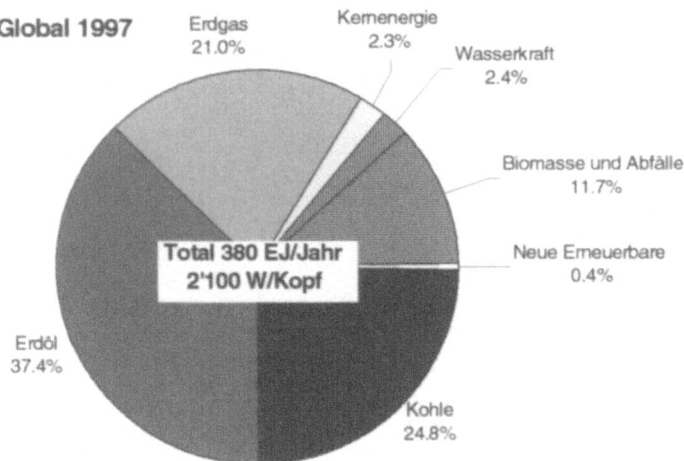

Abb. A.2. Anteil der Energieressourcen am globalen Energieverbrauch 1997 inklusive der nichtkommerziellen Energie. Kernenergie und Wasserkraft werden als produzierte Elektrizität berücksichtigt. (Quelle: WRI 2001)

B
Energieproduktion und -nutzung in der EU

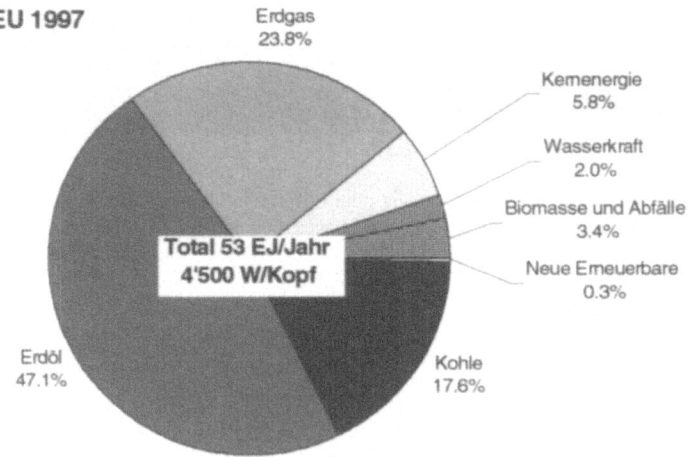

Abb. B.1. Anteil der Energieressourcen am Energieverbrauch der EU 1997 inklusive der nichtkommerziellen Energie. Kernenergie und Wasserkraft werden als produzierte Elektrizität berücksichtigt. (Quelle: WRI 2001)

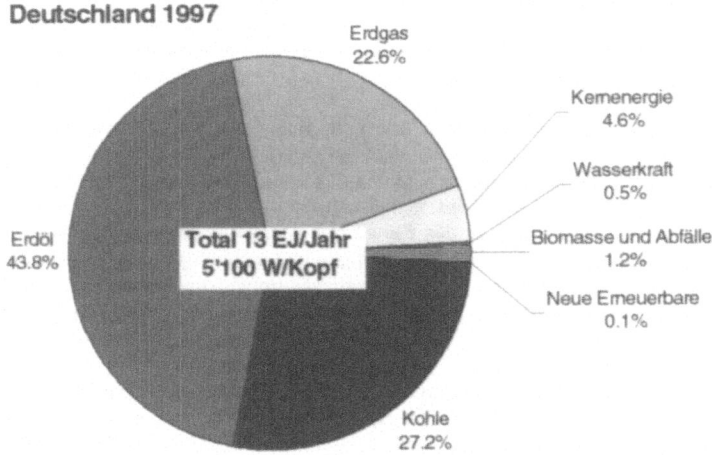

Abb. B.2. Anteil der Energieressourcen am Energieverbrauch von Deutschland 1997 inklusive der nichtkommerziellen Energie. Kernenergie und Wasserkraft werden als produzierte Elektrizität berücksichtigt. (Quelle: WRI 2001)

C Energieszenarien

Tabelle C.1. Treibende Kräfte der Energieszenarien. Die Pfeile geben die Richtung und Stärke des wirtschaftlichen Wachstums und der Geschwindigkeit der Technologieentwicklung wieder. Weiter ist angegeben, ob in den Szenarien explizite Massnahmen zum Klimaschutz berücksichtigt werden.

Szenario	Wirtschaftliches Wachstum	Technologie-entwicklung	Massnahmen zum Klimaschutz
IIASA/WEC A1	↗	↗	Nein
IIASA/WEC A2	↗	↗	Nein
IIASA/WEC A3	↗	↗	Nein
IIASA/WEC B	↗	↗	Nein
IIASA/WEC C1	↗	↗	Ja
IIASA/WEC C2	↗	↗	Ja

A1 Das globale Energiesystem

Box 1. IIASA/WEC-Szenarien (Quelle: Nakićenović et al. 1998)

Case A: „High Growth"

Case A ist charakterisiert durch sehr hohe Raten von Wirtschaftswachstum und technologischem Fortschritt. Es herrscht die Überzeugung, dass es keine essentiellen Grenzen der menschlichen Erfindungsgabe gibt. Case A setzt günstige geopolitische Verhältnisse und freien Markt voraus. Das Wirtschaftswachstum in den OECD-Ländern beträgt 2% pro Jahr und ist doppelt so groß in den Entwicklungsländern. Diese hohen Wachstumsraten ermöglichen grosse Effizienzverbesserungen und technologischen Fortschritt. Der Case A beinhaltet drei Szenarien mit unterschiedlichen Entwicklungen der Energiebereitstellung.

A1: In Szenario A1 gibt es eine grosse zukünftige Verfügbarkeit von Öl- und Gasressourcen. Diese beiden Energieressourcen bleiben bis Ende des 21. Jahrhunderts dominierend.

A2: Szenario A2 nimmt an, dass die Öl- und Gasressourcen schnell knapp werden und es findet ein massiver Rückgriff auf Kohle statt.

A3: In Szenario A3 führen schnelle Fortschritte in der Technologieentwicklung der Kernenergie und der erneuerbaren Energien zu einem verschwinden fossiler Brennstoffe, mehr aus ökonomischen Gründen als wegen Knappheit.

Case B: „Middle Course"

Beim Case B handelt es sich um ein mehr pragmatisches Szenario als Case A und C. Es beinhaltet eine moderatere Annahme bezüglich Wirtschaftswachstum, technologischem Fortschritt und dem Abbau von Handelsbarrieren und Erleichterungen des internationalen Austausches. Case B ermöglicht die angestrebte Entwicklung des Südens aber weniger uniform und langsamer als andere Szenarien. Die moderatere Energienachfrage und die langsamere Entwicklung von Technologien führt zu grösserem Verlass auf fossile Ressourcen als bei allen anderen Szenarien mit der Ausnahme des kohleintensiven Szenarios A2.

Case C: „Ecologically Driven"

Dieses Szenario ist wie Case A optimistisch bezüglich technologischer Entwicklung und geopolitischen Verhältnissen. Im Gegensatz zu Case A wird jedoch ein noch nie da gewesener Fortschritt in internationaler Kooperation bezüglich Umweltschutz und Gerechtigkeit angenommen. Die beschriebene Zukunft beinhaltet ein breites Band von Umweltkontrolltechnologien und -verfahren einschliesslich Anreize zur effizienten Energienutzung, „grüne" Steuern, internationale Umwelt- und Wirtschaftsabkommen und Technologietransfers. Es findet ein substantieller Ressourcentransfer von den Industrie- zu den Entwicklungsländern statt. Der Wirtschaftsoutput ist kleiner als im Case A, jedoch größer als Case B und führt zu einem Ausgleich der heutigen ökonomischen Unterschiede.

Case C beinhaltet Massnahmen zur Reduktion der CO_2-Emissionen bis 2100 auf 2 GtC pro Jahr, ein Drittel vom heutigen Niveau.

In Case C befindet sich die Kernenergie am Scheideweg. Es werden zwei Szenarien unterschieden, die beide die CO_2-Ziele erreichen aber sich bezüglich der Rolle der Kernenergie unterscheiden:

C1: Es wird eine neue Generation von Kernreaktoren entwickelt die sicher und klein sind (Kapazität von 100–200 MW Elektrizität). Diese findet weite soziale Akzeptanz, speziell in Gegenden mit wenig Landressourcen und hoher Populationsdichte, die das Potential von erneuerbaren Energieressourcen einschränkt.

C2: Die Kernenergie nimmt die Rolle einer Übergangsenergie ein, deren Bedeutung bis Ende des 21. Jahrhunderts ausläuft.

Box 2. Die IPCC-Szenarien (Quelle: IPCC 2000)

A1

Die Storyline bzw. Szenariofamilie A1 beschreibt eine zukünftige Welt mit einem sehr schnellen Wachstum der Wirtschaft, einer Bevölkerung die Mitte des Jahrhunderts ihr Maximum erreicht und danach absinkt und einer schnellen Einführung neuer und effizienteren Technologien. Der zugrundeliegende Leitgedanke besteht im Zusammenwachsen unter den Regionen und zunehmender kultureller und sozialer Interaktion mit einer substanziellen Reduktion der regionalen Unterschiede im Pro-Kopf-Einkommen. Die Szenariofamilie A1 entwickelt sich in drei Gruppen, die unterschiedliche Richtungen der Technologieänderungen im Energiesystem beschreiben. Die drei Gruppen unterscheiden sich in ihrem technologischen Schwerpunkt: fossil intensiv (**A1FI**), nicht-fossile Energieressourcen (**A1T**) oder eine Balance unter allen Ressourcen (**A1B**).

A2

Die Storyline A2 beschreibt eine sehr heterogene Welt. Der Leitgedanke ist Selbstbestimmung und Bewahrung der lokalen Identitäten. Fruchtbarkeitsmuster unter den Regionen konvergieren sehr langsam, dies führt zu einem kontinuierlichen Wachstum der Bevölkerung. Die wirtschaftliche Entwicklung orientiert sich primär regional und das Pro-Kopf-Wirtschaftswachstum und die Technologie entwickeln sich mehr zergliedert und langsamer als in anderen Storylines.

B1

Die Storyline B1 beschreibt eine konvergente Welt mit der selben Bevölkerungsentwicklung, Maximum Mitte des Jahrhunderts und einer Abnahme danach, wie in der Storyline A1. Jedoch ändert sich die wirtschaftlichen Struktur schnell hin zu einem Dienstleistungs- und Informationswirtschaft mit einer Reduktion der Materialintensitäten und der Einführung von sauberen und ressourceneffizienten Technologien. Das Schwergewicht liegt auf globalen Lösungen hin zu wirtschaftlicher, sozialer und ökologischer Nachhaltigkeit, einschliesslich grösserer Gleichheit aber ohne zusätzliche Klimainitiativen.

B2

Die Storyline B2 beschreibt eine Welt in der das Schwergewicht auf lokalen Lösungen hin zu wirtschaftlicher, sozialer und ökologischer Nachhaltigkeit liegt. Es ist eine Welt mit kontinuierlich wachsender Bevölkerung mit einer Rate kleiner als bei Storyline A2, mittlerem Niveau von wirtschaftlicher Entwicklung und weniger schnellen aber diversifizierteren Technologieänderung als in Storyline B1 und A1. Dieses Szenario orientiert sich hin zu Umweltschutz und sozialer Gleichheit, legt das Schwergewicht aber auf lokaler und regionaler Ebene.

236   A1 Das globale Energiesystem

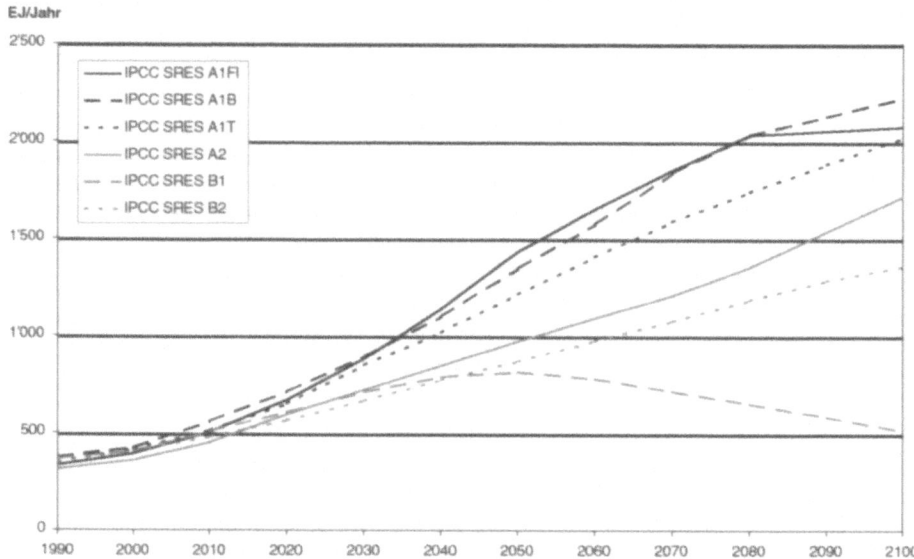

Abb. C.1. Entwicklung der Primärenergieproduktion in EJ der IPCC-Szenarien. (Quelle: IPCC 2000)

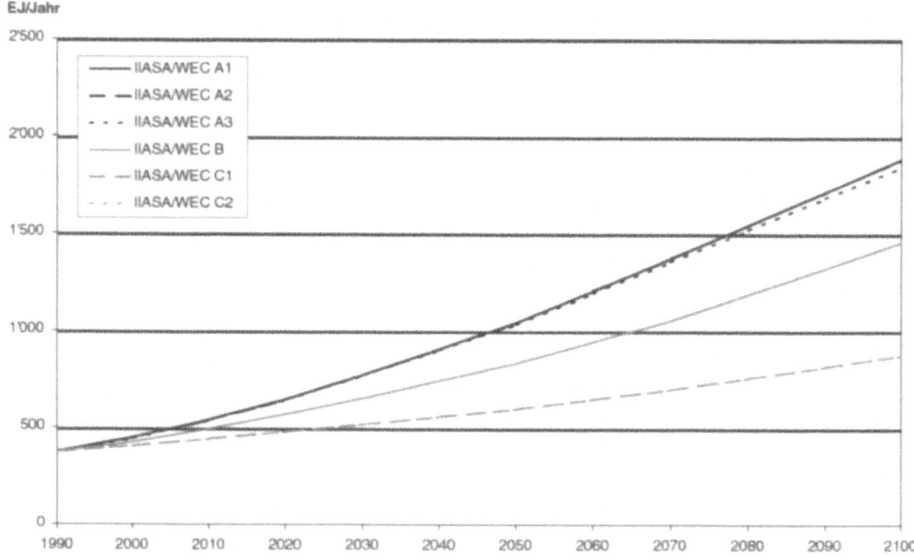

Abb. C.2. Entwicklung der Primärenergieproduktion in EJ der IIASA/WEC-Szenarien. (Quelle: Nakićenović et al. 1998)

C Energieszenarien

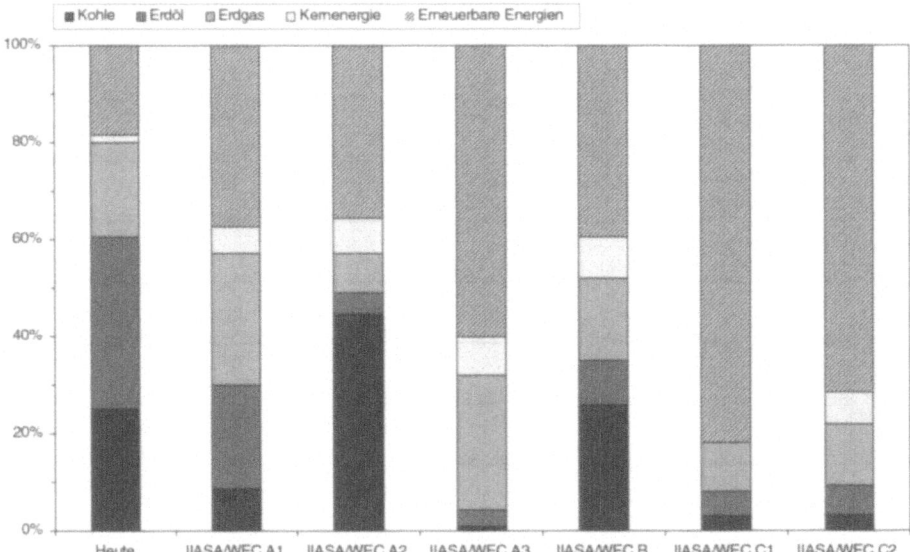

Abb. C.3. Anteil der Energieträger an der globalen Energieproduktion heute und 2100. Bei Szenario IPCC SRES B1 bedeutet die schraffierte Fläche „nichtfossile Elektrizität". (Quelle: Nakićenović et al. 1998)

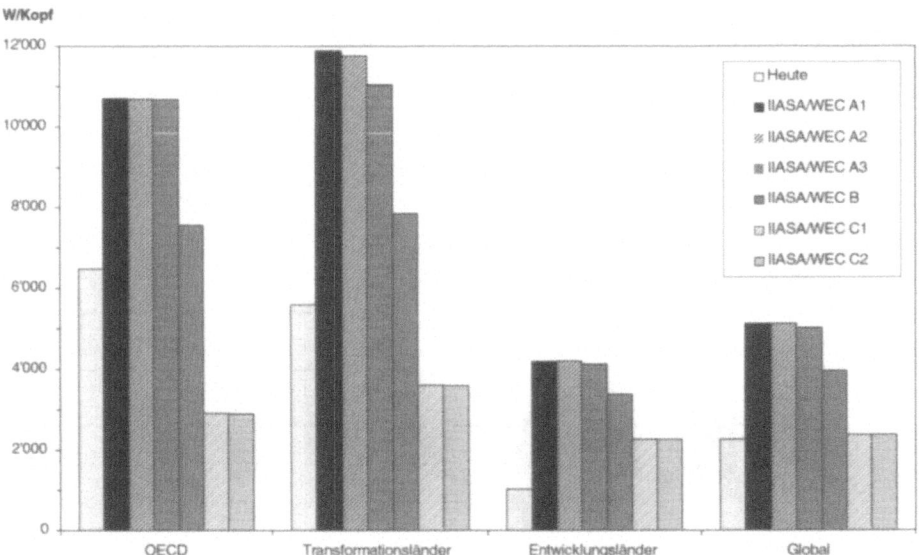

Abb. C.4. Pro-Kopf-Energieverbrauch heute und 2100 für die OECD-Länder, Transformationsländer, Entwicklungsländer und global. (Quelle: Nakićenović et al. 1998)

238 A1 Das globale Energiesystem

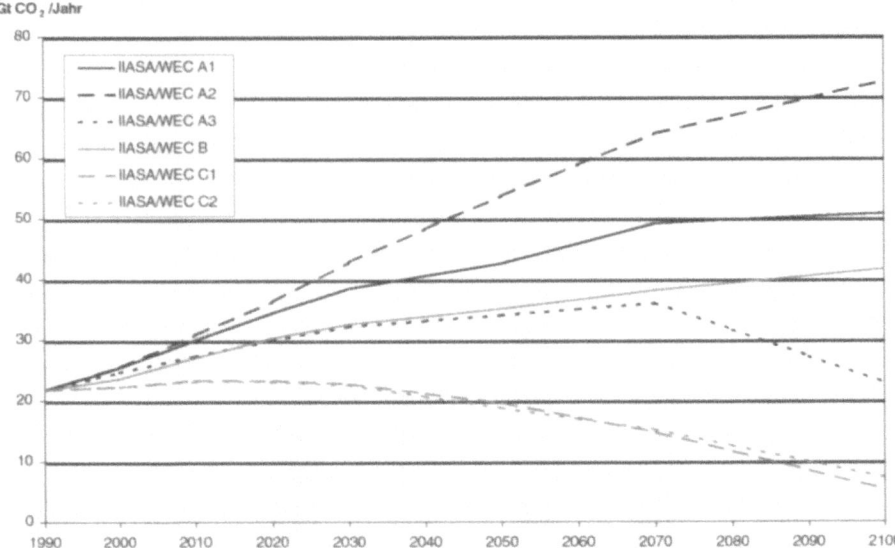

Abb. C.5. CO_2-Emissionen in Gt CO_2 pro Jahr. (Quelle: Nakićenović et al. 1998)

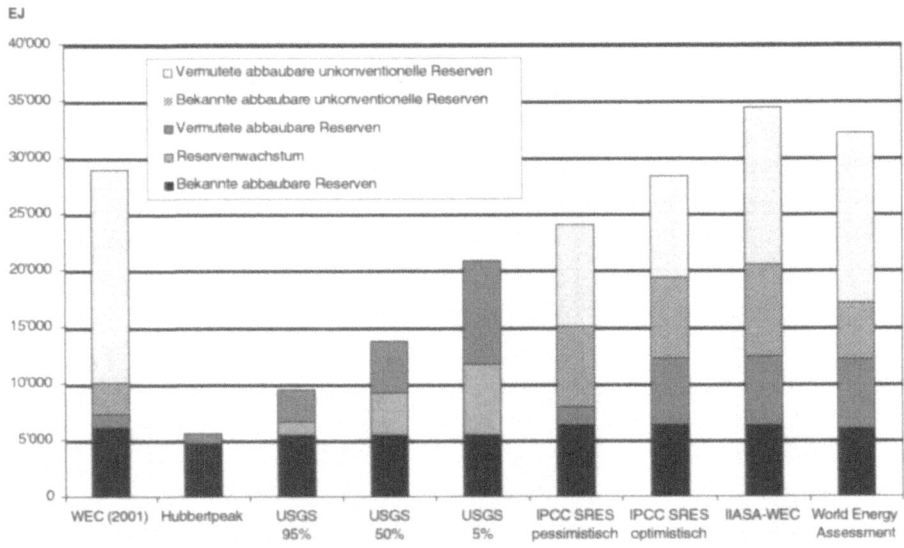

Abb. C.6. Ausgewiesene Reserven von Erdöl verschiedener Datenquellen in EJ. (Quellen: Hubbertpeak 2001, IPCC 2000, Nakićenović et al. 1998, UNDP/UNESCO/WEC 2000, USGS 2000, WEC 2001) Die Werte ganz rechts (World Energy Assessment) werden in Tab. 4.3 zur Berechnung der Erdöl-Reichweite verwendet.

C Energieszenarien

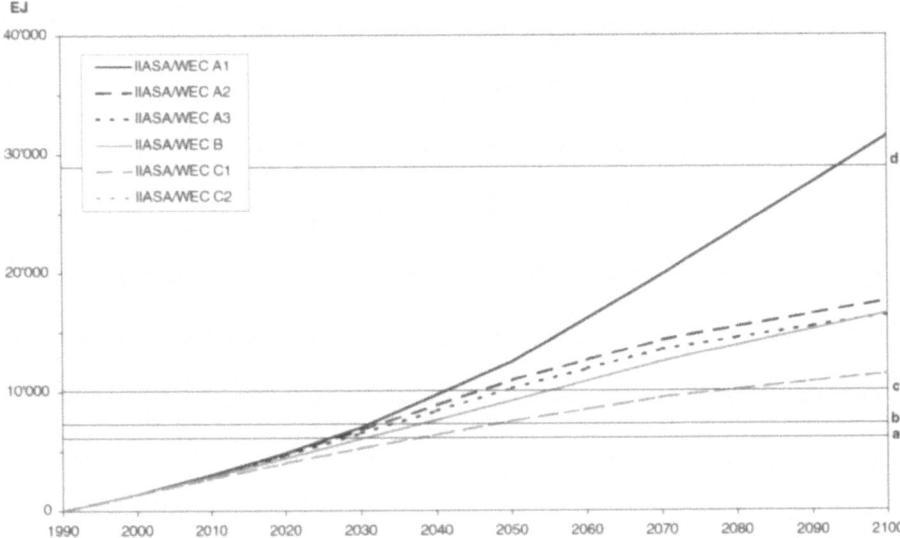

Abb. C.7. Kumulative Ölförderung in den Szenarien und Ölreserven in EJ. Die waagerechten Striche a bis d entsprechen den Reserven von WEC (2001) aus Abbildung C.6: a: bekannte abbaubare Reserven, b: a + vermutete abbaubare Reserven, c: b + bekannte abbaubare unkonventionelle Reserven, d: c + vermutete abbaubare unkonventionelle Reserven. (Quelle: Nakićenović et al. 1998, WEC 2001)

A 2 ‚Arbeitslosigkeit'

A 2.1
Elastizitätenprobleme in Effizienzlohnmodellen

Schneider (1997) zeigt in einem Effizienzlohnmodell vom Solow-Typ eine Bedingung auf, von der es abhängt, ob eine Reduktion von Steuern auf Arbeit finanziert durch eine Steuer auf Umweltemissionen zu höherer Beschäftigung führt. Wenn die Anstrengung eines Arbeiters, e, mit dem Nettolohn w/T – mit w als Bruttolohn, 1/T als Besteuerungsfaktor, w/T als Nettolohn und (1–1/T)w als Steuereinnahme pro Arbeitsstunde – und mit der Arbeitslosenquote zunimmt, und die Produktion x mit Arbeit L und Energieemissionen E erreicht wird, ergibt sich die Produktionsfunktion

$$x = f(e(w/T,u)L, E).^1$$

Aus der Kostenminimierung ergibt sich dann, dass die Elastizität der Anstrengungsfunktion bezüglich des Lohnsatzes eins sein muss. Daraus wiederum lässt sich ableiten, dass die Elastizität von e_u bezüglich w kleiner eins sein muss, um einen negativen Zusammenhang zwischen Bruttolöhnen und Beschäftigung zu erhalten. Diesen erwartet man aus empirischen Erwägungen. Totales differenzieren von $e_w(w/T,u)w/e(w/T,u) = 1$ ergibt nach Umformung $\partial w/\partial u = (e_u - e_{wu} w/T)/(e_{ww} wT)^2$. Ceteris paribus hängt der Zusammenhang von w und u davon ab, wie groß e_u ist, d.h. wie stark Arbeitslosigkeit die Anstrengung diszipliniert. Bei höherem T ist dieser Zusammenhang stärker. In Wachstumsraten lässt sich dieser wie folgt schreiben:

$$\hat{w} = -\beta \hat{u} + \hat{T}$$

Beta ist eine Elastizität, deren Größe sich als wichtig für das Resultat herausstellen wird. Man erhält unter der Annahme einer CES Produktionsfunktion aus den Bedingungen erster Ordnung für Arbeit und Energieemissionen $w/e = p(eL/E)^{\rho-1}$ (dabei ist p der reale Energie- oder Emissionspreis und w der Reallohn) oder in Wachstumsraten:

---

[1] Diese Funktion ist per Annahme linear homogen und hat positive, aber abnehmende Grenzprodukte. Außerdem gelten für die partiellen Ableitungen der Anstrengungsfunktion die Annahmen $e_w > 0$, $e_{ww} < 0$, $e_u > 0$, $e_{uu} < 0$, $e_{uw} > 0$.

A2 ‚Arbeitslosigkeit'

$$\hat{w} - \hat{e} = \hat{p} + (\rho - 1)(\hat{e} + \hat{L} - \hat{E})$$

Die Lohnsetzungsfunktion kann flach oder steil sein. In der (w, L)-Ebene kann man sie dann zeichnen (siehe Figur1) und den Vorgang einer grünen Steuerreform betrachten. Eine Erhöhung des Energiepreises schiebt die Arbeitsnachfrage nach oben. Eine Senkung des Energieverbrauchs verschiebt die Arbeitsnachfragekurve nach unten. Eine Arbeitssteuersenkung schiebt die Lohnsetzungsfunktion nach unten. Scholz zeigt nun, dass der Budgetzusammenhang im Falle eines positiven Zusammenhangs zwischen Lohnsteuern und Staatsausgaben erfordert, dass bei hohem Beta der Energieeinsatz sinkt und Arbeitslosigkeit steigt.

Aus den Definitionsgleichungen für die Beschäftigung, ax = E und bx = L, mit a und b als Faktorinputkoeffizienten und der üblichen Definitionsgleichung der Substitutionselastizität $\sigma = -\partial \ln(b/a)/\partial \ln(p/w) = -1/(\rho - 1) > 0$ erhält man in Wachstumsraten:

$$\hat{L} = \hat{E} + \sigma(\hat{p} - \hat{w})$$

Ein Vergleich mit der vorigen Gleichung zeigt, dass die Anstrengung e konstant gehalten wird. Auch hier sieht man, dass die Beschäftigung wesentlich davon abhängt, ob die Verminderung der Beschäftigung durch geringeren Energieeinsatz durch die Stärke der Faktorpreisänderungen und der Substitutionsmöglichkeiten überkompensiert wird. Die Faktorpreisänderungen sind nicht unabhängig voneinander. Aus der Null-Profitbedingung kann man ableiten, dass gilt:

$$\hat{p} = -\hat{w} \Theta_L / \Theta_E$$

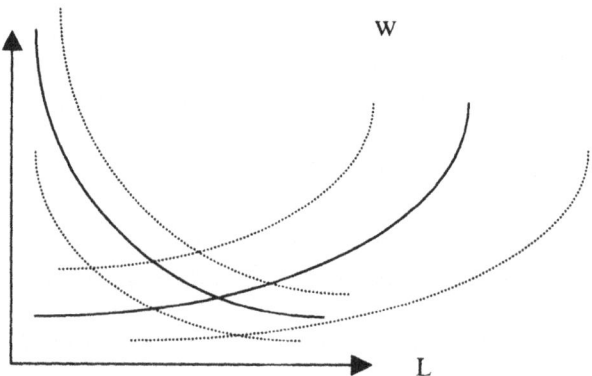

Figur 1

Hierbei sind die Ausdrücke Theta die Kostenanteile von Arbeit und Energieemissionen. Setzt man diese Gleichung in die vorige ein, und ersetzt danach die

A2.1 Elastizitätenprobleme in Effizienzlohnmodellen

Wachstumsrate von w durch die Lohnsetzungsfunktion und die Wachstumsrate von L durch die Definitionsgleichung, $\hat{L} = -\varepsilon\hat{u}$, mit $\varepsilon = u/(1-u)$ und löst für die Wachstumsrate von u, so erhält man:

$$\hat{u} = \frac{-1}{\dfrac{\beta\sigma}{\Theta_E} + \varepsilon} \hat{E} + \frac{\sigma/\Theta_E}{\varepsilon + \dfrac{\beta\sigma}{\Theta_E}} \hat{T}$$

Dies ist eine linear steigende Funktion der prozentualen Veränderung der Arbeitslosenrate in Abhängigkeit von der prozentualen Veränderung des Besteuerungsfaktors T. Bei fallendem Einsatz von Energie und Emissionen hat diese Funktion einen positiven konstanten Wert auf der vertikalen und einen negativen auf der horizontalen Achse (siehe Figur 2). Diese Kurve ist dadurch zustande gekommen, dass die Funktionen der Arbeitsnachfrage und der Lohnsetzung mit der Null-Profitbedingung und exogen fallenden Energieemissionen in Wachstumsraten geschrieben wurden. Damit handelt es sich um eine Betrachtung des Arbeitsmarktgleichgewichts unabhängig vom Staatsbudget. Figur 2 zeigt dann auch für jede exogene Steueränderung die nötige Arbeitslosenrate, um das Arbeitsmarktgleichgewicht zu sichern, oder umgekehrt für jede gegebene Arbeitslosenrate die nötige Steueränderung, um die Arbeitslosenrate mit der Setzung des Effizienzlohns kompatibel zu machen.

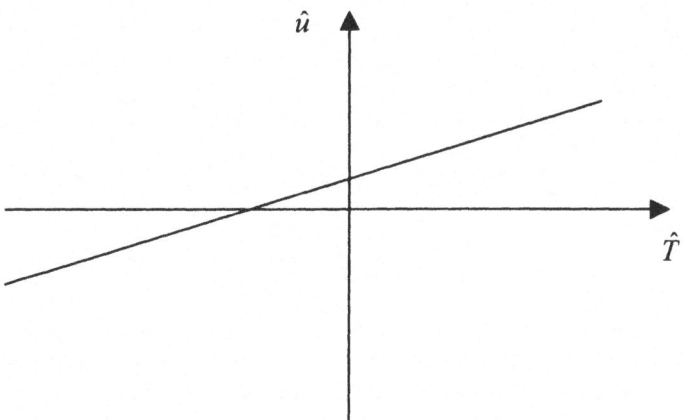

Figur 2

Figur 2 zeigt drei mögliche Konstellationen. Der Teil ganz links gibt die von den Vertretern der Energiesteuer erwartete Situation wieder. Die Veränderung der Arbeitslosenrate ist negativ, weil die Steuersenkung hinreichend stark ist, um eine niedrige Lohnsetzung zu ermutigen. Ist die Steuersenkung weniger stark, erhält man aber trotzdem eine Erhöhung der Arbeitslosigkeit. Das bedeutet, dass man in Figur 1 auch bei einer Verschiebung der Lohnsetzungsfunktion nach rechts unten eine niedrigere Arbeitsnachfrage erhält und daher die Nachfragefunktion nach links unten verschoben sein muss. Der Effekt eines geringeren Energieeinsatzes ist hier offensichtlich dominant. Wenn die Steuern sogar erhöht werden (im ganz rechten Teil von Figur 2), gibt es sicher eine Erhöhung der Arbeitslosigkeit. Die zentrale Frage ist nun, welche Veränderungsrate man für die Steuern und Arbeitslosenrate erhält, wenn man das Staatsbudget mit in die Betrachtung einbezieht. Es werden konstante Staatsausgaben $G = (1-1/T)wL + pE$ unterstellt. Scholz (1998) betrachtet die reduzierte Form des gesamten Modells und leitet drei wesentliche Resultate ab:

$$\hat{T}/\hat{G} = \beta_u / DET$$

$$\hat{u}/\hat{p} = \frac{\sigma/s}{DET} (\Theta_E / \Theta_L)$$

$$\hat{E}/\hat{p} = \frac{\sigma/s}{DET} \alpha$$

wobei $DET = \{\beta_u(1-\tau)\Theta_L - \varepsilon\Theta_E - \varepsilon\tau\Theta_L\}/s$ die Determinante der reduzierten Form des Modells ist, $\alpha = \tau\varepsilon - (1-\tau)\beta_u$, $\tau = 1-1/T$, und s der Anteil der Staatsausgaben am Output x. Scholz zeigt nun, das Schneider außer $\alpha > 0$ implizit auch $DET < 0$ angenommen hat. Er verweist darauf, dass dies in der Finanzwissenschaft m. E. unüblich ist. Unklar bleibt, warum dies so ist, noch wird der Zusammenhang zwischen DET und α deutlich, die ja aus den gleichen Parametern zusammengesetzt sind. Im folgenden zeigen wir diesen Zusammenhang auf, um zu verdeutlichen, dass der Erfolg einer grünen Steuerreform wesentlich von der Steigung der Lohnkurve w(u) abhängt.

Aus den Definitionen von DET und α sieht man, dass:

$$DET > (<) \; 0 \quad \text{wenn} \quad \beta_u > (<) \frac{\varepsilon \Theta_E / \Theta_L + \varepsilon\tau}{1-\tau} \quad \text{und}$$

$$\alpha > (<) \; 0, \quad \text{wenn} \quad \beta_u > (<) \frac{\tau\varepsilon}{1-\tau} \; .$$

Aus den rechten Seiten der Ungleichungen geht hervor, dass der Bruch der oberen Ungleichung größer ist, als derjenige der zweiten Ungleichung, weil im ersten zu $\varepsilon\tau$ etwas addiert wird. Mithin kann man drei Fälle unterscheiden:

1. $\quad \beta_u > \frac{\varepsilon\Theta_E/\Theta_L + \varepsilon\tau}{1-\tau} > \frac{\tau\varepsilon}{1-\tau}$, also $DET > 0, \; \alpha < 0, \; \hat{E} < 0, \; \hat{u} > 0, \; \hat{T}/\hat{G} > 0$.

Eine Erhöhung der Energiesteuern reduziert die Energie(emissionen), aber sie erhöht auch die Arbeitslosigkeit. Von den drei in bezug auf Figur 1 behandelten Effekten, ist derjenige einer Reduzierung der Arbeitsnachfrage durch verringerten Energieeinsatz bei Berücksichtigung der Budgetzusammenhänge der stärkste. Dies liegt vor allem daran, dass eine steile Lohnkurve, die nach unten verschoben wird, wenig Effekt auf die Beschäftigung hat. Das gilt gleichfalls für die Energiepreiserhöhung bei einer Substitutionselastizität kleiner als eins. Die zusätzlichen Einnahmen aus einer Lohnsteuersenkung sind negativ.

2. $\quad \dfrac{\varepsilon \Theta_E/\Theta_L + \varepsilon \tau}{1-\tau} > \beta_u > \dfrac{\tau \varepsilon}{1-\tau}$, also $DET < 0$, $\alpha < 0$, $\hat{E} > 0$, $\hat{u} < 0$, $\hat{T}/\hat{G} < 0$.

Eine Energie(emissions)steuer, die zu einer Reduktion der Arbeitssteuern und der Löhne führt, erhöht die Beschäftigung, aber auch den Energieverbrauch und die Emissionen. Von den drei erwarteten Effekten zu Figur 1 fällt derjenige, der die Arbeitsnachfrage reduziert, ganz weg. Die zusätzlichen Einnahmen aus einer Lohnsteuersenkung sind positiv, weil die Beschäftigung und damit die Bemessungsgrundlage der Steuern steigt und zwar mehr als die Löhne sinken.

3. $\quad \dfrac{\varepsilon \Theta_E/\Theta_L + \varepsilon \tau}{1-\tau} > \dfrac{\tau \varepsilon}{1-\tau} > \beta_u$, also $DET < 0$, $\alpha > 0$, $\hat{E} < 0$, $\hat{u} < 0$, $\hat{T}/\hat{G} < 0$.

Dies ist der Fall einer sehr flachen Arbeitsangebots oder Lohnkurve. Der Beschäftigungseffekt ist stark und die Lohnreduktion ist schwach, so dass die Energiesteuer den Energieeinsatz entmutigt. Nur in diesem letzteren Fall einer flachen Lohnkurve gelingt die grüne Steuerreform.

Wenn ein Politiker wissen will, ob er die Arbeitslosigkeit erhöht oder senkt, wenn er eine Energiesteuer einführt, muss er also den Wert von Beta im Verhältnis zu den anderen Größen kennen. Dies dürfte aus drei Gründen sehr schwierig sein.

Erstens kommt die Lohnkurve anstelle der üblichen Arbeitsangebotsfunktion ins Modell. Von Angebotsfunktionen erwartet man aufgrund empirischer Untersuchungen, dass sie sehr steil sind. Bovenberg (1995) gibt an, dass eine Erhöhung des Lohnsatzes von 1% zu einer Erhöhung des Arbeitsangebotes von 0.02 Prozent führt. Dies ergibt eine nahezu vertikale Funktion ähnlich einem exogenen Arbeitsangebot. Wenn nun die Lohnsetzungsfunktion anstelle einer Arbeitsangebotsfunktion ins Modell kommt, ist die Frage, ob die Funktion sehr viel anders aussehen kann als eine Arbeitsangebotsfunktion. Die strukturellen Gleichungen, die zu schätzen sind, sind unabhängig vom Modell einander doch immer sehr ähnlich (siehe Pissarides 1998). Dies würde für ein sehr hohes Beta sprechen und damit für eine zunehmende Arbeitslosigkeit, was allerdings optimal sein kann, da man ja eine Verbesserung der Umwelt erhält (siehe Schneider 1997, Abschnitt IV). Ob Wähler und Politiker diejenige Nutzenfunktion haben, die hinter einem solchen Ergebnis steckt, darf man angesichts der hohen Priorität für Beschäftigung, die sich aus Umfragen ergibt, auf die Politiker viel Wert legen (siehe Böhringer und Vogt 2001) bezweifeln. Es ist dann auch nicht verwunderlich, dass Plädoyers für eine grüne Steuerreform vor allem aus Modellen mit fixen Löhnen und damit *horizontaler* Arbeitsangebotsfunktion abgeleitet werden (vgl. z.B. Nielsen et al. 1995 und Koskela et al. 2001)[2] – und mit Verhandlungsmodellen bei denen Arbeitende besser gestellt werden (siehe Kapitel 6.2.1).

---

[2] Aber auch in ihrem Modellrahmen erhöht eine ökologische Steuerreform nur dann die Beschäftigung, wenn die Steuer auf den Arbeitsinput höher ist als diejenige auf den Energieinput. Ergänzt man das Modell um eine Gewinnsteuer, dann erhöht (senkt) eine ökologische Steuer-

Zweitens muss der Term $\alpha = -\beta/\hat{T} + (1 - 1/\hat{T})\varepsilon$ positiv sein. Dabei ist $1/T$ der Prozentsatz, der dem Arbeitnehmer bleibt. Graafland und Huizinga (1999) schätzen eine ähnliche Gleichung – allerdings aus einem Verhandlungsmodell abgeleitet – und erhalten Semi-Elastizitäten $(-\partial w/w/\partial u)$ zwischen 1,5 für die zweite Hälfte der 1970er Jahre und 3,0 für den Anfang der 1990er Jahre. Um diese mit Beta vergleichbar zu machen, kann man die Semi-Elastizität mit den jeweils in der Zeit gültigen Arbeitslosenraten multiplizieren: die erste Zahl mit u = 5% und die zweite mit u = 10%. Daraus erhält man 0.075 und 0.3. Je höher die Arbeitslosenrate desto höher ist die Elastizität. Dadurch unterscheidet sich die Methode von der üblichen mit konstanten Elastizitäten. In Figur 3 und 4 werden jeweils zwei Ebenen gezeigt. Die *flachere* Ebene gibt den Vergleichswert von Beta an, so wie er aus den Semi-Elastizitäten von Graafland-Huizinga abgeleitet wurde. Die *gebogene* Ebene zeigt Werte für die rechte Seite der Ungleichung $\beta_u < u(T-1)/(1-u) \equiv \beta$ auf der vertikalen Achse für alternative Werte der Arbeitslosenrate und des Prozentsatzes $t = 1/T$ der vom Bruttolohn bleibt. Je niedriger dieser Prozentsatz und je höher die Arbeitslosenrate, desto größer ist die rechte Seite der Ungleichung. Im Falle einer hohen Elastizität $\beta_u = 0.3$, muss der Steuerfaktor t = 1/T der, den Beschäftigten bleibt, für alle Werte der Arbeitslosenrate unter 15% sehr niedrig sein (unter 40%) um eine doppelte Dividende zu ermöglichen. Im Falle einer niedrigen Elastizität von $\beta_u = 0.075$, kann die Bedingung für eine doppelte Dividende für plausible Werte von u und t allerdings erfüllt werden. Man erhält daher keine eindeutige Antwort, die eine Prognose für die Veränderung der Arbeitslosenrate ermöglicht.

Drittens kann man auf empirische allgemeine Gleichgewichtsmodelle zurückgreifen. Bei Böhringer et al. (2001) findet man ein Modell einer geschlossenen Ökonomie mit drei Gütern und drei Faktoren, von denen einer, Energie, produziert wird, und mit einer Lohnsetzungsfunktion. Für eine Kalibrierung mit Beta von 0.5 erhalten die Autoren eine Reduktion der Arbeitslosigkeit durch eine Energiesteuer. Allerdings weisen die Autoren darauf hin, dass dies dadurch erreicht wird, dass die Steuerlast teilweise dem international immobilen – und fest gegebenen – Kapitalbestand bzw. deren Besitzern aufgebürdet wird. Wenn Kapital mobil ist, wird das eventuell nicht funktionieren. Die Frage ist dann, welche Resultate man für offene Ökonomien mit Kapitalmobilität erhält. Die Argumente von Bovenberg und van der Ploeg, die im Haupttext aufgenommen sind, gelten für vollkommene Kapitalmobilität.

Ein weiteres Effizienzlohnmodell – vom Shapiro/Stiglitz (1984) Typ – stammt von Strand (1996). Im 4. Abschnitt des Aufsatzes werden Steuern auf Emissionen als Subventionen für Arbeitskosten oder Output zurückerstattet.[3] Der erste Unter-

---

reform die Beschäftigung, wenn die Gewinnsteuer niedrig (hoch) ist (siehe Boeters 2001). Der betrachtete Modelltyp hat weder interessante Arbeitsmarktteile noch freien Zugang zum Gütermarkt, noch interessante Begründungen für Zutrittsbarrieren.

[3] In den anderen Abschnitten werden Subventionen für die Produktionsmenge und Anstrengung, die nicht nur im Umweltbereich, z, wie oben, sondern die konkurrierend auch im Produktionsbereich, y, mit dy = –dz stattfinden kann, behandelt. Produktionssubventionen sind grundsätzlich weniger effizient im Hinblick auf die Beschäftigung; siehe auch Strand (1996, Abschnitt 5). Wenn die Anstrengung im Umweltbereich mit der im Outputbereich konkurriert, werden die Bedingungen auch nicht weniger restriktiv (vgl. Strand 1996, Abschnitt 3).

schied zu Schneiders Modell besteht darin, dass die Produktionsfunktion x=f(N) nicht von einem verschmutzenden Input wie Energie abhängt. Daher kann Umweltpolitik auch nicht den negativen Einfluss auf die Arbeitnachfrage haben, der in Schneiders Modell von einer Reduktion des Energieeinsatzes ausgeht. Der zweite Unterschied besteht darin, dass die Anstrengung z sich auf die Verschmutzung, h(N, z) bezieht. Die Reduktion von Verschmutzung ist dann ein Effekt von zwei Kräften, der Veränderung der Beschäftigung und der Erhöhung der Anstrengung z: $dh = (\partial h/\partial N)dN + (\partial h/\partial z)dz$. Wenn die Beschäftigung steigt, $dN > 0$, kann die Verschmutzung nur fallen, wenn gilt $dh = (\partial h/\partial N)dN + (\partial h/\partial z)dz < 0$, also $(\partial h/\partial N)dN < -(\partial h/\partial z)dz$. Werden beide Seiten durch h dividiert und links mit N und rechts mit z erweitert, ergibt sich:

$$\varepsilon_{hN}\hat{N} < -\varepsilon_{hz}\hat{z}.$$

Die prozentuale Veränderung von z und ihre Elastizität bzgl. der Verschmutzung h müssen größer sein als die prozentuale Veränderung von der Beschäftigung und deren Elastizität bzgl. der Verschmutzung. Andernfalls kann die Verschmutzung nur durch eine Reduktion von Beschäftigung zurückgedrängt werden. Dies ergibt sich allein schon aus den spezifizierten Funktionen. Wenn man den Zusammenhang zwischen Effizienzlohn, Gewinnmaximierung und Wohlfahrtsmaximierung durch eine duale Regierungsentscheidung einbezieht, ergeben sich die *Elastizitätenbedingungen* für die Erhöhung der Beschäftigung: $-h_{zN}N/h_z > 1$ und $\varepsilon_{hN} \geq \varepsilon_{fN}$. Als Interpretation folgt, dass eine Erhöhung der Beschäftigung erfordert, dass die Elastizität von h_z bzgl. N größer als eins ist und dass die Beschäftigung den Output stärker erhöht als die Verschmutzung. Damit sind zwei Bedingungen zu erfüllen, wenn man neben der Verschmutzung auch die Beschäftigung erhöhen will. Wiederum müsste ein Politiker auf bestimmte Schätzungen vertrauen – falls diese überhaupt die notwendigen Werte ergeben.

A2.2
Elastizitätenprobleme in Verhandlungsmodellen

Holmlund und Kolm (2000) erweitern ein Verhandlungsmodell mit monopolistischer Konkurrenz und konstanter Firmenzahl um einen Sektor nicht-handelbarer Güter. Die Profite sind Gegenstand der Verhandlung. Energie wird importiert. Die Einführung einer Energiesteuer hat keinen direkten Einfluss auf die Beschäftigung im Sektor nicht-handelbarer Güter, aber im Sektor handelbarer Güter sinkt die Arbeitsnachfrage. Die so ausgelöste Lohnsenkung erhöht die Beschäftigung im Sektor nicht-handelbarer Güter. Wenn die Verhandlungsmacht und die Löhne in beiden Sektoren genau gleich hoch sind, ist der Beschäftigungseffekt insgesamt null, wenn die Technologien vom Cobb-Douglas Typ sind. Wenn die Löhne im Sektor handelbarer Güter höher (niedriger) sind, ist der Beschäftigungseffekt positiv (negativ), weil die Arbeit zum Sektor mit geringerer Verhandlungsmacht der Gewerkschaften wandert. Hat man hingegen eine CES Technologie mit einer Substitutionselastizität von kleiner (größer) als eins, ist der Beschäftigungseffekt bei symmetrischen Sektoren negativ (positiv), da die Senkung der Löhne zu einer

Erhöhung der Arbeitsnachfrage im Sektor nicht-handelbarer Güter führt, die schwach (stark) ist. Empirische Schätzungen geben keinen deutlichen Aufschluss über die Größe der Substitutionselastizität.

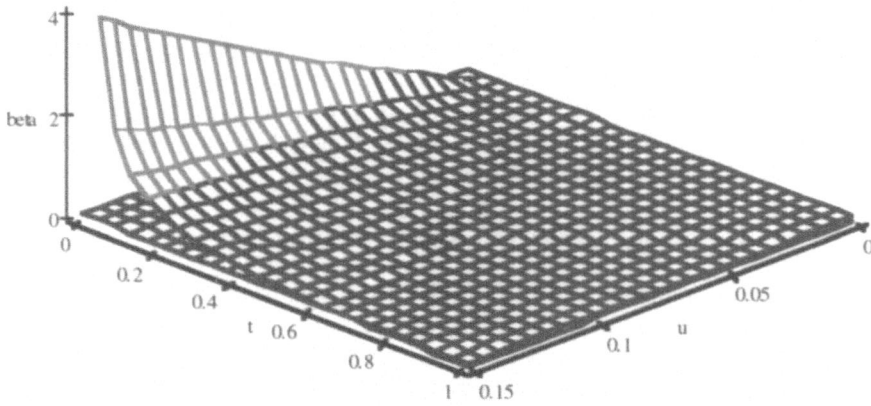

Figur 3. Hohe Werte der Arbeitslosenrate und des Steuerfaktors lassen eine doppelte Dividende zu, wenn die Lohnkurve eine niedrige Elastizität von 0,075 hat.

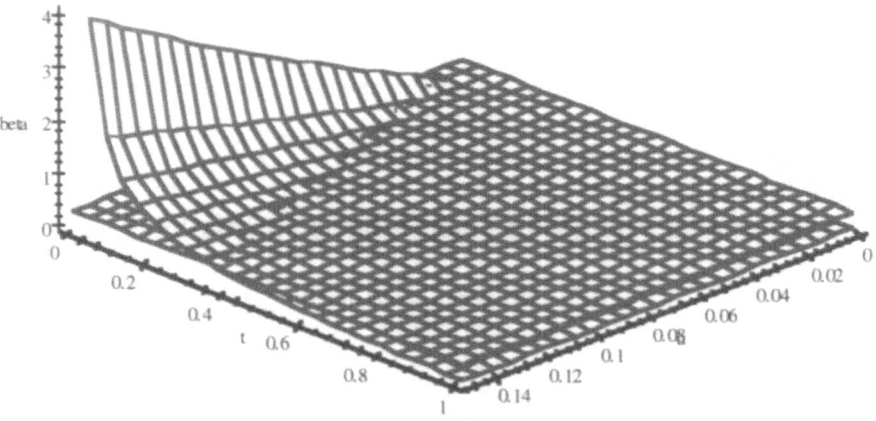

Figur 4. Nur sehr hohe Werte der Arbeitslosenrate und des Steuerfaktors lassen eine doppelte Dividende zu, wenn die Lohnkurve eine Elastizität von 0,3 hat.

A3 Energierelevante Forschungs- und Technologiepolitik der Europäischen Union – ein Überblick[1]

A3.1 Bedeutung und Integration von Nachhaltigkeitsaspekten in europäische Energiepolitiken

Alle drei Dimensionen einer nachhaltigen Entwicklung werden im Rahmen der alljährlichen Frühjahrstagung des Europäischen Rates auf ihre Integration in europäische Politiken überprüft. So hat der Europäische Rat auf seiner Frühjahrstagung im März 2002 in Barcelona die Fortschritte bei der Einbeziehung der Ziele einer nachhaltigen Entwicklung in die Lissabon-Strategie und den Beitrag, den der Umwelttechnologiesektor zur Förderung von Wachstum und Beschäftigung leisten kann, geprüft und weiteren Handlungsbedarf erkannt.

Als Maßnahmen von zentraler Bedeutung werden Zukunftsinvestitionen in Wissenschaft und Technologie eingeschätzt, da ohne diese Investitionen eine Anpassung an nachhaltige Entwicklungen stärker über die Änderung des Konsumverhaltens erfolgen muss. Durch die Beförderung von Innovationen können diese neue Technologien entwickelt werden. Die EU und ihre Mitgliedstaaten haben daher sicherzustellen, dass die Gestaltung innovationsfreundlicher Rahmenbedingungen („regulatory push") ein zentrales Gewicht bei der Gestaltung ihrer Politiken darstellt, um so die innovativen Triebkräfte, einerseits der Anschub durch wissenschaftlichen Erkenntniszuwachs („science push") sowie andererseits durch „market-pull", zu stimulieren.

Die Förderung des technischen Wandels durch öffentliche Mittel hat sich dabei auf die (marktferne) Grundlagenforschung und angewandte Forschung in den Bereichen sicherer und umweltfreundlicher Technologien und auf Benchmarking- und Demonstrationsprojekte zu konzentrieren, um eine schnellere Generierung bzw. Einführung von neuen, sauberen und sicheren Technologien anzuregen.

Die Europäische Kommission bezeichnet in diesem Zusammenhang den Energiesektor und hier die Förderung der Forschung und technologischen Entwicklung (FTE) als einen zentralen Bereich gegenwärtiger und zukünftiger Politik, um eine Begrenzung des Klimawandels und gesteigerte Nutzung sauberer, sicherer und erneuerbarer Energien umzusetzen. Ziel ist nach dem im November 2000 vorgelegten Grünbuch „Hin zu einer europäischen Strategie für Energieversorgungs-

---

[1] Die im Weiteren behandelten EU-Dokumente sind unter http://europa.eu.int/index_de.htm verfügbar.

sicherheit" die sichere und preiswerte Energieversorgung bei gleichzeitiger Umweltverträglichkeit sowie die wirtschaftliche Wettbewerbsfähigkeit des europäischen Energiemarktes zu gewährleisten. Vor dem Hintergrund aktuell etwa 50%iger und tendenziell steigender Bedarfsdeckung aus Einfuhrprodukten sowie der Unterzeichnung des Kyoto-Protokolls von 1997 mit entsprechenden CO_2-Reduktionserfordernissen gewinnen somit die Sicherheit der Energieversorgung und deren Umweltdimension erheblich an Bedeutung.

A3.2
Überblick über energierelevante FTE-Programme der Europäischen Union

Die energierelevanten FTE-Programme der Europäischen Union lassen sich in fünf Kategorien unterteilen, wobei nachfolgend auf Teile der ersten drei fokussiert wird:
1. Energie-Rahmenprogramm (1998–2002) mit den sechs spezifischen Programmen
   - ALTENER (Specific Actions for Greater Penetration of Renewable Energy Sources),
   - SAVE (Specific Actions for Vigorous Energy Efficiency): Energieeffizienz/-sparen,
   - ETAP (Studien, Analysen, Prognosen zu Energiemärkten),
   - SYNERGY (Internationale Zusammenarbeit im Bereich Energiepolitik),
   - CARNOT (saubere Technologien für feste Brennstoffe),
   - SURE (Sicherheit, Transport, Zusammenarbeit im Bereich der Kernenergie);
2. Das Europäische Programm zur Klimaänderung (ECCP; KOM (2000) 88 endg.)
3. 6. Rahmenprogramm für Forschung, technologische Entwicklung und Demonstration (2002–2006);
4. Drittstaatenprogramme: INCO, PHARE, TACIS;
5. Teil der Strukturprogramme: z.B. INTERREG, RECHAR.

Rahmenprogramm für Maßnahmen im Energiebereich (1998–2002)[2], hier: ALTENER/SAVE

Um die strategischen Ziele der Versorgungssicherheit, Wettbewerbsfähigkeit und Umweltverträglichkeit zu erreichen, hat die Kommission gemeinschaftliche Initiativen formuliert, in deren Zentrum das „Rahmenprogramm für Maßnahmen im Energiebereich (1998–2002)" zur Optimierung der Transparenz, Kohärenz und Koordination sämtlicher gemeinschaftlichen Maßnahmen im Energiebereich steht.

Während die FTE-Programme innerhalb des fünften/sechsten Rahmenprogramms für Forschung, technologische Entwicklung und Demonstration und die Förderungsmöglichkeiten im Rahmen der Strukturprogramme, z. B. INTERREG, mit beträchtlichen Finanzmitteln versehen sind, sind die „Politikprogramme" – ALTENER und SAVE – mit weitaus geringeren Finanzmitteln ausgestattet. Ursächlich hierfür ist, dass diese Programme nicht-technisch ausgerichtet sind,

---

[2] Aktuelle Details unter http://europa.eu.int/comm/energy/en/pfs_4_en.html

sondern die rechtlichen, administrativen und institutionellen Hemmnisse für eine beschleunigte Marktdurchdringung effizienter und innovativer Technologien identifizieren sollen, die anschließend politisch beseitigt werden sollen.

ALTENER und SAVE sind somit eine Ergänzung zu den Technologieprogrammen der Gemeinschaft. Sie setzen dort an, wo in der Regel die Technologieförderungsprogramme nicht mehr greifen, nämlich bei der Ausarbeitung und Bewertung von Maßnahmen zum Abbau jener Hemmnisse, die die Marktdurchdringung technisch erprobter sauberer und effizienter Technologien noch behindern. Es handelt sich folglich um keine Investitionsförderung im engen Sinne.

Die Programme bestehen aus vier Teilen:
- legislative Maßnahmen auf Gemeinschaftsebene,
- Studien zur Unterstützung der Arbeit der Europäischen Kommission,
- finanzielles Förderungsprogramm zur Unterstützung der Mitgliedsländer bei der Beseitigung rechtlicher und verwaltungstechnischer Hemmnisse und von Informationsdefiziten bei den relevanten Zielgruppen sowie
- Maßnahmen zur Förderung des Informationsaustausches (Informationsnetzwerke, Datenbanken).

Annäherungsweise bezieht sich das SAVE-Programm auf die Energienachfrageseite (Rational se of energy (RUS)) und ALTENER auf die Energieangebotsseite (Renewable energy sources (RES)). Diese pragmatische Zweiteilung löst sich auf, da „investments in RES should always be preceded or accompanied by demand management plan and/or by investing in RUE, since energy from RES should not be wasted trough inefficient demand side/end user equipment, appliance and systems"[3]. So sollen vor dem Hintergrund der Erfahrungen aus 2001 in 2002 vor allem SAVE und ALTENER integrierende Projekte („integrated actions on RUE and RES") finanziell gefördert werden.

Das Europäische Programm zur Klimaänderung (ECCP)[4]

Das ECCP ist zur Einbeziehung aller wichtigen Interessengruppen bei den Vorarbeiten für gemeinsame und koordinierte Politiken und Maßnahmen zur Erfüllung der Emissionsreduktionserfordernisse aus dem Kyoto-Protokoll (KOM (2000) 88 endg.) konzipiert worden. Das ECCP konzentriert sich auf Maßnahmen in den Bereichen übergreifende Themen, Energie, Verkehr und Industrie, wobei der vorgeschlagene Maßnahmenkatalog die Integrationsbemühungen von Umweltbelangen in anderen Politikbereichen berücksichtigt, fördert und ergänzt. „Das ECCP bestätigt auch die Notwendigkeit, die Forschungsarbeiten in den Bereichen Klimaschutz, technologische Entwicklung und Innovation fortzusetzen" (KOM (2001) 580 endg.). So wird nachdrücklich empfohlen, von der bestehenden IPPC-Richtlinie (Integrated Pollution Prevention and Controll Directive 96/61/EC) und dem dort in technologischen Referenzdokumenten[5] idealtypisch stets aktualisierten, gleichsam die IPPC-Energieeinsparungsverpflichtungen darstellenden Stand der Technik, besser Gebrauch zu machen und auch für den Bereich generischer

---

[3] European Commission, DG Energy & Transport (2002), S 4.
[4] Aktuelle Details unter http://europa.eu.int/comm/environment/climat/eccp.htm
[5] BREF's (BAT Reference Dokuments).

Energieeinspartechniken weiterzuentwickeln. Darüber hinaus werden Fragen des Energieverbrauchs in Haushalten und der Industrie (Mindesteffizienzanforderungen, Energienachfragemanagement, Förderung von KWK) sowie eine Reihe von Maßnahmen im Einklang mit dem Weißbuch über eine Europäische Verkehrspolitik (KOM (2001) 370) vorgeschlagen.

Fünftes Rahmenprogramm im Bereich der Forschung, technologischen Entwicklung und Demonstration (1998–2002)
Das Fünfte Rahmenprogramm im Bereich der Forschung, technologischen Entwicklung und Demonstration (1998–2002) benennt als einen von vier Schwerpunkten „Energy, Environment and Sustainable Development (EESD)", der mit 2,125 Mrd. Euro budgetiert wurde. Das EESD teilte sich wiederum in die Schwerpunkte „Energie" (1,042 Mrd. Euro) und „Umwelt und Nachhaltige Entwicklung" (1,083 Mrd. Euro).

Sechstes Rahmenprogramm im Bereich der Forschung, technologischen Entwicklung und Demonstration (2002–2006)[6]
Der für Forschung zuständige EU-Kommissar, Philippe Busquin, hat zu Beginn des Jahres 2000 ein visionäres Konzept für einen Europäischen Forschungsraum (EFR, oder ERA für European Research Area) präsentiert (KOM (2000) 6). Dieses Papier zeigt in vielen wichtigen Bereichen Rückstände der EU im Vergleich zu den Hauptkonkurrenten USA und Japan auf: In der jetzigen Situation gibt es „15 plus 1 Forschungspolitiken" – die der Mitgliedstaaten und die der Europäischen Kommission (EK) –, die oft parallel agieren und wenig abgestimmt sind. Der EG-Vertrag enthält aber auch einen Artikel (Art. 165) – und damit die Möglichkeit – zur „Koordination der FTE-Aktivitäten der Mitgliedstaaten und der Gemeinschaft, um die Kohärenz der einzelstaatlichen Politiken und der Politik der Gemeinschaft sicherzustellen". Dies wurde aber bis jetzt praktisch nicht genutzt (EVA 2001).

Die vorgestellten Ideen zum 6. FTE-Rahmenprogramm gehen weit über Struktur und Instrumentierung des laufenden fünften Rahmenprogramms hinaus. Das Konzept des Europäischen Forschungsraums (European Research Area (ERA)) weist damit einen innovativen Weg in Richtung eines europäischen „Binnenmarkts" für die Forschung. Das Konzept des ERA wurde im Europäischen Parlament, im Rat und auch im Europäischen Rat (Staats- und Regierungschefs) eingehend diskutiert und fand prinzipiell Zustimmung. Die Maßnahmen dieses sechsten Rahmenprogramms für Forschung und technologische Entwicklung werden im Einklang mit den allgemeinen Zielen wie der Stärkung der wissenschaftlichen und technologischen Grundlagen der Industrie der Gemeinschaft und Förderung der Entwicklung ihrer internationalen Wettbewerbsfähigkeit durchgeführt.

Um diese Ziele besser erreichen zu können, folgt das EG-Rahmenprogramm[7] (Globalbudget 16,27 Mrd. Euro) in seinem Aufbau nunmehr drei Schwerpunkten:
– Bündelung der Forschung (13,8 Mrd. Euro),

---

[6] Aktuelle Details unter http://europa.eu.int/comm/research/nfp.html sowie www.eva.ac.at
[7] 2001/0053 (COD), Rech105/CODEC 757.

- Ausgestaltung des Europäischen Forschungsraums (2,605 Mrd. Euro),
- Stärkung der Grundpfeiler des Europäischen Forschungsraums (320 Mio. Euro).

Relevant scheint hier vor allem der Schwerpunkt „Bündelung der Forschung", der die Forschungsanstrengungen und -tätigkeiten in sieben vorrangigen Themenbereichen zusammenführen und damit praktisch vorstrukturieren soll. Der energiebezogenen Forschung und Entwicklung soll dabei ein „angemessener Prioritätsgrad" eingeräumt werden, da laut Europäischem Rat von Göteborg in diesem Kontext globale Veränderungen, Energieversorgungssicherheit, Nachhaltigkeit im Verkehr, nachhaltige Nutzung der natürlichen Ressourcen Europas und die Wechselwirkungen mit menschlichen Tätigkeiten zentrale Anliegen sind. Die Maßnahmen in diesem vorrangigen Bereich zielen auf die Stärkung der für die Verwirklichung einer kurz- und langfristigen nachhaltigen Entwicklung erforderlichen wissenschaftlichen und technologischen Kapazitäten in Europa unter Einbeziehung der ökologischen, wirtschaftlichen und sozialen Dimensionen ab und sollen einen umfassenden Beitrag zu den internationalen Anstrengungen zur Abschwächung oder sogar Umkehrung derzeitiger negativer Trends und zur wissenschaftlichen Erforschung und Beherrschung der globalen Veränderungen und zum Erhalt des ökologischen Gleichgewichts leisten.

Das 6. Rahmenprogramm sieht als zentrales Element sieben „vorrangige Themenbereiche für die Forschung" vor. Die Inhalte und Instrumente werden in den sog. „spezifischen Programmen" bereits recht detailliert formuliert, wobei der Bereich „nichtnukleare Energie" sich hauptsächlich im Themenbereich „Nachhaltige Entwicklung, globale Veränderung und Ökosysteme" findet. Dieser Bereich besteht aus den Subprogrammen
- Nachhaltige Energiesysteme,
- Nachhaltiger Landverkehr und
- Globale Veränderungen und Ökosysteme.

und ist mit insgesamt 2,120 Mrd Euro budgetiert. Für den Teilbereich „nachhaltige Energiesysteme" sind über die Gesamtlaufzeit von 4 Jahren 810 Mio. Euro vorgesehen, für den „nachhaltigen Landverkehr" 610 Mio. Euro.

A3.3
Forschungsschwerpunkte „Energie" und „Verkehr" im 6. FTE-Rahmenprogramm

Der Text des aktuellen (geänderten) Vorschlags der Kommission für die spezifischen Programme (KOM (2002) 43) wird nachfolgend in den Abschnitten „Nachhaltige Energiesysteme" und „Nachhaltiger Landverkehr" vorgestellt.

A3.3.1
„Nachhaltige Energiesysteme"

Die strategischen Ziele betreffen die Verringerung der Treibhausgas- und Schadstoffemissionen, die Sicherheit der Energieversorgung, die stärkere Nutzung erneuerbarer Energien sowie die Steigerung der Wettbewerbsfähigkeit der europäischen Industrie. Wenn diese Ziele kurzfristig erreicht werden sollen, muss der

Einsatz von bereits in der Entwicklung befindlichen Technologien durch Forschungsanstrengungen in großem Maßstab gefördert und ein Beitrag dazu geleistet werden, Änderungen bei Energienachfrage und -verbrauch durch Verbesserung der Energieeffizienz sowie durch Integration erneuerbarer Energien in das Energiesystem herbeizuführen. Die längerfristige Verwirklichung einer nachhaltigen Entwicklung erfordert außerdem bedeutende FTE-Bemühungen, um die wirtschaftlich attraktive Verfügbarkeit von Energie zu gewährleisten und mögliche Hindernisse für die Einführung erneuerbarer Energiequellen sowie neuer Energieträger und Technologien wie Wasserstoff und Brennstoffzellen, die von sich aus umweltfreundlich sind, auszuräumen.

Forschungsschwerpunkte

Forschungsaktivitäten mit kurz- und mittelfristigen Auswirkungen

Die FTE-Tätigkeit der Gemeinschaft ist eines der Hauptinstrumente, mit dem die Einführung neuer Rechtsinstrumente im Energiebereich gefördert und die jetzigen nicht nachhaltigen Entwicklungsmuster maßgeblich geändert werden können, die durch eine zunehmende Abhängigkeit von der Einfuhr fossiler Brennstoffe, eine ständig wachsende Energienachfrage, die zunehmende Überlastung der Verkehrssysteme und ansteigende CO_2-Emissionen gekennzeichnet sind. Dazu müssen neue technische Lösungen angeboten werden, die das Verbraucher- und Nutzerverhalten vor allem in städtischen Gebieten positiv beeinflussen können. Ziel ist es, innovative und kostengünstige technische Lösungen möglichst schnell zur Marktreife zu führen, und zwar mit Hilfe von Demonstrations- und sonstigen Forschungsmaßnahmen, die auf den Markt ausgerichtet sind, Verbraucher/Nutzer in Pilotumgebungen einbeziehen und sowohl technische als auch organisatorische, institutionelle, finanzielle und gesellschaftliche Fragen berücksichtigen.

Im Bereich erneuerbarer Energieträger und ihrer Integration in das Energiesystem, einschließlich Speicherung, Verteilung und Nutzung wird angestrebt, verbesserte Technologien für erneuerbare Energien zur Marktreife zu führen und erneuerbare Energien in Netze und Versorgungsketten zu integrieren, z.B. durch Unterstützung von Akteuren, die durch Einsatz eines hohen Anteils erneuerbarer Energien zur Verwirklichung „zukunftsfähiger Gemeinschaften" beitragen. Bei solchen Maßnahmen kommen innovative oder verbesserte technische und/oder sozioökonomische Konzepte für „umweltfreundlichen Strom", Wärme oder Biokraftstoffe und ihre Integration in die Energieverteilungsnetze oder Versorgungsketten, einschließlich von Kombinationen mit der konventionellen großmaßstäblichen Energieverteilung, zum Tragen.

„Im Mittelpunkt der Forschung werden folgende Themen stehen: erhöhte Kosteneffizienz, Leistung und Zuverlässigkeit der wesentlichen neuen und erneuerbaren Energiequellen; Integration der erneuerbaren Energiequellen und effektive Kombination dezentraler Energiequellen mit der konventionellen großtechnischen Energieerzeugung; Validierung neuer Konzepte für Energiespeicherung, -verteilung und Nutzung."

A3.3 Forschungsschwerpunkte „Energie" und „Verkehr"

Energieeinsparungen und Energieeffizienz, auch durch Nutzung erneuerbarer Energieträger

Übergeordnetes Ziel ist die Verringerung des Energiebedarfs um 18 % bis zum Jahr 2010, um einen Beitrag zu den Verpflichtungen der EU bei der Bekämpfung der Klimaänderung und der Verbesserung der Energieversorgungssicherheit zu leisten. Die Forschungsarbeiten werden sich insbesondere auf umweltfreundliche Gebäude konzentrieren, die sich durch Energieeinsparungen und bessere Umweltqualität sowie höhere Lebensqualität für ihre Bewohner auszeichnen. Maßnahmen im Bereich der „polyvalenten" Energieerzeugung werden das Ziel der Gemeinschaft unterstützen, den Anteil der Kraft-Wärme-Kopplung (KWK) bei der Elektrizitätserzeugung bis zum Jahre 2010 von 9 % auf 18 % zu steigern, und werden dazu beitragen, die kombinierte Produktion von Elektrizität sowie von Heizung und Kühlung durch Einsatz neuer Technologien wie Brennstoffzellen und durch die Integration erneuerbarer Energien effizienter zu gestalten.

„Im Mittelpunkt der Forschung werden folgende Themen stehen: Verbesserung der Energieeinsparungen und der Energieeffizienz, hauptsächlich in Städten und insbesondere in Gebäuden, durch Optimierung und Validierung neuer Konzepte und Technologien einschließlich Kraft-Wärme-Kopplung und Fernwärme-/Kühlsysteme; Möglichkeiten der Energieerzeugung vor Ort und Nutzung erneuerbarer Energieträger zur Steigerung der Energieeffizienz von Gebäuden."

Alternative Motorkraftstoffe

Die Kommission hat mit der Vorgabe einer 20 %igen Substitution von Diesel und Benzin durch alternative Kraftstoffe im Straßenverkehr bis zum Jahr 2020 ein ehrgeiziges Ziel festgelegt. Dabei soll die Sicherheit der Energieversorgung durch geringere Abhängigkeit von Erdölimporten gesteigert und gleichzeitig das Problem der Treibhausgasemissionen aus dem Verkehr angegangen werden. Entsprechend der Mitteilung über alternative Kraftstoffe für den Straßenverkehr wird sich die kurzfristige FTE auf drei Arten alternativer Motorkraftstoffe mit potenziell erheblichen Marktanteilen konzentrieren: Biokraftstoffe, Erdgas und Wasserstoff.

„Im Mittelpunkt der Forschung werden folgende Themen stehen: Integration alternativer Motorkraftstoffe in das Verkehrssystem, insbesondere für den sauberen Stadtverkehr; kosteneffiziente und sichere Produktion, Lagerung und Verteilung (einschließlich Versorgungsinfrastruktur) von alternativen Motorkraftstoffen; optimale Nutzung alternativer Kraftstoffe für neue Konzepte zu energieeffizienten Fahrzeugen; Strategien und Werkzeuge für die Umstellung des Marktes auf alternative Motorkraftstoffe."

Forschungsaktivitäten mit mittel- und langfristigen Auswirkungen

Mittel- und längerfristig lautet das Ziel, neue und erneuerbare Energiequellen und neue Energieträger wie Wasserstoff zu entwickeln, die bezahlbar und umweltfreundlich sind und gut in einen langfristig nachhaltigen Kontext der Energieversorgung und -nachfrage sowohl für stationäre als auch Verkehrsanwendungen eingebunden werden können. Ferner verlangt die Weiterverwendung fossiler Brennstoffe in absehbarer Zukunft kostenwirksame Lösungen für die Beseitigung von CO_2. Ziel ist es, dass weitere Verminderungen der Treibhausgasemissionen über die Kyoto-Frist 2010 hinaus erreicht werden. Die künftige großtechnische

Entwicklung dieser Technologien wird von wesentlichen Kostensenkungen und anderen Aspekten der Wettbewerbsfähigkeit gegenüber konventionellen Energiequellen und vom allgemeinen sozioökonomischen und institutionellen Kontext ihrer Verbreitung abhängen.

Brennstoffzellen, einschließlich ihrer Anwendungen
Diese sich anbahnende Technologie dürfte längerfristig einen Großteil der jetzigen Verbrennungssysteme in der Industrie, in Gebäuden und im Straßenverkehr ersetzen, da sie eine bessere Energieausbeute, einen niedrigeren Schadstoffausstoß und das Potenzial zu Kosteneinsparungen bietet. Langfristig wird ein Kostenziel von 50 €/kW im Straßenverkehr und 300 €/kW in stationären Anwendungen langer Lebensdauer und Brennstoffzellen-/Elektrolyseanlagen angestrebt.

„Im Mittelpunkt der Forschung werden folgende Themen stehen: Kostenreduzierung bei der Brennstoffzellenfertigung und bei Anwendungen für Gebäude, Verkehr und dezentrale Stromerzeugung; fortgeschrittene Werkstoffe für Nieder- und Hochtemperatur-Brennstoffzellen für die oben genannten Einsatzbereiche."

Neue Technologien für Energieträger/-verteilung und Energiespeicherung, insbesondere Wasserstoff
Das Ziel ist die Entwicklung neuer Konzepte für eine langfristig nachhaltige Energieversorgung, bei denen Wasserstoff und sauberer Elektrizität wesentliche Bedeutung als Energieträger zukommt. Für H_2 müssen die entsprechenden Voraussetzungen geschaffen werden, um seine sichere Nutzung zu gleichen Kosten wie für konventionelle Energieträger sicherzustellen. Im Bereich Elektrizität müssen dezentrale neue und insbesondere erneuerbare Energiequellen im Rahmen vernetzter europäischer regionaler und lokaler Verteilungsnetze optimal integriert werden, um eine sichere, zuverlässige und hochwertige Versorgung zu gewährleisten.

„Im Mittelpunkt der Forschung werden folgende Themen stehen: umweltfreundliche kostengünstige Wasserstofferzeugung Wasserstoffinfrastruktur einschließlich Transport, Verteilung, Speicherung und Nutzung. Bei der Elektrizität wird der Schwerpunkt auf neuen Konzepten für Analyse, Planung, Kontrolle und Überwachung der Elektrizitätsversorgung und -verteilung sowie den grundlegenden Technologien für Speicherung und interaktive Übertragungs- und Verteilungsnetze liegen."

Neue und fortgeschrittene Konzepte für Technologien im Bereich erneuerbare Energien
Technologien für erneuerbare Energien können langfristig einen erheblichen Beitrag zur weltweiten und EU-weiten Energieversorgung leisten. Der Schwerpunkt wird auf Technologien mit hohem künftigem Energiepotenzial und Bedarf an Langzeitforschung insbesondere über Maßnahmen mit hohem europäischen Mehrwert liegen, um den Engpass des beträchtlichen Investitionsaufwands zu überwinden und diese Technologien gegenüber konventionellen Brennstoffen wettbewerbsfähig zu machen.

„Im Mittelpunkt der Forschung werden folgende Themen stehen: Im Bereich Fotovoltaik: die gesamte Fertigungskette vom Ausgangsmaterial bis zum Fotovoltaiksystem sowie die Integration der Fotovoltaik in den Wohnbereich und großtechnische Fotovoltaiksysteme im MW-Bereich zur Stromerzeugung. Im Bereich Biomasse: Barrieren in der Kette zwischen Angebot und Nutzung in den folgenden Gebieten: Produktion, Verbrennungstechnik, Gasifizierungstechniken für die Strom- und Wasserstoff-/Synthesegas-Erzeugung und Biokraftstoffe für den Verkehr. In anderen Bereichen werden sich die Anstrengungen darauf richten, auf europäischer Ebene spezifische Aspekte der FTE zu bündeln, die langfristige Forschung erfordern."

Sammlung und Bindung von CO_2 sowie umweltfreundlichere Anlagen für fossile Brennstoffe

Eine kostenwirksame Sammlung und Bindung von CO_2 ist für die Einbeziehung fossiler Brennstoffe in ein nachhaltiges Energieversorgungsszenario von zentraler Bedeutung, wobei die Kosten bei Sammlungsraten über 90 % mittelfristig auf ca. 30 € und langfristig auf etwa 20 € je Tonne CO_2 oder weniger reduziert werden sollten.

„Im Mittelpunkt der Forschung werden folgende Themen stehen: Entwicklung ganzheitlicher Konzepte für Energieumwandlungssysteme mit ‚nahe Null-Emissionen' für feste Brennstoffe, kostengünstige CO_2-Abscheidungssysteme sowohl vor wie nach der Verbrennung, sowie Oxyfuel und neuartige Konzepte: Entwicklung sicherer, kostenwirksamer und umweltverträglicher Verfahren zur Beseitigung von CO_2, insbesondere Speicherung in geeigneten geologischen Formationen, und Sondierungsmaßnahmen zur Bewertung der Möglichkeiten chemischer Speicherung."

A3.3.2
„Nachhaltiger Landverkehr"

Im Weißbuch „Die Europäische Verkehrspolitik bis 2010: Weichenstellungen für die Zukunft" wird für die Europäische Union bis 2010 von einem Nachfragewachstum von 38 % im Güter- und 24 % im Personenverkehr ausgegangen (Basisjahr 1998). Dieses zusätzliche Verkehrsaufkommen muss von den bereits überlasteten Verkehrsnetzen bewältigt werden, und eine Trendanalyse lässt darauf schließen, dass der diesbezügliche Anteil der weniger nachhaltigen Verkehrsträger noch wachsen dürfte. Ziel ist es deshalb, die Überlastung der Verkehrsnetze zu bekämpfen und diese Trends in Bezug auf die Gewichtung der Verkehrsträger durch eine bessere Integration und mehr Ausgeglichenheit zwischen den einzelnen Verkehrsträgern abzubremsen oder sogar umzukehren, ihre Sicherheit, Leistung und Effizienz zu verbessern, ihre Umweltauswirkungen weitestmöglich zu begrenzen und die Entwicklung eines wirklich nachhaltigen europäischen Verkehrssystems zu gewährleisten, wobei die Wettbewerbsfähigkeit der europäischen Industrie bei der Produktion von Verkehrsmitteln und -systemen sowie ihrem Betrieb zu fördern ist.

Forschungsschwerpunkte

Entwicklung umweltfreundlicher Verkehrssysteme und Verkehrsmittel: Ziel ist die Verringerung des Anteils des Landverkehrs (Schiene, Straße, Wasserwege) am Aufkommen von CO_2 und anderen Emissionen einschließlich Lärm, bei gleichzeitiger Verbesserung von Sicherheit, Komfort, Qualität, Kostenwirksamkeit und Energieeffizienz von Fahrzeugen und Schiffen. Besondere Aufmerksamkeit wird dem sauberen Stadtverkehr sowie einem rationellen Einsatz von PKW in der Stadt gewidmet; Neue Technologien und Konzepte für alle Verkehrsträger des Landverkehrs (Straße, Schiene, Wasserwege); Fortgeschrittene Entwurfs- und Produktionstechniken.

Mehr Sicherheit, Effizienz und Wettbewerbsfähigkeit im Landverkehr. Ziele sind die Gewährleistung der Beförderung von Personen und Gütern unter Berücksichtigung der Verkehrsnachfrage und der Notwendigkeit einer Neugewichtung der Verkehrsträger sowie die Steigerung der Sicherheit in Einklang mit den Zielen der europäischen Verkehrspolitik bis zum Jahr 2010; Neugewichtung und Integration der verschiedenen Verkehrsträger; Mehr Sicherheit im Straßen-, Schienen- und Wasserstraßenverkehr und Verhinderung von Verkehrsüberlastungen

A3.4
Spezifische Programme und Instrumentierung

Das oben auszugsweise vorgestellte 6. FTE-Rahmenprogramm soll über spezifische Programme durchgeführt werden (KOM (2001) 279 und KOM (2002) 43). Jedes spezifische Programm ist durch die Art der eingesetzten Instrumente gekennzeichnet, die den Zielen und der Organisation des Rahmenprogramms entsprechen. Das spezifische Programm „Integration und Stärkung des Europäischen Forschungsraums" mit den zwei indirekten Aktionen „Konzentration und Bündelung der Forschung" und „Stärkung der Grundpfeiler des Europäischen Forschungsraums" wird die Forschungs- und Koordinierungstätigkeiten zusammenfassen.

Als neue Instrumente kommen prioritär „Exzellenznetze" und „Integrierte Projekte" zum Einsatz, wobei ein harmonischer Übergang von traditionellen zu neuen Instrumenten zu gewährleisten ist. Mit der Einführung dieser neuen Instrumente, die der Rat und das Europäische Parlament in ihren Entschließungen zum Europäischen Forschungsraum begrüßt haben, wird der Notwendigkeit Rechnung getragen, die Förderformen der Gemeinschaft auf dem Gebiet der Forschung weiterzuentwickeln.

Ziel der „Integrierten Projekte" ist es, die Wettbewerbsfähigkeit der Gemeinschaft zu stärken oder durch Mobilisierung einer kritischen Masse von Ressourcen und Kompetenzen in Forschung und technologischer Entwicklung zur Lösung wichtiger gesellschaftlicher Probleme beizutragen. Jedes integrierte Projekt ist auf konkrete wissenschaftliche und technologische Ziele zugeschnitten und sollte spezifische Ergebnisse erbringen, die z. B. in Form von Produkten, Verfahren oder Dienstleistungen Anwendung finden können.

Mit „Exellenznetzen" sollen die herausragenden wissenschaftlichen und technologischen Kapazitäten in Europa durch eine schrittweise und dauerhafte Bündelung der auf nationaler wie auch auf regionaler Ebene vorhandenen oder entstehenden Forschungskapazitäten ausgebaut werden. Ziel jedes Netzes wird es sein, den Wissensstand in einem bestimmten Bereich zu verbessern, indem eine kritische Masse an Fähigkeiten aufgebaut wird. Exzellenznetze fördern die Zusammenarbeit zwischen den an Hochschulen und Forschungszentren, in Unternehmen (KMU sowie Großunternehmen) und in wissenschaftlich-technischen Organisationen vorhandenen herausragenden Kapazitäten. Diese oft multidisziplinären Tätigkeiten sind auf langfristige Ziele ausgerichtet und nicht auf im Voraus festgelegte, konkrete Ergebnisse in Form von Produkten, Verfahren oder Dienstleistungen.

A3.5 Zusammenfassung und Ausblick

Der Vorschlag der Kommission für das 6. Rahmenprogramm (2002–2006) orientiert sich stark am Gedanken des ERA. Dieses 6. Rahmenprogramm wird auch das wichtigste Instrument zur Umsetzung der Idee des ERA sein – da es die bedeutendste FTE-relevante Maßnahme darstellt, die im EG-Vertrag vorgesehen ist.

Das neue Rahmenprogramm beruht dabei auf folgenden Grundprinzipien:
– Konzentration auf eine begrenzte Zahl vorrangiger Forschungsbereiche, in denen ein unionsweites Vorgehen den größten europäischen Mehrwert bieten kann;
– Konzipierung der verschiedenen Maßnahmen im Hinblick darauf, dass sie eine stärker strukturierende Wirkung auf die Forschungsarbeiten in Europa haben dank einer engeren Verbindung mit den nationalen und regionalen wie auch den sonstigen europäischen Initiativen;
– Vereinfachung und Straffung der Durchführungsbestimmungen durch die neu festgelegten Förderformen und die geplanten dezentralisierten Verwaltungsverfahren.

Der Vorschlag sieht ein Gesamtbudget von 17,5 Milliarden Euro vor. Davon sind 1,23 Milliarden Euro dem EURATOM-Teil zugeordnet, lediglich 810 Mio. Euro für den Bereich nichtnuklearer Energie. Es kam im Rahmen der Verhandlungen somit zu einer Mittelausweitung, wenn auch im Vergleich zum vierten und fünften Forschungsrahmenprogramm auf sehr niedrigem Niveau (vgl. Abbildung 1 und Kapitel 6.4):

A3 Energierelevante Forschungs- und Technologiepolitik der EU

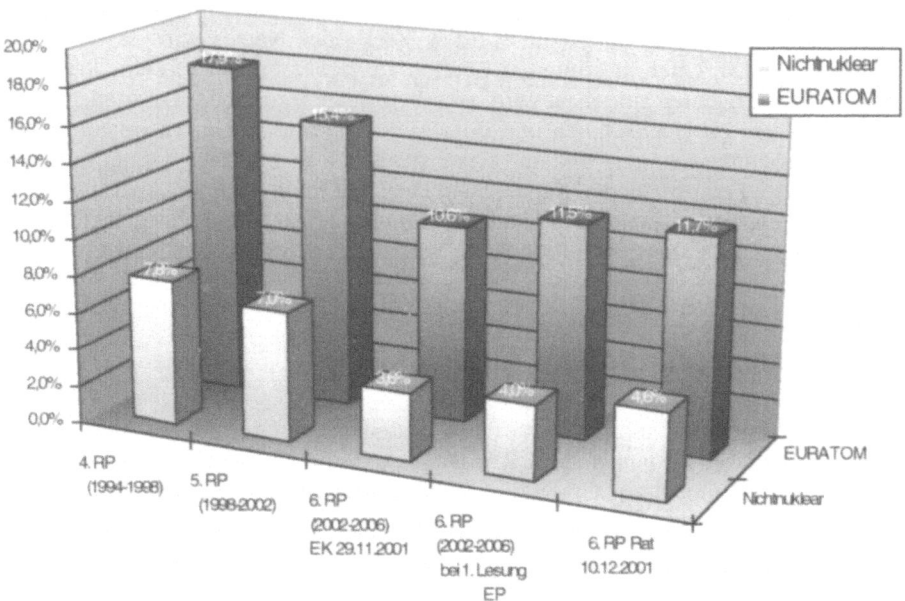

Abb. 1. Budgetanteil des Bereiches Energie am gesamten Rahmenprogramm. (Quelle: EVA (2001), S. 12; eigene Darstellung.)

Die Kommission geht bei der Beschlussfassung zu den spezifischen Programmen von „raschen Fortschritten" aus und rechnet nach der Annahme der Rahmenprogramme am 3. Juni 2002 (8800/02 (Presse 132), 2431. Ratstreffen) mit einem Beschluss der Arbeitsprogramme zu den spezifischen (Umsetzungs-) Programmen und einer ersten Mittelverausgabung bis Dezember 2002.

Literatur

AEG (2001) Grünbuch 2000. Nürnberg
Althammer W, Buchholz W (1999) Distorting Environmental Taxes: The Role of Market Structure. In: Jahrbücher für Nationalökonomie und Statistik 219/3+4, S 257–270
Arrow KJ (1962) The Economic Implications of Learning by Doing. In: Review of Economic Studies, Vol 29, S 155–173
Ashford N (2000) An Innovation Based Strategy for a Sustainable Environment. In: Hemmelskamp J, Rennings K, Leone F (Hrsg) Innovation-Oriented Environmental Regulation – Theoretical Approaches and Empirical Analysis. ZEW Economic Studies, Band 10. Heidelberg: Physica, S 67–107
Atkinson G, Dubourg R, Hamilton K, Munasinghe M, Pearce D und Young C (1997) Measuring Sustainable Development. Macroeconomics and the Environment. Cheltenham: Elgar

Bach S, Bork C, Kohlhaas M, Lutz C, Meyer B, Praetorius B, Welsch H (2001) Die ökologische Steuerreform in Deutschland. Heidelberg: Physica
Barry B (1999) Sustainability and Intergenerational Justice. In: Dobson A (Hrsg) Fairness and Futurity. Essays on Environmental Sustainability and Social Justice. Oxford: Oxford University Press, S 93–117
Barry B (1978) Circumstances of justice and future generations. In: Sikora RI, Barry B (Hrsg) Obligations to future generations. Philadelphia: Temple University Press, S 204–248
Barry B (1977) Justice between generations. In: Hacker PMS, Raz J (Hrsg) Law, morality and society. Oxford: Clarendon Press, S 268–284
Becher G et al. (1990) Regulierungen und Innovation. Der Einfluss wirtschafts- und gesellschaftspolitischer Rahmenbedingungen auf das Innovationsverhalten von Unternehmen. München
de Beer J (1998) Potential for Industrial Energy-Efficiency Improvement in the Long Term. Ph.D. Thesis, Utrecht University
de Beer J, Worrell E, Blok K (1998a) Future Technologies for Energy-Efficient Iron and Steel Making. In: Annual Review of Energy and Environment, Vol 23, S 123–205
de Beer J, Worrell E, Blok K (1998b) Long-term energy-efficiency improvement in the paper and board industry. In: Energy, the International Journal, Vol 23, S 21–42
Besch H et al. (2000) Strategien und Technologien einer pluralistischen Fern- und Nahwärmeversorgung in einem liberalisierten Energiemarkt unter besonderer Berücksichtigung der Kraft-Wärme-Koppelung und erneuerbarer Energien – Kurzfassung der Studie. Frankfurt/Main
BFS (2001) Bundesamt für Statistik, Bern
Bhagwati J, Srinivasan TN (1983) Lectures on International Trade. Chap.13, Cambridge MA: MIT Press
Birnbacher D (1988) Verantwortung für zukünftige Generationen. Stuttgart: Reclam
Blankart CB (1998) Öffentliche Finanzen in der Demokratie. München: Vahlen
Bleijenberg A N, van Swigchem J (2001) Schone energie: kern van het energiebeleid. Economisch-Statistische Berichten, Jg 86, S 796–799
Bloemers R, Magnani F, Peters M (2001) Paying a green premium. In: The McKinsey Quarterly, No 3, S 15–17
Blok K, de Jager D, Hendriks CA (2001a) Economic Evaluation of Sectoral Objectives for Climate Change – Summary for Policy Makers. European Commission, DG Environment

Blok K, Harmelink M, Bode JW (2001b) Experiences with Long term Agreements on energy-efficiency Improvements in the European Union. ECOFYS Energy and Environment

Blok K, Turkenburg WC, Eichhammer W, Farinelli U, Johansson TB (Hrsg) (1996a) Overview of Energy RD&D. Options for a Sustainable Future. Office for Official Publications of the European Communities, Luxembourg

Blok K, Eichhammer W, Nillson L, Valant P (Hrsg) (1996b) Strategies for energy RD&D in the European Union. JOU2-CT-0280

Blok K, Turkenburg WC, Eichhammer W, Farinelli U, Johannson TB (Hrsg) (1995) Overview of energy RD&D Options for a Sustainable future. JOU2-CT 93-0280, June

Blok K, Alsema EA, van Wijk AJM, Turkenburg WC (1985) The value of storage facilities in a renewable energy system. Proc. of the Sixth EC Photovoltaic Solar Energy Conference. Dordrecht: Reidel, S 337–342

BMBF (Bundesministerium für Bildung und Forschung) (2000) Bundesbericht Forschung 2000. Bonn

Böhringer C, Ruocco A, Wiegard W (2001) Energy Taxes and Employment: A do-it-yourself Simulation Model. ZEW Discussion Paper No. 01–21, Berlin

Böhringer C, Vogt C (2001) Internationaler Klimaschutz – nicht mehr als symbolische Politik? ZEW Discussion Paper No. 01–06, Berlin

Bosquet B (2000) Environmental tax reform: does it work? A survey of the empirical evidence. In: Ecological Economics 34, S 19–32

The Boston Consulting Group (1972) Perspectives on experience. Boston: The Boston Consulting Group

Boeters S (2001) Green Tax Reform and Employment: The Interaction of Profit and Factor Taxes. ZEW Discussion Paper No. 01–45, April, Berlin

Bovenberg AL (1995) Environmental Taxation and Employment. In: De Economist, Vol. 143, No. 2, S 111–140

Bovenberg AL, van der Ploeg F (1998) Tax Reform, Structural Unemployment and the environment. In: Scandinavian Journal of Economics, Vol 100 (3), S 593–610

BP (2001) Statistical Review of World Energy

Braczyk HJ (Hrsg) (1998) Regional Innovation Systems. London: UCL Press

Bröchler S, Simonis G, Sundermann K (Hrsg) (1999) Handbuch Technikfolgenabschätzung. Berlin: Edition Sigma

Buchanan JM (1969) External Diseconomies. Corrective Taxation and Market Structure. In: American Economic Review, S 174–177

Bullinger HJ (Hrsg) (1994) Technikfolgenabschätzung. Stuttgart: Teubner

BUND/Misereor (Hrsg) (1996) Zukunftsfähiges Deutschland. Ein Beitrag zu einer global nachhaltigen Entwicklung. Studie des Wuppertal Instituts für Klima, Umwelt und Energie. Basel u.a.: Birkhäuser

Bundesumweltministerium (Hrsg) (2000) Erneuerbare Energien und Nachhaltige Entwicklung. Berlin

Capros P et al. 2000 Einfuß der Besteuerung von Brennstoffen auf die Technologieauswahl – Eine Analyse, Anhang 2. In: KOM (2000)769 endgültig, Brüssel

Carraro C, Galeotti M, Gallo M (1996) Environmental taxation and unemployment: Some evidence on the „double dividend hypothesis". In: Europe, Journal of Public Economics, Vol 62, S 141–181

Commission on Global Government (CGG) (1995) Our Global Neighbourhood. Oxford: Oxford University Press

Costanza R (1991) Ecological Economics. The Science and Management of Sustainability. New York: Columbia University Press

Cox A, Chapman J (Overseas Development Institute) (1999) The European Community External Cooperation Programmes. Policies, Management and Distribution. London

Cropper ML, Oates WE (1992) Environmental Economics: A Survey. In: Journal of Economic Literature, Vol 30, No 2, S 675–740

Literatur 263

Daly H (1996) Beyond Growth: The Economics of Sustainable Development. Boston: Beacon Press
Daly H, Cobb JB (1989) For the Common Good. Boston: Beacon Press
Dodgson M, Rothwell R (Hrsg) (1996) The Handbook of Industrial Innovation. Cheltenham: Brookfield

Economische Zaken 3 (1997) Regelingen EZ. Energie Investeringsaftrek, 14 februari, S 19
Economische Zaken 3 (2001a) EINP Subsidieregeling Energievoorzieningen in de Nonprofitsector en bijzondere Sectoren. http://www.ez.nl/subs/01342.htm, download, 15-1-01
Economische Zaken 3 (2001b) EIA Energie Investeringsaftrek. http://www.ez.nl/subs/01342.htm, download, 15-1-01
Economist (18.5.2001) The Bush's Energy Plan
Effectiviteit Energiesubsidies (2000) Onderzoek naar de effectiviteit van enkel subsidies en fiscale regelingen in de periode 1988–1999. Von ECOFYS, OCFEB und Vrije Universiteit Amsterdam
Ehle D (1996) Die Einbeziehung des Umweltschutzes in das Europäische Kartellrecht. Köln u.a.: Heymanns
Eizenstat S (1998) Stick with Kyoto. In: Foreign Affairs, Vol. 77 No.3, S 119–121
Endres A, Radke V (1998) Indikatoren einer nachhaltigen Entwicklung. Berlin: Duncker & Humblot
Enquête-Kommission des 13. Deutschen Bundestages „Schutz des Menschen und der Umwelt"(1998) Abschlussbericht. Bundestagsdrucksache Nr. 13/11200 (http://dip.bundestag.de/parfors/parfors.htm)
Environmental Law Network International – ELNI (Hrsg) (1998) Environmental Agreements – The Role and Effect of Environmental Agreements in Environmental Policies. London: Cameron May LTD
Esty D (1999) Greening of the GATT (Trade, Environment and the Future) Washington D.C.
In: Institut für Umweltmanagement (IfU) (2001) Evaluation von Selbstverpflichtungen der Verbände der Chemischen Industrie. Unveröffentlichte Studie, Oestrich-Winkel
Etemad B, Luciani J, Bairoch P, Toutain JC (1991) World Energy Production 1800–1985. Geneva: Libriairie DROZ
European Commission, DG Energy & Transport (2002) Work Programme for SAVE and ALTERNER Calls 2001–2002, Brüssel
European Commission, UNDP (1999) Energy as a Tool for Sustainable Development for African, Caribbean and Pacific countries. New York
European Foundation (2000) The Role of the Social Partners in Sustainable Development. Conference Report. Dublin
E.V.A. [Energieverwertungsagentur] (2001) Informationen zum Bereich „nichtnukleare Energie" im 6. Rahmenprogramm für FTE der EU. Von Andreas Indinger, Wien. http://energytech.at/foerderung/6rp_index.html
E.V.A. (2000) Die Österreichische Energiepolitik im Hinblick auf erneuerbare Energiequellen. http://www.eva.wsr.ac.at/projekte/ren-in-a01.htm, 10/2/01

Farla JCM, Blok K (2001) Industrial long-Term Agreements on Energy Efficiency in the Netherlands. Paper for Journal of Cleaner Production
Faucheux S, Muir E, O'Conner M (1997) Neoclassical Natural Capital Theory and „Weak" Indicators for Sustainability. In: Land Economics, 73, S 528–552
Federal Energy Research and Development for the Challenges of the 21st Century (1997) President's Committee of Advisors on Science and Technology (PCAST). Washington D.C.
Fickl S, Raimund W (1999) Fuel economy labelling of cars and its impacts on buying behaviour, fuel efficiency and CO_2 reduction. Vortrag gehalten bei SAVE – For An Energy Efficient Millenium. The Conference. Session IV, Energy Efficient Equipment, 8. – 10. November 1999, Graz

Fleischmann G (2001) Volkswirtschaftslehre. In: Ropohl G (Hrsg) Erträge der interdisziplinären Forschung. Eine Bilanz nach 20 Jahren. Berlin: Schmidt, S 145–164
von Flotow P, Schmidt J (2001) Evaluation von Selbstverpflichtungen der Verbände der Chemischen Industrie. Arbeitspapiere des Instituts für Ökologie und Unternehmensführung e.V. (IÖU) Band 36, Oestrich-Winkel
von Flotow P, Steger U (2000) Die Brennstoffzelle – Ende des Verbrennungsmotors. Bern: Paul Haupt Verlag
Freeman C, Soete L (1997):The Economics of Industrial Innovation, Cambridge
Frenz W (2002) Warenverkehrsfreiheit und umweltschutzbezogene Energiepolitik. In: Natur und Recht, Heft 3, S 204 ff
Frenz W (2001a) Selbstverpflichtungen der Wirtschaft. Tübingen: Mohr Siebeck
Frenz W (2001b) Bergrecht und Nachhaltige Entwicklung. Berlin: Duncker & Humblot
Frenz W (2000), Sustainable Development durch Raumplanung. Berlin: Duncker & Humblot
Frenz W (1999a) Freiwillige Selbstverpflichtungen/Umweltvereinbarungen zur Reduzierung des Energieverbrauchs im Kontext des Gemeinschaftsrechts. In: EuR-Heft 1, S 27–48
Frenz W (1999b) Energiesteuern und Beihilfeverbot. In: EuZW, S 616 ff
Frenz W (1997) Nationalstaatlicher Umweltschutz und EG-Wettbewerbsfreiheit. Köln: Carl Heymanns Verlag
Frenz W, Unnerstall H (1999) Nachhaltige Entwicklung im Europarecht. Baden-Baden: Nomos
Fritsch M, Wein T, Ewers HJ (2001) Marktversagen und Wirtschaftspolitik. Mikroökonomische Grundlagen staatlichen Handelns. München: Vahlen

G8 Renewable Energy Task Force (2001) Final Report. July, 2001, www.renewabletaskforce.org
Gather C, Steger U (2001) Ökonomische und ökologische Auswirkungen der europäischen Deregulierung des Strommarktes. In: Hanekamp G, Steger U (Hrsg) Nachhaltige Entwicklung und Innovation im Energiebereich. Graue Reihe Nr. 28, Europäische Akademie, Bad Neuenahr-Ahrweiler, S 116–136
GATT (1992) Trade and the environment. GATT-Report
Gerken L (1996) (Hrsg) Ordnungspolitische Grundfragen einer Politik der Nachhaltigkeit. Baden-Baden: Nomos
Gethmann CF (1999) Rationale Technikfolgenbeurteilung. In Grunwald A (Hrsg.) Rationale Technikfolgenbeurteilung. Konzepte und methodische Grundlagen. Berlin: Springer
Gethmann CF, Kamp G (2000) Gradierung und Diskontierung von Verbindlichkeiten bei der Langzeitverpflichtung. In: Mittelstraß J (Hrsg) Die Zukunft des Wissens. Berlin: Akademie Verlag. Auch in: Birnbacher D, Brudermüller G (2001) Zukunftsverantwortung und Generationensolidarität. Würzburg: Königshausen & Neumann
Goldemberg J, Johansson TB, Reddy AKN, Williams RH (1985) Basic Needs and Much More With One Kilowatt Per Capita. In: Ambio 14, S 190–200
Goodin RE (1982) Political Theory and Public Policy. Chicago: The University of Chicago Press
Goodin RE (1985) Protecting the Vulnerable. A Reanalysis of Our Social Responsibilities. Chicago: The University of Chicago Press
Goodin RE (1992) Green Political Theory. Cambridge: Polity Press
Goodin RE (1996) Enfranchising the Earth and its Alternatives. In: Political Studies, XLIV, S 835–849
Graafland JJ, Huizinga FH (1999) Taxes and Benefits in a Non-Linear Wage Equation. In: De Economist 147, No.1, S 39–54
Grübler A, Naki_enovi_ N (1997) Decarbonizing the Global Energy System. IIASA Report RR-97-6, Laxenburg, Austria. Reprinted from Technology Forecasting and Social Change 53 (1996), S 97–110
Grunwald A (2000) Technik für die Gesellschaft von morgen. Möglichkeiten und Grenzen gesellschaftlicher Technikgestaltung. Frankfurt/Main: Campus

Haas H (1975) Technikfolgenabschätzung. München: Oldenbourg
Hall DO, Rosillo-Calle F, Williams RH, J. Woods J (1993) Biomass for energy – supply prospects. In: Th. Johansson et al.(Hrsg) Renewable Energy – Sources for Fuels and Electricity. Island Press, Washington, D.C.
Hampicke U (1992): Ökologische Ökonomie. Individuum und Natur in der Neoklassik. Natur in der ökonomischen Theorie, Teil 4. Opladen: Westdeutscher Verlag.
Hampicke U (1999) Das Problem der Verteilung in der Neoklassischen und in der Ökologischen Ökonomie. In: Jahrbuch für Ökologische Ökonomik, Band 1. Marburg: Metropolis, S 153–188
Hanekamp G (2001) Scientific Policy Consulting and Participation. In: Poiesis & Praxis 1, Heft 1, S 78–84
Hartwick J (1977) Intergenerational Equity and the Investing of Rents from Exhaustible Resources. In: American Economic Review, Vol 67, S 972–974
Haupt U, Pfaffenberger W (2001) Wettbewerb auf dem deutschen Strommarkt – Drei Jahre nach der Liberalisierung. Beitrag für die 2. Internationale Energiewirtschaftstagung an der TU Wien
Von Hengel E (1998) Duurzaamheid: grenzen aan pluralisme. In: Filosofie & Praktijk, 19/3, S 113–127
Heuss E (1965) Allgemeine Markttheorie, Tübingen
Hicks JR (1932) The Theory of Wages. London: Macmillan
Hildebrandt E, Schmidt E (1997) Ökologisierung der Arbeit und die Innovationsfähigkeit der industriellen Beziehungen. In: Naschold F et al. (Hrsg) Ökonomische Leistungsfähigkeit und institutionelle Innovation. Das deutsche Produktions- und Politikregime im globalen Wettbewerb. Berlin: Edition Sigma, S 183–210
Holmlund B, Kolm AS (2000) Environmental Tax Reform in a Small Open Economy With Structural Unemployment. In: International Tax and Public Finance, 7, S 315–333
Homann K (1996) Sustainability: Politikvorgabe oder regulative Idee? In: Gerken L (Hrsg) Ordnungspolitische Grundfragen einer Politik der Nachhaltigkeit. Baden-Baden: Nomos, S 33–47
Hubbertpeak (2001). http://www.hubbertpeak.com.
Hübner H (2002) Nachhaltigkeit als Herausforderung für ganzheitliche Erneuerungsprozesse. Berlin: Erich Schmidt Verlag
http://www.ez.nl/beleid/home_ond/energiebesp/firstlevel_index.html, 9/27/01
http://www.ez.nl/Persberichten/persberichten2001/2001113.htm, 9/27/01
http://www.ez.nl/Persberichten/persberichten2001/2001128.htm, 9/27/01
http://www.senter.nl/energiebesparing/pb17092001.htm, 9/27/01

IEA (International Energy Agency) (2001a) Key World Energy Statistics – 2001 Edition. Paris
IEA (International Energy Agency) (2001b) Tagung des Verwaltungsrates auf Ministerebene, 15.–16. Mai. Kommunique, www.iea.org
IEA (International Energy Agency) (2000) The potential of wind energy to reduce CO_2-Emissions. Greenhouse Gas R&D Programme. Paris
IEA (International Energy Agency) (1998) Energy Technology Price Trends and Learning. Paris
IFOK Institut für Organisationskommunikation (Hrsg) (1997) Bausteine für ein zukunftsfähiges Deutschland. Diskursprojekt im Auftrag von VCI und IG Chemie-Papier-Keramik. Wiesbaden
Imboden DM (2000) Energy forecasting and atmospheric CO_2 perspectives: Two worlds ignore each other. Integrated Assessment 1, S 321–330
Imboden D (1993) The Energy Needs of Today are the Prejudices of Tomorrow. In: GAIA 2, No 6, S 330–337
Imboden DM, Roggo C (2000) Die 2000 Watt-Gesellschaft – Der Mondflug des 21. Jahrhunderts. ETH Bulletin 276, S 24–27
Imboden DM, Jaeger CC (1999) Towards a Sustainable Energy Future. In: Energy – The Next Fifty Years. OECD, Paris
IMF, World Bank (1999) Poverty Reduction Strategies Papers. www.imf.org/external

Institute for Policy Studies (1997) The World Bank and the G7: Still Changing the Earth's Climate for Business. Washington, D.C.
Interdisciplinary Analysis of Successful Implementation of Energy Efficiency in the industrial, commercial and service sector (1998) Contract JOS3-CT95-0009, Final Report, Vol I. Wuppertal, Wien, Karlsruhe, Kiel, Copenhagen
IPCC (2001a) Climate Change 2001: The Scientific Basis. Cambridge
IPCC (2001b) Climate Change 2001: Impacts, Adaptation and Vulnerability. Cambridge
IPCC (2001c) Climate Change 2001: Mitigation. Cambridge
IPCC (2000). Special Report on Emissions Scenarios. A Special Report of Working Group III of the Intergovernmental Panel on Climate Change. Cambridge: Cambridge University Press
IPPC-Richtlinie (Integrated Pollution Prevention and Controll Directive) 96/61/EC, Brüssel

Jänicke M (2000) Ökologische Modernisierung als Innovation und Diffusion in Politik und Technik: Möglichkeiten und Grenzen des Konzeptes. Discussion Paper FFU-dp 1-2000, Berlin
Jänicke M, Mez L, Bechsgaard P, Klemmensen B (1998) Innovationswirkungen branchenbezogener Regulierungsmuster am Beispiel energiesparender Kühlschränke in Dänemark. Teilprojekt des Forschungsverbundes Innovative Auswirkungen umweltpolitischer Instrumente (FIU), Berlin
Johansson TB, Kelly H, Reddy AKN, Williams RH (Hrsg) (1993) Renewable Energy – Sources for Fuels and Electricity. Island Press, Washington, D.C.

Keat R (1994) Citizens, Consumers and the Environment: Reflections on the „The Economy of the Earth". In: Environmental Values, Vol 3 No 3, S 333–349
Kemp R (2000a) Possibilities for a Green Industrial Policy from an Evolutionary Technology Perspective. In: Binder M, Jänicke M, Petschow U (Hrsg) Green Industrial Restructuring. Berlin: Springer
Kemp R (2000b) Integrated Product Policy and Innovation: Incremental Steps and Their Limits. In: Ökologisches Wirtschaften, Nr. 6, S 24f
Kern K, Jörgens H, Jänicke M (2000) Die Diffusion umweltpolitischer Innovationen. Ein Beitrag zur Globalisierung von Umweltpolitik. ZfU, S 507–546
Klemmer P (1999) (Hrsg) Innovationen und Umwelt. Berlin, Analytica
Klemmer P, Lehr U, Löbbe K (1999): Umweltinnovationen. Anreize und Hemmnisse. Berlin, Analytica
Knebel J, Wicke L, Michael G (1999) Selbstverpflichtungen und normsetzende Umweltverträge als Instrumente des Umweltschutzes (Umweltbundesamt: Berichte 99/5). Berlin: Erich Schmidt Verlag
Knoop S, Steger U (1998) Households: A new dimension of the IPPC-Directive? Unveröffentlichtes Manuskript, Oestrich-Winkel
KOM (2002) 43 endgültig (Kommission der Europäischen Gemeinschaften) Geänderte Vorschläge für Entscheidungen des Rates über die spezifischen Programme des 6. FTE-Rahmenprogramms. Brüssel
KOM (2001) 709 endgültig (Kommission der Europäischen Gemeinschaften) Geänderter Vorschlag für einen Beschluss des EP und des Rates über das 6. FTE-Rahmenprogramm. Brüssel
KOM (2001) 580 endgültig (Kommission der Europäischen Gemeinschaften) Mitteilung der Kommission über die Durchführung der ersten Phase des europäischen Programms zur Klimaänderung (ECCP). Brüssel
KOM (2001) 370 endgültig (Kommission der Europäischen Gemeinschaften) Weißbuch: Die europäische Verkehrspolitik bis 2010: Weichenstellungen für die Zukunft. Brüssel
KOM (2001) 279 endgültig (Kommission der Europäischen Gemeinschaften) Entscheidung des Rates über die spezifischen Programme zur Durchführung des 6. FTE-Rahmenprogramms. Brüssel
KOM (2001) 226 endgültig (Kommission der Europäischen Gemeinschaften) Vorschlag für eine

Richtlinie des Europäischen Parlaments und des Rates über das Energieprofil von Gebäuden. Brüssel

KOM (2001) 68 endgültig (Kommission der Europäischen Gemeinschaften) Grünbuch zur integrierten Produktpolitik. Brüssel

KOM (2000) 769 endgültig (Kommission der Europäischen Gemeinschaften) Grünbuch. Hin zu einer europäischen Strategie für Energieversorgungssicherheit. Brüssel

KOM (2000) 247 endgültig (Kommission der Europäischen Gemeinschaften) Mitteilung der Kommission an den Rat, das Europäische Parlament, den Wirtschafts- und Sozialausschuss und den Ausschuss der Regionen. Aktionsplan zur Verbesserung der Energieeffizienz in der Europäischen Gemeinschaft. Brüssel

KOM (2000) 212 endgültig (Kommission der Europäischen Gemeinschaften) Mitteilung der Kommission an den Rat und das Europäische Parlament. Die Entwicklungspolitik der Europäischen Gemeinschaft. Brüssel

KOM (2000) 88 endgültig (Kommission der Europäischen Gemeinschaften) Mitteilung der Kommission an den Rat und das Europäische Parlament. Zu einem Europäischen Programm zur Klimaänderung (ECCP). Brüssel

KOM (2000) 31 endgültig (Kommission der Europäischen Gemeinschaften) Mitteilung der Kommission an den Rat, das Europäische Parlament, den Wirtschafts- und Sozialausschuss und den Ausschuss der Regionen zum 6. Umweltaktionsprogramm. Brüssel

KOM (2000) 6 endgültig (Kommission der Europäischen Gemeinschaften) Mitteilung der Kommission an den Rat, das Europäische Parlament, den Wirtschafts- und Sozialausschuss und den Ausschuss der Regionen. Hin zu einem europäischen Forschungsraum. Brüssel.

KOM (1996) 651 endgültig (Kommission der Europäischen Gemeinschaften) Mitteilung der Kommission an den Rat und das Europäische Parlament über Umweltvereinbarungen. Brüssel

KOM (1992) 23 (Kommission der Europäischen Gemeinschaften) Fünftes Umweltaktionsprogramm. Brüssel

Kong N, Salzmann O, Steger U (2002) Moving Corporations to promote Sustainable Consumption: The Role of NGO's. In press

Kopfmüller J, Brandl V, Jörissen J, Paetau M, Banse G, Coenen R, Grunwald A (2001) Nachhaltige Entwicklung integrativ betrachtet. Konstitutive Elemente, Regeln, Indikatoren. Berlin: Edition Sigma

Koskela E, Schöb R (1999) Alleviating unemployment: The case for green tax reforms. In: European Economic Review 43, S 1723–1746

Koskela E, Schöb R, Sinn HW (2001) Green Tax Reform and Competitiveness, Vol 2, Issue 1, February 2001, 19–30

Krcal H-C (2000) Umweltschutzkooperationen in der Automobilindustrie – ein Überblick. In: UmweltWirtschaftsForum, Vol 8, No 2, S 5–10

Kurz R (1997) Unternehmen und nachhaltige Entwicklung. In: de Gijsel P et al. (Hrsg) Ökonomie und Gesellschaft. Jahrbuch 14: Nachhaltigkeit in der ökonomischen Theorie. Frankfurt/Main: Campus, S 78–102

Kurz R (1996) Innovationen für eine zukunftsfähige Entwicklung. Aus Politik und Zeitgeschichte. In: Beilage zur Wochenzeitung Das Parlament B7/96, S 14–22

Kurz R, Graf HW, Zarth M (1989) Der Einfluss wirtschafts- und gesellschaftspolitischer Rahmenbedingungen auf das Innovationsverhalten von Unternehmen. Gutachten im Auftrag des Bundesministers für Wirtschaft, Tübingen

Langniß O (2000) Die Bedeutung grünen Stroms im liberalisierten Markt. Teil der Studie Klimaschutz durch erneuerbare Energien. Im Auftrag des Umweltbundesamtes und des Bundesministeriums für Umwelt, Naturschutz und Reaktorsicherheit, Stuttgart

Lapidus I, Looser U, Meier-Reinhold H, Müller-Groeling A, Paulse T, Vahlenkamp T (2000) Risiko-Management als Wettbewerbsvorteil im Strommarkt. In: Energiewirtschaftliche Tagesfragen 9/2000, S 632–638

Lautenbach S, Steger U, Weihrauch P (1992) Evaluierung freiwilliger Branchenvereinbarungen im Umweltschutz. Freiwillige Kooperationslösungen im Umweltschutz. Ergebnisse eines Gutachtens und Workshops. Bundesverband der Deutschen Industrie e.V. (BDI-Drucksache, Nr. 249), Köln

Leitschuh-Fecht H (Hrsg) (2001) Aktiv für die Zukunft – Wege zum nachhaltigen Konsum. UBA-Texte 37/01, Berlin

Leitschuh-Fecht H (2002) Lust auf Stadt. Ideen und Konzepte für urbane Mobilität. Bern: Paul Haupt

Lerch A, Nutzinger HG (2001) Nachhaltigkeit in wirtschaftsethischer Perspektive. In: Rissener Rundbrief 10–11, Oktober/November, S 61–79

Letchumanan R, Kodama F (2000) Reconciling the conflict between the ‚pollution-haven' hypothesis and an emerging trajectory of international technology transfer. Research Policy 29, S 59–79

Lubbers R, Koorevaar J (2000) Primary Globalisation and the Sustainable Development Paradigm – Opposing Forces in the 21st Century. In: OECD (Hrsg) The Creative Society of the 21st Century. Paris, S 173–189

Luiten E (2001) Beyond Energy Efficiency. Ph.D. Thesis, Utrecht University

Markusen JR, Morey ER, Olewiler NO (1993) Environmental policy when market structure and plant locations are endogenous. In: Journal of Environmental Economics and Management, Vol 35, S 69–86

Martinot E, McDoom O (2000) Promoting Energy Efficiency and Renewable Energy. GEF Climate Change Projects and Impacts. Global Environment Facility, Washington, D.C.

Matthews R (1949–50) Reciprocal Demand and Increasing Returns. In: Review of Economic Studies, Vol 17, No 42, S 149–158

McGuire MC (1982) Regulation, Factor Rewards, and International Trade In: Journal of Public Economics 17, S 335–354

Merrifield JD (1988) The Impact of Selected Abatement Strategies on Transnational Pollution. The Terms of Trade and Factor Rewards: A General Equilibrium Approach. In: Journal of Environmental Economics and Management, Vol 29, S 259–284

Möschel W (1994) Innovationspolitik als Ordnungspolitik. In: Ott C, Schäfer HB (Hrsg) Ökonomische Analyse der rechtlichen Organisation von Innovationen. Tübingen: Mohr, S 40–58

de Moor APG, van Beers CP (2001) Het Internationale klimaatcompromis. In: Economisch-Statistische Berichten, S 552–554

Nakićenović N, Grübler A, McDonald A (1998) Global Energy Perspectives. Cambridge: Cambridge University Press

Newell R, Jaffe AB, Stavins RN (1999) The Induced Innovation Hypothesis and Energy-Saving Technological Change. In: The Quarterly Journal of Economics, Vol. 114 (3), S 941–976

Nielsen SB, Pedersen LH, Sørensen PB (1995) Environmental Policy, Pollution, Unemploymnet, and Endogenous Growth. In: International Tax and Public Finance, 2(2), S 185–205

Nill J, Petschow U, Jahnke M (2001) New Theoretical Perspectives on Industrial Restructuring and their Implications for (Green) Industrial Policy. In: Binder M, Jänicke M, Petschow U (Hrsg) Green Industrial Policy. International Case Studies and Theoretical Interpretations. Berlin: Springer, S 73–96

Nitsch J, Rösch C (2001) Perspektiven für die Nutzung regenerativer Energien. in: Grunwald A, Coenen R, Nitsch J, Sydow A, Wiedemann P (Hrsg) Forschungswerkstatt Nachhaltigkeit. Berlin: Edition Sigma, S 291–324

Nutzinger HG, Radke V (1995a) Das Konzept der nachhaltigen Wirtschaftsweise. In: Nutzinger H (Hrsg) Nachhaltige Wirtschaftsweise und Energieversorgung. Konzepte, Bedingungen, Ansatzpunkte. Marburg: Metropolis, S 13–49

Nutzinger HG, Radke V (1995b) Wege zur Nachhaltigkeit. In: Nutzinger H (Hrsg) Nachhaltige Wirtschaftsweise und Energieversorgung. Konzepte, Bedingungen, Ansatzpunkte. Marburg: Metropolis, S 225–256

OECD (2001) Policies to Enhance Sustainable Development. Paris
OECD/IEA (2000a) Energy Labels & Standards. Paris
OECD/IEA (2000b) Experience Curves for Energy Technology Policy. Paris
OECD (1999) Voluntary Approaches for environmental policy. An assessment. Paris
OECD (1996) Shaping the 21st Century: The Contribution of Development Co-operation. Paris
OECD (1995) Global Warming: Economic Dimension and Policy Responses, Paris
Onigkeit J, Alcamo J 2000 Stabilisierungsziele für Treibhausgaskonzentrationen. Eine Abschätzung der Auswirkungen und der Entwicklungspfade. Universität Kassel.
Ossebaard ME, van Wijk AJM, van Wees MT (1997) Heat Supply in the Netherlands: A Systems Analysis of Costs, Exergy Efficiency, CO_2 and NO_x Emissions. In: Energy 22, S 1087–1098
o.V. (2000) Produktkampagne Top 10 – Eine ungewöhnliche Kooperation. In: Öko-Institut (Hrsg) Öko-Mitteilungen. Ausgabe 3-4/00.Freiburg, S 25

Pearce D, Atkinson G (1993) Measuring Sustainable Development. In: Ecodecision, June 1993, S 64–66
Petersen T, Faber M, Schiller J (2000) Umweltpolitik in einer evolutionären Wirtschaft und die Bedeutung einer institutionellen Umweltökonomik. In: Bizer K, Linscheidt B, Truger A (Hrsg) (2000) Staatshandeln im Umweltschutz. Perspektiven einer institutionellen Umweltökonomik. Berlin, S 135–150
Pethig R (1976) Pollution, Welfare, and Environmental Policy in the Theory of Comparative Advantage. In: Journal of Environmental Economics and Management 2, S 160–169
Pimm S (2001) The World According to Pimm, McGraw-Hill, S 304 ff
Pissarides C (1998) The impact of employment tax cuts on unemployment and wages. The role of unemployment benefits and tax structure. European Economic Review 42, S 155–183
Popp D (2001) Induced Innovation and Energy Prices. NBER Working Paper No 8284, Cambridge MA
Projektgruppe Mobilität (2001) Kurswechsel im öffentlichen Verkehr. Mit automobilen Angeboten in den Wettbewerb. Berlin: Edition Sigma

Radgen, P, Jochem E (Hrsg) (1999) Energie effizient nutzen – Schwerpunkt Strom. Frauenhofer Institut für Systemtechnik und Innovationsforschung (ISI) Karlsruhe http://www.baden-wuerttemberg.de/sixcms_upload/media/110/stromsparinitiative_modellprojekte_und_fachartikel.pdf
Rawls J (1971/1998) A Theory of Justice (revised edition 1998). Berlin: Akad.-Verlag
Rehbinder E (1991) Das Vorsorgeprinzip im internationalen Vergleich. Düsseldorf: Werner-Verlag
Rehbinder E (1998) Ziele, Grundsätze, Strategien, Instrumente. In: Salzwedel J et al. (Hrsg) Grundzüge des Umweltrechts. Berlin: Schmidt
Renn O (1984) Risikowahrnehmung der Kernenergie. Frankfurt/Main: Campus
Rennings K (Hrsg) (1999) Innovation durch Umweltpolitik. Baden-Baden
Rennings K, Brockmann KL, Bergmann H (1997) Voluntary Agreements in Environmental Protection – Experiences in Germany and future Perspectives. ZEW Discussion Paper No. 97-04 E, Berlin
Rennings K, Brockmann KL, Bergmann H, Kühn I (1996) Nachhaltigkeit, Ordnungspolitik und freiwillige Selbstverpflichtungen. ZEW Schriftenreihe, Umwelt- und Ressourcenökonomie, Heidelberg
Requate T (1998) Incentives to Innovate under Emission Taxes and Tradeable Permits. European Journal of Political Economy 14, No 1, S 139–165
Rietbergen MG, Farla JCM und Blok K (2001) Do Agreements Enhance Energy Efficiency Improvement? Journal of Cleaner Production 10 (2002) pp. 153–163.
Ritter H, Amann E (2001) Energy+: Kühle Europameister für kühle Rechner. In: Energieverwertungsagentur – the Austrian Energy Agency (E.V.A.): energy. Die Zeitschrift der Energieverwertungsagentur, No 2/2001, S 26–28

Rogner HH (1997) An Assessment of World Hydrocarbon Resources. In: Annual Review of Energy and Environment, Vol 22, S 217–262

Rosenberg N (1982) Inside the Black Box: Technology and Economics. New York

Der Sachverständigenrat für Umweltfragen (SRU) (1994) Umweltgutachten 1994. Für eine dauerhaft umweltgerechte Entwicklung. Stuttgart: Metzler-Poeschel

Der Sachverständigenrat für Umweltfragen (SRU) (1996) Umweltgutachten 1996: Zur Umsetzung einer dauerhaften umweltgerechten Entwicklung. Stuttgart: Metzler-Poeschel

Der Sachverständigenrat für Umweltfragen (SRU) (2000) Umweltgutachten 2000: Schritte ins nächste Jahrtausend. Stuttgart: Metzler-Poeschel

Schindler J, Zittel W (2000) Öffentliche Anhörung von Sachverständigen durch die Enquête Kommission des Deutschen Bundestages „Nachhaltige Energieversorgung unter den Bedingungen der Globalisierung und der Liberalisierung" zum Thema „Weltweite Entwicklung der Energienachfrage und der Ressourcenverfügbarkeit". Schriftliche Stellungnahme zu ausgewählten Fragen der Kommission, Ottobrunn

Schlegelmichel K (2000) Energy Taxation in the EU – Recent Processes. Heinrich-Böll Stiftung, Brüssel

Schlesinger M, Schulz W Deutscher Energiemarkt 2020. Prognose im Zeichen von Umwelt und Wettbewerb. In: Energiewirtschaftliche Tagesfragen, 3/2000, S 106–113

Schlomann B, Eichhammer W, Gruber E, Kling N, Mannsbart W, (Fraunhofer ISI), Stöckle F (GfK Marketing Services) (2001) Evaluierung zur Umsetzung der Energieverbrauchskennzeichnungsverordnung (EnVKV). Projektnummer 28/00. Kurzfassung des Abschlussberichts an das Bundesministerium für Wirtschaft und Technologie. Karlsruhe

Schmitt D, Düngen H (1995) Energie und Umwelt. In: Junkernheinrich M, Klemmer P, Wagner GR (Hrsg) Handbuch zur Umweltökonomie. Berlin: Analytica, S 22–26

Schneider K (1997) Involuntary Unemployment and Environmental Policy: The Double Dividend Hypothesis. Scandinavian-Journal-of-Economics, Vol 99(1), S 45–49

Scholz CM (1998) Involuntary Unemployment and environmental Policy: The Double Dividend Hypothesis: A Comment. In: Scandinavian Journal of Economics, Vol 100 (3), S 663–664

Schröder M, Claussen M, Grunwald A, Hense A, Klepper G, Lingner S, Ott K, Schmitt D, Sprinz D (2002) Klimavorhersage und Klimavorsorge. Berlin: Springer

Schumpeter JA (1911) Theorie der wirtschaftlichen Entwicklung. Eine Untersuchung über Unternehmergewinn, Kapital, Kredit, Zins und den Konjunkturzyklus, 6. Auflage 1964. Berlin: Duncker & Humblot

Schumpeter JA. (1942) Capitalism, Socialism and Democracy. New York

SEK (2002) 105 endgültig Mitteilung der Kommission an das Europäische Parlament, Brüssel

Sekretariat der Klimarahmenskonvention (Hrsg) (1992) Klimarahmenkonvention (KRK). New York (ebenfalls abgedruckt in BGBl. II 1993, S 1784 ff)

Sen A (1987) On Ethics and Economics. Oxford: Blackwell

Shreeve S, von Flotow P (2001) Sustainable Consumption and the Internet. Unpublished working paper for IMD's Forum for Corporate Sustainability, Lausanne

Sinclair P (1992) High does nothing and rising is worse: Carbon taxes should keep declining to cut harmful emissions. The Manchester School, Vol LX No.1, March, S 41–52

Soete LLG, Ziesemer T (1997) Gains from Trade and Environmental Policy under Imperfect Competition and Pollution from Transport. In: Feser HD, Hauff M (Hrsg) Neuere Entwicklungen in der Umweltökonomie und –politik. Volkswirtschaftliche Schriften Universität Kaiserslautern. Regensburg: Transfer Verlag, S 249–268

Sohmen E (1976) Allokationstheorie und Wirtschaftspolitik. Tübingen: Mohr

Solow, RM (1974) The Economics of Resources or the Resources of Economics. In American Economic Review, LXIV (2), S 1–14

Staudt E, Kottmann M, Meier AJ (2001) Kompetenzverfügbarkeit und innovationsorientierte Regionalentwicklung. In: List Forum 27, S 346–364

Steger U (2001) Globalisierung, Nachhaltigkeit und Elitenkooperation. In: Müller-von-Maiborn B, Steger U (Hrsg) Elitenkooperation in der Region. Essen, S 15–30

Steger U (2000) Environmental Management Systems: Empirical Evidence and further Perspectives. In: European Management Journal, Vol 18, S 22–37

Steger U (1998) The Strategic Dimension of Environmental Management. London

Strand J (1996) Environmental policy, worker moral hazard, and the double dividend issue. In: CarraroC, Siniscalco D (Hrsg) Environmental Fiscal Reform and Unemployment. Dordrecht: Kluwer, S 121–135

Streffer C, Bücker J, Cansier A, Cansier D, Gethmann CF, Guderian R, Hanekamp G, Henschler D, Pöch G, Rehbinder E, Renn O, Slesina M ,Wuttke K (2000): Umweltstandards. Kombinierte Expositionen und ihre Auswirkungen auf den Menschen und seine Umwelt. Berlin: Springer

Sustainable Energy & Economic Network (SEEN) (2001) New Database Calculates Lifetime Greenhouse Gas Emissions from Nine Years of World Bank Fossil Fuel Projects. Press release October 29, 2001, www. seen.org

Swisher J, Wilson D (1993) Renewable energy potentials. In: Energy, Vol 18, S 437–459

TAB (Büro für Technikfolgenabschätzung beim Deutschen Bundestag) (2000) Arbeitsbericht 69: Elemente einer Strategie für eine nachhaltige Energieversorgung. Vorstudie. TAB, Berlin

Turner RK, Doktor P, Adger N (1994) Sea-Level Rise & Costal Wetlands in the U.K.: Mitigation Strategies for Sustainable Management In: Jansson AM et al. (Hrsg.) Investing in Natural Capital. The Ecological Economics Approach to Sustainability. Washington D.C.: Island Press, S 266–290

Tweede Kamer der Staten-Generaal (2001) Interdepartementaal Beleidsonderzoek: Energiesubsidies. Brief van de Minister van Economische Zaken. Vergaderjaar 2001–2002, Nr. 1 und 2, Sdu Uitgevers, 's-Gravenhage

UNDP/OECD/WEC (2000) World Energy Assessment. Energy and the challenge of sustainability. New York

UNDP/UNDESA/WEC (2000) World Energy Assessment. United Nations Development Programme. New York

UNFCCC (2001) Review of the Implementation of Commitments and of other Provisions of the convention. Fccc/CP/2001/L.7, 24 July

United States Senate (1972) Technology Assessment Act of 1972. Report of the Committee on Rules and Administration. Washington D.C.

USGS (2000). World Petroleum Assessment 2000. United States Geological Survey (USGS), Washington DC.

Vallance E (1995) Business ethics at work. Cambridge

Vermeend W, van der Vaart J (1997) Greening Taxes: The Dutch Model. Paper for the European Association of Environmental and Resource Economics (EAERE). Eight Annual Conference, Tilburg, The Netherlands, 26–28 June, 1997

Wagner H. (1989) Stabilitätspolitik. München: Oldenbourg

Waide P (1999) Market analysis and effect of EU labelling and standards: The example of cold appliance. Vortrag gehalten bei SAVE – For An Energy Efficient Millenium. The Conference. Session IV, Energy Efficient Equipment, 8. – 10. November 1999, Graz

WBGU (Wissenschaftlicher Beirat der Bundesregierung Globale Umweltveränderungen) (2001) Die Chance von Johannesburg – Eckpunkte einer Verhandlungsstrategie. Berlin

WBGU (Wissenschaftlicher Beirat der Bundesregierung Globale Umweltveränderungen) (1997) Ziele für den Klimaschutz. Stellungnahme zur dritten Vertragsstaatenkonferenz der Klimarahmenkonvention in Kyoto. Bremerhaven

WBGU (Wissenschaftlicher Beirat der Bundesregierung Globale Umweltveränderungen) (1996) Welt im Wandel. Berlin: Springer

WBGU (Wissenschaftlicher Beirat der Bundesregierung Globale Umweltveränderungen) (1995) Globale Szenarien zur Ableitung globaler CO_2-Reduktionsziele und Umsetzungsstrategien. Stellungnahme zur ersten Vertragsstaatenkonferenz der Klimarahmenkonvention. Bremerhaven

WCED (Weltkommission für Umwelt und Entwicklung) (1987) Unsere gemeinsame Zukunft. Greven: Eggenkamp (engl. Original: Our Common Future. Oxford 1987)

WEC (2001). Survey of Energy Resources 1998. World Energy Council.

Weegink RJ (1998) Basisonderzoek Aardgas Kleinverbruikers BAK 1997, EnergieNed, Arnhem

Wegner G (2002) Marktkonforme Wirtschaftspolitik und evolutorische Ökonomik. In: Berg H (Hrsg) Theorie der Wirtschaftspolitik: Erfahrungen – Probleme – Perspektiven. (Schriften des Vereins für Socialpolitik, NF Bd. 278). Berlin: Duncker & Humblot

Wegner G (1991) Wohlfahrtsaspekte evolutorischen Marktgeschehens: neoklassisches Fortschrittsverständnis und Innovationspolitik aus ordnungstheoretischer Sicht. Tübingen: Mohr

Weiss MA, Heywood JB, Drake EM, Schafer A, AuYeung FF (2000) On the Road in 2020. Energy Laboratory, MIT, Cambridge, MA

von Weizsäcker E, Lovins AB, Lovins LH (1995) Faktor Vier. München: Droemer Knauer

von Westphalen R (1997) Technikfolgenabschätzung als politische Aufgabe. München: Oldenbourg

Wietschel M, Dreher M, Huber Th, Rentz O (2001) Grüne Angebote in Deutschland: Stand und Perspektiven. Vortrag gehalten anlässlich der 2. Internationalen Energiewirtschaftstagung IEWT 2001 vom 21.–23.2.2001, TU-Wien

Williams RH (1994) Die Renaissance der Energieindustrie. In: Steger U/Hüttl A (Hrsg) Strom oder Askese? Auf dem Weg zu einer nachhaltigen Strom- und Energieversorgung. Frankfurt am Main: Campus, S 141–198

World Bank (2001) Making Sustainable Commitments. An Environmental Strategy for the World Bank. Washington, D.C.

World Bank (2000) Interim Report of the Implementation of the Fuel for Thought Strategy: An Environmental Strategy for the Energy Sector. Washington D.C.

World Bank (1999a) Fuel for Thought. An Environmental Strategy for the Energy Sector. Washington D.C.

World Bank (1999b) Comprehensive Development Framework. Washington D. C.

World Bank (1996) Monitoring environmental progress: Expanding the measure of wealth, Environment Department, Conference Draft. Washington D.C.

World Bank (1995) Monitoring environmental progress: A report on work in progress. Washington D. C.

Wortmann K. (2000) Energieeffizienz im liberalisierten Markt. In: Energiewirtschaftliche Tagesfragen, Vol 50(6), S 438–443

WRI (1997) World Resources 1996–1997. World Resources Institute

WRI (2001) World Resources 2000–2001. World Resources Institute

Wuest & Partner (1999) Immo-Monitoring 2000. Bd. 3 Baumarkt, Zürich

Wüstenhagen R (2000) Ökostrom – von der Nische zum Massenmarkt. Entwicklungsperspektiven und Marketingstrategien für eine zukunftsfähige Elektrizitätsbranche. Zürich: vdf

WTO (2000) Trade and Environment in the WTO. 6 Seiten. http://www.wto.org/wto/environ/environ1.htm, download 29-3-00

Xu X (1999) Do Stringent environmental Regulations Reduce the International competitiveness of environmentally Sensitive Goods? World Development, Vol 27(7), S 1215–1226

Xu X, Song L (2000) Regional Cooperation and the environment: Do „Dirty" Industries Migrate? Weltwirtschaftliches Archiv, Vol 136(1), S 137–57

ZEW (Zentrum für Europäische Wirtschaftsforschung) et al. (2000) Zur technologischen Leistungsfähigkeit Deutschlands. Gutachten im Auftrag des Bundesministeriums für Bildung und Forschung, Bundestag-Drucksache 14/2057

Ziesemer T (2000) Reconciling Environmental Policy with Employment. International Competitiveness and Participation Requirements. In: Konjunkturpolitik, Vol 46(3), S 241–273

Zimmermann H, Otter N, Stahl D, Wohltmann M (1998) Innovation jenseits des Marktes. Neuerungsverhalten in Staat, privaten Haushalten und Non-Profit Organisationen und der Einfluß umweltpolitischer Instrumente. Berlin: Analytica

Autorenverzeichnis

Achterberg, Wouter, Professor Dr. phil. † 16. Juni 2002. Studium der Philosophie an der Universität Amsterdam. Ab 1972 Dozent für Ethik und politische Philosophie an der Universität Amsterdam. 1986 Doktorarbeit „Partners in de natuur". Ab 1991 Professor namens der humanistischen Stiftung „Sokrates" an der Universität Wageningen. Arbeitsgebiete: Ethik und politische Philosophie, insbesondere die ethischen und metaphysischen Grundlagen einer Umweltphilosophie.

Blok, Kornelis, Professor Dr., Studium der Physik in Utrecht. Promotion 1991 ‚On the Reduction of Carbon Dioxide Emissions'. Professur ‚Naturwissenschaft und Gesellschaft' an der Universität Utrecht. Direktor der Energie- und Umweltberatung Ecofys. Arbeitsschwerpunkte: Entwicklung von Energietechnologie; Technologie und Politik. ‚Lead Author' beim Intergovernmental Panel on Climate Change (IPCC). Anschrift: Universität Utrecht, Vakgroep Natuurwetenschap en Samenleving, Padualaan 14, 3584 CH Utrecht, Niederlande.

Bode, Henning, Studium der Rechtswissenschaften in Bonn. 1999–2001 wissenschaftlicher Mitarbeiter am Lehr- und Forschungsgebiet Berg- und Umweltrecht der RWTH Aachen bei Prof. Dr. Walter Frenz (s.u.); Arbeitsschwerpunkte: Raumplanungs-, Energie- und Bodenschutzrecht. Anschrift: Hauptstraße 11, 56412 Girod.

Frenz, Walter, Professor Dr. jur., geb. 1965, Studium der Rechts- und Politikwissenschaften in Würzburg, Caen und München. 1994–1996 wissenschaftlicher Assistent an der Universität Münster und Professor für deutsches (öffentliches) Recht an der Universität Nimwegen; seit 1997 Professor für Berg- und Umweltrecht an der RWTH Aachen; außerdem Arbeitsschwerpunkte im Energie-, Europa- und Steuerrecht. Anschrift: Lehr- und Forschungsgebiet Berg- und Umweltrecht der RWTH Aachen, Wüllnerstraße 2, 52062 Aachen.

Gather, Corinna, Dipl.-Vwl., Studium an der Universität zu Köln und der FU Berlin. 1986–1989 Referentin im Statistischen Landesamt Berlin. 1989–2000 Mitarbeit und Geschäftsführung bei der ‚Umweltberatungsstelle e.V.' und ‚KOFIRM e.V.' in Berlin; seit 2000 wissenschaftliche Mitarbeit am Lehrstuhl von Prof. Steger an der TU Berlin mit den Arbeitsschwerpunkten: Deregulierung der Energiemäkte, Erhöhung der Energieeffizienz in Haushalten. Anschrift: Institut für Technologie und Management, Hardenbergstr. 4–5, 10623 Berlin.

Hanekamp, Gerd, Dr. phil. Dipl.-Chem., Studium der Chemie in Heidelberg und Marburg sowie an der École Nationale de Chimie in Lille. 1996 Promotion in Philosophie an der Universität Marburg. Seit 1996 wissenschaftlicher Mitarbeiter der Europäischen Akademie Bad Neuenahr-Ahrweiler GmbH, Arbeitsgebiete: Wissenschaftstheorie, Sprachphilosophie, kulturalistische Theorie der Sozialwissenschaften, Theorie der Technikfolgenbeurteilung, Unternehmensethik. Anschrift: Europäische Akademie GmbH, Wilhelmstraße 56, 53747 Bad-Neuenahr-Ahrweiler. E-mail: gerd.hanekamp@dlr.de

Imboden, Dieter M., Professor Dr. sc. nat., Dipl. Phys., Studium der Physik in Berlin, Basel und Zürich. Seit 1988 Professor für Umweltphysik an der Eidg. Technischen Hochschule in Zürich. Arbeitsgebiete: Aquatische Physik, Modellierung von Umweltsystemen, Nachhaltige Energiesysteme. Anschrift: Professur Umweltphysik, ETH Zentrum VOD, Voltastrasse 65, 8092 Zürich, Schweiz.

Kost, Michael, Dipl. Umwelt-Natw. ETH, Studium der Umweltnaturwissenschaften, Doktorand an der Professur Umweltphysik der Eidgenössischen Technischen Hochschule (ETH) Zürich bei Professor Dieter Imboden. Thema (vorläufig) der Dissertation „Nachhaltige Entwicklung des Bauwerks Schweiz". Anschrift: Professur Umweltphysik, ETH Zentrum VOD, Voltastrasse 65, 8092 Zürich, Schweiz.

Kurz, Rudi, Professor Dr. rer. pol., Studium der Volkswirtschaftslehre und Promotion an der Universität Tübingen. 1978–1988 Wissenschaftlicher Referent am Institut für angewandte Wirtschaftsforschung Tübingen (IAW). Seit 1988 Professor für Volkswirtschaftslehre an der Hochschule Pforzheim. Arbeitsgebiete: Innovationsforschung, Umweltökonomie. Anschrift: Hochschule Pforzheim FB 7, Tiefenbronner Str. 65, 75175 Pforzheim.

Jahnke, Matthias, Diplom-Ökonom, Studium der Wirtschaftswissenschaften an der Universität Kassel. Wissenschaftlicher Mitarbeiter und Doktorand am Lehrstuhl für Theorie öffentlicher und privater Unternehmen der Universität Kassel. Arbeitsgebiete: Umweltökonomie, Energieökonomie, Ökologische Ökonomie. Anschrift: Universität Kassel, Fachbereich Wirtschaftswissenschaften, Nora-Platiel-Straße 4, 34109 Kassel.

Nutzinger, Hans G., Professor Dr. rer. pol., Dipl.-Volksw., Studium, Promotion und Habilitation an der Universität Heidelberg. Seit 1978 Professor für Theorie öffentlicher und privater Unternehmen an der Universität Kassel. Arbeitsgebiete: volkswirtschaftliche Theorie der Unternehmung, Grundfragen der Wirtschaftspolitik, Dogmengeschichte, Wirtschafts- und Unternehmensethik, Umweltökonomie und Ökologische Ökonomik. Anschrift: Universität Kassel, Fachbereich Wirtschaftswissenschaften, Nora-Platiel-Straße 4, 34109 Kassel.

Steger, Ulrich, Professor Dr. rer. pol., Dipl.-Ökonom., nach dreijähriger Bundeswehrzeit Studium und Promotion in Münster und Bochum. 1976 Direktwahl in den Deutschen Bundestag, 1984–1987 Hessischer Minister für Wirtschaft und Technik, 1987–1994 Professur an der European Business School, Oestrich-Winkel, 1991–

1993 Mitglied des Markenvorstandes Volkswagen, 1995–1999 Leitung des Forschungskollegs Globalisierung der Gottlieb Daimler- und Karl Benz-Stiftung. Seit 1995 Inhaber des Alcan Chair for Environmental Management, IMD, Lausanne. Anschrift: P.O. Box 915, 1001 Lausanne, Schweiz.

Ziesemer, Thomas, Professor Dr. rer.pol., Studium der Volkswirtschaftslehre an den Universitäten Kiel und Regensburg. Promotion auf dem Gebiet der Theorie der Unterentwicklung. Habilitation über ‚Ursachen von Verschuldungskrisen'. Arbeitsgebiete: Internationale Wirtschaftsbeziehungen, Entwicklungs-, Umwelt- und Arbeitsökonomie, Wachstum und technologischer Wandel. Anschrift: Universität Maastricht, MERIT, P.O.Box 616, Tongersestraat 49, 6200 MD Maastricht, Niederlande.

In der Reihe *Wissenschaftsethik und Technikfolgenbeurteilung* sind bisher erschienen:

Band 1: A. Grunwald (Hrsg.) Rationale Technikfolgenbeurteilung. Konzeption und methodische Grundlagen, 1998

Band 2: A. Grunwald, S. Saupe (Hrsg.) Ethik in der Technikgestaltung. Praktische Relevanz und Legitimation, 1999

Band 3: H. Harig, C. J. Langenbach (Hrsg.) Neue Materialien für innovative Produkte. Entwicklungstrends und gesellschaftliche Relevanz, 1999

Band 4: J. Grin, A. Grunwald (eds) Vision Assessment. Shaping Technology for 21st Century Society, 1999

Band 5: C. Streffer et al., Umweltstandards. Kombinierte Expositionen und ihre Auswirkungen auf den Menschen und seine natürliche Umwelt, 2000

Band 6: K.-M. Nigge, Life Cycle Assessment of Natural Gas Vehicles. Development and Application of Site-Dependent Impact Indicators, 2000

Band 7: C. R. Bartram et al., Humangenetische Diagnostik. Wissenschaftliche Grundlagen und gesellschaftliche Konsequenzen, 2000

Band 8: J. P. Beckmann et al., Xenotransplantation von Zellen, Geweben oder Organen. Wissenschaftliche Grundlagen und ethisch-rechtliche Implikationen, 2000

Band 9: G. Banse et al., Towards the Information Society. The Case of Central and Eastern European Countries, 2000

Band 10: P. Janich, M. Gutmann, K. Prieß (Hrsg.) Biodiversität. Wissenschaftliche Grundlagen und gesellschaftliche Relevanz, 2001

Band 11: M. Decker (ed) Interdisciplinarity in Technology Assessment. Implementation and its Chances and Limits, 2001

Band 12: C. J. Langenbach, O. Ulrich (Hrsg.) Elektronische Signaturen. Kulturelle Beherrschbarkeit und Moralische Verantwortbarkeit, 2002

Band 13: F. Breyer, H. Kliemt, F. Thiele (eds) Rationing in Medicine, 2002

Band 14: T. Christaller et al. (Hrsg.) Robotik. Perspektiven für menschliches Handeln in der zukünftigen Gesellschaft, 2001

Band 15: A. Grunwald, M. Gutmann, E. M. Neumann-Held (eds) On Human Nature. Anthropological, Biological, and Philosophical Foundations, 2002

Band 16: M. Schröder et al., Klimavorhersage und Klimavorsorge, 2002

9 783540 442950

The manufacturer's authorised representative in the EU is Springer Nature Customer Service Centre GmbH, Europaplatz 3, 69115 Heidelberg, Germany. If you have any concerns regarding our products, please contact ProductSafety@springernature.com

Printed and bound by CPI Group (UK) Ltd, Croydon, CR0 4YY

23/03/2026

02076675-0016